计算物理学

彭良友 梁 昊 陈 基 编著

北京大学出版社
PEKING UNIVERSITY PRESS

图书在版编目(CIP)数据

计算物理学 / 彭良友, 梁昊, 陈基编著. -- 北京：北京大学出版社, 2025.4. -- ("101 计划"核心教材). ISBN 978-7-301-35717-0

Ⅰ. O411.1

中国国家版本馆 CIP 数据核字第 2024QP2695 号

书　　名	计算物理学
	JISUAN WULIXUE
著作责任者	彭良友　梁昊　陈基　编著
责任编辑	刘啸
标准书号	ISBN 978-7-301-35717-0
出版发行	北京大学出版社
地　　址	北京市海淀区成府路 205 号　100871
网　　址	http://www.pup.cn
电子邮箱	zpup@pup.cn
新浪微博	@北京大学出版社
电　　话	邮购部 010-62752015　发行部 010-62750672　编辑部 010-62754271
印 刷 者	北京市科星印刷有限责任公司
经 销 者	新华书店
	787 毫米×1092 毫米　16 开本　20.75 印张　395 千字
	2025 年 4 月第 1 版　2025 年 4 月第 1 次印刷
定　　价	62.00 元

未经许可，不得以任何方式复制或抄袭本书之部分或全部内容。
版权所有，侵权必究
举报电话: 010-62752024　电子邮箱: fd@pup.cn
图书如有印装质量问题，请与出版部联系，电话: 010-62756370

出 版 说 明

为深入实施科教兴国战略、人才强国战略、创新驱动发展战略,统筹推进教育科技人才体制机制一体化改革,教育部于 2023 年 4 月 19 日正式启动基础学科系列本科教育教学改革试点工作(下称 "101 计划"). 物理学领域 "101 计划" 工作组邀请国内物理学界教学经验丰富、学术造诣深厚的优秀教师和顶尖专家,及 31 所基础学科拔尖学生培养计划 2.0 基地建设高校,从物理学专业教育教学的基本规律和基础要素出发,共同探索建设一流核心课程、一流核心教材、一流核心教师团队和一流核心实践项目. 这一系列举措有效地提高了我国物理学专业本科教学质量和水平,引领带动相关专业本科教育教学改革和人才培养质量提升.

通过基础要素建设的 "小切口",牵引教育教学模式的 "大改革",让人才培养模式从 "知识为主" 转向 "能力为先",是基础学科系列 "101 计划" 的主要目标. 物理学领域 "101 计划" 工作组遴选了力学、热学、电磁学、光学、原子物理学、理论力学、电动力学、量子力学、统计力学、固体物理、数学物理方法、计算物理、实验物理、物理学前沿与科学思想选讲等 14 门基础和前沿兼备、深度和广度兼顾的一流核心课程,由课程负责人牵头,组织调研并借鉴国际一流大学的先进经验,主动适应学科发展趋势和新一轮科技革命对拔尖人才培养的要求,力求将 "世界一流" "中国特色" "101 风格" 统一在配套的教材编写中. 本教材系列在吸纳新知识、新理论、新技术、新方法、新进展的同时,注重推动弘扬科学家精神,推进教学理念更新和教学方法创新.

在教育部高等教育司的周密部署下,物理学领域 "101 计划" 工作组下设的课程建设组、教材建设组,联合参与的教师、专家和高校,以及北京大学出版社、高等教育出版社、科学出版社等,经过反复研讨、协商,确定了系列教材详尽的出版规划和方案. 为保障系列教材质量,工作组还专门邀请多位院士和资深专家对每种教材的编写方案进行评审,并对内容进行把关.

在此,物理学领域 "101 计划" 工作组谨向教育部高等教育司的悉心指导、31 所参与高校的大力支持、各参与出版社的专业保障表示衷心的感谢;向北京大学郝平书记、龚旗煌校长,以及北京大学教师教学发展中心、教务部等相关部门在物理学领域 "101 计划" 酝酿、启动、建设过程中给予的亲切关怀、具体指导和帮助表示由衷的感谢;特别要向 14 位一流核心课程建设负责人及参与物理学领域 "101 计划" 一流核心教材编写的各位教师的辛勤付出,致以诚挚的谢意和崇高的敬意.

基础学科系列"101 计划"是我国本科教育教学改革的一项筑基性工程. 改革, 改到深处是课程, 改到实处是教材. 物理学领域"101 计划"立足世界科技前沿和国家重大战略需求, 以兼具传承经典和探索新知的课程、教材建设为引擎, 着力推进卓越人才自主培养, 激发学生的科学志趣和创新潜力, 推动教师为学生成长成才提供学术引领、精神感召和人生指导. 本教材系列的出版, 是物理学领域"101 计划"实施的标志性成果和重要里程碑, 与其他基础要素建设相得益彰, 将为我国物理学及相关专业全面深化本科教育教学改革、构建高质量人才培养体系提供有力支撑.

物理学领域"101 计划"工作组

前 言

作为最重要的自然科学之一,物理学涉及观测和理解两个层面,二者缺一不可. 没有观测就没有人们试图去理解的事实或现象; 而没有理解的观测充其量只能是某种记录而不能称其为科学. 尽管经过了几百年的发展, 物理学的使命从未改变, 那就是在不同时空层次上去探究物质的组成和结构、它们之间的相互作用和演化动力学, 以及研究对象的部分或整体在不同条件下所展现出的特性及其背后的物理规律. 从亚原子层次上的新粒子及新物理, 到原子与分子层次上气态、液态、固态、等离子态物质的性质与相变及其在外加条件下的新奇现象, 再到宇观层次上星系动力学或宇宙的起源, 各领域的物理学家们始终在践行着这一崇高使命: 观测和理解我们所处的世界.

长时间以来, 物理学的发展或多或少地受到了还原论的影响, 即倾向于把复杂的系统分解成简单的各个部分, 观察和理解各部分的性质和这些部分之间的相互作用, 继而研究它们是如何融为整体并导致整个复杂系统所展现出的固有特性和动力学行为的. 事实上, 还原论的思想方法激励着现代科学不断发展, 雄心勃勃的大统一理论就致力于通过研究微观粒子之间仅有的四种相互作用力 (万有引力、电磁力、强相互作用力、弱相互作用力) 之间的联系, 寻找能统一描述四种相互作用力的理论或模型. 还原论是一种自上而下 (top-down) 的思维和研究范式. 然而, 很多复杂系统, 例如凝聚相物质的宏观性质和相变动力学, 以及生命的产生、生命个体或群落的行为等, 并不一定能够通过分解为部分的叠加来得到正确理解. 面对这些复杂系统, 还原论的方法显得无能为力或者颇有局限性. 科学家们发现, 某些系统所展现的很多宏观性质和现象, 是在系统的演化中逐步涌现的 (emergent), 因此一种自下而上 (bottom-up) 的演生论研究范式应运而生. 实际上, 与演生论相关的系统论, 在控制论、信息论、运筹学、决策与博弈论、人工智能等学科中, 也占有着十分重要的地位. 在现代物理学的研究中, 还原论与演生论的范式相辅相成, 在不同层次、不同学科的研究中均起着重要的推动作用.

为了理解选定的一个物理系统, 无论是通过实验还是理论来研究, 都需要操纵和控制某些作为输入的观测量, 再去测量或者计算另外一些作为输出的观测量. 然而, 真实的世界过于复杂, 为了理解所选定物理系统展现出的现象, 就需要对真实系统进行简化, 基于某些假设在数学上建立一定的模型. 在能成功解释所观察到的现象的前提下, 模型所需要的假设越少, 这个模型就被认为是越优美的理论. 物理学上的牛顿运动定律、麦克斯韦方程组、薛定谔方程等, 无不展现出这种简洁而有力的美. 然而, 当这些理论用于真实系统时，能够精确求解的少之又少，我们就需要对这些理论做进一步的近似，这种近似可能是解析上的，也可能是数值上的. 一方面，人们希望做适当的简化和近似，使得数学问题能够便于解析求解和理论分析. 另一方面，随着超级计算机和人工智能技术的发展，人们有时倾向于从最一般的理论出发做从头计算，以便计算的结果更能反映真实的系统或者把系统描述得更加全面和准确. 因此，在当今的自然科学中，数值计算已经与实验研究、理论分析形成了三足鼎立之势，相辅相成，共同推动着科技与文明的进步. 此外，数值计算在经济、社会、人文与管理等学科中也占据着举足轻重的地位. 值得注意的是，前面谈到的复杂系统，随着个体数目和变量的增加，如果按照第一性原理来处理，其所需的计算量是呈指数级增加的，会很快达到一个惊人而无法处理的地步. 所幸的是，人们可以将复杂科学问题映射为高维参数空间的聚类、关联、反演、最优点搜寻等问题，并利用日益强大的人工智能技术来探索新的解决方案. 通过定量发散与定性收敛相结合的研究方法，人工智能深度融合了先进算法、科学数据、智能计算系统等工具与第一性原理，将科学研究推进到了新的高度，且极大地提高了效率与产出，正引领着一次新的科学研究范式的转换.

无论是从基本物理原理出发的从头计算，还是利用计算机去模拟简化后的模型或者处理实验观测数据，数值计算都发挥着十分重要的作用. 因此，对于学习物理学或者从事相关研究的工作者来说，深入了解和掌握数值计算的基本知识，并能正确运用于学习和工作之中，就显得尤为重要了. 这里所说的"正确"二字，尤为值得再三强调. 我们必须要熟悉数值计算的总体特点和处理各种数值问题的具体方法，成为一个聪明的软件使用者或程序开发者，时刻对数值模拟的过程和结果保持一个清醒的头脑. 一个最重要的警告就是，虽然数值模拟的每一个子过程看似都是决定性和可预测的，然而数值模拟的结果却不一定是确定或者正确的. 这种不确定性或者不正确性，首先可能源于过于众多的输入变量或对这些输入变量精确度的过分要求、模拟过程中的高度非线性系统、有限字长带来的舍入误差的不可控放大、算法设计本身等. 如何甄别结果的正误和可靠性，就需要我们具有良好的素养和习惯. 对于数值结果，要从不同角度进行探究，经过全方位的考察之后方可决定是否予以采用. 例如：简化和抽象出的数学模型，是否能忠实描述真实的物理系统？模拟过程中的取样，是否具有足够的代表性？不同取样之间是否引入了人为的关联性？我们是否能用不同的数值模拟方法产生相同的结果？得到的结果与实验测量、基本理论预测或者前人的模拟结果，相比较如何？数值程序应用于极限情况下时，是否能产生理论模型在极限情况下应有的解析预测结果？你所得到的结果足够精确吗？ 实际上，无论是使用成熟的软件，还是自己编写程序，都应该养成谨慎考察和使用计算结果的良好习惯，不要轻率地相信自己的计算结果.

本书就是为了让物理学及相关专业的高年级本科生深入了解数值计算,用之解决常见物理问题,并养成良好的数值计算素养而编写的.实际上,国内外已经有很多优秀的计算物理学教材,其取材、体系和风格各不相同,有的偏重数值计算本身,有的偏重物理学中的个别分支学科的数值计算和物理讨论.但在编者看来,将数值计算方法与高等学校物理专业的主要课程(普通物理和四大力学等)有机融合起来,而且将二者的主要内容从易到难按照一定逻辑顺序进行介绍的教材,尚不多见.基于编者在北京大学物理学院主讲本科生主干基础课"计算物理学"十年来的教学经验,本书是在这方面的一个尝试.然而,为达此目的,在体系安排和内容取舍上是极具挑战性的.图1是本书涉及的数值分析基本内容及其逻辑关系图.在数值计算方法和涉及的计算物理学典型问题两个方面,我们都刻意避免面面俱到,而是尽量选择具有典型性和代表性的材料,力图形成一个有机的整体,使得同学们修完本课程后,能够对如何利用数值计算探讨和解决物理问题有一个整体的把握,并为进一步深造和未来的科研工作打下坚实的基础,培养必要的科学计算素养.

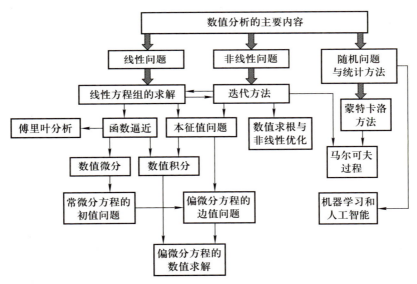

图 1 本书力求涉及的数值分析基本内容及其逻辑关系图

本书适合用作双一流大学物理学专业及相关学科本科高年级课程的教材或教学参考书,对理工科研究生和教师,以及其他科技工作者也有一定的参考价值.

在教材出版过程中,国内许多专家对书稿提出了宝贵的建议和意见,其中有很多我们已尽力采纳修改.编者要特别感谢"101 计划"审稿专家,北京理工大学姚裕贵教授、冯艳全教授,南开大学李宝会教授,北京航空航天大学周洪波教授,国防科技大学戴佳钰教授.

由于编者的水平有限，书中不当和疏漏之处在所难免，希望读者不吝赐教，将发现的问题或者您的建议和意见通过电子邮件或其他方式反馈给编者，以便再版时予以完善. 我们的联系方式如下：

彭良友, 邮件地址: liangyou.peng@pku.edu.cn, 电话: 010-62765027; **梁昊**, 邮件地址: haoliang@pku.edu.cn; **陈基**, 邮件地址: ji.chen@pku.edu.cn.

约定、记号与单位

如未注明,本书所进行的操作均是在实数域下进行的.

(1) 公式. 本文中的矩阵均用大写黑正体表示, 如

$$\mathbf{A},$$

而在表述其矩阵元时, 会使用括号加下标或者小写字母加下标的形式, 如

$$(\mathbf{A})_{ij}, \quad a_{ij}.$$

向量通常用小写黑斜体表示, 如

$$\boldsymbol{x},$$

向量分量则表示为

$$x_i.$$

单位矩阵记作 $\mathbf{I}$:

$$(\mathbf{I})_{ij} = \delta_{ij},$$

而当需要明确指定其阶数 n 时, 记作

$$\mathbf{I}_n.$$

(2) 伪代码.

(i) 循环结构:

- ```
  do i = 1,n
  end
  ```
- ```
  while(cond)
  end
  ```
- ```
  do
  end while(cond)
  ```

(ii) 判断结构:

- ```
  if(cond)
  elseif(cond)
  ```

2 约定、记号与单位

    `else`

    `end`

(iii) 二元运算

- a && b (与)
- a || b (或)
- a.b $\left(\text{指标缩并}: \sum_j a_{ij} b_{jk}\right)$

目 录

第一章　数值计算基础 · 1
　1.1　引言 · 1
　1.2　第一个程序: 开平方 · 11
　大作业: 逻辑斯谛映射 · 15

第二章　质点力学 · 17
　2.1　质点运动: 多项式插值与数值微分 · 18
　2.2　牛顿定律: 数值积分 · 30
　2.3　保守运动: 反常积分 · 39
　2.4　拐点位置: 数值求根 · 45
　2.5　平衡点: 数值最优化 · 54
　2.6　不可积情形: 常微分方程的初值问题 · 58
　大作业: 绝热不变量 · 64

第三章　线性多自由度系统 · 67
　3.1　电路网络: 线性代数方程组的直接解法 · 67
　3.2　暂态过程: 二次型最优化与线性方程组的迭代解法 · · · · · · · · · · · · · · · · · 78
　3.3　数据拟合: 最小二乘问题 · 95
　3.4　谐振电路: 本征值问题 · 102
　3.5　小振动: 克雷洛夫子空间与正交多项式 · 115
　大作业: 霍夫施塔特蝴蝶 · 127

第四章　迈向非线性 · 131
　4.1　汤姆孙问题: 多维非线性优化 · 131
　4.2　非线性方程组: 零点与约束优化 · 142
　4.3　常微分方程组: 龙格 – 库塔算法 · 147
　4.4　哈密顿系统: 辛算法 · 157
　大作业: FPU 模型 · 163

第五章　连续场 · 166
　5.1　静电静磁: 泊松方程的边值问题 · 166
　5.2　动量空间: 傅里叶变换 · 176

5.3　分离变量: 本征值问题与斯图姆 – 刘维尔型方程 185
　　5.4　变分原理: 伽辽金法与函数基组 194
　　大作业: 范德保罗法测量电导率 205

第六章　量子力学 207
　　6.1　定态量子系统: 微扰论与连续态 207
　　6.2　含时薛定谔方程: 传播子 215
　　6.3　多体耦合: 量子比特长链 221
　　6.4　全同粒子: 单组态与多组态计算 226
　　6.5　多电子体系: 密度泛函理论 236
　　大作业: 玻色 – 爱因斯坦凝聚体 240

第七章　统计物理 242
　　7.1　系综平均: 抽样与蒙特卡洛方法 242
　　7.2　制备系综: 马尔可夫链 252
　　7.3　相变与临界现象: 伊辛模型 259
　　7.4　赋予温度: 分子动力学热浴 267
　　7.5　非平衡过程: 粒子网格法 270
　　7.6　量子多体系统: 量子蒙特卡洛 275
　　大作业: 第二类永动机 281

第八章　机器学习 283
　　8.1　模型回归: 监督式学习 284
　　8.2　降维与聚类: 非监督式学习 292
　　8.3　统一模型: 人工神经网络 300
　　大作业: 反铁磁二维伊辛模型相分类 312

参考书目 315

索引 316

第一章 数值计算基础

1.1 引　　言

1.1.1 我们为什么需要数值计算?

对于大多数高校的物理学专业, 计算物理学通常都会作为一门必修课开设给那些完成了普通物理知识和基本编程语言学习的同学们. 拿起本书的读者或许会产生这样的疑问: 我们为什么需要数值计算?

同学们在学习了几年的物理学专业课程之后, 提起物理学家, 在脑海中往往会浮现这样的形象: 他们面对任何问题, 都能够迅速抓住主要因素, 抽象出一个简单明了的物理模型并给出解析解, 从而对现实世界进行预言或给出行为建议. 抑或是在实验室中运用各种尖端手段, 创造最纯净、最理想的物理条件, 检验那些描述基本粒子运动的最简洁优美的方程. 至于说在考虑了现实中诸多繁杂的 "次要" 因素后能否做出, 以及如何做出精确预言, 从基本的万物理论中如何演生出生命自身以及我们周围的宏观世界, 那貌似只是技术和工程问题, 或者属于化学家、生物学家和材料学家们所关心的范畴. 物理学家所面对的永远都是最干净的研究对象, 一支笔加一沓纸就能轻松应付. 基于这个想法, 编程和数值计算便和立志于从事物理学研究的同学们关系不大, 似乎不应当成为关注的重点.

倘若你对上一段话表示认同, 那么恭喜你, 你所接受的基础物理教育是很成功的. 物理学教会我们透过现象看本质, 让我们笃信我们周围的世界是可以被观测和理解的. 自伽利略 (Galileo) 和牛顿 (Newton) 以来, 物理学在这样最理想、最经典的研究范式下取得了长足的进展. 小到夸克、胶子, 大到星系、宇宙, 前辈们掌握了不同尺度上的物质世界的特性及其演化规律.

然而, 这种研究范式并不总是有效. 可以解析求解的物理系统其实是非常稀少的, 以至于有戏言称理论物理学家只会处理平面波和谐振子. 譬如, 三个仅通过引力相互作用的质点所构成的系统, 即三体问题, 自百余年前被提出以来, 人们至今仍不敢说完全掌握了其特性, 而需要数值工具的辅助. 近年来, 对此系统的探讨依旧还在取得有深刻意义的研究成果[1]. 在本章末的大作业中, 读者将会尝试通过数值实验去探讨一个更

---

[1] Ginat Y B and Perets H B. Analytical, statistical approximate solution of dissipative and nondissipative binary-single stellar encounters. Phys. Rev. X, 2021, 11: 031020.

简单的系统: 迭代式 $x_{n+1} = rx_n(1 - x_n)$, 它描述了很多不同现象背后的非线性动力学行为.

当所参与的粒子数和相互作用进一步增多, 以至于不同物质层级之间的界限变得模糊时, 问题将变得愈发复杂: 如何用构成中子和质子的夸克之间的强相互作用力, 来解释中子和质子之间的核力? 如何用构成原子、分子的电子与原子核之间的电磁力, 来解释原子、分子之间的共价键、离子键、氢键和范德瓦耳斯 (van der Waals) 力? 我们的物质世界基于包含概率和塌缩的量子力学, 为何日常生活表现得如同由确定性的经典力学来描述? 微观粒子的运动方程满足时间反演对称性, 在宏观层面上是怎样出现单向的时间箭头和熵增的? 生命系统又是如何克服熵增, 不断有序地演化发展的? 理论或许可以提供一些洞见, 但如果能够通过数值方法给出系统在不同层级之间是如何过渡的, 人们对这些问题的理解自然会更加深刻.

除了在理论上求解难以解析处理的物理系统, 如今数值方法对于实验的推动也是不可或缺的. 我们早已过了在坐标纸上记录实验数据拟合直线的时代, 诸如高能物理实验和天文观测所积累的海量信号都对数值工具提出了非常高的要求. 从中找寻新物理的蛛丝马迹, 需要非常扎实的概率统计和数值分析的基础. 不过, 由于编者的背景所限, 本书将不会对这部分内容过多涉及.

事实上, 如图 1.1 所示, 数值计算与理论分析、科学实验已构成现代科学与技术研究的三大手段, 数值计算的重要应用早已从科学研究延伸到工程应用、经济学、人文和社会科学等领域, 全面推动着科技进步和人类文明的发展. 具体来说, 对于科学与工程应用领域, 数值计算涉及读者所知晓的众多学科, 包括物理学、化学、材料科学、生命科学、医学、计算机图形学、力学、天文学、大气和海洋科学、核科学及应用、航天、航海、环境科学、工程设计与应用等. 数值计算在很多实际问题中起着不可替代的作用, 例如核武器的理论设计、气象预报与灾害预警、航天飞行器的轨道预设、汽车安全性的碰撞试验、新材料和新药物的设计等. 总之, 大规模的科学计算涉及科学研究、国民经济、国防建设和社会发展的方方面面, 与其相关的软件和硬件发展水平是一个国家综合国力的重要标志之一. 例如, "TOP500" 榜单[2] 是对全球已建成的超级计算机运算速度 (算力) 的权威排行榜, 始于 1993 年, 由国际组织 "TOP500" 编制, 每半年发布一次. 该榜单以实测 LINPACK benchmark 性能基准进行排名. 从 2016 年开始, 我国超级计算机进入 "TOP500" 榜单的数量, 除了 2017 年 6 月稍下滑位居第二外, 一直稳定在世界第一的位置 (近年来, 中国有很多超级计算机都不再参与这个排行榜了). 但是, 我们必须清醒地认识到我国在硬件和软件自主化的道路上仍然任重道远.

---

[2] https://www.top500.org/.

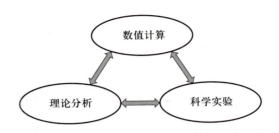

图 1.1 现代科学、工程与技术研究相辅相成的三大手段

1.1.2 计算物理学的特点与本书介绍

本书讨论数值计算在物理学中的应用. 计算物理学已成为一个重要的物理学分支, 是利用计算机来解决物理问题或者分析物理实验结果的学科, 有其相对的独立性, 同时又是物理学、数学、计算机科学三者的交叉学科. 本书假定读者掌握了微积分、线性代数, 以及任何一门现代高级编程语言, 对普通物理和四大力学有一些基本的了解. 我们将试图以物理问题为主线, 将数值计算的知识和技巧, 融于对这些物理问题的算法设计和讨论之中. 随着本书内容的推进, 每一节中都会提供一种新的算法或技能, 但读者往往需要将新习得的算法与之前掌握的某些其他算法有机结合在一起, 才能解决所面对的新问题. 另外, 尽管本书主要以物理问题为主线, 我们仍然尽力按照一定的逻辑关系来展现各种数值方法和算法之间的内在联系.

运用数值方法解决实际物理问题的过程与通常学过的方法并没有太大的差别, 一般大致分成这样几个阶段: 由于真实系统的复杂性, 首先我们需要抓住问题的主要因素, 忽略次要因素, 从实际问题中抽象出物理模型, 并归结为一个可求解的数学问题, 也就是所谓的**数学建模**. 然后, 面对适定的数学问题, 经过对特定问题的定性分析与考察, 我们需要构造一套行之有效的数值计算方法. 继而, 我们要选择合适的编程语言, 对所设计的数值算法实施程序设计. 接下来, 我们要全面调试整套程序, 确保程序能够给出正确可靠的数值结果. 最后, 我们将所开发的整套程序, 应用到当前的实际场景, 运行程序得到问题的数值解, 并谨慎地对结果进行误差分析和相关讨论, 进而讨论数值结果所揭示的物理规律.

不同于计算机科学中常见的离散数学, 物理学更关心那些可以连续变化的变量. 因此, 实数、解析函数、微分方程等都是计算物理问题中的常客. 我们需要根据相应问题的特性设计算法、实现算法, 并分析算法及其结果. 所谓**算法**, 不只是单纯的数学公式, 而是一整套利用计算机来求解问题的方案和步骤, 所有步骤都要归结为计算机可以执行的底层操作. 实际上, 计算机能够执行的只有有限字长的二进制逻辑运算, 只不过通过硬件设计和底层编码构造了浮点数, 实现了对实数及其基本四则运算的近似表示. 高级编程语言中可以调用的诸多函数, 例如三角函数、指数函数、对数函数等, 都是通过内置的算法调用前述基本运算来近似实现的.

由于计算机的各种局限性, 在最初原理和模型近似的基础之上, 把一个实际问题抽象为适定的、可求解的数值问题时, 也不得不采用一定的数学近似. 我们使用有限长度的浮点数近似替代实数, 也使用有限的四则运算过程近似实现复杂函数计算. 更进一步说, 当我们分析函数的行为, 研究其导数和积分时, 在计算机上不可能真正实现其定义所需要的极限过程, 而会使用差分和有限求和来近似; 在研究函数的微分方程或者积分方程问题时, 也要考虑如何将无限维的函数空间近似成有限空间, 从而转化为一个有限维的线性代数问题; 求解偏微分方程需要完全掌握整个区域的初始条件和边界条件, 而这在现实情况中几乎无法做到, 我们可以将它们近似成前几阶 "矩" 相同而便于后续处理的函数形式[3]. 我们通常要将无限量化作有限量, 然后将过程中产生的误差减小到足够低, 这个思想遍布于用计算机求解物理问题的每一个环节.

在本书中, 我们会先在本章介绍数值计算的基本概念, 并给出一些简单的例子让读者获得一些直观的体会. 第二章会以质点的一维运动为引子, 介绍对函数进行积分、求根、求极值以及求解微分方程的最基本的算法, 让读者初步具有自行设计算法解决物理问题的能力. 第三章将通过对线性电路网络和简谐振动的讨论, 引入求解有限维矩阵问题的诸多数值算法, 并为后续章节处理无穷维问题打下基础. 第四章将前两章的内容做综合, 讨论如何处理多自由度的非线性问题. 第五章是我们第一次开始研究场的问题, 主要思想便是如何将无穷维的函数空间离散化, 转化成第三章中介绍过的数值方法能够处理的问题. 第六章将处理更复杂的场, 即量子场, 探讨其相比经典场方程会多出哪些物理特性, 以及如何进行数值处理. 第七章的内容与前述章节大不相同, 我们会处理基于概率的统计物理问题, 并且探讨如何通过概率的手段来解决之前出现过的确定性问题. 第八章将介绍近年来快速发展的机器学习算法, 并讨论如何将其应用到物理学, 解决实际的物理问题.

如前所述, 我们在数值求解具体问题的过程中, 总会引入各种各样的近似, 而只要做近似, 就会有误差: 忽略实际问题中的次要因素建立数学模型时会产生**模型误差**, 模型中输入的参数与实际物理量之间存在**观测误差**, 浮点数做运算时会产生**舍入误差**, 在数值算法中将无穷项截断至有限项会产生**截断误差** (这类误差是数值计算方法所固有的, 因此又称为**方法误差**). 这些来自不同近似过程的误差在数值计算的进行中可能

---

[3]在弹性力学领域, 人们将这个近似的合理性建立在被称作圣维南 (Saint-Venant) 原理的基本假设上. 圣维南原理虽然已经有大量实例验证, 但至今还没有严格的数学证明. 这一原理由法国科学家圣维南在 1885 年提出, 其基本内容是: 分布于弹性体上一小块面积 (或体积) 内的荷载所引起的物体中的应力, 在离荷载作用区域稍远的地方, 基本上只同荷载的合力和合力矩有关, 而荷载的具体分布只影响荷载作用区域附近的应力分布.

会被放大或压低, 有可能某个一开始看上去微不足道的误差会造成最终结果的不可信, 也有可能看起来完全是 "错误" 的中间过程会导向一个高精度的最终结果. 一个理想的算法应当能保证所有来源所产生的误差对最终结果的影响在数量级上大致相同, 从而在保证结果精度的同时不浪费太多的脑力、劳力和算力. 当然这并不简单, 实践中通常会重点考虑那几个最大的误差来源以求尽量将其压低. 对误差的分析和控制将会贯穿本书的始终, 也会贯穿在任何计算物理实践的全过程.

1.1.3 数值计算的基本策略

在着手设计算法来解决即使是最简单的物理问题之前, 我们都必须对数值计算的基本特点有相当的了解, 并牢记于心, 在后续算法的设计和程序编写过程中, 遵循一些基本的习惯和策略, 才能使得数值求解该物理问题是有效的, 得到的数值结果是可靠的. 为此, 我们以几个大家熟知的简单数学问题为例, 来具体展示一下在实际编程过程中一个好的数值算法所需要考虑和注意的几个方面.

1.1.3.1 等价与不等价

同一个表达式, 数学上往往有着多种等价的表示. 比如说, 一元二次方程

$$ax^2 + bx + c = 0 \quad (a \neq 0), \tag{1.1.1}$$

其两个根可以写成

$$x_\pm = \frac{-b \pm \sqrt{b^2 - 4ac}}{2a}. \tag{1.1.2}$$

当上式右边的分子不为零时, 也可以使用平方差公式, 把根式变到分母上:

$$x_\pm = \frac{2c}{-b \mp \sqrt{b^2 - 4ac}}. \tag{1.1.3}$$

从解析上讲, (1.1.2) 和 (1.1.3) 式是完全等价的, 但对于计算机来说就不一定了. 取 $b = -1000.001, a = c = 1$, 容易知道, 这个方程的精确解为 $x_+ = 1000, x_- = 0.001$. 如果按照 (1.1.2) 式, 通过计算机编程以单精度浮点数做运算, 则有 (注意: 由于不少编程语言存在形如 x+ = y 的语法, 我们在下面的算法中以 x1, x2 分别指代 x_+, x_-)

```
1   a = 1
2   b =-1000.001
3   c = 1
4   x1= (-b+sqrt(b^2-4*a*c))/2/a
5   x2= (-b-sqrt(b^2-4*a*c))/2/a
6   write x1
7   write x2
```

运行给出

```
1   1000.00000
2   1.00708008E-03
```

可以发现, x_+ 十分精确, 而 x_- 与精确结果的误差达到了 0.7%, 这在数值计算上是不可忽视的. 然而, 如果按照 (1.1.3) 式计算, x_- 能比较精确地计算出来, x_+ 却又变得不准确了. 想要理解我们所观察到的这个现象, 我们必须考察计算机对浮点数的表示方法. 在计算机中, 是通过一串二进制数来近似表示一个实数的. 如图 1.2 所示, 在 IEEE-754 规范下, 第一个二进制数 s 代表浮点数的正负号, 随后一串 $e_1 e_2 \cdots e_m$ 代表指数, 而最后一段 $d_1 d_2 \cdots d_n$ 代表一个二进制小数, 即

$$x = (-1)^s \times 2^{(e_1 e_2 \cdots e_m)_2 - 2^{m-1} + 1} \times (1.d_1 d_2 \ldots d_n)_2. \tag{1.1.4}$$

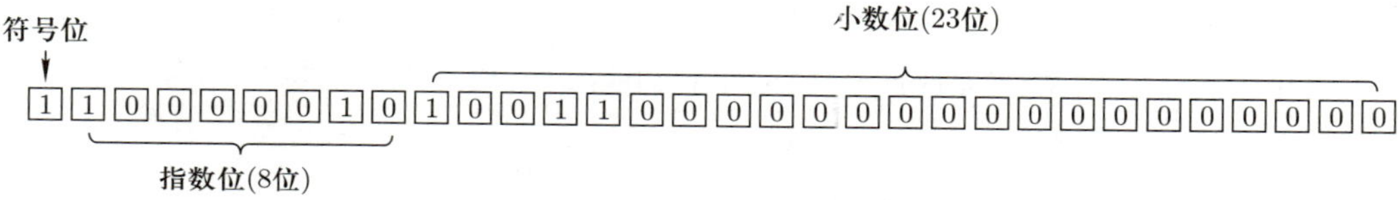

图 1.2 在计算机里对 −12.75 在单精度浮点系统中的表示

上面的表达式相当于用二进制的科学记数法来表示实数. 在这个表示法中, 指数被限制在 $-2^{m-1} + 1$ 至 2^{m-1} 的范围内, 而小数精确到小数点后 n 位. 因此, 在使用浮点数来存储一个表示范围内的实数时, 存在着不大于 $\varepsilon_{\text{mach}} = 2^{-n}$ 的相对误差, 我们通常将 $\varepsilon_{\text{mach}}$ 称为**机器精度**. 对于单精度浮点数而言, $m = 8, n = 23$, 那么机器精度便约为 10^{-7}; 对于双精度浮点数而言, $m = 11, n = 52$, 则机器精度约为 10^{-16}. 因此, 在计算机里表示的数, 都是用有限字长表示的, 除了极少数称为**机器数**的数能精确表示之外, 其余实数都将是近似数. 在 IEEE-754 标准中, 默认采用最近舍入的原则对表示的小数进行截断, 因为计算机有限字长表示所引入的误差, 也称为**舍入误差**.

我们知道, 误差在计算过程中将会积累和传播. 回到我们刚刚讨论的例子, 在

$$-b - \sqrt{b^2 - 4ac} \tag{1.1.5}$$

这一步中, 得到结果的绝对误差约为 $10^{-7} b$, 亦即约为 10^{-4}. 而上述减法的结果本身 $2x_- \sim 10^{-3}$ 却是一个小量. 那么我们现在便理解误差是怎么出现的了: 用大数减大数得到一个较小的数, 得到的绝对误差由大数决定. 尽管它相比于大数而言无关紧要, 被传递到了这个小数上后, 就让结果变得不可靠了.

为了解决上述误差传播所导致的精度损失问题, 我们需要避免将两个相近的大数相减, 也就是说在求绝对值较小的根时, 我们转而使用 (1.1.3) 式. 注意到其分母已经在计算绝对值较大的根时算过一次了, 我们可以使用韦达 (Viète) 定理 $x_1 x_2 = c/a$ 来避免重复计算, 从而减少计算量. 基于这些考虑, 我们可以选择总是先求绝对值较大的根, 因此得到如下算法.

算法 1.1 一元二次方程求根

```
1   function rootQuadratic(a,b,c)
2     if(a=0)
3       if (b/=0)
4         x1 = -c/b
5         return x1
6       else
7         return 'not a proper equation:   a=0, b=0'
8     end
9     delta = b^2 - 4*a*c
10    if(delta>=0)
11      if (b/=0)
12        x1 = -(b + sgn(b) * sqrt(delta))/2/a
13        x2 = c/a/x1
14        return x1, x2
15      else
16        x1 = sqrt(-c/a)
17        x2 = - sqrt(-c/a)
18        return x1, x2
19      end
20    else
21      return 'no real root'
22    end
23  end
```

当然, 另一个简单易行的提高计算精度的策略是使用双精度来表示浮点数, 这样, 浮点计算过程中所产生的舍入误差就从 10^{-7} 降低至了 10^{-16}. 事实上, 在 MATLAB 和 Python 这类不强制要求声明变量类型的语言中, 浮点数就是默认以双精度的形式进行存储和计算的. 但是请读者注意, 即便是使用了双精度浮点数, 甚至是四精度或者八精度浮点数, 不恰当的数值计算过程依旧会导致精度的严重损失, 使得最终结果的误差远大于舍入误差. 在编写程序的过程中, 除了要避免相近的数做减法外, 我们还需要避免上溢出、下溢出 (过分接近于零的浮点数会损失有效位数), 大数吞小数, 以及注意减少运算步骤等等.

练习 1.1 有人宣称调和级数

$$\sum_{n=1}^{\infty} \frac{1}{n}$$

是收敛的, 并称在计算机上完成了验证. 请根据浮点数的特性说明无法从计算机数值实验得到正确结论的可能原因.

1.1.3.2 正确与不正确

前面的例子让我们看到, 解析上严格正确的表达式在数值计算中会带来不可忽略的误差, 甚至使得数值计算结果完全错误. 另一方面, 有时解析上不严格的表达式在数值计算中反而可以导向更精确的结果. 接下来, 我们来讨论这样的一个例子.

我们知道, 球贝塞尔 (Bessel) 函数 $j_l(x)$ 满足三项递归关系

$$j_{l+1}(x) + j_{l-1}(x) = \frac{2l+1}{x} j_l(x), \tag{1.1.6}$$

其中, 头两阶的初值由下式解析给出:

$$j_0(x) = \frac{\sin x}{x}, \quad j_1(x) = \frac{\sin x}{x^2} - \frac{\cos x}{x}. \tag{1.1.7}$$

因此, 对于任意给定的 x, 我们原则上可以通过迭代计算出任意 $j_l(x)$ 的数值. 那么, 我们不妨取 $x = 1$, 尝试计算 $l = 0 \sim 15$ 的 $j_l(x)$. 所有变量均用单精度浮点数表示, 结果如表 1.1 的 "正向迭代" 一列所示.

从 $l = 7$ 开始, 我们就能注意到结果变得不可信了: 从解析上我们知道, 当 $x/l \ll 1$ 时, $j_l(x) \sim (x/l)^l$, 从而 $j_l(x)$ 应该随着 l 增长逐步减小才对, 但是数值结果从 $l = 7$ 开始是迅速增大的, 表现为发散的行为.

那么, 我们需要调整正向迭代的算法设计思路, 转而探讨反向迭代算法的可能性. 反向迭代的难点在于, 对于一个较大的 l, 我们不容易给出其迭代所需要的初值. 基于前述解析分析的判断, 我们可以直接取 $j_{16}(x) = 0$, 而将 $j_{15}(x)$ 赋值为任意一个较小的正数. 然后我们反向利用迭代公式, 将较小 l 的球贝塞尔函数都用 $j_{15}(x)$ 的赋值表示出来. 最后, 鉴于 $j_0(x)$ 可精确求得, 再利用 $j_0(x)/j_{15}(x)$ 的比值, 便可确定出 $j_{15}(x)$ 到底该是多少, 从而重新归一化定出各个 $j_l(x)$ 的数值. 我们将这种办法得到的结果列在表 1.1 第三列的 "反向迭代" 中.

显然, 反向迭代的初始值是错误的, 因为 $j_{16}(x)$ 再怎么小也不会是零. 但是, 与最后一列的精确值相比, "错误" 的方案却给出了非常接近精确值的数值结果. 这就非常有趣了: "正确" 的不准确, "不正确" 的反而准确. 这是为什么呢?

表 1.1　利用正向迭代和反向迭代算法计算头 16 个球贝塞尔函数 $j_l(x)$ 在 $x=1$ 时的数值

l	正向迭代	反向迭代	精确值
0	0.841470957	0.841470957	0.841471
1	0.301168680	0.301168680	0.301169
2	6.20350838E-02	6.20350577E-02	6.20351E-2
3	9.00673866E-03	9.00658220E-03	9.00658E-3
4	1.01208687E-03	1.01101596E-03	1.01102E-3
5	1.02043152E-04	9.25611603E-05	9.25612E-5
6	1.10387802E-04	7.15693659E-06	7.15694E-6
7	1.33299828E-03	4.79013465E-07	4.79013E-7
8	1.98845863E-02	2.82649903E-08	2.82650E-8
9	0.336704969	1.49137658E-09	1.49138E-9
10	6.37750959	7.11655318E-11	7.11655E-11
11	133.591003	3.09955208E-12	3.09955E-12
12	3066.21558	1.24166262E-13	1.24166E-13
13	76521.7969	4.60463797E-15	4.60464E-15
14	2063022.25	1.58957432E-16	1.58958E-16
15	59751124.0	5.12765912E-18	5.13269E-18

事实上, 这个问题可以这样理解: 从差分方程的相关理论, 我们知道递归关系 (1.1.6) 有两个线性无关的解, 即球贝塞尔函数 $j_l(x)$ 和球诺伊曼 (Neumann) 函数 $n_l(x)$. 随着 l 的增长, 前者将最终逐步趋于零, 而后者将发散到无穷大. 那么, 在迭代过程中, 由于舍入误差的存在, 我们得到的实际上是两类函数的某个线性组合

$$s_l(x) = \alpha_l j_l(x) + \beta_l n_l(x), \tag{1.1.8}$$

其中, 相邻 α_l, β_l 之间的差别约为浮点精度. 若我们希望通过正向迭代计算某个 $j_l(x)$, 那么一个非常小的 β_l 就能让结果变得不可信; 相反, 如果进行反向迭代, 并且采取截断令某个 $s_{l_{\max}}(x) = 0$, 那么随着 l 的减小, 因为截断引入的 $\beta_l n_l(x)$ 会越来越小, 我们反而能够得到一个准确的结果. 实际上, 在计算其他类型的递归数列时, 我们也会遇见类似的情况, 我们务必事先考察递归数列的性质并设计合适的迭代方法.

练习 1.2　设计正向与反向迭代算法, 计算积分 $E_n = \int_0^1 x^n e^{x-1} dx$, $n = 0, 1, \cdots, 20$, 对比你所得到的结果. (提示: 利用分部积分, 我们可以得到正向递推关系式 $E_n = 1 - nE_{n-1}$, $E_0 = 1 - 1/e$.)

对于一个数值算法, 如果输入数据的微小变化不会在输出结果上被过分放大, 那么我们称这个算法是**稳定**的. 稳定性包含问题的稳定性和算法的稳定性两个方面. 许多混沌问题是天生对初始条件极为敏感的, 那么我们不能强求找寻一个稳定的数值算

法; 而计算一个解析函数的值则通常不存在这样的问题, 我们不希望看到结果在随机跳变.

输入数据 x 的扰动对问题解 y 的影响程度的大小称为**问题的敏感性**, 一般可以用**条件数**来定量描述:

$$\text{cond} \equiv \left| \frac{\mathrm{d}y/y}{\mathrm{d}x/x} \right|. \tag{1.1.9}$$

条件数表征了解的相对变化与输入数据的相对变化之比. 小条件数问题称作**不敏感**的或者**良态**的, 而大条件数问题称作**敏感**的或者**病态**的.

1.1.3.3 简单与复杂

另一些时候, 两个在解析上等价的数学表达式, 在利用计算机进行数值计算时, 都不会对最终结果的精度造成太大的影响, 但数值实现所需要的计算量却相差甚远. 作为一个经典的例子, 我们考虑在给定 x 和 n 时, 对下述代数多项式进行数值计算:

$$P_n(x) = \sum_{i=0}^{n} a_i x^i = a_n x^n + a_{n-1} x^{n-1} - \cdots + a_1 x + a_0, \tag{1.1.10}$$

其中 a_i 为实常数. 若直接逐项计算, 第 i 项需要计算 i 次乘法, 全加在一起就是 $(n+1)n/2$ 次, 另需 n 次加法. 稍微聪明一点的做法是, 把每一个算出来的 x^i 存下来, 用来计算下一步的 $x^{i+1} = x \times x^i$, 这样总的乘法次数可以减少到 $2n-1$ 次. 实际上, 如果我们引入递归序列 $\{p_i\}$:

$$\begin{aligned} p_n &= a_n, \\ p_i &= x p_{i+1} + a_i, \quad i = n-1, \cdots, 1, 0, \end{aligned} \tag{1.1.11}$$

容易检验, 有 $p_0 = P_n(x)$. 而如此计算所有的 p_i 仅需要 n 次乘法和 n 次加法. 这种算法, 不仅大大降低了计算量, 也必将因为计算次数的减少而降低误差传播. 这便是著名的**秦九韶算法** [西方称为**霍纳 (Horner) 算法**].

从解析上看, 多项式的显式表达式 (1.1.10) 显然要比迭代形式 (1.1.11) 来得简单直接, 但是对于计算机而言, 却是迭代形式更加便于计算. 这个例子告诉我们, 即使对于一个良态的问题, 也需要精心设计数值算法, 才能更快更准地得到符合精度要求的数值结果. 历史上有很多著名的算法, 都源于对最优算法设计孜孜不倦的追求, 一个大名鼎鼎的例子就是快速傅里叶 (Fourier) 变换, 将 $O(n^2)$ 的运算量降低为 $O(n \log n)$.

练习 1.3 设有函数序列 $\{P_k(x)\}$ 满足三项递归关系

$$P_{k+1}(x) = \alpha_k(x) P_k(x) + \beta_k(x) P_{k-1}(x),$$

且 $P_0(x), P_1(x)$ 已知, $\{\alpha_k(x), \beta_k(x)\}$ 可以简单计算. 试设计算法, 高效计算求和式

$$\sum_{k=0}^{n} a_k P_k(x). \tag{1.1.12}$$

1.1.3.4 小结

从以上三个简单的例子我们看到, 数值分析算法的设计与大家所熟知的解析理论分析有着很大的不同. 即使是针对一个简单的数学问题, 我们也必须考虑数值算法的方方面面, 力求设计出一个好的算法. 一个好的数值算法本质上要考虑以下三个方面: **快**、**准**、**稳**. 具体来说, 快, 是指计算所需的时间消耗和存储代价小、计算效率高, 准, 是指结果精确、误差小, 稳, 是指算法稳定, 对于任何合理输入都能给出准确输出, 适用性广. 一个数值算法用高级语言编写之后, 在正式使用前应该广泛地、多次地进行运行调试, 证实算法的稳定性和可靠性. 由于程序设计都是模块化的, 因此我们应该在处理每一类问题、编写每一个程序时, 都养成良好的习惯, 才能为数值求解一个大而复杂的问题打下坚实的基础.

1.2 第一个程序: 开平方

相信大家都使用过计算器, 不少同学可能会有这样的经历: 随便输入一个数, 再写一个包含 "Ans"[4] 的表达式, 随后反复地按 "=" 键. 这样就能看到计算器的输出不断跳动, 可能是结果的前几位率先不再变化, 然后变化的位数越来越少, 最终不再变化; 抑或是数值越来越大, 直至超出了计算器对数的表示和处理范围, 界面上跳出 "Inf" 或者 "NaN"[5]; 偶尔也会陷入一个奇妙的循环之中, 在几个固定的数值之间做周期变化; 如果你足够幸运, 还会碰见似乎完全没有规律的随机跳动.

这类 "游戏" 有一个专门的术语, 叫作**迭代**. 那些一旦到达就不再变化的点, 被称为**不动点**, 而到达不动点的过程就叫作**迭代收敛**. 我们会自然地提出以下问题:

(1) 什么样的迭代会有不动点, 有多少个?

(2) 所有的不动点在适当的迭代初值下都能收敛吗?

(3) 收敛快慢如何? 换言之, 在计算器上按多少次 "=" 键可以得到一个不变的结果?

如果在已知的初值范围内, 某个迭代只能收敛到一个不动点, 并且收敛还相当快, 那么我们就可以开心地用它来构造这样一个迭代, 让它的不动点正好是某个实际问题的答案, 然后从某个初值出发迭代若干次, 我们就得到了这个问题的解. 数值计算中相当广泛的算法事实上都可以归结于迭代过程. 本节以一个著名的开平方的迭代算法为例, 来介绍迭代算法中的诸多概念.

---

[4] 这个符号为 "answer" 的头三个字母, 在计算器中通常表示上一次的输出结果.

[5] "Inf" 表示无穷大, "NaN" 表示 "不是一个数" (not a number).

1.2.1 开平方算法

开平方的算法有很多, 一个比较知名的算法具有如下的迭代格式:

$$x_{n+1} = \frac{1}{2}\left(x_n + \frac{a}{x_n}\right). \tag{1.2.1}$$

令 $x^* = x_{n+1} = x_n$, 我们很容易就能解出 (1.2.1) 式所对应的不动点 $x^* = \pm\sqrt{a}$. 因此, 这个迭代能够给出参数 a 的平方根. 为了方便讨论, 我们仅考虑 $a > 0$ 的情形.

首先我们需要注意一个事实: x_{n+1} 与 x_n 同号. 这让我们可以不失一般性地假定 $x_0 > 0$. 进一步, 对原式右边进行配方恒等操作, 可得到

$$x_{n+1} = \frac{1}{2}\left(\sqrt{x_n} - \sqrt{\frac{a}{x_n}}\right)^2 + \sqrt{a}. \tag{1.2.2}$$

上式说明, 不论 x_n 是多少, 新得到的 x_{n+1} 一定会大于 $\sqrt{a}$. 将最右边的 $\sqrt{a}$ 移项到左边, 进一步变形可得到

$$\frac{x_{n+1} - \sqrt{a}}{x_n - \sqrt{a}} = \frac{x_n - \sqrt{a}}{2x_n}. \tag{1.2.3}$$

从这个式子可以看出, 对于 $x_n > \sqrt{a}$ 的情形, 易证上述比值位于 $\left(0, \frac{1}{2}\right)$ 间, 故 x_{n+1} 依旧大于 $\sqrt{a}$, 且相比 x_n 而言一定距离 $\sqrt{a}$ 更近. 在高等数学中我们学过一个定理: 单调有界序列一定存在极限. 将它应用到此处, 注意到极限值一定是不动点, 我们便有结论: 对于任意给定的迭代初值 $x_0 > 0$, 序列 $\{x_n\}$ 都会最终收敛到不动点 $\sqrt{a}$. 而对于 $x_0 < 0$ 的情况, 类似地可以证明其会收敛到负根 $-\sqrt{a}$. 像这种不论初值怎么取都能收敛到想要的不动点的情况, 我们称之为**全局收敛**. 这样, 我们就明白了为什么迭代式 (1.2.1) 可以作为一个开平方算法来使用.

本节一开头提出的问题还差一个没有回答: 迭代收敛的快慢如何? 记 x_n 与不动点之间的差为 $\varepsilon_n = x_n - x^*$, 则 (1.2.3) 式可以改写为 $n \to \infty$ 下的极限形式

$$\lim_{n\to\infty} \frac{\varepsilon_{n+1}}{\varepsilon_n^2} = \frac{1}{2\sqrt{a}}, \tag{1.2.4}$$

也就是说, 当迭代次数足够多之后, 每步的误差正比于上一步误差的平方, 我们称其为**二次收敛**. 由于迭代充分多次后误差总是远小于 1 的, 这是一个相当迅速的收敛速度.

看来, 所有的准备工作都完成了, 经过考察, 我们找到了一个确保收敛、收敛迅速的开平方的算法. 我们终于可以开始编写本书的第一个小程序了. 但是, 还有一点需要考虑: 我们得让计算机知道什么时候该停下来, 不能陷入无休止的循环. 通常来说, 我们期待程序给出的结果与真实值 $\sqrt{a}$ 相差小于某个绝对误差 ε. 然而, 由于我们并不知道真实值是多少, 绝对误差是无法计算的. 因此在实践上, 常常利用相邻两步迭代

值之差的绝对值 $|x_n - x_{n-1}| < \varepsilon$ 来作为对误差的粗略估计和判停标准[6]. 以下就是我们的算法.

算法 1.2 开平方

```
1   function my_sqrt(a,eps)
2     if (a<0)
3       write 'no real root'
4       stop
5     endif
6     x0 = a
7     x1 = (x0+a/x0)/2
8     while (abs(x1-x0)>eps) do
9       x0 = x1
10      x1 = (x0+a/x0)/2
11    end
12    return x1
13  end
```

这段伪代码利用一个 while 循环实现了迭代和迭代终止的判断, 给出任意正数 a 误差不大于 eps 的平方根. 为了方便, 我们直接选取 a 本身作为迭代初值. 实际上, 开平方早已作为基本指令在中央处理器 (CPU) 上实现了, 在多数编程语言中都可以直接通过函数 sqrt() 来调用. CPU 内部所使用的其实也就是这个算法, 但会先利用浮点数特殊的存储结构来得到一个相当精确的迭代初值, 以减少所需要的迭代次数[7]. 本书中所讨论的数值算法不会深入到这个层次, 但针对特定的问题恰当地选择迭代初值这一思路将会在后续章节中反复出现, 读者需要时刻牢记初值选取的重要性, 初值也是影响计算复杂度的关键因素之一.

下面, 利用我们写好的程序来考察两个具体的算例: 分别计算 $\sqrt{100}$ 和 $\sqrt{2}$, 将每一步的值以及与标准值之间的相对误差 $\delta_n \equiv x_n/\sqrt{a} - 1$ 输出如表 1.2[8]. 可见该算法数步之内就能够得到一个接近机器精度的结果. 注意对于 $\sqrt{2}$ 的计算, 在第五步之后相对误差就变成了一个负值且不再变化, 与之前解析分析所得的结论不符. 这源于前面所提到的重要事实, 即计算机是以有限字长的离散浮点数来近似表示连续的实数的.

---

[6]需要注意的是, 对于收敛速度极为缓慢的迭代格式来说, 这个误差估计和判停标准显然不尽合理, 此时需要极为小心.

[7]对这个问题感兴趣的读者可以在互联网上搜索相关内容.

[8]在没有特殊声明的情况下, 本书所有的算例使用的都是双精度浮点数.

表 1.2 开平方算法的两个算例的迭代序列

x_n	δ_n	x_n	δ_n
100.000	9.0	2.00000	0.41
50.5000	4.1	1.50000	0.061
26.2401	1.6	1.41667	0.0017
15.0255	0.50	1.41422	1.5E-6
10.8404	0.084	1.41421	1.1E-12
10.0326	0.0033	1.41421	-2.2E-16
10.0001	5.3E-6	1.41421	-2.2E-16
10.0000	1.4E-11	1.41421	-2.2E-16

1.2.2 不动点迭代

一般而言, 迭代可以由递归式

$$x_{n+1} = f(x_n) \tag{1.2.5}$$

来定义. 这里的 x_n 可以是整数、实数甚至是向量. 这里我们暂时仅考虑 $x_n \in \mathbb{R}$ 的情形. 那么不动点就是那些满足等式 $x^* = f(x^*)$ 的点 x^*. 我们来考察迭代序列 x_n 向不动点 x^* 收敛的过程. 与之前类似, 引入 $\varepsilon_n = x_n - x^*$, 我们有

$$\varepsilon_{n+1} = f(x^* + \varepsilon_n) - x^* = f'(x^*)\varepsilon_n + O(\varepsilon_n^2). \tag{1.2.6}$$

对于 $|\varepsilon_n| \ll 1$ 且 $f'(x^*) \neq 0$ 的情形, 我们可以忽略余项 $O(\varepsilon_n^2)$, 那么, 根据 (1.2.6) 式, 每一步的误差大约是上一步的 $f'(x^*)$ 倍. 如果 $|f'(x^*)| > 1$, 则误差是不断增长的, 序列会离这个不动点 x^* 越来越远, 直至余项不可忽略甚至前述近似完全失效. 此时我们称这个不动点是**不稳定**的, 序列无法收敛. 对于 $|f'(x^*)| < 1$ 的情形, 反复迭代可以得到 $\varepsilon_n \approx \varepsilon_0 [f'(x^*)]^n$, 误差按指数函数形式趋于零. 这样的不动点则是**稳定**的. 这样, 我们就得到了一个关于迭代的收敛判据, 即考察不动点处导数的绝对值的大小.

更一般地, 对于任意一个收敛的迭代序列 $\{x_n\}$, 若存在常数 $p \geqslant 1$ 和 $C \geqslant 0$, 使得极限关系式

$$\lim_{n \to \infty} \frac{|\varepsilon_{n+1}|}{|\varepsilon_n|^p} = C \tag{1.2.7}$$

成立, 则称迭代序列 $\{x_n\}$ 是 p **阶收敛**的. 其中 p 为该序列的**收敛阶**, C 为**收敛率**.

当判断一个迭代过程的收敛快慢时, 我们会优先比较它们的收敛阶 p. 收敛阶越高的算法总是收敛得越快, 至少在迭代次数充分多之后是这样. 对于 $p = 1$ 的情况, 我

们会尤其关心收敛率 C 的大小. 这个时候, 我们称 $C \in (0,1)$ 为**线性收敛**, $C = 0$ 为**超线性收敛**, $C = 1$ 为**次线性收敛**. 当 $p = 1$ 时, 若有 $C > 1$, 则迭代是无法收敛的.

练习 1.4 有若干迭代算法, 其误差 ε_n 随迭代次数 n 的变化关系分别为

$$\mathrm{e}^{-\alpha n}, \quad \mathrm{e}^{-n^2/\sigma^2}, \quad \frac{1}{n^2}, \quad 2^{-3^n},$$

试分别求出各自的收敛率和收敛阶.

1.2.3 小结

在本节中, 我们从计算器上的 "小游戏" 出发, 引入了数值算法中最重要的思想之一: 迭代. 以一个开平方算法为例, 我们介绍了迭代不动点、收敛性、收敛速度等概念. 在本章末尾, 读者将面临本书第一个大作业, 利用这一节学习的知识以及题目中给出的引导进行数值和物理上的自主探索. 事实上, 本书的内容都会以这种方式进行编排: 每一节从读者熟悉的某个物理或者数学问题出发, 引入相关的数值算法, 并讨论其一般化的推广; 在每一章的末尾, 会设置一个课题, 读者需要综合运用该章及之前章节中学到的数值计算知识上机编程, 并探讨其背后所隐藏的数学与物理规律.

大作业: 逻辑斯谛映射

我们来考察一个非常简单而广为人知的数值模型, 其由如下迭代关系定义:

$$x_{n+1} = f(x_n) = r x_n (1 - x_n), \tag{1}$$

其中 $r > 0$ 为可调参数. (1) 式右端的函数 $f(x)$ 被称为逻辑斯谛 (logistic) 函数, 式中所规定的从 x_n 到 x_{n+1} 的迭代称为逻辑斯谛映射. 这一看似简单的二次多项式映射数学模型却描述了物理、生物、化学、工程等众多学科领域中的很多丰富而复杂的非线性动力学行为, 感兴趣的同学可以参考相关资料[9].

1. 作为最初步的认识, 分别取 $r = 0.5$ 和 $r = 1.5$, 任取几个 0 到 1 之间的初值 x_0, 计算序列 $\{x_n\}$. 绘图观察并描述它们的行为.

2. 显然, 对于不同的 r 值, x_n 将迅速收敛于某一个特定的 x^* 处, 而与初值无关. x^* 必将满足如下自洽方程:

$$x^* = f(x^*). \tag{2}$$

---

[9]例如: May R M. Simple mathematical models with very complicated dynamics. Nature, 1976, 261: 459; Strogatz S H. Nonlinear Dynamics and Chaos: With Applications to Physics, Biology, Chemistry, and Engineering. 2nd ed. CRC Press, 2015.

作为一个二元一次方程, 其存在两个根. 试判断并证明哪一个根才是最终收敛的不动点, 并画出 x^* 随 r 的变化关系图. 一般而言, 其收敛阶 p 和收敛率 C 各是多少?

3. 当 r 大于某个特定值 r_1 时, 上述条件无法满足. 取 $r = r_1 + 0.1$ 以及不同的初值 x_0, 计算序列 $\{x_n\}$. 绘图观察并描述它们的行为.

4. 序列终将在某两个 x_1^* 和 x_2^* 之间来回振荡. 事实上, 考察复合迭代 $x_{n+2} = f(f(x_n))$, 其所定义的序列依旧将收敛于某一个固定值, 从而依旧可以使用前述方法来分析. 试证明, 这类迭代收敛的必要条件是 $|f'(x_1^*)f'(x_2^*)| \leqslant 1$, 并在第 2 问的图中补上 x_1^* 和 x_2^* 随 r 的变化关系.

5. 继续缓慢增大 r, 请展示周期为二的振荡会逐渐变成周期四、周期八 …… 试定义一个量, 可以一般性地描述序列向各类稳定振荡的平均收敛速度, 并可由一段有限序列近似算出. 在 $r \in (0, 4)$ 上等距取点, 绘制收敛速度随 r 的变化, 描述其与不同振荡周期的关系.

6. 在第 4 问的图中补上后续振荡值随 r 的变化关系. 依次缩小你的作图范围, 将坐标原点分别放在周期一到周期二的分岔点、周期二到周期四的分岔点、周期四到周期八的分岔点, 等等. 描述你所观察到的现象.

7. 计算相邻分岔点之间的横轴距离 Δr, 说明相邻 Δr 之比渐近于一常数 F, 并给出 F 以及无穷周期分岔点 r_∞ 的值.

8. 对于 $r = 4$ 的情形, 试解析求解该迭代序列, 论证此时一般不存在稳定的振荡周期 (提示: 做代换 $x = \sin^2 y$).

9. 选择另一个你喜欢的函数 $g(x)$, 其在从原点开始的某段区域上是凸函数. 将 $x(1-x)$ 替换成 $g(x)$, 重复上面第 1 至 7 问的计算, 说明你能看到类似的现象, 并得到完全相同的 F 值.

第二章　　质点力学

质点的运动学和动力学,是同学们从中学到大学学习物理时最先接触到的科目,而我们的计算物理也将从这里开始. 质点是为了描述问题的方便,将物体抽象成的一个没有大小和结构,只有质量的点.

大家知道,我们周围的物质世界具有一系列的层次结构,某一层次的物质由下一层次更小的物质通过某种相互作用组成. 在不同层次上,尽管物质间相互作用的类别和本质可能不同,但质点的概念及质点动力学的研究始终贯穿在物理学及相关学科的研究中,占据着十分重要的地位. 这是因为,依赖于所关注的具体问题,即使在不同层次上,很多物质的运动也都可以简化为质点的动力学问题,这种例子数不胜数,例如星系中的星体、气体和固体中的原子、流体中的粒子等等. 实际上,在还原论研究范式的推动下,人们倾向于把一个复杂系统简化为原子分子层次上单个粒子运动的叠加,期望在更加微观的层次上去理解一个复杂系统的宏观行为. 即使到了量子世界,质点径迹的概念仍然非常重要,费曼给出了量子力学的路径积分表述,发现最概然路径对应着粒子的经典轨迹,从而架起了经典力学与量子力学的桥梁.

综上所述,质点的概念和质点动力学在现代物理学及相关学科的研究中仍然十分重要,因此本章从大家所熟知的、描述质点运动的牛顿定律出发,来探讨与之高度相关的一些物理问题及其数值求解方法. 为了叙述方便,本章主要考虑质点的一维运动,很多数值方法可以直截了当地推广到多维情形.

根据牛顿第二定律,力使得物体的运动状态(速度、位置)发生改变,即

$$m\ddot{x}(t) = F. \tag{2.0.1}$$

据此,我们将面临两类问题,一类是我们知道质点的运动轨迹 $x(t)$,但不知道质点的运动速度以及受力等情况;另一类是我们知道质点的受力情况,但不知道质点的运动轨迹.

针对第一类情况,我们可以进一步引出下列问题:

(1) 我们仅能在某些特定时刻探测到粒子的位置,但我们想要知道粒子在中间某些时刻的位置,这将涉及数值计算中一类重要问题: **插值**.

(2) 根据我们已获取的若干分立时刻的质点位置,若我们想要得到粒子的运动速度以及相应的受力情况,就需要采用**数值微分**的办法进行处理.

针对第二类情况,我们同样可以引出一系列问题,例如:

(1) 如果 F 仅依赖于时间 t，并对任意 t 都能获知 F 的值，那么完成上述积分便能求得粒子的轨迹 $x(t)$，这将涉及数值计算中非常重要的课题: **数值积分**.

(2) 求得轨迹 $x(t)$ 后，我们往往会关心一些别的物理问题，比如说质点在什么时间能到达某个位置 x_i. 这相当于求解方程 $x(t) = x_i$. 如果坐标函数的反函数已知，那么可以直接写出答案 $t = x^{-1}(x_i)$. 但是，很多情况下，解析表达式无法得到，因此我们就需要借助于一类非常重要的数值技术: **数值求根**.

(3) 有时候，在质点动力学的具体问题中，我们会涉及一些参数. 譬如，对于简单的抛体运动，我们想知道以什么角度抛出一个小球，落地距离最远. 这是一类优化问题，如果知道解析表达式，我们可以通过先求导数，再解析求根的办法. 但在实际问题中，解析表达式通常是不易甚至无法求得的，此时我们只能借助于数值计算中的**极值**与**优化技术**.

(4) 更一般的情况下，力 F 不仅依赖于时间 t，还依赖于坐标 x 甚至速度 $\dot{x}$，此时求解质点的运动轨迹就必须通过**数值求解常微分方程**来解决.

经典力学中，除了求解轨迹 $x(t)$ 之外，我们往往还会对其他物理量感兴趣，其中一个重要的量便是作用量 S. 一维保守系统的作用量定义为

$$S = \int p \, dx, \tag{2.0.2}$$

其中 p 为动量. 实际上，在很多半经典方法中，作用量也占据着非常重要的位置. 例如，在每一条经典轨迹中，如果把它相应的作用量作为相位，就可以通过半经典的方法，定性描述很多量子力学中的干涉现象.

2.1 质点运动: 多项式插值与数值微分

在实验测量中，由于客观条件限制，我们往往只能得到一个物理量在一系列离散的时间点上的测量值. 例如，高中物理中常用的打点计时器可以给出以 $0.02\,\text{s}$ 为间隔的纸带位置，如表 2.1 所示. 假定时间 $t_0, t_1, \cdots, t_n$ 和位置 $x_0, x_1, \cdots, x_n$ 的测量是足够准确的，而对于纸带的运动我们事先没有别的了解，那么我们可以提出如下两个问题:

表 **2.1** 典型的打点计时器测量结果

t/s	0.00	0.02	0.04	0.06	0.08	0.10	0.12	0.14	$\cdots$
x/mm	0	5	7	13	20	29	37	46	$\cdots$

(1) 如何估计任意 t 时刻纸带的位置 $x(t)$?

(2) 如何估计某个 t_i 时刻纸带的速度 $v_i = x'(t_i)$?

本节中,我们将分别通过插值和数值微分来回答这两个问题.

2.1.1 多项式插值

我们将上文中的物理情形换成更抽象的数学描述. 设 $y = f(x)$ 是区间 $[a, b]$ 上的一个实函数,$\{x_0, x_1, \cdots, x_n\}$ 是 $[a, b]$ 上 $n+1$ 个互异实数,已知 $y = f(x)$ 在 x_i 处的值 $y_i = f(x_i)$. 若存在函数 $Q(x)$ 使 $Q(x_i) = y_i$ 对任意 i 均成立,则称近似函数 $Q(x)$ 为 $f(x)$ 的**插值函数**. $\{x_i\}$ 称为**插值节点**,包含插值节点的区间 $[a, b]$ 称为**插值区间**,求解 $Q(x)$ 的问题称为**插值问题**.

2.1.1.1 拉格朗日插值

如果对于给定的插值节点,我们能够找到一组函数 $\{q_i(x)\}$,满足

$$q_i(x_j) = \delta_{ij}, \quad i, j = 0, 1, \cdots, n, \tag{2.1.1}$$

那么,它们的线性组合 $Q(x) = \sum_i y_i q_i(x)$ 显然就是一个满足要求的插值函数. $q_i(x)$ 被称为**插值基函数**. 在代数多项式的范畴内,容易构造拉格朗日 (Lagrange) 基函数

$$l_i(x) = \prod_{k \neq i} \frac{x - x_k}{x_i - x_k}. \tag{2.1.2}$$

直接检验即知,这个 n 次多项式满足插值问题的需要. 而 n 次多项式的线性组合同样是一个 n 次多项式. 这样,我们便在多项式的范畴内找到了一个插值函数.

事实上,如果限定多项式的次数不大于 n,这个插值函数是唯一的:考虑将 $Q(x)$ 写作 $P_n(x) = \sum_i a_i x^n$ 的形式,此时 $\{P_n(x_i) = y_i\}$ 便给出了关于 $n+1$ 个系数 a_i 的 $n+1$ 个线性方程. 那么,由于 x_i 的互异性,该方程的系数矩阵是满秩的,这个方程组具有唯一解.

这里我们不加证明地给出插值多项式的误差估计:设函数 $f(x)$ 在包含节点 $\{x_i\}$ 的区间 $[a, b]$ 上有 $n+1$ 阶导数,$P_n(x)$ 为满足插值条件的插值多项式,则**插值余项** $R_{n+1}(x)$ 为

$$R_{n+1}(x) = f(x) - P_n(x) = \frac{f^{(n+1)}(\xi)}{(n+1)!} \omega_{n+1}(x), \tag{2.1.3}$$

其中 $\xi \in (a, b)$,而 $\omega_{n+1}(x) = \prod_{i=0}^{n}(x - x_i)$.

另外,我们注意到,拉格朗日插值基函数与每一个插值节点都相关,一旦节点确定,基函数就被唯一确定. 这样,当我们增加节点和对应的函数值后,所有的基函数需要重

新计算, 整个插值多项式的结构都将随之改变, 因此缺乏承袭性. 下面我们将介绍牛顿插值法, 它通过逐次线性插值克服了这一问题. 需要指出的是, 根据插值多项式的唯一性, 这只是一种新的计算过程, 并不改变我们所要寻求的最终结果.

2.1.1.2 牛顿插值

牛顿插值法的基本思想是这样的: 假定通过 n 个点 $[x_i, f(x_i)]$ $(i = 0, 1, \cdots, n-1)$ 构造的 $n{-}1$ 次插值多项式为 $P_{n-1}(x)$, 而在此基础上新增一个点 $[x_n, f(x_n)]$ 后构造的 n 次插值多项式为 $P_n(x)$, 则 $P_{n-1}(x)$ 和 $P_n(x)$ 在前 n 个插值节点 x_i $(i = 0, 1, \cdots, n-1)$ 上同时满足插值条件, 即有 $P_n(x_i) = P_{n-1}(x_i) = f(x_i)$. 换句话说, $\{x_0, x_1, \cdots, x_{n-1}\}$ 是 $P_n(x) - P_{n-1}(x)$ 的全部零点, 因此有

$$P_n(x) - P_{n-1}(x) = a_n(x - x_0)(x - x_1) \cdots (x - x_{n-1}), \tag{2.1.4}$$

其中 a_n 为待定参数. 上式实为递推关系, 将其递推 $n-1$ 次可得

$$P_n(x) = a_0 + a_1(x - x_0) + \cdots + a_n(x - x_0)(x - x_1) \cdots (x - x_{n-1}). \tag{2.1.5}$$

通过求解线性方程组 $\{P_n(x_i) = y_i\}$, 可以逐个确定这些系数. 不过, 这里我们可以采取另一种思路.

为此, 我们先引入**均差** (divided difference) 的概念. 函数 $f(x)$ 关于点 x_i, x_j 的一阶均差定义为

$$f[x_i, x_j] \equiv \frac{f(x_j) - f(x_i)}{x_j - x_i}, \tag{2.1.6}$$

它反映了函数 $f(x)$ 在区间 $[x_i, x_j]$ 上的平均变化率. 在此基础上, 可以定义函数 $f(x)$ 关于点 x_i, x_j, x_k 的二阶均差:

$$f[x_i, x_j, x_k] = \frac{f[x_j, x_k] - f[x_i, x_j]}{x_k - x_i}. \tag{2.1.7}$$

二阶均差反映了一阶均差在区间 $[x_k, x_i]$ 上的平均变化率. 以此类推, 我们可以给出高阶均差的定义, 由比它低一阶的两个均差的均差构成:

$$f[x_k, x_{k+1}, \cdots, x_{k+n-1}, x_{k+n}]$$
$$= \frac{f[x_{k+1}, \cdots, x_{k+n-1}, x_{k+n}] - f[x_k, x_{k+1}, \cdots, x_{k+n-1}]}{x_{k+n} - x_k}.$$

特别地, 零阶均差定义为函数值本身: $f[x_i] = f(x_i)$.

容易证明, 均差具有如下性质:

(1) n 阶均差 $f[x_0, x_1, \cdots, x_n]$ 是函数值 $f(x_0), f(x_1), \cdots, f(x_n)$ 的线性组合, 且有

$$f[x_0, x_1, \cdots, x_n] = \sum_{k=0}^{n} \frac{f(x_k)}{\prod\limits_{i \neq k}(x_k - x_i)}. \tag{2.1.8}$$

任意改变节点的次序, 均差值保持不变.

(2) 若 $f(x)$ 为 n 次多项式, 则其 k 阶均差当 $k \leqslant n$ 时是一个 $n-k$ 次多项式, 当 $k > n$ 时恒等于 0.

(3) 若 $f(x)$ 在 $[a, b]$ 上存在 n 阶导数, 且节点 $x_0, x_1, \cdots, x_n \in [a, b]$, 则存在 $\xi \in [a, b]$ 使得下式成立:

$$f[x_0, x_1, \cdots, x_n] = \frac{f^{(n)}(\xi)}{n!}. \tag{2.1.9}$$

根据不同阶均差间的关系, 我们可以给出高阶均差的递推过程, 如表 2.2 所示. 注意每个均差仅依赖于表中其左侧和左上方的均差.

表 2.2 高阶均差的递推过程

x_0	$f[x_0]$				
x_1	$f[x_1]$	$f[x_0, x_1]$			
x_2	$f[x_2]$	$f[x_1, x_2]$	$f[x_0, x_1, x_2]$		
x_3	$f[x_3]$	$f[x_2, x_3]$	$f[x_1, x_2, x_3]$	$f[x_0, x_1, x_2, x_3]$	
$\vdots$	$\vdots$				
x_n	$f[x_n]$	$f[x_{n-1}, x_n]$	$f[x_{n-2}, x_{n-1}, x_n]$	$\cdots$	$f[x_0, x_1, \cdots, x_n]$

利用均差的定义, 逐次递推, 我们可以得到

$$\begin{aligned}
f(x) &= f(x_0) + f[x_0, x](x - x_0) \\
&= f(x_0) + f[x_0, x_1](x - x_0) + f[x_0, x_1, x](x - x_0)(x - x_1) \\
&= f(x_0) + f[x_0, x_1](x - x_0) + f[x_0, x_1, x_2](x - x_0)(x - x_1) \\
&\quad + f[x_0, x_1, x_2, x](x - x_0) \cdots (x - x_2) \\
&= f(x_0) + f[x_0, x_1](x - x_0) + f[x_0, x_1, x_2](x - x_0)(x - x_1) \\
&\quad + \cdots + f[x_0, x_1, \cdots, x_n](x - x_0)(x - x_1) \cdots (x - x_{n-1}) \\
&\quad + f[x_0, x_1, \cdots, x_n, x](x - x_0)(x - x_1) \cdots (x - x_n). \tag{2.1.10}
\end{aligned}$$

与 (2.1.5) 式对比, 我们发现牛顿插值法的系数 a_k 直接由前 k 个点的 k 阶均差给出:

$$a_k = f[x_0, x_1, \cdots, x_k]. \tag{2.1.11}$$

这样, 通过表 2.2 递归求解得到全部均差, 我们便可以由 (2.1.5) 式得到插值多项式.

2.1.1.3 厄米插值

在某些实际应用中, 面临的插值问题不但要求在节点上的函数值相等, 而且还要求对应的一阶导数值 (甚至更高阶导数) 也相等. 如果问题在插值节点上给定函数值

的同时,也给定了相应的导数值,则满足这些条件的插值多项式就是**厄米 (Hermite) 插值多项式**.

为简单起见,我们仅以一阶导数为例,且假设给定的函数值与导数值的个数相等. 此时,我们的问题变为,在节点 $a \leqslant x_0 < x_1 < \cdots < x_n \leqslant b$ 处,已知对于 $j = 0, 1, \cdots, n$ 有 $y_j = f(x_j), m_j = f'(x_j)$,求满足以下条件的插值多项式:

$$H(x_j) = y_j,\ H'(x_j) = m_j, \quad j = 0, 1, \cdots, n. \tag{2.1.12}$$

这里共有 $2n+2$ 个插值条件,可唯一确定一个次数不超过 $2n+1$ 的多项式. 可以类比求解拉格朗日插值多项式时的基函数思想,构造多项式插值基函数 $\alpha_j(x)$ 和 $\beta_j(x)$,使其满足

$$\alpha_j(x_k) = \delta_{jk},\ \alpha'_j(x_k) = 0;\quad \beta_j(x_k) = 0,\ \beta'_j(x_k) = \delta_{jk}. \tag{2.1.13}$$

这样,满足插值条件的插值多项式用插值基函数可以写成

$$H_{2n+1}(x) = \sum_{j=0}^{n} [y_j \alpha_j(x) + m_j \beta_j(x)]. \tag{2.1.14}$$

现在,问题转化为求插值基函数. 我们在 n 次多项式拉格朗日基函数 $l_j(x)$ 的基础上,用待定系数法,令

$$\alpha_j(x) = (ax + b) l_j^2(x). \tag{2.1.15}$$

将其代入插值基满足的方程组 (2.1.13),可以得到

$$a = -2l'_j(x_j), \quad b = 1 + 2x_j l'_j(x_j). \tag{2.1.16}$$

同理,我们可以求得 $\beta_j(x)$. 最终,我们得到

$$\alpha_j(x) = \left[1 - 2(x - x_j) \sum_{k \neq j} \frac{1}{x_j - x_k}\right] l_j^2(x),$$
$$\beta_j(x) = (x - x_j) l_j^2(x). \tag{2.1.17}$$

将这些结论代入 (2.1.14) 式,即可得到所要求的厄米插值多项式. 容易证明,若被插值函数 $f(x)$ 在 $[a,b]$ 内的 $2n+2$ 阶导数存在,则厄米插值的插值余项为

$$\begin{aligned} R_{2n+2}(x) &= f(x) - H_{2n+1}(x) \\ &= \frac{f^{(2n+2)}(\xi)}{(2n+2)!} \omega_{n+1}^2(x), \quad \xi \in (a, b). \end{aligned} \tag{2.1.18}$$

2.1.2 分段低次插值

在 20 世纪初, 龙格 (Runge) 发现, 并不是插值多项式的次数越高, 插值效果越好, 精度也不一定随次数的提高而升高. 这个现象被称为**龙格现象**. 他发现, 对被插值函数, 边缘点的插值误差会随着多项式的阶数增加而急剧增加; 如果需插值的点位于插值区间之外, 误差会更大 (因此, 拉格朗日插值不能用于外插).

一个典型的例子是洛伦兹 (Lorentz) 分布函数 $f(x) = 1/(1+x^2)$. 这个函数在复平面上有两个奇点 $x = \pm \mathrm{i}$, 这导致了它在 $x = 0$ 附近的泰勒 (Taylor) 展开存在一个有限半径的收敛域 $|x| < 1$. 从而, 当我们试图使用一个高阶多项式来近似这个函数时, 在 $|x| \sim 1$ 附近总能看到奇异的振荡行为.

避免这种问题的一个方案是分段低次插值, 其基本思想是将插值区间 $[a,b]$ 划分为若干个子区间, 在每一个子区间上进行低次多项式插值. 分段低次插值算法简单, 收敛性可以得到保证, 原则上可以在计算条件允许的情况下通过增加插值点来提高精度, 从而避免出现龙格现象. 另外, 分段插值具有局域性质, 某个数据的影响范围仅局限在一个小区间内, 因而给计算带来便利. 如果问题本身需要考虑到节点处的导数信息, 我们便可以采用分段厄米低次插值.

2.1.2.1 三次样条函数插值

分段低次插值算法简单, 能有效地避免龙格现象的发生. 然而, 由于每个区间上的插值都是独立的, 最后得到的插值函数通常导数不连续. 为了得到一个光滑的插值函数, 我们可以引入额外的限制条件, 强制要求各个子区间上的插值多项式导数连续. 这样显然新增了一些限制条件, 相比分段低次插值来说, 在节点相同的情况下每一段插值多项式的次数会提高. 这被称为**样条 (spline) 插值**.

所谓样条, 本来是工程设计中使用的一种绘图工具, 它是一种富有弹性的细长木条. 将其与事先钉在木板上的钉子贴合, 便在物理上形成了一条通过所有钉子的插值曲线. 我们先给出样条插值函数的定义.

定义 2.1 设函数 $f(x)$ 在 $[a,b]$ 上节点 $a = x_0 < x_1 < x_2 < \cdots < x_{n-1} < x_n = b$ 处的函数值为 $y_0, y_1, y_2, \cdots, y_{n-1}, y_n$, 若函数 $S(x)$ 在区间 $[a,b]$ 上满足

(1) 在每一子区间 (x_i, x_{i+1}) 上, $S(x)$ 是 m 次多项式,

(2) $S(x)$ 在区间 $[a,b]$ 上具有 $m-1$ 阶连续导数,

则 $S(x)$ 称为 $[a,b]$ 内的 m 次**样条函数**. 更进一步, 若 $S(x)$ 同时还满足 $S(x_i) = y_i$, 则称 $S(x)$ 为 $f(x)$ 的 m 次**样条插值函数**.

最常用的样条函数是三次样条函数, 下面我们就以其为例介绍如何进行样条函数插值. 此时, $S(x)$ 在每个子区间 $[x_i, x_{i+1}]$ 上是一个三次多项式, 因此需要确定 4 个待

定常数. 对所有 n 个子区间, 共应确定 $4n$ 个参数. 同时, $S(x)$ 在 $n-1$ 个内点上应具有二阶连续导数, 即满足

$$\begin{aligned} S(x_i^-) &= S(x_i^+), \\ S'(x_i^-) &= S'(x_i^+), \\ S''(x_i^-) &= S''(x_i^+). \end{aligned} \tag{2.1.19}$$

此式给出了 $3(n-1)$ 个条件. 再由插值条件 $S(x_i) = y_i$ 可得到 $n+1$ 个条件. 要确定 $S(x)$ 还需要补充两个额外的条件, 通常会根据问题的具体情况, 在区间的两个端点处给出, 称为边界条件. 常用的边界条件有以下四种:

(1) 给定两端点处的一阶导数 $S'(a) = m_0, S'(b) = m_n$.

(2) 给定两端点处的二阶导数 $S''(a) = M_0, S''(b) = M_n$. 特别地, 当取 $M_0 = M_n = 0$ 时称为自然边界条件.

(3) 假定被插值函数 $f(x)$ 是以 $x_n - x_0$ 为周期的周期函数, 则要求 $S(x)$ 也是有相同周期的二阶导数连续函数, 故有 $S'(x_0) = S'(x_n), S''(x_0) = S''(x_n)$. 这种情况称为周期边界条件.

(4) 假定区间两端的头两个点 x_0, x_1 和 x_{n-1}, x_n 处 S 函数的三阶导数分别相等, 则称为非节点 (not-a-knot) 条件.

理论上, 可以采用待定系数法, 从而直接求解 $4n$ 阶的线性方程组. 然而这并不被推崇, 我们转而考虑取节点上的一阶导数或二阶导数值为参数, 在每一个小区间里来导出三次样条插值函数的表达式. 我们会发现样条函数的一阶导数或者二阶导数具有清晰意义, 得到的相应方程也会大大简化. 下面, 我们将分别讨论这两种情况在第一种边界条件下的解法.

首先, 我们考虑利用内部插值节点处的一阶导数表示三次样条函数. 在区间 $[x_i, x_{i+1}]$ $(i = 0, 1, \cdots, n-1)$ 上, 记 $h_i = x_{i+1} - x_i$, 将 $S(x)$ 的表达式写为

$$\begin{aligned} S(x) = &\frac{[h_i + 2(x - x_i)](x - x_{i+1})^2}{h_i^3} f_i + \frac{[h_i + 2(x_{i+1} - x)](x - x_i)^2}{h_i^3} f_{i+1} \\ &+ \frac{(x - x_i)(x - x_{i+1})^2}{h_i^2} m_i + \frac{(x - x_{i+1})(x - x_i)^2}{h_i^2} m_{i+1}. \end{aligned} \tag{2.1.20}$$

这样写的好处是, 无论 m_i 取何值, 上式一定使得函数在每个内节点 $(x_1, x_2, \cdots, x_{n-1})$ 上具有连续的函数值和连续的一阶导数. 因此, 问题转化为选取合适的 m_i, 使得 $S(x)$ 的二阶导数也连续. 为此, 对上式求两次导数, 稍做整理可得

$$S''(x) = \frac{6x - 2x_i - 4x_{i+1}}{h_i^2} m_i + \frac{6x - 4x_i - 2x_{i+1}}{h_i^2} m_{i+1} + \frac{6(x_i + x_{i+1} - 2x)}{h_i^3}(f_{i+1} - f_i).$$

现在考虑节点 $x_i (1 \leqslant i \leqslant n-1)$. 分别利用 $S''(x)$ 在其左右两个子区间的表达式, 考虑节点 x_i 的左二阶导数和右二阶导数, 可以得到

$$S''(x_i-0) = \frac{2}{h_{i-1}}m_{i-1} + \frac{4}{h_{i-1}}m_i - \frac{6}{h_{i-1}^2}(f_i - f_{i-1}), \tag{2.1.21}$$

$$S''(x_i+0) = -\frac{4}{h_i}m_i - \frac{2}{h_i}m_{i+1} + \frac{6}{h_i^2}(f_{i+1} - f_i). \tag{2.1.22}$$

利用二阶导数连续性条件 $S''(x_i+0) = S''(x_i-0)$, 可得

$$\mu_i m_{i+1} + 2m_i + \lambda_i m_{i-1} = e_i, \quad i = 1, 2, \cdots, n-1, \tag{2.1.23}$$

其中

$$\mu_j = \frac{h_{j-1}}{h_{j-1}+h_j}, \lambda_j = \frac{h_j}{h_{j-1}+h_j}, e_i = 3(\lambda_i f[x_{i-1}, x_i] + \mu_i f[x_i, x_{i+1}]). \tag{2.1.24}$$

显然, 这给出了 $n-1$ 个线性方程, 我们需要利用前面提到的额外边界条件补充两个方程, 才能求出 $n+1$ 个未知数 m_i ($0 \leqslant i \leqslant n$). 对于第一类边界条件, 给定的是导数 $m_0 = f_0', m_n = f_n'$, 那么可以直接求解如下 $n-1$ 阶方程组:

$$\begin{pmatrix} 2 & \mu_1 & & & \\ \lambda_2 & 2 & \mu_2 & & \\ & \ddots & \ddots & \ddots & \\ & & \lambda_{n-3} & 2 & \mu_{n-2} \\ & & & \lambda_{n-1} & 2 \end{pmatrix} \begin{pmatrix} m_1 \\ m_2 \\ \vdots \\ m_{n-2} \\ m_{n-1} \end{pmatrix} = \begin{pmatrix} e_1 - \lambda_1 f_0' \\ e_2 \\ \vdots \\ e_{n-2} \\ e_{n-1} - \mu_{n-1} f_n' \end{pmatrix}.$$

方程的系数矩阵为三对角, 一般采用追赶法求解, 我们将在 3.1 节中予以介绍.

其次, 我们考虑另一种方案, 即利用二阶导数表示三次样条插值函数. 此时, 设 $S''(x_j) = M_j$ ($j = 0, 1, 2, \cdots, n$), 由于 $S(x)$ 是三次函数, 故在区间 $[x_j, x_{j+1}]$ 上的一次函数 $S''(x)$ 在形式上可以写为

$$S''(x) = \frac{x_{j+1}-x}{h_j}M_j + \frac{x-x_j}{h_j}M_{j+1}. \tag{2.1.25}$$

对上式在 $x \in [x_j, x_{j+1}]$ 上做一次和两次积分, 可分别得到

$$S'(x) = -\frac{(x_{j+1}-x)^2}{2h_j}M_j + \frac{(x-x_j)^2}{2h_j}M_{j+1} + c_1,$$

$$S(x) = \frac{(x_{j+1}-x)^3}{6h_j}M_j + \frac{(x-x_j)^3}{6h_j}M_{j+1} + c_1 x + c_2,$$

其中 c_1, c_2 为积分常数. 根据插值条件 $S(x_j) = y_j, S(x_{j+1}) = y_{j+1}$, 可得

$$S(x_j) = \frac{1}{6}h_j^2 M_j + c_1 x_j + c_2 = y_j,$$

$$S(x_{j+1}) = \frac{1}{6}h_j^2 M_{j+1} + c_1 x_{j+1} + c_2 = y_{j+1},$$

由此得到常数 c_1, c_2 的具体表达式

$$c_1 = \frac{y_{j+1} - y_j}{h_j} - \frac{1}{6}h_j(M_{j+1} - M_j),$$
$$c_2 = \frac{y_j x_{j+1} - y_{j+1} x_j}{h_j} - \frac{1}{6}h_j(x_{j+1} M_j - x_j M_{j+1}).$$

故插值函数 $S(x)$ 及其一阶导数 $S'(x)$ 为

$$S(x) = \frac{(x_{j+1} - x)^3}{6h_j}M_j + \frac{(x - x_j)^3}{6h_j}M_{j+1} + \left(y_j - \frac{M_j h_j^2}{6}\right)\frac{x_{j+1} - x}{h_j}$$
$$+ \left(y_{j+1} - \frac{M_{j+1} h_j^2}{6}\right)\frac{x - x_j}{h_j},$$
$$S'(x) = -\frac{(x_{j+1} - x)^2}{2h_j}M_j + \frac{(x - x_j)^2}{2h_j}M_{j+1} + \frac{y_{j+1} - y_j}{h_j} - \frac{M_{j+1} - M_j}{6}h_j.$$

将 (2.1.25) 式用于区间 $x \in [x_{j-1}, x_j]$, 经过类似推导可得到

$$S(x) = \frac{(x_j - x)^3}{6h_{j-1}}M_{j-1} + \frac{(x - x_{j-1})^3}{6h_{j-1}}M_j + \left(y_{j-1} - \frac{M_{j-1} h_{j-1}^2}{6}\right)\frac{x_j - x}{h_{j-1}}$$
$$+ \left(y_j - \frac{M_j h_{j-1}^2}{6}\right)\frac{x - x_{j-1}}{h_{j-1}},$$
$$S'(x) = -\frac{(x_j - x)^2}{2h_{j-1}}M_{j-1} + \frac{(x - x_{j-1})^2}{2h_{j-1}}M_j + \frac{y_j - y_{j-1}}{h_{j-1}} - \frac{M_j - M_{j-1}}{6}h_{j-1}.$$

利用上述结论, 对节点 x_j 考虑一阶导数的连续性, 即 $S'(x_j + 0) = S'(x_j - 0)$, 可以得到

$$\mu_j M_{j-1} + 2M_j + \lambda_j M_{j+1} = d_j \quad (j = 1, \cdots, n-1), \tag{2.1.26}$$

其中

$$\mu_j = \frac{h_{j-1}}{h_{j-1} + h_j}, \lambda_j = \frac{h_j}{h_{j-1} + h_j}, d_j = \frac{6}{h_{j-1} + h_j}\left[-\frac{y_j - y_{j-1}}{h_{j-1}} + \frac{y_{j+1} - y_j}{h_j}\right].$$

我们同样需要利用前面提到的额外边界条件补充两个方程才能求解. 仍旧考虑前面的第一类边界条件, 一阶导数值 $S'(x_0) = f'_0 = m_0$, $S'(x_n) = f'_n = m_n$, 可以得到

$$2M_0 + M_1 = \frac{6}{h_0}\left(\frac{y_1 - y_0}{h_0} - f'_0\right) \equiv d_0,$$
$$M_{n-1} + 2M_n = \frac{6}{h_{n-1}}\left(f'_n - \frac{y_n - y_{n-1}}{h_{n-1}}\right) \equiv d_n.$$

令 $\lambda_0 = 1$, $\mu_n = 1$, 上述两个方程可以与前面得到的 $n-1$ 个方程组一起联立得到

$$\begin{pmatrix} 2 & \lambda_0 & & & \\ \mu_1 & 2 & \lambda_1 & & \\ & \ddots & \ddots & \ddots & \\ & & \mu_{n-1} & 2 & \lambda_{n-1} \\ & & & \mu_n & 2 \end{pmatrix} \begin{pmatrix} M_0 \\ M_1 \\ \vdots \\ M_{n-1} \\ M_n \end{pmatrix} = \begin{pmatrix} d_0 \\ d_1 \\ \vdots \\ d_{n-1} \\ d_n \end{pmatrix}. \tag{2.1.27}$$

注意到 $M_j + \lambda_j = 1 (j = 1, 2, \cdots, n-1)$, 故系数矩阵严格对角占优. 因而上述方程是一个易于求解的三对角线性方程组.

总而言之, 在实际应用中, 如果问题本身未事先规定内节点处的导数值, 那么使用三次样条插值函数会得到很好的插值效果. 三次样条插值函数不仅使得在内节点处的二阶导数连续, 而且逼近具有很好的收敛性, 也是数值稳定的. 可以证明, 只要最大格点间隔 $h = \max\{h_i\} \to 0$, 插值函数及其 $k (k = 1, 2, 3)$ 阶导数均收敛于被插值函数. 由于误差估计与收敛性定理的证明比较烦琐, 感兴趣的读者可以自行查阅相关资料.

除去本节中介绍过的多项式以及分段多项式外, 常用的插值函数还包括三角函数和有理函数等, 感兴趣的读者可以自行参考相关资料.

2.1.3 数值微分

如果函数 $f(x)$ 的确定表达式已知, 其导数总是可以通过各种求导规则导出解析表达式, 或者通过连续导数的定义求得. 在很多生产生活和科学研究的实际中, 函数的具体表达式是未知的, 而只知道一系列离散值 $(x_k, f(x_k))$ $(k = 0, 1, 2, \cdots, n)$, 此时连续函数微分学方法就不能使用了, 只能考虑如何通过数值方法求得导数的近似值.

数值微分的基本思想也是通过离散点构造一个简单且便于求导的函数 $P(x)$ 来逼近待求函数 $f(x)$, 用前者的各阶导数来近似未知函数的各阶导数. 我们前面讨论的插值函数便是最常用的近似函数. 本书中, 我们仅讨论最简单的均差型求导和插值型求导.

2.1.3.1 均差形式的数值微分

在讨论牛顿插值时, 我们给出了各阶均差的定义. 根据导数的定义

$$f'(x) = \lim_{h \to 0} \frac{f(x+h) - f(x)}{h}, \tag{2.1.28}$$

我们可以利用均差得到三种简单的求导表达式:

$$\text{前向均差公式:} \quad f'(x) \approx \frac{f(x+h) - f(x)}{h} = f[x+h, x], \tag{2.1.29}$$

后向均差公式： $\quad f'(x) \approx \dfrac{f(x) - f(x-h)}{h} = f[x, x-h],$ (2.1.30)

中心均差公式： $\quad f'(x) \approx \dfrac{f(x+h) - f(x-h)}{2h} = f[x+h, x-h].$ (2.1.31)

利用泰勒展开

$$f(x \pm h) = f(x) \pm f'(x)h + \frac{1}{2}f''(x)h^2 \pm \frac{h^3}{6}f'''(x) + \cdots,$$ (2.1.32)

容易导出三种均差型求导公式的余项分别为

$$f'(x) - f[x+h, x] = -\frac{f''(x+\theta_1 h)}{2}h = O(h),$$ (2.1.33)

$$f'(x) - f[x, x-h] = \frac{f''(x-\theta_2 h)}{2}h = O(h),$$ (2.1.34)

$$f'(x) - f[x+h, x-h] = -\frac{f^{(3)}(x+\theta_1 h) + f^{(3)}(x-\theta_2 h)}{6}h^2 = O(h^2),$$ (2.1.35)

其中 $0 < \theta_1, \theta_2 < 1$. 可以看出, 中心均差具有更好的精度, 并且步长越小, 精度越高. 请注意, 由于在计算机中浮点数表示的有限字长, 随着步长减小, 函数值的差会受到计算精度的限制, 而且均差公式中会使用很小的数做除数, 此时反而无法取得精确的导数值. 因此, 最终的结果会受到余项和舍入误差的共同影响.

2.1.3.2 插值形式的数值微分

在上述三种均差形式求导公式中, 我们实际上是利用两点连线的一次函数的导数来近似原函数 $f(x)$ 的导数. 沿此思路, 我们可以利用更高阶插值多项式来近似导数. 假定已求得函数 $f(x)$ 的插值多项式 $P(x)$, 则可以用多项式的导数 $P'(x)$ 来近似 $f(x)$ 的导数. 这种导数近似的误差可以利用拉格朗日插值余项进行估计. 根据 (2.1.3) 式, 我们有

$$f'(x) - P_n'(x) = \frac{f^{(n+1)}(\xi)}{(n+1)!}\omega_{n+1}'(x) + \frac{\omega_{n+1}(x)}{(n+1)!}\frac{\mathrm{d}}{\mathrm{d}x}f^{(n+1)}(\xi(x)).$$

由于我们一般不知道关于 $\xi = \xi(x)$ 函数的任何信息, 上式右边第二项中对 x 求导无法进行, 因而对任一 x 处的误差无法更进一步简化. 但是对于插值节点, 第二项为零, 故我们可讨论节点处导数的误差:

$$f'(x_i) - P_n'(x_i) = \frac{f^{(n+1)}(\xi)}{(n+1)!}\omega_{n+1}'(x_i) = \frac{f^{(n+1)}(\xi)}{(n+1)!}\prod_{j \neq i}(x_i - x_j).$$ (2.1.36)

假定 $f(x)$ 的各阶导数有界, 即 $|f^{(k)}(x)| \leqslant M$ $(k = 0, 1, 2, \cdots)$, 则近似导数的截断误差满足

$$|f'(x_i) - P_n'(x_i)| \leqslant \frac{M}{(n+1)!}(b-a)^n.$$ (2.1.37)

当 $n \to \infty$ 时, 上式趋于零, 从而有 $f'(x_i) \approx P'_n(x_i)$ $(i = 0, 1, 2, \cdots, n)$.

对非节点处, 虽然插值多项式 $P_n(x)$ 可以收敛到 $f(x)$, 但其导数 $P'_n(x)$ 不一定能收敛到 $f'(x)$. 如果需要估算非节点处的导数, 可以利用前面所讨论的样条插值函数, 能够产生较好的效果.

现在可以将插值形式的数值微分方案运用于不同的情况. 如果给定两点 x_0 和 $x_1 = x_0 + h$ 做线性插值, 有

$$P_1(x) = \frac{x - x_1}{x_0 - x_1} f(x_0) + \frac{x - x_0}{x_1 - x_0} f(x_1), \tag{2.1.38}$$

故两节点处的导数为

$$P'_1(x_0) = P'_1(x_1) = [f(x_1) - f(x_0)]/h. \tag{2.1.39}$$

容易证明, 其余项分别与 (2.1.33) 和 (2.1.34) 式相同.

如果利用三点 $x_0, x_1 = x_0 + h, x_2 = x_0 + 2h$ 做二次插值, 则

$$P_2(x) = \frac{(x-x_1)(x-x_2)}{(x_0-x_1)(x_0-x_2)} f(x_0) + \frac{(x-x_0)(x-x_2)}{(x_1-x_0)(x_1-x_2)} f(x_1)$$
$$+ \frac{(x-x_0)(x-x_1)}{(x_2-x_0)(x_2-x_1)} f(x_2).$$

易得各点的导数分别为

$$P'_2(x_0) = \frac{1}{2h}[-3f(x_0) + 4f(x_1) - f(x_2)],$$
$$P'_2(x_1) = \frac{1}{2h}[-f(x_0) + f(x_2)],$$
$$P'_2(x_2) = \frac{1}{2h}[f(x_0) - 4f(x_1) + 3f(x_2)].$$

根据 (2.1.36) 式, 容易求得各自相应的余项

$$f'(x_0) - P'_2(x_0) = \frac{h^2}{3} f'''(\xi_1), \tag{2.1.40}$$

$$f'(x_1) - P'_2(x_1) = -\frac{h^2}{6} f'''(\xi_2), \tag{2.1.41}$$

$$f'(x_2) - P'_2(x_2) = \frac{h^2}{3} f'''(\xi_3), \tag{2.1.42}$$

其中 $\xi_i \in [x_0, x_2]$ $(i = 1, 2, 3)$. 对节点 x_1, 是中心均差的导数形式, 为三点中最准确的.

对 $P_2(x)$, 我们可以继续求其二阶导数. 譬如, 对节点 x_1, 有

$$f''(x_1) \approx P''_2(x_1) = \frac{1}{h^2}[f(x_1 - h) - 2f(x_1) + f(x_1 + h)]. \tag{2.1.43}$$

容易证明, 其截断误差为 $-\dfrac{h^2}{12} f^{(4)}(\xi), \xi \in [x_0, x_2]$.

更一般地，对于 $n+1$ 个插值节点的情况，我们得到的插值多项式是 n 阶的，这意味着我们最多可求其 n 阶导数. 在实际中，如果三点均差公式还不满足问题的需要，一般可以采用五点或者七点差分来求导. 从前面的推导可以看出，用中心差分公式来求导，是多点插值公式中最为准确的那个. 通过与前面类似的推导，大家不难自行求得更高阶中心差分的各阶导数表达式及其截断误差. 另外，如果我们选取的节点并非均匀分布，仍然可以遵循相同的思路：先求插值多项式，再求导并应用于插值节点.

如果我们用三次样条插值的方式来近似 $f(x)$，同样可以求出导数值. 若要求在某个插值节点上的导数值，由于我们是将节点处的导数值作为待定系数来求解插值多项式的，故可以直接在求样条插值函数的时候通过解方程中的 m_i 或 M_i 求出节点处的一阶或二阶导数值. 若要求某个区间上任一点的一阶和二阶导数，我们只须先把插值函数求出，再进行解析求导即可. 值得注意的是，即使我们做的是分段三次样条插值，其导数值也是和所有插值点都有关系的（记得我们需要求解关于待定参数的整个线性方程组），因而单纯为了求节点上导数值做样条插值是不划算的，但是它的好处在于可以给出非节点处的导数值，并且在整个区间上的收敛性能得到保障.

2.2 牛顿定律: 数值积分

要完整描述一个质点的运动，我们需要完全掌握质点在任意时刻 t 的空间位置坐标 $x = x(t)$，在很多情况下，上一节所讨论的插值方案会显得力不从心或者完全无法使用. 牛顿第二定律给出了其二阶导数与力的关系：

$$m\ddot{x} = F. \tag{2.2.1}$$

如果力 F 仅是时间 t 的函数，那么将上式进行两次积分，我们就能得到 x 的具体形式

$$\dot{x} = v_0 + \frac{1}{m}\int F\,\mathrm{d}t, \quad x = x_0 + \int \dot{x}\,\mathrm{d}t.$$

但是，在众多实际问题中，很多积分式无法给出解析表达式（例如 $\int \frac{\sin x}{x}\,\mathrm{d}x$），甚至 $F(t)$ 本身的解析表达式也无法获取，这便要求我们求助于数值积分.

本节，我们将循序渐进地介绍涉及数值积分的很多概念和方法.

2.2.1 中点法

在微积分教材中，我们能找到定积分的如下定义.

定义 2.2 设有定义在区间 $[a,b]$ 上的函数 $f(x)$，用任意方法在 a 与 b 之间插入分点 $a = x_0 < x_1 < x_2 < \cdots < x_n = b$，可将这个区间分划为若干个子区间. 记 λ 为相

邻分点之差 $\Delta x_i = x_{i+1} - x_i$ $(i = 0, 1, \cdots, n-1)$ 中的最大值. 从每个子区间中任取一点 $\xi_i \in [x_i, x_{i+1}]$, 并做和

$$\sigma = \sum_{i=0}^{n-1} f(\xi_i) \Delta x_i,$$

当 $\lambda \to 0$ 时, 若和式 σ 存在与区间划分方式和取点无关的极限 $\lim\limits_{\lambda \to 0} \sigma = I$, 则称函数 $f(x)$ 在区间 $[a, b]$ 上的定积分存在, 记作

$$I = \int_a^b f(x) \, \mathrm{d}x.$$

以上积分定义也被称为**黎曼积分**, 函数连续且有界是积分存在的充分条件. 从定义可知, 只要定积分存在, 不管怎样取划分方式都能从定义式逼近积分结果.

那么, 我们自然可以选择一个最简单的划分方式: 令每个子区间长度 Δx_i 相等, 并取 ξ_i 为每一个区间的中点, 即 $\xi_i = (x_i + x_{i+1})/2$. 这便得到了一个最简单的数值积分方法, 称为**中点法**, 其计算流程如下.

算法 2.1　中点法

设连续有界函数 $f(x)$ 给定在某区间 $[a, b]$ 上. 在区间上取 n 个格点, 定义序列

$$y_i = a + (b - a)\frac{i + 1/2}{n}, \quad i = 0, 1, \cdots, n-1,$$

则和式

$$I_n \equiv \sum_{i=0}^{n-1} f(y_i) \frac{b - a}{n}$$

给出了 $f(x)$ 在区间 $[a, b]$ 上定积分的近似值, 并在 $n \to \infty$ 时收敛于该定积分.

我们还需要明确一下 "近似值" 和 "收敛" 的具体含义. 为此我们回顾一下序列极限的定义.

定义 2.3　给定无穷序列 $I_0, I_1, \cdots, I_n, \cdots$, 若存在数 I, 满足对于任意 $\varepsilon > 0$, 总存在 $k \in \mathbb{N}$, 使得对于全部 $n > k$, $|I_n - I| < \varepsilon$ 均成立, 那么, 我们称序列 $\{I_n\}$ 的极限存在, 并为 I.

显然, 根据上述定义, ε 实际上给出了误差 $I - I_n$ 的上界, 而 k 衡量了为达到目标精度所需要的计算量. 在实际计算中, 我们总是希望能够以尽可能少的计算量来达到尽可能小的误差 ε. 那么, 在分析算法时, 最重要的是弄清楚 ε 和 k 之间的关系如何. 对于这个算法, 我们可以具体到子区间 $[\xi_i, \xi_{i+1}]$ 上, 将 $f(x)$ 做泰勒展开

$$f(x) = f(\xi_i) + f'(\xi_i)(x - \xi_i) + \frac{1}{2} f''(\zeta)(x - \xi_i)^2, \tag{2.2.2}$$

其中 $\zeta \in (\xi_i, x)$.

由此, 可以考察积分式 $\int_{x_i}^{x_{i+1}} f(x)\,\mathrm{d}x$ 与 $f(\xi_i)\Delta x_i$ 之间的差:

$$\begin{aligned}
\varepsilon_i &= \int_{x_i}^{x_{i+1}} f(x)\,\mathrm{d}x - f(\xi_i)\Delta x_i \\
&= \int_{x_i}^{x_{i+1}} \left[f(\xi_i) + f'(\xi_i)(x-\xi_i) + \frac{1}{2}f''(\zeta)(x-\xi_i)^2 \right] \mathrm{d}x - f(\xi_i)\Delta x_i \\
&= \int_{x_i}^{x_{i+1}} \frac{1}{2}f''(\zeta)(x-\xi_i)^2\,\mathrm{d}x.
\end{aligned}$$

上式中泰勒展开的第一项积分后与后面的中点值乘区间长度抵消, 第二项由于 ξ_i 取在中点处, 积分自然为零, 第三项中的 ζ 依赖于 x 的具体值, 但满足 $\zeta \in [\xi_i, x]$, 从而 $\zeta \in [x_i, x_{i+1}]$, 意味着我们可以对其放缩:

$$|\varepsilon_i| \leqslant \max_{\zeta \in [x_i, x_{i+1}]} |f''(\zeta)| \int_{x_i}^{x_{i+1}} \frac{1}{2}(x-\xi_i)^2\,\mathrm{d}x \leqslant \frac{\Delta x_i^3}{24} \max_{\zeta \in [x_i, x_{i+1}]} |f''(\zeta)|.$$

将所有 ε_i 相加, 并进一步放缩, 得到

$$\begin{aligned}
\varepsilon = \left| I_n - \int_a^b f(x)\,\mathrm{d}x \right| &\leqslant \sum_i |\varepsilon_i| \\
&\leqslant \frac{(b-a)^3}{24n^3} \sum_i \max_{\zeta_i \in [x_i, x_{i+1}]} |f''(\zeta_i)| \\
&\leqslant \frac{(b-a)^3}{24n^2} \max_{\zeta \in [a,b]} |f''(\zeta)|.
\end{aligned} \tag{2.2.3}$$

从这个结果可以看到, 用该算法来求积分的近似值的误差正比于子区间长度 $\Delta x = (b-a)/n$ 的平方, 用大 O 记号可以写作 $O(\Delta x^2) = O(1/n^2)$, 为了保证精度达到 ε 所需要的分点数 n 为 $O(\varepsilon^{-1/2})$. 另一方面, 误差依赖于二阶导数, 这意味着对于线性函数, 这个积分方法是完全精确的, 从而我们称这个算法拥有**一阶代数精度**. 更一般地, 可以给出如下定义.

定义 2.4 *如果一个数值积分方法对于不高于 p 阶的多项式严格成立, 那么称其具有 p 阶代数精度.*

在上述推导中, 我们将函数做泰勒展开到二阶. 这相当于假定了二阶导数是有界的. 有些函数在个别点的二阶导数发散或没有定义 [例如绝对值函数 $f(x) = |x|$ 在点 $x = 0$], 我们可以通过将整个积分区间划分成若干段, 再采用分段积分的方式处理. 有时候, 我们还会碰到无界函数 (即所谓反常积分) 的情形, 这将在下一节讨论.

回到质点动力学这一物理问题上, 我们注意到位移是加速度的两次积分, 但在做数值计算的时候, 两次积分的计算量将会大大增加: 第二步积分需要速度在全部格点上的值, 而每个格点上的速度值都要单独计算一个定积分, 从而将计算量从 $O(n)$ 增加到 $O(n^2)$. 事实上, 利用分部积分, 我们可以极大地简化运算:

$$x_1 - x_0 = \int_{t_0}^{t_1} \dot{x}\,\mathrm{d}t = \int_{t_0}^{t_1} [\mathrm{d}(\dot{x}t) - \ddot{x}t\,\mathrm{d}t]$$

$$= t_1\dot{x}(t_1) - t_0\dot{x}(t_0) - \int_{t_0}^{t_1} \ddot{x}t\,\mathrm{d}t$$

$$= (t_1 - t_0)\dot{x}(t_0) + \frac{1}{m}\int_{t_0}^{t_1} F(t)(t_1 - t)\,\mathrm{d}t. \qquad (2.2.4)$$

依据上式, 我们便只需要计算一次定积分即可获得质点的运动轨迹. 这个结果的物理意义也是很明确的: 第一项表示无外力下自由运动的位移, 而第二项中的被积函数表示某一瞬时 t 的加速度在随后的 $(t_1 - t)$ 的时间内引起的额外位移.

在实践中, 一些更复杂运动 (如受迫运动) 的求解也涉及定积分计算. 例如, 对于阻尼振子的受迫运动, 其牛顿方程满足

$$m\ddot{x} + 2m\gamma\dot{x} + m\omega_0^2 x = F(t). \qquad (2.2.5)$$

不论是用常数变易法还是傅里叶变换, 都容易得到这个问题的通解:

$$x(t) = \frac{1}{m}\left[\int_{-\infty}^{t} F(\tau)\mathrm{e}^{-\gamma(t-\tau)}\frac{\sin\delta(t-\tau)}{\delta}\,\mathrm{d}\tau + \mathrm{e}^{-\gamma t}\left(c_1\mathrm{e}^{\mathrm{i}\delta t} + c_2\mathrm{e}^{-\mathrm{i}\delta t}\right)\right], \qquad (2.2.6)$$

其中 $\delta = \sqrt{\omega_0^2 - \gamma^2}$, 而 c_1, c_2 是可以由初始条件确定的常数. 可以看到, 此处同样出现了通常需要数值计算的定积分, 只不过在驱动力前乘上的不是线性函数, 而是一个振荡衰减因子. 通常而言, 这个因子会放大被积函数的二阶导数极值, 从而使数值积分更难收敛. 因此, 如何让积分在函数具有不同性质的区间中, 使用不同的格点疏密以达到需要的积分精度, 在实际计算中具有十分重要的意义. 下面, 我们来讨论自适应调节这一技巧.

2.2.2 自适应调节

我们来重新审视 (2.2.3) 式, 它告诉我们积分的误差是由区间内二阶导数极值、格点疏密和积分区间宽度决定的. 一个自然的想法是, 如果能在积分时采用不等间距的分划 $\{x_i\}$, 对于函数不同位置采用不同的 Δx_i, 在二阶导数较大的区域采用较小的 Δx_i, 而在二阶导数较小的区域使用较大的 Δx_i, 那么在相同的计算消耗下, 就能得到更高的精度.

考虑将 $[a, b]$ 划分成 n 个不等大小的区间, 总的积分误差具有如下形式:

$$\varepsilon \propto \sum_i \Delta x_i^3 |f''(x_i)|.$$

一个直观的想法是让各处产生的误差 $\Delta x_i^3|f''(x_i)|$ 与子区间长度 Δx_i 成正比, 这样便要求

$$\Delta x_i = \frac{C}{\sqrt{|f''(x_i)|}} \tag{2.2.7}$$

对于全体 i 都成立, 其中 C 是任意常数. 那么此时总体误差 $\varepsilon \sim C(b-a)$. 注意, 此处常数 C 的选取决定了计算精度, 同时也决定了 Δx_i 的大小.

由此, 我们面临两个问题: 其一, 为了确定积分格点, 我们还需要计算函数的二阶导数, 这是额外的计算负担; 其二, 如前所述, $f''(x_i)$ 依赖于区间划分, 所以我们陷入了"先有鸡还是先有蛋"的困境. 下面会看到, 这个困境是能摆脱的.

方便起见, 我们先对算法 2.1 做一些修改, 把中点的函数值 $f[(x_i + x_{i+1})/2]$ 用边界点平均值 $[f(x_i) + f(x_{i+1})]/2$ 替代. 根据 (2.2.2) 式, 将 $f(x)$ 在点 $(x_i + x_{i+1})/2$ 分别用前向差商和后向差商展开到第一阶, 容易证明这个替代产生的误差是

$$f\left(\frac{x_i + x_{i+1}}{2}\right) - \frac{f(x_i) + f(x_{i+1})}{2} = -\frac{(x_{i+1} - x_i)^2}{8} f''(\xi),$$

其中 $\xi \in [x_i, x_{i+1}]$. 显然, 与之前中点积分法产生的误差有着相似的形式, 因此这个替代几乎不影响算法总体的收敛行为. 这样的算法, 就是**梯形积分法**.

算法 2.2 梯形积分法

设函数 $f(x)$ 给定在某区间 $[a,b]$ 上. 定义序列

$$x_i = a + (b-a)\frac{i}{n}, \quad i = 0, 1, \cdots, n,$$

和式

$$I_n \equiv \left[f(x_0)/2 + \sum_{i=1}^{n-1} f(x_i) + f(x_n)/2\right] \frac{b-a}{n}$$

给出了 $f(x)$ 在区间 $[a,b]$ 上定积分的近似值, 并在 $n \to \infty$ 时收敛于该定积分.

仿照上一节的误差估计, 读者可以比较容易地自行证明, 梯形积分法的误差上界为 $\frac{(b-a)^3}{12n^2} \max\limits_{\zeta \in [a,b]} |f''(\zeta)|$.

现在, 让我们来考虑如何估算某个区间上的二阶导数值. 最简单的策略就是利用二阶导数的三点中心差商近似:

$$f''(\xi) \approx \frac{f(x_i) - 2f[(x_i + x_{i+1})/2] + f(x_{i+1})}{(x_{i+1} - x_i)^2/4}. \tag{2.2.8}$$

可以看出, 只要额外计算区间中点的函数值, 我们就能得到对二阶导数的估计.

值得注意的是, 当引入区间中点后, 我们实际上将区间 $[x_i, x_{i+1}]$ 等分成了两个小区间. 在原始区间上的近似积分值为 $I_1 = [f(x_i) + f(x_{i+1})](x_{i+1} - x_i)/2$, 而若使用加密后的区间做梯形积分, 将得到 $I_2 = [f(x_i) + 2f[(x_i + x_{i+1})/2] + f(x_{i+1})](x_{i+1} - x_i)/4$. 把它们做差, 有

$$I_2 - I_1 = \frac{x_{i+1} - x_i}{4}[-f(x_i) + 2f[(x_i + x_{i+1})/2] - f(x_{i+1})]$$
$$= -\frac{(x_{i+1} - x_i)^3}{16} f''(\xi). \tag{2.2.9}$$

有趣的是, 这个差值与我们上面对二阶导数的估计表达式一致, 同时也正比于数值积分的误差. 当然这并不奇怪, 因为 I_1 相比精确值的误差为 $[(x_{i+1} - x_i)^3/12] \times |f''|$, 而 I_2 的为 $[((x_{i+1} - x_i)^3/4)/12] \times |f''|$. 两者的形式是一样的, 只是差出一个 $(1/2)^2$ 的因子, 将二者做差就能得到前面的结果.

这样, 前面提到的第一个困难就解决了: 我们只需要增加一个中点, 就能够同时得到在一个子区间上加密的积分近似值以及对其误差的估计. 为了解决第二个问题造成的困扰, 我们只须先均匀划分一套较粗糙的格点, 然后不断加密直到不等式 $\Delta x_i^2 |f''(x_i)| < C$ 在每个子区间上都成立为止. 这样, 我们便可以给出如下**自适应积分法**.

算法 2.3　自适应积分法

```
1   function selfAdaptive(a,b,func,n,eps)
2       integral = 0
3       x0 = a
4       f0 = func(x0)
5       do i = 1, n
6           x1 = x0 + (b-a)/n
7           f1 = func(x1)
8           integral = integral + refine(x0,x1,f0,f1,func,eps)
9           x0 = x1
10          f0 = f1
11      end
12      return integral
13  end
14
15  function refine(a,b,fa,fb,func,eps)
16      c=(a+b)/2
17      fc=func(c)
18      error=abs(2*fc-fa-fb)
19      if(error<eps)
20          integral=(fa+2*fc+fb)*(b-a)/4
21      else
22          integral=refine(a,c,fa,fc,func,eps)+refine(c,b,fc,fb,func,eps)
23      end
24      return integral
25  end
```

算法中 abs() 表示取绝对值, 根据之前的讨论, 可以粗略估计上述算法的误差上界为 $\text{eps} \cdot (b-a)/3$.

最后, 我们要强调, 第一步的粗分割是必不可少的. 一个极端的例子是计算 $\int_0^{2\pi} \sin^2 x \, \mathrm{d}x$, 若直接使用第二步的自适应划分, 那么得到误差估计 $2\sin^2 \pi - \sin^2 0 - \sin^2 2\pi = 0$, 直接判定为满足误差判据, 使用该三点计算, 返回数值积分结果为零. 这个困难来自 (2.2.9) 式中得到的二阶导数是区间中某一点的二阶导数, 而非判定误差上界时所需要的区间内二阶导数极大值. 因此我们在第一步做粗分割时, 需要使得每个子区间中函数的二阶导数变化不是太大. 在实践中, 一般要求子区间长度不大于函数最小单调区间的长度.

2.2.3 理查德森加速

自适应算法中实际上依旧存在着值得仔细考究的内容: 既然可以通过稀疏格点的积分值 I_1 和加密格点的积分值 I_2 估算出误差大小, 我们能否直接在结果上把这个估算出的误差扣除掉, 得到更准确的结果呢? 实际上这是可行的, 我们可以计算两次积分值的组合

$$\frac{4I_2 - I_1}{3} = I + \frac{(b-a)^3}{36}[f''(\xi_1) - f''(\xi_2)],$$

从而有

$$\left| \frac{4I_2 - I_1}{3} - I \right| \leqslant \frac{(b-a)^4}{36}|f'''(\xi)|.$$

很明显, 算法从原本的一阶代数精度至少提高到了二阶代数精度. 我们可以对积分公式稍做整理, 给出如下具体形式:

$$\int_{x_i}^{x_{i+1}} f(x) \, \mathrm{d}x \approx \frac{x_{i+1} - x_i}{6} \left[f(x_i) + 4f\left(\frac{x_i + x_{i+1}}{2}\right) + f(x_{i+1}) \right]. \tag{2.2.10}$$

这个积分方法被称为**辛普森 (Simpson) 求积公式**.

更进一步, 既然这个二阶精度算法的误差同样依赖于积分区间的长度, 那我们同样可以再加密一次, 用前后两次的结果消去这个误差, 得到精度更高的结果. 如此循环往复, 我们能够以指数的速率收敛到一个更精确的结果.

沿着这个思路, 我们来仔细研究一下一般情况. 归根到底, 上述方案等价于我们拥有一个依赖于分划区间长度 h 的算法 $g_0(h)$, 在区间长度趋于零时能给出精确值 a_0, 即

$$\lim_{h \to 0} g_0(h) = a_0. \tag{2.2.11}$$

假定 $g_0(h)$ 的行为足够好, 能进行某种幂级数展开,

$$g_0(h) = a_0 + a_{p_1} h^{p_1} + a_{p_2} h^{p_2} + \cdots, \tag{2.2.12}$$

其中 $\{p_i\}$ 为单调递增的正值序列, 对应着不同的误差项 [例如, 根据 (2.2.3) 式, 梯形法的 $p_1 = 2$, 而对于辛普森法 p_1 至少为 3], 那么, 我们可以使用 $g_0(h)$ 和 $g_0(h/2)$ 来组合出一个新的算法:

$$g_1(h) \equiv \frac{2^{p_1}g_0(h/2) - g_0(h)}{2^{p_1} - 1} = a_0 + a_{p_2}^{(1)}h^{p_2} + a_{p_3}^{(1)}h^{p_3} + \cdots. \quad (2.2.13)$$

如同我们所预期的, 上式中 h^{p_1} 项已被消去. 进行递归

$$g_k(h) \equiv \frac{2^{p_k}g_{k-1}(h/2) - g_{k-1}(h)}{2^{p_k} - 1} = a_0 + a_{p_{k+1}}^{(k)}h^{p_{k+1}} + a_{p_{k+2}}^{(k)}h^{p_{k+2}} + \cdots, \quad (2.2.14)$$

便得到了一个精度为 $O(h^{p_{k+1}})$ 的算法. 这个过程被称为**理查德森 (Richardson) 加速**. 为了方便理解算法的具体实现, 我们可以列出下面的表 2.3. 由递归公式 (2.2.14) 可知, 除去表 2.3 中第一行外, 计算表中每一个数都需要用到其正上和右上的数. 因此在具体实现时, 我们需要先算出第一行, 然后从上往下计算整个表格中的每一个数, 最后算得所需要的 $g_k(h)$.

表 2.3　理查德森加速计算过程

$g_0(h)$	$g_0(h/2)$	$\cdots$	$g_0(h/2^{k-1})$	$g_0(h/2^k)$
$g_1(h)$	$g_1(h/2)$	$\cdots$	$g_1(h/2^{k-1})$	
$\cdots$	$\cdots$	$\cdots$	$\cdots$	
$g_{k-1}(h)$	$g_{k-1}(h/2)$			
$g_k(h)$				

对于数值积分而言, 计算 $g_0(h/2^k)$ 时求得的函数值可以用来把整个第一行数全给出来, 那么复合算法所需要的计算量约为 $O(2^k/h)$. 随后我们来计算 p_k. 假设 $f(x)$ 充分连续, 考虑

$$\int_a^b f(x)\,\mathrm{d}x - \frac{b-a}{2}[f(b) + f(a)]$$

$$= \int_a^b \sum_{m=0}^{\infty} \frac{1}{m!}f^{(m)}\left(\frac{a+b}{2}\right)\left(x - \frac{a+b}{2}\right)^m \mathrm{d}x$$

$$- \frac{b-a}{2}\left\{\sum_{m=0}^{\infty}\frac{1}{m!}f^{(m)}\left(\frac{a+b}{2}\right)\left[\left(\frac{b-a}{2}\right)^m + \left(\frac{a-b}{2}\right)^m\right]\right\}$$

$$= -\sum_{k=1}^{\infty} \frac{1}{(2k)!}f^{(2k)}\left(\frac{a+b}{2}\right)\frac{4k}{2k+1}\left(\frac{b-a}{2}\right)^{2k+1}, \quad (2.2.15)$$

有 $p_k = 2k$, 即算法 $g_k(h)$ 给出的误差为 $O(h^{2(k+1)})$. 而直接执行算法 $g_0(h/2^k)$, 在同样的时间消耗下能够达到的误差为 $O((2^{-k}h)^2)$. 两者之间相比较, 理查德森加速有一个 $O((2h)^{2k})$ 倍的误差压低. 当 h 相对较小时这个压低是非常显著的. 此外, 我们也得知

前面对辛普森算法的误差估计过于保守. 此时, $k = 1$, 因此事实上它具有**三阶代数精度**.

最后, 我们对理查德森加速给出一个具体的算例. 考虑积分 $\int_0^5 e^{-x} dx$, 其精确值是解析已知的, 为 $I = 1 - e^{-5}$. 我们依照表 2.4 算出误差 $g_i(h/2^j) - I$, 结果如下: 当 $k = 7$ 时, $g_k(h)$ 已经达到机器精度, 而类似计算量的 $g_0(h/2^k)$ 却只能达到 10^{-4} 的精度. 可见, 加速算法对收敛速度的提升是十分显著的.

表 2.4 理查德森加速算例的收敛过程

	h	$h/2$	$h/2^2$	$h/2^3$	$h/2^4$	$h/2^5$	$h/2^6$	$h/2^7$
g_0	1.523	0.470	0.126	3.21E-2	8.07E-3	2.01E-3	5.05E-4	1.26E-4
g_1	0.119	1.13E-2	8.04E-4	5.20E-4	3.27E-6	2.05E-7	1.28E-8	
g_2	4.12E-3	1.03E-4	1.86E-6	3.02E-8	4.76E-10	7.46E-12		
g_3	3.95E-5	2.51E-7	1.13E-9	4.60E-12	1.76E-14			
g_4	9.70E-8	1.54E-10	1.74E-13	-3.33E-16				
g_5	5.99E-11	2.39E-14	-5.55E-16					
g_6	9.32E-15	-5.55E-16						
g_7	-6.66E-16							

这个算法与 $2^k - 1$ 阶**牛顿 – 柯特斯 (Newton-Cotes) 求积法**是等价的. 后者的思路源于将积分区间等分为 $2^k - 1$ 个子区间, 利用 2^k 个节点构造出 $2^k - 1$ 阶插值多项式用以近似 $f(x)$, 然后用这个多项式在积分区间上的积分值来近似替代原函数的积分. 从这个等价性我们也能判断出牛顿 – 柯特斯求积法有 $2^k - 1$ 阶代数精度.

需要指出的是, 积分法也并不是代数精度越高就一定越好. 读者可以尝试完成下面的练习, 从而对这个问题有更进一步的认识.

练习 2.1 在你的计算机上编写理查德森加速求解数值积分的程序. 对于积分

$$I = \int_{-5}^{5} \frac{dx}{1 + x^2},$$

重复正文中的表格. 是否一定是 k 越大, 数值误差越小? 给出你的解释.

2.2.4 高斯积分

根据前面的讨论, 数值积分一般可以归结为如下插值求积公式:

$$\int_a^b f(x) dx \approx \sum_{k=0}^{n} A_k f(x_k). \tag{2.2.16}$$

这类求积方法统称为**机械求积**, 其中 x_k 为求积节点, A_k 为求积系数.

在之前的讨论中, 我们仅单纯地将节点取作等距节点, 通过调整求积系数来达到一个较高的代数精度. 原则上讲, 如果某个机械求积方法具有 m 阶代数精度, 那么有如下 $m+1$ 个方程同时成立:

$$\int_a^b x^l \,\mathrm{d}x = \sum_{k=0}^n A_k x_k^l, \quad l = 0, 1, \cdots, m. \tag{2.2.17}$$

如果将求积节点和求积系数同时看作待定系数, 那么我们有 $2n+2$ 个自由参数, 原则上可以满足 $2n+2$ 个方程, 获得 $m = 2n+1$ 阶代数精度. 当然, 直接求解这个非线性方程组是非常困难的, 我们需要一些更巧妙的策略.

在给定节点的情况下, 引入多项式函数 $\omega_{n+1}(x) \equiv \prod_k (x - x_k)$. 任意 $2n+1$ 阶多项式 $P_{2n+1}(x)$ 都可以做分解

$$P_{2n+1}(x) = \omega_{n+1}(x) q_n(x) + r_n(x), \tag{2.2.18}$$

其中 $q_n(x)$ 和 $r_n(x)$ 都是不高于 n 阶的多项式. 那么机械求积方法对 $P_{2n+1}(x)$ 成立等价于

$$\int_a^b P_{2n+1} \,\mathrm{d}x = \sum_{k=0}^n A_k P_{2n+1}(x_k), \tag{2.2.19}$$

$$\int_a^b [\omega_{n+1}(x) q_n(x) + r_n(x)] \,\mathrm{d}x = \sum_{k=0}^n A_k r_n(x_k). \tag{2.2.20}$$

如果对于任意 n 阶多项式, 都有 $\int_a^b \omega_{n+1}(x) q_n(x) \,\mathrm{d}x = 0$, 则只需要调整 A_k 使其具有 n 阶代数精度, 这个积分法便自然具有 $2n+1$ 阶代数精度.

现在问题转化为寻求正交多项式 $\omega_{n+1}(x)$ 以及其全部零点 $\{x_k\}$. 事实上, 当取区间 $[a, b]$ 为 $[-1, 1]$ 时, 它就是著名的勒让德 (Legendre) 多项式. 相应的积分法被称为**高斯积分法**或**高斯 – 勒让德积分法**. 对于一般积分区间的情形, 可以通过一个线性变换转换到 $[-1, 1]$ 上来.

更进一步, 我们还会涉及带权的高斯积分 $\int_a^b f(x) \rho(x) \,\mathrm{d}x$, 其中 $\rho(x)$ 为事先给定的权函数, 往往会带有一定的奇异性. 下一节便会看到基于第一类切比雪夫 (Chebyshev) 多项式的高斯积分在奇异积分上的应用. 关于高斯积分更深刻与系统性的理解, 我们留到 3.5 节与正交多项式一同进行讨论.

2.3 保守运动: 反常积分

上一节中提到, 我们在处理实际问题时, 还会碰到被积函数在给定的有限积分区间中是无界 (发散) 的情况 (称为奇异积分). 有时候, 我们也会碰到积分区间是无限区间的情况 (称为无限积分). 在本节中, 我们来对这类**反常积分**进行专门讨论.

2.3.1 引子

经典力学中另一类典型的问题是粒子在给定外势场下的运动, 即作用力 F 是空间坐标 x 的函数:

$$m\ddot{x} = F(x). \tag{2.3.1}$$

在方程两端同时乘以 $\dot{x}$, 对时间 t 进行积分, 我们可以得到机械能守恒方程

$$\frac{1}{2}m\dot{x}^2 + V(x) = E, \tag{2.3.2}$$

其中 $V(x) \equiv -\int F(x)\,\mathrm{d}x$ 为粒子在所处位置的势能, 常数 E 为总能量. 对方程略做变形, 我们有

$$\dot{x} = \pm\sqrt{\frac{2}{m}[E - V(x)]}. \tag{2.3.3}$$

为了简单起见, 我们不妨认为 $\dot{x} \geqslant 0$, 即可得到一个积分

$$t(x) = \int^x \sqrt{\frac{m}{2[E - V(x')]}}\,\mathrm{d}x'. \tag{2.3.4}$$

之后, 我们再求出 $t(x)$ 的反函数, 便能求出粒子的运动方程 $x(t)$.

需要注意的是, 上述积分不能用我们上一节中所讨论的方法直接处理: 在满足 $E = V(x_0)$ 的经典拐点 $x_0 = a, b$ 处 (见图 2.1), 被积函数是发散的, 从而按照前面分割区间求和所定义的极限并不存在.

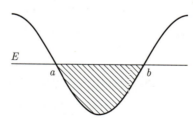

图 2.1 给定外势场 $V(x)$ 下, 能量为 E 的经典粒子在 $[a,b]$ 内做往复运动, a 和 b 为其经典拐点

但是, 从某个位置 x_1 运动到拐点 x_0 的时间是有物理意义的, 因此我们理所当然可以写下定积分 $\int_{x_1}^{x_0} f(x')\mathrm{d}x'$. 在数学上不允许, 我们就需要修正不合适的数学定义. 这并不是一件困难的事情, 我们可以选择再引入一个极限 $\int^{x_0} f(x')\mathrm{d}x' \equiv \lim_{x \to x_0} \int^x f(x')\mathrm{d}x'$, 或者使用勒贝格 (Lebesgue) 积分的定义. 但这些操作在数值上都不是那么容易实现. 这里, 我们介绍一种相对朴素的方案 —— 换元法, 来处理反常积分的问题.

2.3.2 三角换元

首先，我们把所面对的问题进一步具体化：如图 2.1 所示，考虑势能函数满足 $V(x) \leqslant E, x \in (a,b)$ 以及 $V(a) = V(b) = E, V'(a) \neq 0, V'(b) \neq 0$，这样 a 和 b 便均为 $V(x) = E$ 的两个一阶零点. 现在来计算系统运动的半周期，即积分

$$I = \sqrt{\frac{m}{2}} \int_a^b \frac{\mathrm{d}x}{\sqrt{E - V(x)}} = \int_a^b \frac{f(x)\,\mathrm{d}x}{\sqrt{(x-a)(b-x)}}, \tag{2.3.5}$$

其中，我们引入了新函数 $f(x) \equiv \sqrt{\dfrac{m(x-a)(b-x)}{2[E-V(x)]}}$，它在区间 $[a,b]$ 上有界. 这样，我们便把被积函数的奇异性完全归结到了一个已知的函数 $1/\sqrt{(x-a)(b-x)}$ 上.

做变量代换

$$x = \frac{a+b}{2} + \frac{b-a}{2}\cos\theta, \tag{2.3.6}$$

则积分 (2.3.5) 变为

$$I = \int_0^\pi f\left(\frac{a+b}{2} + \frac{b-a}{2}\cos\theta\right)\mathrm{d}\theta. \tag{2.3.7}$$

这样我们所面对的就是一个常规的积分了，便可放心使用上一节中引入的算法 2.1，即

$$\begin{aligned} I \approx I_n &= \frac{\pi}{n}\sum_{i=1}^n f\left(\frac{a+b}{2} + \frac{b-a}{2}\cos\frac{2i-1}{2n}\pi\right) \\ &= \frac{\pi}{n}\sum_{i=1}^n \frac{\sin\dfrac{2i-1}{2n}\pi}{\sqrt{E - V\left(\dfrac{a+b}{2} + \dfrac{b-a}{2}\cos\dfrac{2i-1}{2n}\pi\right)}}. \end{aligned} \tag{2.3.8}$$

总结上面讨论的例子，我们可以得到**第一类切比雪夫积分法**.

算法 2.4　第一类切比雪夫积分法

给定在某区间 $[a,b]$ 上的连续有界函数 $f(x)$，定义序列

$$x_i = \frac{a+b}{2} + \frac{b-a}{2}\cos\frac{2i-1}{2n}\pi, \quad i = 1, \cdots, n,$$

则和式

$$I_n \equiv \frac{\pi}{n}\sum_{i=1}^n f(x_i)$$

给出了反常积分 $\int_a^b f(x)/\sqrt{(b-x)(x-a)}\,\mathrm{d}x$ 的近似值，并在 $n \to \infty$ 的极限下收敛于该定积分.

本质上，这个积分方法属于带权高斯积分的一类，我们下面分析一下它的误差.

2.3.3 误差分析

值得注意的是，这个积分法在一定的条件下精度是相当高的. 假定 $f(x)$ 在 $[a,b]$ 上能以 $(a+b)/2$ 为中心展开成泰勒级数

$$f(x) = \sum_{k=0}^{\infty} \frac{\left(x - \dfrac{a+b}{2}\right)^k}{k!} f^{(k)}\left(\frac{a+b}{2}\right),$$

做变量代换

$$x = \frac{a+b}{2} + \frac{b-a}{2}\cos t,$$

可得到

$$g(t) = \sum_{k=0}^{\infty} \cos^k t \frac{\left(\dfrac{b-a}{2}\right)^k}{k!} f^{(k)}\left(\frac{a+b}{2}\right).$$

通过上式，我们将被积函数写成了关于 $\cos t$ 的多项式级数，因此只需要分别对所有整数 k 考虑计算 $\cos^k t$ 时的误差即可. 按照中点法计算产生的误差为

$$\begin{aligned}
&\int_0^\pi \cos^k t\,\mathrm{d}t - \frac{\pi}{n}\sum_{i=1}^n \cos^k t_i \\
&= 2^{-k}\int_0^\pi (\mathrm{e}^{\mathrm{i}t}+\mathrm{e}^{-\mathrm{i}t})^k\,\mathrm{d}t - 2^{-k}\frac{\pi}{n}\sum_{i=1}^n(\mathrm{e}^{\mathrm{i}t_i}+\mathrm{e}^{-\mathrm{i}t_i})^k \\
&= \begin{cases} -2^{-k}\dfrac{\pi}{n}\displaystyle\sum_{m=0}^k\sum_{i=1}^n C_k^m \mathrm{e}^{\mathrm{i}(2m-k)t_i}, & k/2 \notin \mathbb{Z}, \\ 2^{-k}C_k^{k/2}\pi - 2^{-k}\dfrac{\pi}{n}\displaystyle\sum_{m=0}^k\sum_{i=1}^n C_k^m \mathrm{e}^{\mathrm{i}(2m-k)t_i}, & k/2 \in \mathbb{Z} \end{cases} \\
&= -2^{-k}\frac{\pi}{n}\sum_{m=0}^{\lceil k/2\rceil-1} C_k^m \sum_{i=1}^n \left(\mathrm{e}^{\mathrm{i}(2m-k)t_i}+\mathrm{e}^{-\mathrm{i}(2m-k)t_i}\right),
\end{aligned}$$

其中 $\lceil k/2 \rceil$ 表示不小于 $k/2$ 的最小整数，最后一个求和相当于复平面上一个单位矢量以固定角度 $(2m-k)\pi/n$ 旋转 $2n$ 次之和，当且仅当转角为 2π 整数倍，即 $(2m-k)/2n = l \in \mathbb{Z}$ 时非零. 这仅在 $k \geqslant 2n$ 时才能取到. 从而我们可以得到结论，对于 $\cos^k t$ 在 $[0,\pi]$ 上的积分，当 $k < 2n$ 时，精确解和算法 2.1 给出的结果是严格一致的. 那么对于 $g(t)$ 而言，其数值积分的误差可以估计为

$$\epsilon \sim 2\pi\frac{\left(\dfrac{b-a}{4}\right)^{2n}}{(2n)!} f^{(2n)}\left(\frac{a+b}{2}\right) = O\left[\frac{1}{\sqrt{n}}\left(\frac{b-a}{8n}\mathrm{e}\right)^{2n}\right],$$

其中，我们用到了阶乘的斯特林 (Stirling) 公式

$$n! \sim \sqrt{2\pi n}\mathrm{e}^{-n}n^n. \tag{2.3.9}$$

此外, 对于 $f(x)$ 是 $2n-1$ 阶或更低幂次的多项式, 积分是严格成立的, 从而算法具有 $2n-1$ 阶代数精度.

2.3.4 数值检验

最后, 我们将上述算法用于处理一些实际的物理问题. 最简单的莫过于简谐振子情形, 即 $V = \frac{1}{2}m\omega^2 x^2$. 此时 $f(x)$ 是一个常数, 算法取 $n=1$ 就能得到精确的结果.

作为挑战, 我们考虑质量为 m、摆长为 l 的单摆, 如图 2.2 所示. 此时 $V(\theta) = mgl(1-\cos\theta)$, 其中 g 为重力加速度. 单摆的总能量为

$$E = \frac{1}{2}ml^2\dot\theta^2 + mgl(1-\cos\theta).$$

当总能量为 E_0 时, 其经典拐点为

$$\pm\theta_0 = \pm\arccos\left(1 - \frac{E_0}{mgl}\right),$$

相应的运动周期为

$$T = 2\int_{-\theta_0}^{\theta_0} \sqrt{\frac{l}{2g}} \frac{1}{\sqrt{E_0/mgl - 1 + \cos\theta}} d\theta$$
$$= \sqrt{\frac{2l}{g}} \int_{-\theta_0}^{\theta_0} \sqrt{\frac{\theta_0^2 - \theta^2}{\cos\theta - \cos\theta_0}} \frac{d\theta}{\sqrt{\theta_0^2 - \theta^2}}.$$

这里, 我们做了类似 (2.3.5) 式所给出的变换, 此处的 "$f(x)$" 相应于

$$\sqrt{\frac{\theta_0^2 - \theta^2}{\cos\theta - \cos\theta_0}}.$$

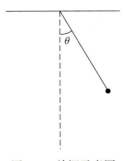

图 2.2 单摆示意图

作为例子, 我们取 $E_0 = mgl$, 对应于从水平位置释放的大角单摆, 可数值求得各阶算法给出的周期, 如表 2.5 所示. 可见 $n=1$ 就已经给出了一个可以接受的近似结果, 而 $n=8$ 时结果已经收敛到了 10^{-10} 的精度上. 这充分说明了算法 2.4 的高效.

表 2.5　利用第一类切比雪夫积分法计算大角单摆周期的收敛过程

n	$T/\sqrt{l/g}$
1	6.9788641996
2	7.4057750761
3	7.4160507091
4	7.4162925873
5	7.4162985517
6	7.4162987050
7	7.4162987091
8	7.4162987092

接下来我们考虑另一个问题，即两个端点中仅有一个为经典拐点的积分，此时积分限相比 (2.3.5) 式发生了变化，即

$$I(y) \equiv \int_y^1 \frac{f(x)}{\sqrt{1-x^2}}\,\mathrm{d}x, \quad -1 < y < 1.$$

使用同样的三角换元和中点法，我们可以写下

$$I_n(y) = \frac{\arccos y}{n} \sum_{k=1}^n f\left[\cos\left(\frac{2k-1}{2n}\arccos y\right)\right].$$

此时，$\arccos y$ 并不总存在之前的 π 一样的特殊性质，因此不能实现如同切比雪夫积分一般的快速收敛，但是，至少还能够保证中点法所具有的二阶计算精度．

继续以之前的大角单摆作为例子，考虑其从 θ_0 处静止释放，运动至 θ 处的时间 $t(\theta)$ 可以用椭圆积分显式地给出：

$$\begin{aligned}
t(\theta) &= \sqrt{\frac{l}{2g}} \int_\theta^{\theta_0} \frac{\mathrm{d}\theta'}{\sqrt{\cos\theta' - \cos\theta_0}} \\
&= \sqrt{\frac{l}{g}} \int_\varphi^{\pi/2} \frac{\mathrm{d}\varphi'}{\sqrt{1 - \sin^2\theta_0/2 \sin^2\varphi'}} \\
&= \sqrt{\frac{l}{g}} [F(\sin\theta_0/2, \pi/2) - F(\sin\theta_0/2, \varphi)],
\end{aligned}$$

其中，$F(k,\varphi)$ 为第一类不完全椭圆积分．推导中使用了变量替换 $\sin\dfrac{\theta'}{2} = \sin\dfrac{\theta_0}{2}\sin\varphi'$，积分下限相应地变成了 $\varphi = \arcsin\left(\sin\dfrac{\theta}{2}\Big/\sin\dfrac{\theta_0}{2}\right)$.

我们依旧取 $\theta_0 = \pi/2$，并定义数值积分结果与解析结果的误差 $\varepsilon(\theta) \equiv t_n(\theta) - t(\theta)$. 分别取 $n=4,5,6,7$，将误差绘于图 2.3 中．可以看到，随着 θ 由 θ_0 向 $-\theta_0$ 移动，积分区间变大，误差也随之增长．但当 $\theta = -\theta_0$ 时，切比雪夫算法的高幂次收敛性仍起到作用，误差迅速减小到肉眼难以分辨的程度．

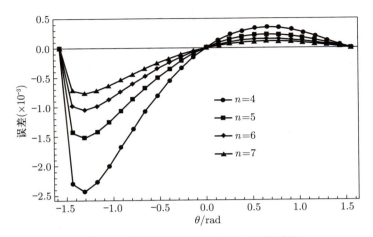

图 2.3 不同积分区间和不同 n 下的误差

练习 2.2 设函数 $f(x)$ 在区间 $[-1,1]$ 上充分连续,对于形如

$$\int_{-1}^{1} f(x)\sqrt{1-x^2}\,\mathrm{d}x$$

的积分,我们同样可以做变量代换 $x = \cos t$,并取格点

$$t_i = \frac{i\pi}{n+1}, \quad i = 1, 2, \cdots, n.$$

试给出该积分法的代数精度.

练习 2.2 中的这个算法被称为**第二类切比雪夫积分法**. 同样地,这也是一类带权高斯积分. 我们在计算保守体系一个周期内的作用量时会遇到这个形式的积分.

2.4 拐点位置: 数值求根

上一节中,我们讨论了一维保守运动中的质点通过包含经典拐点的某一段路程所需要的时间 $t(x)$,利用反常积分计算容易求得. 但在讨论过程中,我们实际上忽略了一个小问题: 如何计算经典拐点? 在上一节所讨论的例子中,经典拐点都可以解析计算. 但是对于更复杂一点的势能函数形式,方程

$$E = V(x)$$

未必存在解析解. 这要求我们寻找数值的解法. 另一个高度相关的物理问题是,在得到 $t(x)$ 后如何获得某一时刻 t_i 质点所处的具体位置 x_i. 在数学上,这相当于寻找 $t(x)$ 的反函数,要求我们求解方程

$$t(x_i) = t_i.$$

这个过程叫作反解轨迹. 此时, $t(x)$ 甚至可以不存在一个明确的表达式, 而需要对每个给定的 x 单独做数值计算. 因此, 如何设计算法数值求解上述方程便构成了本节的主题, 即**数值求根**.

本节中, 我们先从最基本的数学定理出发, 来逐步讨论非线性方程求根的一些数值方法.

2.4.1 二分法

在微积分中, 有一个重要的定理与方程求根密切相关, 这就是介值定理.

定理 2.1 (介值定理)　设函数 $f(x)$ 在区间 $[a,b]$ 上连续, 在边界上有 $f(a)<f(b)$ [或 $f(a)>f(b)$], 那么 $\forall C\in[f(a),f(b)]$ [或 $[f(b),f(a)]$], $\exists c\in[a,b]$ 使得 $f(c)=C$.

将这里的函数 f 换作势能 V, 介值 C 换作能量 E, 便自然对应到上面所讨论的物理问题了.

通常的微积分教材里对这个定理的证明都是构造性的: 取中点 $m=(a+b)/2$, 判断 $f(m)-C$ 与 $f(a)-C$ 还是 $f(b)-C$ 同号, 用子区间 $[m,b]$ 或 $[a,m]$ 替换原来的 $[a,b]$, 如此循环往复得到一个充分小的区间, 再利用连续性条件和区间套定理即可完成证明. 显然, 这样的思路完全可以直接用于构造一个有效的数值求根算法, 即下面的**二分法**.

算法 2.5　二分法

```
1   function Bisection(func,a,b,fa,fb,eps)
2     m = (a+b)/2
3     if(abs(b-a)<eps) return m
4     fm = func(m)
5     if(fm*fa > 0)
6       x = Bisection(func,m,b,fm,fb,eps)
7     elseif(fm*fb > 0)
8       x = Bisection(func,a,m,fa,fm,eps)
9     else
10      x = m
11    end
12    return x
13  end
```

上述算法中, 我们利用迭代实现了二分法求解函数的零点. 而若要求解的是函数的某一个根, 只要对函数做相应的移项即可. 迭代中止条件设定为最终的子区间长度小于 eps. 而每一步迭代都会将区间长度减半, 故这个算法将会在迭代约 $\log_2\dfrac{|b-a|}{\text{eps}}$ 次后中止, 返回一个与函数某个零点相距不超过 eps/2 的近似值.

值得注意的是,介值定理只能保证至少存在一个零点. 而如果函数 $f(x)$ 在区间 $[a,b]$ 内存在多个零点,二分法也只能返回其中一个的近似值. 若希望得到全部零点的信息,往往需要事先定性分析函数的一些行为,然后合理分割区间,再在每个子区间中使用合适的求根算法.

二分法每迭代一步误差减半,按照 1.2 节中的定义,二分法是**线性收敛**的. 因此,人们还构造了收敛速度更快的算法,其中最具代表性的就是非常著名的牛顿法.

2.4.2 牛顿法

牛顿作为最早将函数导数 [或者按他的叫法:"流数" (fluxion)] 用以分析函数行为的人之一,所以其发明的算法也离不开导数. 我们回到本章开头考虑的物理问题: 若一个质点在时刻 $t(x_k)$ 处于位置 x_k,具有速度 $v = [t'(x_k)]^{-1}$,那么到 t_0 时刻,质点处于何处?作为一个初步的近似,我们可以假定其速度 v 是一个常数,那么有

$$\Delta x = v(t_0 - t_k) = \frac{t_0 - t(x_k)}{t'(x_k)},$$

因此,可将质点的新位置记作 $x_{k+1} = x_k + \Delta x$. 显然,由于前述的近似,质点运动至此处的时间未必等于 t_0. 但这问题不大,因为我们可以重新计算此处时间差 $t_0 - t(x_{k+1})$ 和速度 $[t'(x_{k+1})]^{-1}$,然后使用相同的公式计算下一个时刻,即

$$x_{k+2} = x_{k+1} + \frac{t_0 - t(x_{k+1})}{t'(x_{k+1})}.$$

如此循环迭代,我们有理由相信能够对 t_0 时刻的位置 x^* 有一个充分精确的估计. 将 $t(x) - t_0$ 替换成一般的数学函数 $f(x)$,我们便得到了如下的**牛顿法**.

算法 2.6 牛顿法

```
1  function NewtonMethod(func,dfunc,x0,eps)
2      x = x0
3      f = func(x)
4      while (abs(f)>eps)
5          x = x - f/dfunc(x)
6          f = func(x)
7      end
8      return x
9  end
```

如果我们有一个充分接近函数零点 x^* 的迭代起点 x_0,可以证明牛顿法能以相当

快的速度收敛. 在第 k 步迭代中, 将函数 $f(x)$ 以 x_k 为中心做泰勒展开:

$$0 = f(x^*) = f(x_k) + f'(x_k)(x^* - x_k) + \frac{1}{2}f''(\xi)(x^* - x_k)^2,$$

其中, $\xi \in [x^*, x_k]$. 将上式与迭代式 $x_{k+1} = x_k - f(x_k)/f'(x_k)$ 联立, 我们得到

$$x_{k+1} = x^* + \frac{f''(\xi)}{2f'(x_k)}(x^* - x_k)^2.$$

上式告诉我们, 在 $k \to \infty$ 的极限下, 有

$$\lim_{k \to \infty} \frac{x_{k+1} - x^*}{(x_k - x^*)^2} = \frac{f''(x^*)}{2f'(x^*)}.$$

这里假定了 $f'(x^*) \neq 0$.

现在收敛速度快多了, 收敛阶 p 提高到了 2. 由此可见, 牛顿法是**平方收敛**或**二次收敛**的.

当然, 收敛速度的提高, 是有一些前提条件并需要付出一定代价的. 首先, 牛顿法的收敛要求函数二阶可导, 那么不光滑的函数就没法应用了; 其次, 每步需要额外计算函数的导数值, 但某些函数的导数可能计算复杂度很高, 甚至无法计算; 再者, 如果牛顿法迭代的某一步使得 x_k 到了函数零点外的某一局部极值附近, 由于 $f'(x_k) \approx 0$, 下一次的 x_{k+1} 将会离零点更远. 值得一提的是, 在某些二分法无法使用的情形, 例如零点两侧函数值同号的情形, 只要保证函数光滑以及初值充分接近零点, 牛顿法依然能够以一个较慢的速度给出收敛的结果.

我们先来看一个简单的例子: 函数 $f(x) = x^2 - a$. 其导数为 $f'(x) = 2x$, 那么迭代关系式为

$$x_{k+1} = x_k - \frac{x_k^2 - a}{2x_k} = \frac{1}{2}\left(x_k + \frac{a}{x_k}\right).$$

有趣的是, 我们注意到数值求根的牛顿法对此算例给出的迭代关系式与上一章中讨论的开平方算法 (1.2.1) 式完全一致, 这是因为 $x = \sqrt{a}$ 就是函数 $f(x)$ 的零点. 此外, 我们这里也相当于从另一个视角解释了开平方算法的二次收敛性.

再来讨论一个略复杂一点的例子: $f(x) = x - \sin x^2$. 这个函数在实轴上仅有 $x = 0$ 一个零点. 因导数为 $f'(x) = 1 - 2x\cos x^2$, 则迭代关系可写成

$$x_{k+1} = x_k - \frac{x_k - \sin x_k^2}{1 - 2x_k \cos x_k^2}.$$

我们分别以 $x_0 = 1$ 和 0.2 作为初值, 将每一步的迭代结果在表 2.6 中列出. 可以看到, 不同于 $x_0 = 0.2$ 时的迅速收敛, 从 $x_0 = 1$ 出发的迭代序列似乎迅速陷入了一个两点

循环之中. 通过作图能够更清晰地看到这一点. 只需要注意到牛顿迭代在几何上实际上等价于过曲线 $f(x)$ 上一点 $(x_k, f(x_k))$ 作切线与 x 轴相交于 $(x_{k+1}, 0)$ 点, 我们很容易在图 2.4 中画出上述例子里的这些切线. 可以看到, 序列陷在正弦函数在正半轴的第二个极小值点附近反复振荡. 这个例子充分说明了牛顿法在面临一些较为复杂的函数时, 对初值的高度敏感性.

表 2.6　初值 $x_0 = 1.00$ 和 $x_0 = 0.20$ 时的迭代结果

x_0	x_1	x_2	x_3	x_4	x_5	x_6	x_7
1.00	2.97	2.56	3.14	2.61	3.20	2.45	3.18
0.20	-0.0665	-0.00390	$-1.52\text{E}{-}5$	$-2.296\text{E}{-}10$	$-5.27\text{E}{-}20$	0.0	0.0

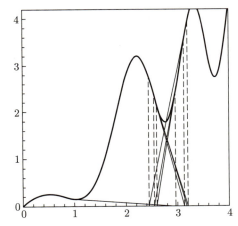

图 2.4　牛顿法求解方程 $x - \sin x^2 = 0$, 初值选取 $x_0 = 1$ 的迭代序列

2.4.3　弦割法

牛顿法要求函数的导数值, 导数的计算不仅会增加额外的计算量, 而且在很多情况下严格计算变得困难甚至无法计算. 一个自然的想法是, 既然每次迭代需要计算一次导数值且只使用一次, 那么我们是否能不严格计算导数而是给出导数的某个近似, 从而减小计算复杂度呢? 作为最简单的近似, 导数可以由两个迭代步的差分给出:

$$f'(x_k) \approx \frac{f(x_k) - f(x_{k-1})}{x_k - x_{k-1}}.$$

用其来替代牛顿法中的导数, 我们便得到了迭代公式

$$\begin{aligned} x_{k+1} &= x_k - \frac{f(x_k)}{f(x_k) - f(x_{k-1})}(x_k - x_{k-1}) \\ &= \frac{x_{k-1}f(x_k) - x_k f(x_{k-1})}{f(x_k) - f(x_{k-1})}, \end{aligned} \qquad (2.4.1)$$

这便是**弦割法**. 可以证明, 如果函数零点处导数

$$f'(x_0) \neq 0,$$

弦割法的收敛阶是 $p = (\sqrt{5}+1)/2 \approx 1.618$. 这个收敛速度是超线性的, 介于牛顿法和二分法之间. 另外, 其对迭代初值的要求和每步的计算消耗也介于两者之间. 当然, 与牛顿法一样, 弦割法同样不能保证一定收敛.

而弦割法的名称来自其几何对应: 如图 2.5 所示, (2.4.1) 式相当于过曲线 $f(x)$ 上两点 $(x_k, f(x_k))$ 和 $(x_{k-1}, f(x_{k-1}))$ 作直线, 与 x 轴相交于 $(x_{k+1}, 0)$ 点.

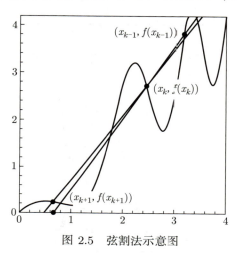

图 2.5 弦割法示意图

弦割法存在一个确保收敛的修正版本: 从一正一负两个迭代初值出发, 在随后的迭代中始终取历史迭代序列中具有最大的负值和最小的正值的两个点来计算下一步, 这看上去就像是一个改善版本的二分法, 通常被称为**试位法**. 但是, 实践中会发现, 在迭代数步以后, 往往会出现其中一个点永远不再被更新的情况, 进而收敛阶退化成线性收敛. 具体的收敛速度将会依赖于初值的选取和函数的性质, 有时还不如二分法来得快.

2.4.4 德克尔算法

从上面的讨论中我们得知: 二分法能保证一定收敛, 但不够快; 弦割法如果能收敛则是超线性收敛, 但却不一定能收敛. 我们能不能将两种方法结合起来, 在合适的时候选取弦割法或二分法呢?

对这个问题的第一个尝试是德克尔 (Dekker) 做出的[1].

---

[1] Dekker T J. Finding a zero by means of successive linear interpolation//Dejon B, Henrici P. Constructive Aspects of the Fundamental Theorem of Algebra. Wiley-Interscience, 1969.

算法 2.7　德克尔 (算法)

```
1   function Dekker(func,a,b,eps)
2     fa = func(a)
3     fb = func(b)
4     if(fa*fb > 0) stop "bad section"
5
6     bOld = a
7     fbOld = fa
8     while(abs(b-a)>eps && fb!=0)
9       if(abs(fb) > abs(fa))
10        swap(a,b)
11        swap(fa,fb)
12      end
13      m = (a+b)/2
14      if(fb != fbOld)
15        s = (b*fbOld - bOld*fb)/(fbOld - fb)
16      else
17        s = m
18      end
19      bOld = b
20      fbOld = fb
21      if(m<s<bOld || bOld<s<m)
22        b = s
23      else
24        b = m
25      end
26      fb = func(b)
27      if(fbOld*fb < 0)
28        a = bOld
29        fa = fbOld
30      end
31    end
32    return b
33  end
```

这段代码略微有些长, 但其主要思想还是很朴素的. 迭代过程中维护两组序列 $\{a_k\}$ 和 $\{b_k\}$, 确保每一步时它们分别在函数零点的两端: $f(a_k)f(b_k) \leqslant 0$, 并且 b_k 相对 a_k 而言是更好的近似: $|f(b_k)| \leqslant |f(a_k)|$, 迭代时优先利用 b_{k-1} 和 b_k 试用弦割法, 如果弦割法给出的新位置没有落在中点 $(a_k + b_k)/2$ 与 b_k 之间, 或者新位置函数值的

绝对值并没有下降，则采用二分法. 在更新序列时始终将函数值绝对值最小的那个点作为新的 b_{k+1}，然后将与其函数值反号的点作为 a_{k+1}，以保证收敛性.

德克尔算法可以有效地改善试位法收敛阶退化的困难：用于弦割法的是相邻两个最优迭代点，而非零点左右两点. 对于多数函数，在给出一正一负两个边界后，该算法都能够以超线性的收敛阶稳定地收敛到一个零点上.

2.4.5 布伦特算法

我们之前提到过，牛顿法和弦割法超线性收敛的前提条件都是函数在零点处导数不为零，换言之该零点是一阶零点. 对于一些表现足够奇异的函数，尽管弦割法、牛顿法等方法都能确保收敛，但其收敛速度会远远不如二分法. 例如，考虑函数

$$f(x) = \begin{cases} x \exp\left(-\dfrac{1}{x^2}\right), & x \neq 0, \\ 0, & x = 0. \end{cases} \tag{2.4.2}$$

该函数在全空间单调、无穷阶可微，显然前面介绍过的任意算法都一定能收敛到其零点 $x^* = 0$. 但注意到其零点处任意阶导数均为零，可以证明弦割法和牛顿法都是弱线性收敛. 德克尔算法同样也会在每个迭代步都选择弦割法，从而无法摆脱弱线性收敛性.

布伦特 (Brent) 在德克尔算法的基础上提出了额外的判据来避免这个问题[2]. 此外，他使用**逆二次插值** (inverse quadratic interpolation) 来替代弦割法所用的线性插值，以提高收敛速度.

具体而言，当我们有了三个坐标点 $\{x_1, x_2, x_3\}$ 以及其上的函数值 $\{f(x_1), f(x_2), f(x_3)\}$，若三处函数值两两之间不相等，可以构造如下二次多项式以拟合 $x = f^{-1}(y)$：

$$P(y) = \sum_{i=1}^{3} x_i \prod_{j \neq i} \frac{y - f(x_j)}{f(x_i) - f(x_j)}. \tag{2.4.3}$$

容易检验，这个二次函数满足 $P[f(x_i)] = x_i$. 不难发现，这个多项式可以更一般地推广至 n 次多项式拟合 $n+1$ 组数据的情形，也就回到了我们前面介绍过的拉格朗日插值多项式. 在这里，借助插值多项式我们可以近似给出 $f(x) = y = 0$ 处的坐标值

$$x = \sum_{i=1}^{3} x_i \prod_{j \neq i} \frac{-f(x_j)}{f(x_i) - f(x_j)}. \tag{2.4.4}$$

经布伦特改善后的算法被称为**布伦特 – 德克尔算法**.

---

[2]Brent R P. Chapter 4: An algorithm with guaranteed convergence for finding a zero of a function//Cliffs E. Algorithms for Minimization without Derivatives. Prentice-Hall, 1973.

算法 2.8 布伦特－德克尔算法

```
1   function BrentDekker(a,b,func,eps)
2     fa = func(a)
3     fb = func(b)
4     if(fa*fb > 0) stop "bad section"
5     if(abs(fb) > abs(fa))
6       swtich(a,b)
7       swtich(fa,fb)
8     end
9     c = a
10    fc = fa
11    mflag = true
12    while( fb != 0 && abs(b-a)>eps)
13      if(fa != fc && fb != fc)
14        s = a*fb*fc/(fa-fb)/(fa-fc) +
15            b*fa*fc/(fb-fa)/(fb-fc) +
16            c*fa*fb/(fc-fa)/(fc-fb)
17      else
18        s = b-fb*(b-a)/(fb-fa)
19      end
20      if( s is not between (3a+b)/4 and b ||
21          ( mflag && abs(s-b) ⩾ abs(b-c)/2) ||
22          (!mflag && abs(s-b) ⩾ abs(c-d)/2) ||
23          ( mflag && abs(b-c) < eps) ||
24          (!mflag && abs(c-d) < eps) )
25        s = (a+b)/2
26        mflag = true
27      else
28        mflag = false
29      end
30      fs = func(s)
31      d = c
32      c = b
33      if(fa*fs < 0)
34        b = s
35        fb = fs
36      else
37        a = s
38        fa = fs
39      end
```

```
40      if(abs(fa) < abs(fb))
41          swap(a,b)
42          swap(fa,fb)
43      end
44  end
45  return b
```

数学软件 MATLAB 中内置的求解函数零点的子程序 `fzero` 所使用的其实就是布伦特－德克尔算法.

练习 2.3 开普勒方程 $M = E - e\sin E$ 给出了平方反比力场下质点的运动方程. 其中平近点角 M 正比于时间, e 为轨道偏心率, 偏近点角 E 可以用于计算质点的位置:

$$\begin{cases} x = a(\cos E - e), \\ y = a\sqrt{1-e^2}\sin E. \end{cases}$$

注意, 对于 $e > 1$ 的双曲线轨道, M 和 E 均应取作虚数. 试设计和选用合适的算法, 对于任给的 M 和 e 值, 都能准确求解出 E 并计算质点的位置.

2.5 平衡点: 数值最优化

上一节所讨论的数值求根问题, 还与另一类重要的力学问题直接相关, 即求解质点的平衡位置. 我们知道, 物体在平衡点处的受力

$$F(x) = 0.$$

而由于力等于势能的负导数, 这也对应于势场的极值点:

$$V'(x) = 0.$$

因此, 只要我们能够求得势函数的导数, 就能通过应用上一节所学的数值求根方法来找到其极值点, 从而求得质点的平衡位置.

但是, 这里我们提出一个问题: 能否绕开求导, 直接求解势函数的极值? 答案是肯定的, 这一节中, 我们来讨论这一类的数值最优化问题.

2.5.1 黄金分割法

黄金分割法是求解数值最优化问题最著名的方法之一, 又称华罗庚法、618 法、优选法等, 有些读者可能在高中时期就听说过. 20 世纪 60—70 年代, 华罗庚曾带队在全国各地推广该方法, 产生了广泛的影响.

2.5 平衡点: 数值最优化

黄金分割法最适用的对象是给定区间 $[a,b]$ 上的单峰函数 $f(x)$. 对于求极大值的情形, 单峰函数定义为满足如下条件的函数: $\exists x^* \in [a,b]$, 使得 $f(x)$ 在 $[a,x^*]$ 上单调递增, 而在 $[x^*,b]$ 上单调递减.

二分法无法直接应用于求极值的问题. 任取 $x \in [a,b]$ 并求得 $f(a), f(x), f(b)$ 的值, 若有 $f(a) < f(x) < f(b)$ 或 $f(a) > f(x) > f(b)$, 可以确定函数极大值位于子区间 $[x,b]$ 或者 $[a,x]$ 内, 但对于其他情况, 我们便无法给出任何判断. 从而, 我们需要三分区间.

如图 2.6 所示, 假使我们在区间中取两个点 $a < x_1 < x_2 < b$ (注意 x_1 和 x_2 未必是三等分点). 如果有 $f(x_1) > f(x_2)$, 可以推断在区间 $[x_2,b]$ 中函数 $f(x)$ 一定是单调递减的, 从而函数极值点位于区间 $[a,x_2]$ 中, 同时容易判断函数在这个区间内依旧是单峰函数, 因而可以将这个操作再次应用在子区间 $[a,x_2]$ 上. 若 $f(x_1) < f(x_2)$, 则反过来, 把区间缩小到 $[x_1,b]$ 即可. 如果在机器精度范围内碰巧有 $f(x_1) = f(x_2)$, 那就能把搜索范围缩小到 $[x_1,x_2]$.

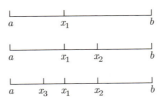

图 2.6 黄金分割法寻找单峰函数极大值的搜寻步骤

得到一个子区间后, 原则上又得在该子区间内再取两个点, 进行下一步判断以便不断缩小搜索范围. 为了方便讨论, 我们不妨设取的子区间是 $[a,x_2]$. 值得注意的是, 在上一步中已经计算了子区间 $[a,x_2]$ 中的一个分点 x_1 处的函数值了, 因此可以直接使用, 我们只需要再补一个分点 x_3 即可. 如果我们期待每一步迭代过程的区间划分都是相似且左右对称的, 则有

$$\tau = \frac{x_2 - a}{b - a} = \frac{x_1 - a}{x_2 - a} > 0,$$

且

$$x_2 - a = b - x_1.$$

从上面两式可以解出比值 $\tau = \frac{\sqrt{5}-1}{2} \approx 0.618$, 正是著名的黄金分割比, 同样也是算法名称的来源. 整理一下上述讨论过程, 便可以写出**黄金分割法**的算法.

在执行 n 步后, 以上算法能够返回一个精度为 $O(\tau^n)$ 的极值点位置, 从而这是一个线性收敛的迭代算法. 注意, 在算法中我们并没有对 $f(x_2) = f(x_1)$ 的情形做特殊处理, 这是因为有数值计算误差的存在, 此类事件发生的概率实在太低.

算法 2.9　黄金分割法

```
1   function GoldenSection(func,a,b,eps)
2       tau = (sqrt(5)-1)/2
3       x2 = a + (b-a)*tau
4       x1 = a + b - x2
5       fa = func(x2)
6       fb = func(x1)
7       while (b-a > eps)
8         if (fb < fa)
9           a = x1
10          x1 = x2
11          fb = fa
12          x2 = a + (b-a)*tau
13          fa = func(x2)
14        else
15          b = x2
16          x2 = x1
17          fa = fb
18          x1 = b - (b-a)*tau
19          fb = func(x1)
20        end
21      end
22      if(fb > fa)
23        x = x1
24      else
25        x = x2
26      end
27      return x
28  end
```

值得指出的是, 对于给定步数 n, 可以通过精心设计每步的位置来得到一个优于 n 步黄金分割法的区间分割方法, 即所谓**斐波那契 (Fibonacci) 法**, 但是其精度会低于 $n+1$ 步黄金分割法, 从而通常没人会为了效率的这个微小提高而去使用一个设计上相对复杂很多的算法. 但对此感兴趣的读者可以阅读参考书 [7].

2.5.2 抛物线法

除去与数值求根的二分法类似的黄金分割法外, 数值求根的弦割法在求解函数极值方面同样也有类似的对应方法, 即**抛物线法**. 抛物线法的思路非常朴素, 既然通过两个点就能画一条直线寻求零点, 那么通过三个点构造一条抛物线可以用来寻找函数的极值点. 具体来说, 设有三个点 x_1, x_2, x_3 以及其对应的函数值 f_1, f_2, f_3, 我们便能借助二次函数 $g(x) = a(x - x_0)^2 + b$ 求解方程组

$$g(x_i) = f_i \quad (i = 1, 2, 3),$$

消掉 a 和 b 来得到 x_0 的值:

$$x_0 = \frac{1}{2} \frac{f_1(x_2^2 - x_3^2) + f_2(x_3^2 - x_1^2) + f_3(x_1^2 - x_2^2)}{f_1(x_2 - x_3) + f_2(x_3 - x_1) + f_3(x_1 - x_2)}.$$

x_0 可以作为函数 $f(x)$ 在给定区间上极值的一个粗略近似. 下一步, 用 $\{x_0, x_1, x_2\}$ 作为新的 $\{x_1, x_2, x_3\}$, 在一个更小的区间里重复以上操作, 直到极值被限制在一个所要求的某一个精度范围内. 抛物线法的算法如下.

算法 2.10　抛物线法

```
1    function Parabola(func,x1,x2,x3,eps)
2        f1 = func(x1)
3        f2 = func(x2)
4        f3 = func(x3)
5        while(abs(x1-x2)>eps && abs(x1-x3)>eps)
6            x0 = (f1(x2^2-x3^2)+f2(x3^2-x1^2)+f3(x1^2-x2^2))
7                 /(f1(x2-x3)+f2(x3-x1)+f3(x1-x2))/2
8            f0 = func(x0)
9            x3 = x2
10           f3 = f2
11           x2 = x1
12           f2 = f1
13           x1 = x0
14           f1 = f0
15       end
16       return x0, f0
17   end
```

需要注意的是, 与函数求根的弦割法类似, 抛物线法同样不能保证一定能够收敛到极值点. 但在迭代初值足够接近极值点的前提下, 抛物线法是超线性收敛的, 收敛阶 p 是三次方程 $p^3 = p + 1$ 的正根, 约为 1.32. 为了增强抛物线法收敛的稳定性, 人们发展了一些初值选取以及迭代替换的策略, 但这些策略往往会使得抛物线法退化成线性收敛. 因此, 本书不对这些策略进行详述, 而是建议读者们先使用黄金分割法算几步得到一个充分小的区间, 然后再用抛物线法得到一个满足实际需求的精确结果.

练习 2.4 考虑重力场下对称轴上一点固定的对称陀螺, 其章动角 θ 相当于在等效势场

$$V_{\text{eff}}(\theta) = \frac{(L_Z - L_3 \cos\theta)^2}{2I_1 \sin^2\theta} - mgl(1-\cos\theta)$$

下运动. 取 $L_Z/L_3 = 0.5$, 试选用合适的算法, 求解陀螺稳定转动的章动角随无量纲参数 $I_1 mgl/L_Z^2$ 的变化.

2.6 不可积情形: 常微分方程的初值问题

在前面几节中, 我们对于一维牛顿方程的两种特殊情形 (即作用力仅依赖于时间或位置) 做了详细的讨论, 引入了计算常规积分和反常积分的数值算法. 然而, 在很多实际的物理问题中, 更一般的情形是外力同时依赖于时间和位置, 甚至还依赖于速度, 即

$$m\ddot{x} = F(x, \dot{x}, t).$$

此时, 前面所讨论的数值积分方法就无法用于求解这样的质点动力学问题. 我们需要设计新的数值算法, 才能够求解我们所面临的微分方程.

数学上, 这是一个二阶常微分方程, 为了方便后续的讨论, 我们可以引入动量 $p = m\dot{x}$, 将其变成两个一阶方程:

$$\begin{aligned} \dot{p} &= F(x, p, t), \\ \dot{x} &= p/m. \end{aligned} \tag{2.6.1}$$

它们在初始时刻 t_0 的值都是已知的:

$$x(t_0) = x_0, \quad p(t_0) = p_0,$$

而希望求解任意时刻的 $x(t)$ 和 $p(t)$. 更一般地, 我们可以把 $x(t), p(t)$ 写为一个向量函数 $\boldsymbol{y}(t)$, 方程和初条件便可简记为

$$\begin{cases} \dot{\boldsymbol{y}}(t) = \boldsymbol{f}[\boldsymbol{y}(t), t], \\ \boldsymbol{y}(t_0) = \boldsymbol{y}_0. \end{cases} \tag{2.6.2}$$

可以看到, 方程组左边为待求解函数的一阶导数, 而右边对导数没有依赖. 我们将这种形式称为一阶常微分方程组的初值问题. 实际上, 一般的高阶常微分方程都可以等价地变为一阶常微分方程组.

2.6.1 存在性与唯一性

一般而言，面对一个微分方程，数学家们往往关心它的解是否存在且唯一，而物理学家通常只想知道该怎么解，以及解的性质如何。但事情并不总是这样。常微分方程的唯一性定理表述如下。

定理 2.2 一阶微分方程组初值问题 (2.6.2) 存在唯一连续可微解的条件是，函数 $f[y, t]$ 连续，且对于 y 满足利普希茨 (Lipschitz) 条件：

$$\exists L > 0, \forall y_1, y_2 \in \mathbb{R}^n, 都有 \ |f(y_1, t) - f(y_2, t)| < L|y_1 - y_2|. \tag{2.6.3}$$

这里给出一个不满足唯一性定理条件的例子。考虑一维势场

$$V(x) = -kx^{3/2}, \quad x \geqslant 0, k > 0,$$

质量为 m 的质点在 $t = 0$ 时刻被静置于 $x = 0$ 处，求解质点的运动[3]。这是一个初值问题，由如下微分方程和初始条件给出：

$$\begin{cases} x'' = \dfrac{3k}{2m} x^{1/2}, \\ x|_{t=0} = 0, \quad x'|_{t=0} = 0. \end{cases}$$

在解析上容易求得，如下函数是问题的解：

$$x(t) = \left(\dfrac{k}{8m}\right)^2 t^4, \quad t > 0.$$

然而，注意到这个函数在零点处的函数值、一阶导数以及二阶导数都是零，对于任意 $t_0 \geqslant 0$，如下形式的函数族实际上都是方程的解：

$$x(t) = \begin{cases} 0, & t < t_0, \\ f(t - t_0), & t \geqslant t_0. \end{cases}$$

也就是说，在给定了初始条件后，牛顿方程无法唯一确定问题的解。从物理上看，质点可以在位置 0 处停留任意时间后再运动，都满足该势场下的运动方程。这源自函数 $x^{1/2}$ 并不满足利普希茨条件：$|x^{1/2} - 0^{1/2}|/|x - 0| = x^{-1/2}$ 没有上界。在物理上我们可以找出很多理由：现实世界中并不存在这样带有奇异性的势场；由于 $x = 0$ 处奇异性的存在，质点模型失效了；由于各种扰动的存在，不需要关心这类问题；等等。无论如何这提醒了我们，在从实际问题中抽象出物理模型和数学表达式时，始终要注意是否提出了一个足够好的问题。

---

[3]这个势场近似对应于一个更为实际的物理模型：考虑套在形如 $y = -kx^{3/2}/g$ 的光滑轨道上的小圆环，求解在重力势场 $V = mgy$ 下小圆环的运动。

就此，俄罗斯著名数学物理学家阿诺德 (Arnold) 发表过如下评论[4]：

我还想说的是，相同的唯一性定理也可解释为何在船只停泊码头前的靠岸阶段必须得依靠人工操作：否则的话，如果行进的速度是距离的光滑函数，则整个靠岸的过程将会耗费无穷长的时间。而另外可行的方法则是与码头相撞（当然船与码头之间要有非理想弹性物体以造成缓冲）。顺便说一下，我们必须非常重视这类问题，例如，登陆月球和火星以及空间站的对接，此时唯一性问题都会让我们头痛。

2.6.2 向前欧拉法

我们将从最简单的**欧拉 (Euler) 法**出发来认识求常微分方程初值问题数值解的各种特征。为求解 (2.6.2) 式，我们回顾微分的定义式

$$\boldsymbol{y}'(x) \equiv \lim_{\Delta x \to 0} \frac{\boldsymbol{y}(x + \Delta x) - \boldsymbol{y}(x)}{\Delta x}, \tag{2.6.4}$$

从而可以写出近似关系

$$\boldsymbol{f}(x, \boldsymbol{y}(x)) = \boldsymbol{y}'(x) \approx [\boldsymbol{y}(x + \Delta x) - \boldsymbol{y}(x)]/\Delta x, \tag{2.6.5}$$

即

$$\boldsymbol{y}(x + \Delta x) \approx \boldsymbol{y}(x) + \boldsymbol{f}(x, \boldsymbol{y}(x))\Delta x.$$

这个近似等式在 Δx 越小的时候越准确。若在待求解函数 $\boldsymbol{y}(x)$ 的定义域 $[x_0, x_n]$ 上顺序选取若干个格点 $\{x_0, x_1, x_2, \cdots, x_n\}$，将这个关系式应用到相邻两个格点上，便可以递推得到 $\{\boldsymbol{y}(x_1), \boldsymbol{y}(x_2), \cdots, \boldsymbol{y}(x_n)\}$ 的近似值。一般将其记作 $\{\boldsymbol{y}_1, \boldsymbol{y}_2, \cdots, \boldsymbol{y}_n\}$。其中，$\Delta x_i \equiv x_i - x_{i-1}$ 称为步长：

$$\begin{aligned} \boldsymbol{y}_1 &= \boldsymbol{y}_0 + \boldsymbol{f}(x_0, \boldsymbol{y}_0)\Delta x_1, \\ \boldsymbol{y}_2 &= \boldsymbol{y}_1 + \boldsymbol{f}(x_1, \boldsymbol{y}_1)\Delta x_2, \\ &\cdots\cdots \\ \boldsymbol{y}_n &= \boldsymbol{y}_{n-1} + \boldsymbol{f}(x_{n-1}, \boldsymbol{y}_{n-1})\Delta x_n. \end{aligned} \tag{2.6.6}$$

这类方法由于每一步的计算都可以从之前的结果直接得到，故称为**显式 (explicit) 方法**。

我们可以用讨论数值积分误差同样的办法，对以上算法的误差进行估计。由泰勒展开可知

$$\boldsymbol{y}(x + \Delta x) = \boldsymbol{y}(x) + \boldsymbol{y}'(x)\Delta x + \frac{1}{2}\boldsymbol{y}''(\xi)\Delta x^2,$$

---

[4]引自阿诺德的《论数学教育》(*On teaching mathematics*)。此处为其中一部分的译文，原文以俄文发表于 Uspekhi Mat. Nauk, 1998, 53: 229, 英译本见 Russ. Math. Surv., 1998, 53: 229.

其中 $\xi \in [x, x+\Delta x]$. 若假定 $\boldsymbol{y}_n$ 是精确的, 则计算 $\boldsymbol{y}_{n+1}$ 所产生的误差 $\boldsymbol{\delta}_{n+1}$ 为

$$\boldsymbol{y}(x_{n+1}) - \boldsymbol{y}_{n+1} = \frac{1}{2}\boldsymbol{y}''(\xi)\Delta x^2.$$

我们称这些方法的**局部截断误差**为二阶, 相对于每一步函数值的变化量, 其具有一阶精度[5].

上面我们假定了 $\boldsymbol{y}_n$ 是精确的, 这个假定显然不成立, 由 $\boldsymbol{y}_{n-1}$ 来计算它的时候就已经产生误差了. 因此我们需要考察误差在每一步计算过程中如何传播和累积. 为此, 我们联立如下两式:

$$\begin{cases} \boldsymbol{y}_{n+1} = \boldsymbol{y}_n + \boldsymbol{f}(x_n, \boldsymbol{y}_n)\Delta x, \\ \boldsymbol{y}(x_{n+1}) = \boldsymbol{y}(x_n) + \boldsymbol{f}[x_n, \boldsymbol{y}(x_n)]\Delta x + \frac{1}{2}\boldsymbol{y}''(\xi)\Delta x^2. \end{cases}$$

记某一步的总误差量为 $\boldsymbol{\varepsilon}_n \equiv \boldsymbol{y}(x_n) - \boldsymbol{y}_n$, 由两式相减可得

$$\boldsymbol{\varepsilon}_{n+1} \approx \boldsymbol{\varepsilon}_n + \boldsymbol{\varepsilon}_n \cdot \partial_{\boldsymbol{y}}\boldsymbol{f}\Delta x + \boldsymbol{\delta}_{n+1},$$

其中 $\partial_{\boldsymbol{y}}\boldsymbol{f}$ 一项来自上下两式中 $\boldsymbol{f}$ 的因变量的差异. 如果忽略最后的 $\boldsymbol{\delta}_{n+1}$ 项, 我们发现误差增大为原来的 $1+\partial_{\boldsymbol{y}}\boldsymbol{f}\Delta x$ 倍. 当然我们需要注意到 $\partial_{\boldsymbol{y}}\boldsymbol{f}$ 是一个矩阵 (其元素形如 $\partial_{y_i}f_j$), 我们需要按照将其对角化后的本征值 E 来理解. 借助第一章中关于迭代的讨论, 可以知道只当这个倍数的绝对值小于 1 的时候, 误差才能被控制住而不直至发散. 而由于 $\Delta x > 0$, 那么只要矩阵 $\partial_{\boldsymbol{y}}\boldsymbol{f}$ 中包含实部大于零的本征值 E, 误差就一定会在迭代的过程中发散, 这实际上代表着系统存在内禀的不稳定性. 但是本征值小于零也不一定意味着误差能够被压低, 我们还得要求 $|1+E\Delta x| < 1$, 即本征值必须位于复平面上圆心在 $-1/\Delta x$、半径为 $1/\Delta x$ 的一个圆盘内, 这个圆盘被称为算法的**收敛域**.

来看一个具体的例子. 考察方程 $y' = -\lambda y, \lambda > 0$. 应用向前欧拉法

$$y_{n+1} = y_n - \lambda y_n \Delta x, \tag{2.6.7}$$

我们可以很容易写出通式

$$y_n = (1-\lambda\Delta x)^n y_0, \tag{2.6.8}$$

而它的解析解是 $y(x) = y(0)\mathrm{e}^{-\lambda x}$, 表现为收敛到零的行为. 我们看到, 当 λ 超出了算法的收敛域时, 方程的数值解本身直接就发散了, 与真实解完全不符, 更别谈误差控制的问题了.

---
[5]请注意此处微分方程解法的精度与数值积分中代数精度的区别.

2.6.3 中点欧拉法

以上讨论表明, 向前欧拉法在实际应用中碰到了困难, 我们需要想办法加以改进. 从数值积分的经验中, 我们已经知道了用区间的中点作为整个区间平均值的近似会更有优势, 因此我们可以写出近似表达式

$$y(x+\Delta x) = y(x) + y'(x+\Delta x/2)\Delta x + O(\Delta x^3)$$
$$= y(x) + f[x+\Delta x/2, y(x+\Delta x/2)]\Delta x + O(\Delta x^3). \quad (2.6.9)$$

这个式子看上去很美, 但问题就在于想要计算 $y(x+\Delta x)$ 就得知道 $y(x+\Delta x/2)$ 的值, 而要计算 $y(x+\Delta x/2)$ 的值又要提前知道 $y(x+\Delta x/4)$ 的值 …… 因此, 我们陷入了无休止的循环.

处理这个麻烦的关键, 在于寻找一个近似替代 $y(x+\Delta x/2)$ 的方案. 不同的方案选取会产生多种冠以不同人名的算法, 这里我们不一一赘述, 而只介绍比较常用的一种, 即利用近似式 $y(x+\Delta x/2) = [y(x) + y(x+\Delta x)]/2 + O(\Delta x^2)$. 将这个近似式代入, 我们得到的 f' 会产生额外 $O(\Delta x^2)$ 的误差, 但注意到它后面还乘了 Δx, 这样这一部分对于计算 $y(x+\Delta x)$ 产生的误差值也是 $O(\Delta x^3)$, 与后面的那一项同阶, 从而不会对算法精度的阶数产生影响.

对以上的讨论略做整理, 我们可以得到如下迭代关系式:

$$y_{n+1} = y_n + f[(x_n + x_{n+1})/2, (y_n + y_{n+1})/2]\Delta x_{n+1}, \quad (2.6.10)$$

称为**中点欧拉法**. 以上迭代并不能直接使用, 但我们可以利用 2.4 节中讨论过的数值求根算法来从 y_n 中求得 y_{n+1}. 注意到, 我们可以借助向前欧拉法来得到方程根的一个相当好的估计, 因此可以直接使用类似牛顿法或者弦割法这类超线性收敛的算法来大大降低计算量. 类似这种迭代过程中需要数值求根的微分方程算法被称为**隐式** (implicit) 方法.

进一步, 我们来看中点欧拉法的稳定性和收敛域. 将 y_n 替换成 $y_n + \varepsilon_n$ 并做一阶展开, 有

$$\varepsilon_{n+1} = \varepsilon_n + (\varepsilon_{n+1} + \varepsilon_n) \cdot \partial_y f \Delta x_{n+1}/2.$$

移项整理有

$$\varepsilon_{n+1} = \frac{1+\partial_y f \Delta x_{n+1}/2}{1-\partial_y f \Delta x_{n+1}/2}\varepsilon_n. \quad (2.6.11)$$

这里的分子分母应当理解为矩阵乘法与矩阵求逆. 我们看到, 误差在迭代过程中的演

化同样与矩阵 $\partial_y f$ 的本征值 E 息息相关. 稳定性要求不等式

$$\left|\frac{1+E\Delta x/2}{1-E\Delta x/2}\right|<1. \tag{2.6.12}$$

这个式子实际上等价于要求 $\mathrm{Re}\,E<0$, 即在左半平面. 也就是说只要方程自己没有不稳定性, 就一定能够保证误差不会被放大, 这类算法被称为 A-**稳定**的. 从而, 我们用每一步迭代需要数值求根一次的代价, 换取了对误差很好的控制.

2.6.4 自适应步长

在 2.2 节中, 我们介绍过数值积分步长自适应调节的办法, 类似的思想也可以应用到微分方程的求解上来.

考察某单步算法, 步长为 h 时其局部截断误差为 $p_r h^r + O(h^{r+1})$. 等步长迭代两步后有误差 $\delta_h \approx 2p_r h^r$; 退回, 再使用 $2h$ 的步长迭代一次, 这样的误差约为 $\delta_{2h} \approx p_r(2h)^r$. 计算这两种方式所得到误差的差值

$$\Delta \approx 2p_r h^r (2^{r-1}-1) \approx (2^{r-1}-1)\delta_h, \tag{2.6.13}$$

便可估算误差 δ_h 的大小, 从而决定应当增大或者减小步长. 若步长始终不变, 这个操作会增加 50% 的计算量, 但在实际问题中一般而言总是划算的.

2.6.5 蛙跳法

我们看到隐式方法需要额外进行数值求根, 读者也许会追问: 能不能绕过数值求根, 不付出这个额外的计算代价? 很幸运, 对于物理上所涉及的一些特殊的微分方程组, 这的确是可能的. 如果我们将一开始的运动方程 (2.6.1) 写成哈密顿力学的形式

$$\begin{cases} \dot{p} = -\dfrac{\partial H}{\partial q}, \\ \dot{q} = \dfrac{\partial H}{\partial p}, \end{cases} \tag{2.6.14}$$

并且假定 $\partial_p H$ 不依赖于 q, 以及 $\partial_q H$ 不依赖于 p (这两个条件看上去都很宽松), 那么哈密顿量会具有形式 $H(p,q,t) = T(p,t) + V(q,t)$. 在这个前提下, 我们再来考虑之前的中点欧拉法的最初思想:

$$\begin{cases} p(t+\Delta t) = p(t) - \dfrac{\partial V}{\partial q}[q(t+\Delta t/2), t+\Delta t/2]\Delta t, \\ q(t+\Delta t) = q(t) + \dfrac{\partial T}{\partial p}[p(t+\Delta t/2), t+\Delta t/2]\Delta t. \end{cases} \tag{2.6.15}$$

我们看到, 计算 $p(t+\Delta t)$ 需要已知 $q(t+\Delta t/2)$ 和 $p(t)$ 的值, 而依照第二个等式, 计算 $q(t+\Delta t/2)$ 需要已知 $p(t)$ 和 $q(t-\Delta t/2)$ 的值 …… 巧妙的是, 我们只需要知道初始

条件 $p(t_0)$ 和 $q(t_0 + \Delta t/2)$，然后保证时间步长 Δt_n 是一个常数，就能够顺序地开展后续的迭代演化.

记 $p_n = p(t_n), q_{n+1/2} = q(t_n + \Delta t/2)$，迭代关系写作

$$\begin{cases} p_n = p_{n-1} - \dfrac{\partial V}{\partial q}[q_{n-1/2}, t_{n-1/2}]\Delta t, \\ q_{n+1/2} = q_{n-1/2} + \dfrac{\partial T}{\partial p}[p_n, t_n]\Delta t. \end{cases} \tag{2.6.16}$$

这个显式算法被称为**蛙跳法** (leapfrog method). 我们不加证明地给出，其具有二阶精度，收敛域为左半平面. 当然这个算法还存在着一个启动的问题，毕竟通常的初始条件是给定某一时刻 p, q，而不是错开 $\Delta t/2$ 的两个值. 这时简单地应用一次向前欧拉法或者中点欧拉法即可，这一步的误差并不会对整体的结果影响太大.

练习 2.5 在进行分子动力学模拟时，人们常用如下格式的 Velocity-Verlet 算法求解哈密顿方程:

$$\begin{cases} p_{n+1/2} = p_n - \dfrac{\partial V}{\partial q}[q_n, t_n]\Delta t/2, \\ q_{n+1} = q_n + \dfrac{\partial T}{\partial p}[p_{n+1/2}, t_{n+1/2}]\Delta t, \\ p_n = p_{n+1/2} - \dfrac{\partial V}{\partial q}[q_{n+1}, t_{n+1}]\Delta t/2. \end{cases} \tag{2.6.17}$$

试检验该算法具有二阶精度，但不是 A-稳定的.

2.6.6 小结

至此，我们介绍了最简单的几种求解常微分方程初值问题的数值方法，为了使得本书内容排布相对均匀，我们将在后续章节介绍几种精度更高，也更一般化的算法，比如著名的龙格-库塔 (Runge-Kutta) 算法等.

大作业: 绝热不变量

对于单自由度非含时的哈密顿系统 $H(q,p)$，若其等能线 $H(q,p) = E$ 对应于相空间中的一条简单闭曲线，可以定义所谓的绝热不变量

$$J \equiv \frac{1}{2\pi} \oint p \, \mathrm{d}q, \tag{1}$$

其中积分环路即为该等能线. 将绝热不变量看作能量的函数，容易检验

$$\frac{\mathrm{d}J}{\mathrm{d}E} = \frac{T}{2\pi} = \frac{1}{\omega}, \tag{2}$$

其中 T 为系统运动周期, ω 定义为该系统的角频率.

若在原有的哈密顿量中引入一个随时间缓慢变化的参量 $\lambda(t)$, 让系统在这个含时哈密顿量 $H(q, p; \lambda(t))$ 下演化, 经典绝热定理宣称, 此时的绝热不变量将近似为与 λ 无关的常数:
$$\lim_{\mathrm{d}\lambda/\mathrm{d}t \to 0} \frac{\mathrm{d}J}{\mathrm{d}\lambda} = 0. \tag{3}$$
此时绝热不变量定义式中的积分沿 λ 为常数的轨迹进行. 更详尽的讨论请参考理论力学教材.

本题中我们通过研究一个简单力学模型的长期行为来讨论绝热不变量的适用性. 如图 2.7 所示, 质量为 m 的小圆环 A 套在无穷长竖直光滑直杆上, 通过劲度系数为 k、原长为 ℓ 的轻质弹簧与固定点 O 相连. 以 O 为原点, A 点的水平和竖直坐标分别记为 x, y. 从而, 整个系统的哈密顿量可以写作

$$H(p_y, y) = \frac{p_y^2}{2m} + \frac{1}{2}k\left(\sqrt{x^2 + y^2} - \ell\right)^2 + mgy. \tag{4}$$

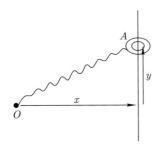

图 2.7 关于绝热不变量的简单力学模型

1. 考虑该系统的稳定平衡位置 y_0. 当 (x, g) 满足什么条件时该系统存在两个稳定平衡位置, 什么时候仅存在一个? 试解析或数值求解该关系, 在 x-g 平面上画出这两种情形的分界线.

2. 以速度 v 缓慢地向左移动直杆, 那么 $x(t)$ 便构成了慢变参量. 取初始时刻 $p_y = 0, y = 0.1\ell$, 以及 $g = 0, x(t) = 2\ell - vt$. 分别对于 $\sqrt{m/k}v/\ell = 1/4, 1/16, 1/64, 1/256$ 的情形, 计算 x 由 2ℓ 减小至 0 的过程中系统的相轨, 以及绝热不变量 J 随 x 的变化. 解释你的结果.

3. 将整个系统放置在一个以频率 ν 做上下往复运动的电梯里, 那么等效重力加速度 g 也可以作为慢变参量. 取初始时刻 $p_y = 0, y = -2\ell$, 以及 $g(t) = 2\frac{k\ell}{m}\cos 2\pi\nu t, x = 0.2\ell$. 分别对于 $\sqrt{m/k}\nu = 1/4, 1/16, 1/64, 1/256$ 的情形, 计算 g 从 $2k\ell/m$ 变化为 $-2k\ell/m$ 的过程中系统的相轨, 以及绝热不变量 J 随 g 的变化. 解释你的结果.

两个参量 x,g 可以同时变化. 对于若干个参量自时刻 t_i 经历一系列变化后于时刻 t_f 回到原点的过程, 我们可以定义该过程的贝里 (Berry) 相位. 设初末的相空间坐标分别为 (p_i, q_i) 和 (p_f, q_f), 贝里相位定义为

$$\varphi_\text{B} \equiv \left[\omega(t_\text{i})\int_{(p_\text{i},q_\text{i})}^{(p_\text{f},q_\text{f})}\text{d}t - \int_{t_\text{i}}^{t_\text{f}}\omega(t)\,\text{d}t\right] \mod 2\pi. \tag{5}$$

4. 取初始时刻 $p_y=0, y=-2.1\ell$, 以及 $g(t)=2\dfrac{\kappa\ell}{m}\cos 2\pi\nu t, x(t)=2\ell\sin 2\pi\nu t$. 选择充分小的 ν 以至于 J 近似为常数, 检验这样计算得到的 φ_B 近似不依赖于 ν.

5. 取初始时刻 $p_y=0, y=0.52\ell$, 以及 $g(t)=0.3\dfrac{\kappa\ell}{m}\cos 2\pi\nu t, x(t)=0.3\ell\sin 2\pi\nu t$. 选择充分小的 ν 以至于 J 近似为常数, 检验这样计算得到的 φ_B 近似不依赖于 ν.

第三章 线性多自由度系统

上一章中,我们从做一维运动,或可简化为做一维运动的质点出发,广泛介绍了常见的一维问题和所对应的数值算法. 然而,实际的物理问题中往往存在着多个,甚至是无穷多个相互耦合的自由度,这些高维问题同样需要我们发展有效的数值计算手段来处理. 作为起点,本章中我们便尝试接触其中最简单的部分: 线性多自由度系统.

所有的线性多自由度系统的求解归根结底都可以划归成两类问题: 线性代数方程组与本征值问题. 在本章中,我们将介绍处理这两类问题的数值算法.

3.1 电路网络:线性代数方程组的直接解法

从跨越大江大河、高山峡谷的高压输电网络,到雕刻于纳米芯片上的集成电路,人们通过制造和组合大量的元器件、设计电路网络,让电实现各种各样的功能. 为了理解和掌握这些各式各样的电路,我们需要知道如何求解其中的电势和电流分布.

对于仅由线性元件所构成的电路网络,这个问题可以转化为一个线性代数方程组的求解. 我们用指标 $i = 1, 2, \cdots, n$ 标记电路网络中的各个节点, i, j 两节点之间直连的电导记作 g_{ij},接入的电压源记作 ε_{ij},对于断路的情形 $g_{ij} = 0$. 记节点 i 的电势为 U_i,那么由节点 i 直接流向 j 的电流为

$$g_{ij}(U_i - U_j + \varepsilon_{ij}), \tag{3.1.1}$$

根据基尔霍夫 (Kirchhoff) 第二定律,流入一个节点的电流之和为零. 据此,我们可以列出方程组

$$\sum_{j \neq i} g_{ij}(U_i - U_j) = -\sum_{j \neq i} g_{ij}\varepsilon_{ij}, \quad i = 1, 2, \cdots, n. \tag{3.1.2}$$

上式可以写成矩阵方程

$$\boldsymbol{GU} = \boldsymbol{J}, \tag{3.1.3}$$

其中,导纳矩阵 $\boldsymbol{G}$ 的诸元由下式给出:

$$(\boldsymbol{G})_{ij} = \begin{cases} \sum_{k \neq i} g_{ik}, & i = j, \\ -g_{ij}, & i \neq j. \end{cases} \tag{3.1.4}$$

赝电流向量为

$$(\boldsymbol{J})_i = -\sum_{j \neq i} g_{ij} \varepsilon_{ij}. \tag{3.1.5}$$

我们容易发现，导纳矩阵 $\mathbf{G}$ 是奇异矩阵，存在着零特征值的特征向量 $\{U_i = 1\}$，这对应着电势零点的改变不影响物理结果这一事实. 此外可以注意到，由于 $\varepsilon_{ij} = -\varepsilon_{ji}$，故 $\boldsymbol{J}$ 的全部元素之和为零，也就是说它其实可以约化为一个 $n-1$ 维的向量. 因此，我们可以将某个节点 k 的电势取为零，这相当于抹掉了电导矩阵第 k 行和第 k 列对等式右边的全部贡献，从而可以删去导纳矩阵的第 k 行和第 k 列，保持矩阵对称性的同时也消去了 $\mathbf{G}$ 的奇异性. 这在物理上等价于让这一点接地.

本节的主要内容，就是讨论一个系数矩阵非奇异的线性代数方程组的数值求解.

3.1.1 高斯消元法

线性代数方程组的一般形式为

$$\mathbf{A}\boldsymbol{x} = \boldsymbol{b}, \tag{3.1.6}$$

其中 $\mathbf{A}$ 为非奇异 $n \times n$ 阶矩阵，$\boldsymbol{x}$ 为待求向量，$\boldsymbol{b}$ 为已知的右端向量. 为完整起见，这里简要回顾线性代数课程中介绍过的高斯消元的基本过程.

首先我们将 $\mathbf{A}$ 和 $\boldsymbol{b}$ 排在一起形成一个 $n \times (n+1)$ 阶的增广矩阵，然后对它们做初等行变换. 注意到任意初等行变换都可以写成矩阵左乘的形式，即

$$(\mathbf{A} \quad \boldsymbol{b}) \to \mathbf{B}(\mathbf{A} \quad \boldsymbol{b}) = (\mathbf{B}\mathbf{A} \quad \mathbf{B}\boldsymbol{b}). \tag{3.1.7}$$

因此，若能够找到初等行变换 $\mathbf{B}$ 使得 $\mathbf{B}\mathbf{A} = \mathbf{I}$，那么我们可以在 (3.1.6) 式左右两端同时作用该变换，从而有

$$\boldsymbol{x} = \mathbf{B}\boldsymbol{b}. \tag{3.1.8}$$

这样增广矩阵的最右端一列便是方程的解. 因此，求解问题转化为如何找到上述初等行变换，这事实上可以通过两个递归过程来实现. 对于矩阵

$$\begin{pmatrix} a_{11} & a_{12} & \ldots & a_{1n} & b_1 \\ a_{21} & a_{22} & \ldots & a_{2n} & b_2 \\ \ldots & \ldots & \ldots & \ldots & \ldots \\ a_{n1} & a_{n2} & \ldots & a_{nn} & b_n \end{pmatrix}, \tag{3.1.9}$$

我们先将第一行除以 a_{11}，然后从第二行起依次将第 i 行减去 a_{i1} 乘以第一行。这样除了第一行之外，每一行的第一个元素都被消去了，我们因此得到

$$\begin{pmatrix} 1 & a_{12}^{(1)} & \cdots & a_{1n}^{(1)} & b_1^{(1)} \\ 0 & a_{22}^{(1)} & \cdots & a_{2n}^{(1)} & b_2^{(1)} \\ 0 & a_{32}^{(1)} & \cdots & a_{3n}^{(1)} & b_3^{(1)} \\ \cdots & \cdots & \cdots & \cdots & \cdots \\ 0 & a_{n2}^{(1)} & \cdots & a_{nn}^{(1)} & b_n^{(1)} \end{pmatrix}. \tag{3.1.10}$$

由于第一列从第二项开始都被消零了，那么我们又可以对第二列执行类似的操作。将第二行除以新的 a_{22}，然后从第三行起依次将第 i 行减去新的 a_{i2} 乘以第二行，这样第二列从第三项起都被消零。依此递归，我们最终能够得到一个上三角矩阵

$$\begin{pmatrix} 1 & a_{12}^{(1)} & a_{13}^{(1)} & \cdots & a_{1n}^{(1)} & b_1^{(1)} \\ 0 & 1 & a_{23}^{(2)} & \cdots & a_{2n}^{(2)} & b_2^{(2)} \\ 0 & 0 & 1 & \cdots & a_{3n}^{(3)} & b_3^{(3)} \\ \cdots & \cdots & \cdots & \cdots & \cdots & \cdots \\ 0 & 0 & 0 & \cdots & 1 & b_n^{(n)} \end{pmatrix}. \tag{3.1.11}$$

这与我们单位矩阵的目标只差矩阵的右上半部分元素了。我们只需要对上述上三角矩阵从 $n-1$ 行起，逆向对右上半部分的元素依次执行类似的消元操作，即可将上述矩阵化成一个单位矩阵。此时，右边一列便是我们所求的原方程组的解。但在实际中，我们无须将上三角部分也消零，可以利用回代算法更经济地求出方程组的解。

根据上述消元操作的讨论，我们容易整理出下面的伪代码。

算法 3.1　高斯消元法

```
1   function GaussianElimination(n,A,b)
2     x = b
3     do i = 1, n
4       x(i) = x(i)/A(i,i)
5       do j = i+1, n
6         A(i,j) = A(i,j)/A(i,i)
7       end
8       A(i,i) = 1
9       do k = i+1, n
10        x(k) = x(k) - A(k,i)*x(i)
11        do j = i+1, n
12          A(k,j) = A(k,j) - A(k,i)*A(i,j)
13        end
14        A(k,i) = 0
```

```
15     end
16   end
17   do i = n, 2, -1
18     do j = 1, i-1
19       x(j) = x(j) - A(j,i)*x(i)
20     end
21   end
22   return x
23 end
```

值得一提的是, 在关于矩阵运算的各种算法中, 常常会用到大量不同含义的循环指标, 指标之间相互嵌套和关联. 大家要细心处理并尽快熟悉循环指标的正确使用, 而不至于望而生畏或者迷失得错误百出. 熟练掌握的唯一途径就是经常亲自动手编程, 把各种算法 (尽管某些算法看似简单) 都准确无误地在电脑上实现, 并加以各种测试. 要强调的是, 涉及多重循环时, 大家一定要仔细审视每一层里的计算, 精简算法. 以后会看到, 某些大循环往往在某一个大程序中需要反复调用, 任何一层中不恰当、不精简的算法, 都会导致大程序总耗时显著增加.

让我们来计算一下这个算法的计算复杂度. 首先是消元过程: 对于最内层的 j 循环, 总共有 $2(n-i)$ 次四则运算. 在 k 循环中, 每次循环额外加上第 10 行处的两次运算, 并且重复 $n-i$ 次, 则一共有 $2(n-i)(n-i+1)$ 次运算. 在最外层的 i 循环中, 我们需要附加上 4~7 行处的 $n-i+1$ 次除法, 然后对 i 求和:

$$\sum_{i=1}^{n}[n-i+1+2(n-i)(n-i+1)] = \frac{4n^3+3n^2-n}{6}.$$

得到消元过程的计算消耗后, 再来看从第 17 行到第 21 行的回代过程, 这一步容易直接写出计算公式

$$\sum_{i=1}^{n}(i-1) = \frac{n(n-1)}{2}.$$

结合两式, 我们得知高斯消元法的计算过程中总共需要 $\frac{2}{3}n^3+n^2-\frac{2}{3}n$ 次四则运算, 计算复杂度为 $O(n^3)$.

当然, 仅为了获得一个大概的估计, 我们未必做如此精确的计算, 而是可以根据一个简单得多的办法得到它: 注意到消元过程需要进行三重循环, 每层循环的循环次数都是 $O(n)$ 的量级, 那么整体的计算复杂度自然是 $O(n^3)$.

细心的读者可能注意到上述算法的第 4 行和第 6 行出现了除法, 而我们并不存在什么约束条件让除数 $A(i,i)$ 非零. 退一步讲, 即便 $A(i,i) \neq 0$, 但如果它是前一步

中两个大数相减得到的一个小数，那么截断误差的存在也会使得其相对误差较大，再被用作除数则会将这个误差继续传递到整个矩阵上去，后果严重. 为了避免这类事情发生，一个简单的策略是在执行这一步前，找出这一列中从第 i 到 n 行 $A(k,i)$ ($k=i,i+1,\cdots,n$) 绝对值最大的那一行，然后将第 i 行和第 k 行做交换 (注意行交换依旧属于初等行变换)，接着就可以依样执行与之前相同的消去步骤了. 这种方案被称为**列主元 (column pivoting) 技术**.

此外，相对应的还有**行主元 (row pivoting) 技术**，需要寻找这一行中第 i 到 n 列 $A(i,k)$ ($k=i,i+1,\cdots,n$) 绝对值最大的那一列，将第 i 列和第 k 列做交换，这个操作是初等列变换. 初等列变换相当于右乘一个矩阵，我们将在下面的 LU 分解中看到它的应用.

另一个极端的情形是，对于所有 $k=i,i+1,\cdots,n$, $A(k,i)$ 都为零或者绝对值非常小. 这意味着两个事实：首先，初等行变换的目的是将 $A(k,i), k=i+1,i+2,\cdots,n$ 消零，而在执行前已经达到了或基本达到，说明可以直接跳到下一步；其次，这个矩阵是奇异的或接近奇异的，存在着无穷多个解. 本书中我们将不会对上述特殊情况进行更深入的讨论，但是提醒大家在数值实践中加以注意.

3.1.2 LU 分解

我们再次仔细审视高斯消元法的整个过程. 在第一步消去左下角诸元的过程中，涉及的初等行变换用矩阵表示有如下两种：

(1) 将第 k 行同乘以一个数 c：

$$\begin{pmatrix} \mathbf{I}_{k-1} & & \\ & c & \\ & & \mathbf{I}_{n-k} \end{pmatrix};$$

(2) 将第 k 行以下所有行分别减去该行乘某一不同系数 c_i ($i=k+1,\cdots,n$)：

$$\begin{pmatrix} \mathbf{I}_{k-1} & & \\ & 1 & \\ & -\boldsymbol{c} & \mathbf{I}_{n-k} \end{pmatrix},$$

上式中 $\boldsymbol{c}=(c_{k+1},c_{k+2},\cdots,c_n)^{\mathrm{T}}$.

这些矩阵仅有对角元和左下角的元素非零，我们将其称作**下三角矩阵 (lower triangular matrix) L**. 同理，对于仅有对角元和右上角的元素非零的矩阵，我们称其为**上三角矩阵 (upper triangular matrix) U**. 容易证明，两个下三角矩阵相乘依旧是下三角矩阵，两个上三角矩阵相乘依旧是上三角矩阵. 而如何将一个下三角矩阵消去左下角的元素变成单位矩阵也是我们刚见到过的,即左乘另一个下三角矩阵. 这说明,一个可逆的下三角矩阵的逆矩阵也是下三角矩阵. 特别地,上面两类下三角矩阵的逆分别为

$$\begin{pmatrix} \mathbf{I}_{k-1} & & \\ & 1/c & \\ & & \mathbf{I}_{n-k} \end{pmatrix}, \quad \begin{pmatrix} \mathbf{I}_{k-1} & & \\ & 1 & \\ & c & \mathbf{I}_{n-k} \end{pmatrix}.$$

执行完这一步后,原矩阵仅剩对角元和右上角的元素非零,且对角元均为 1,称为**单位上三角矩阵** (unit upper triangular matrix) $\mathbf{U}_0$. 那么,在不考虑选主元的情形下,高斯消元法的过程可以记作

$$\mathbf{L}'\mathbf{A} = \mathbf{U}_0, \tag{3.1.12}$$

或者,利用前述下三角矩阵的逆依旧是下三角矩阵的结论,写作

$$\mathbf{A} = \mathbf{L}\mathbf{U}_0. \tag{3.1.13}$$

一般地,我们称将矩阵 $\mathbf{A}$ 写为一个下三角矩阵 $\mathbf{L}$ 和一个上三角矩阵 $\mathbf{U}$ 的乘积的过程为对矩阵 $\mathbf{A}$ 的 LU 分解. 特别地,当限制 $\mathbf{U}$ 为单位上三角矩阵时,LU 分解存在且唯一的充要条件为矩阵 $\mathbf{A}$ 的各阶顺序主子式均非零 (或 $\mathbf{A}$ 的各个顺序主子阵 $\mathbf{A}_k$ 非奇异),此时称为**克劳特 (Crout) 分解**.

当出现了需要选主元的情况时,我们考虑使用行主元技术. 交换两列相当于右乘重排矩阵

$$\mathbf{P} = \begin{pmatrix} 1 & & & & & & \\ & \ddots & & & & & \\ & & 0 & \cdots & 1 & & \\ & & \vdots & & \vdots & & \\ & & 1 & \cdots & 0 & & \\ & & & & & \ddots & \\ & & & & & & 1 \end{pmatrix}.$$

该矩阵在单位矩阵的基础上将第 i 列和第 k 列做了交换,满足 $\mathbf{P} = \mathbf{P}^{-1} = \mathbf{P}^{\mathrm{T}}$. 那么交换列的这一步操作可以写作

$$\mathbf{L}'\mathbf{A} = \mathbf{A}' \to \mathbf{L}'\mathbf{A}\mathbf{P} = \mathbf{A}'\mathbf{P}, \tag{3.1.14}$$

随后便可以继续左乘下三角矩阵来进行矩阵三角化的下一步过程. 注意,此步操作中乘在右侧的重排矩阵不会受到任何影响. 若继续碰见需要选主元的情况,再右乘一个

重排矩阵即可. 两个重排矩阵的乘积依旧是重排矩阵, 只不过相当于有更多的列参与了交换. 最终, 我们便有

$$\mathbf{L'AP} = \mathbf{U}_0, \tag{3.1.15}$$

其中 $\mathbf{P}$ 为所有重排矩阵的乘积. 上式可等价写为

$$\mathbf{A} = \mathbf{LU}_0\mathbf{P}. \tag{3.1.16}$$

实际上, 任意的非奇异矩阵 $\mathbf{A}$ 都可以进行上述的 LUP 分解.

LU 分解在许多实际应用中具有重要意义. 首先, 有时会求解大量的方程组 $\mathbf{A}x = b$, 其中 $\mathbf{A}$ 保持不变而只有 b 改变. 此时我们只需要对 $\mathbf{A}$ 做一次 LU 分解, 再利用线性代数中讨论的前代 (对下三角矩阵) 和回代 (对上三角矩阵) 算法迅速求解大量方程组. 其次, 矩阵如此做分解后, 可以通过计算 $\mathbf{A}^{-1} = \mathbf{P}\mathbf{U}^{-1}\mathbf{L}^{-1}$ 来快速计算原矩阵的逆矩阵, 这种做法比将 $\mathbf{A}$ 和单位矩阵 $\mathbf{I}$ 并成一个增广矩阵后做行变换效率要高. 最后, 矩阵的行列式也容易求得:

$$\det \mathbf{A} = \det \mathbf{L} \det \mathbf{U} \det \mathbf{P} = \prod_{i=1}^{n} l_{ii} u_{ii} \det \mathbf{P}, \tag{3.1.17}$$

其中 $\det \mathbf{P} = \pm 1$, 具体值取决于重排的逆序数的奇偶, 特别地, $\mathbf{U}$ 为单位上三角矩阵 $\mathbf{U}_0$ 时, $\det \mathbf{A} = \det \mathbf{L} \det \mathbf{P}$.

将高斯消元法稍加改动即可给出 LU 分解算法求解线性方程组的伪代码.

算法 3.2 LU 分解

```
1   function LUdecompose(n,A)
2     U = A
3     L = 0
4     do i = 1, n
5       L(i,i) = 1/U(i,i)
6       do j = i+1, n
7         U(i,j) = U(i,j)/U(i,i)
8       end
9       U(i,i) = 1
10      do k = i+1, n
11        L(k,i) = - U(k,i)
12        do j = i+1, n
13          U(k,j) = U(k,j) - U(k,i)*U(i,j)
14        end
15        U(k,i) = 0
16      end
17    end
18    return L, U
```

```
19    end
20
21  function LUinverse(n,L,U,b)
22    x = b
23    do i = 1, n
24      x(i) = L(i,i)*x(i)
25      do k = i+1, n
26        x(k) = x(k) + L(k,i)*x(i)
27      end
28    end
29    do i = n, 2, -1
30      do j = 1, i-1
31        x(j) = x(j) - U(j,i)*x(i)
32      end
33    end
34    return x
35  end
```

注意, 算法中的二维数组 L 并非代表矩阵 **L**, 而是仅代表一组运算规则. 在这组规则下, 能够以 $O(n^2)$ 的代价计算 $\bm{Lx}$ 或者 $\bm{L}^{-1}\bm{x}$, 这与我们真把 **L** 的全部分量算出来在数值上是等价的, 因此我们没有必要消耗额外的计算量在计算 **L** 的具体形式上.

3.1.3 楚列斯基分解

再回到本节开头引入的物理问题: 电导矩阵 **G** 是一个对称矩阵, 甚至数学上可以证明它是正定的 (见下一节开头). 而之前所讨论的高斯消元法并没有涉及其所具有的特殊性质. 那么, 对称矩阵在求解线性代数方程组时会有什么额外可利用的性质呢? 很显然, 在算法设计的时候, 完美利用矩阵的任何特殊性质, 都将大大简化算法的时空复杂度, 从而提高运算效率, 节省计算资源, 甚至减小误差.

考虑 LU 分解 $\bm{A} = \bm{L}\bm{U}_0$, 容易检验, 下三角矩阵 **L** 可以分解成单位下三角矩阵 $\bm{L}_0$ 和对角矩阵 **D** 的乘积:

$$\begin{pmatrix} l_{11} & & & \\ l_{21} & l_{22} & & \\ \vdots & & \ddots & \\ l_{n1} & l_{n2} & \cdots & l_{nn} \end{pmatrix} = \begin{pmatrix} 1 & & & \\ l_{21}/l_{11} & 1 & & \\ \vdots & & \ddots & \\ l_{n1}/l_{11} & l_{n2}/l_{22} & \cdots & 1 \end{pmatrix} \begin{pmatrix} l_{11} & & & \\ & l_{22} & & \\ & & \ddots & \\ & & & l_{nn} \end{pmatrix}, \quad (3.1.18)$$

即

$$\bm{A} = \bm{L}_0 \bm{D} \bm{U}_0. \tag{3.1.19}$$

利用矩阵的对称性 $\mathbf{A} = \mathbf{A}^\mathrm{T}$ 以及 LU_0 分解的唯一性, 可知

$$\mathbf{L}_0^\mathrm{T} = \mathbf{U}_0. \tag{3.1.20}$$

那么我们便得到一个重要结论: 若对称矩阵 $\mathbf{A}$ 的各阶主子式不为零, 则其可以做如下唯一分解:

$$\mathbf{A} = \mathbf{L}_0 \mathbf{D} \mathbf{L}_0^\mathrm{T}. \tag{3.1.21}$$

我们相当于将该矩阵通过合同变换 $\mathbf{L}_0$ 完成了对角化. 因为合同变换不改变矩阵的正定性质, 若 $\mathbf{A}$ 为正定矩阵, 那么一定有 $d_i > 0$ $(i = 1, 2, \cdots, n)$. 此时, 我们可以进一步引入 $\mathbf{L} \equiv \mathbf{L}_0 \mathbf{D}^{1/2}$, 则我们对原矩阵实现了分解

$$\mathbf{A} = \mathbf{L} \mathbf{L}^\mathrm{T}, \tag{3.1.22}$$

这被称为**对称正定矩阵的楚列斯基 (Cholesky) 分解**, 而下三角矩阵 $\mathbf{L}$ 称为 $\mathbf{A}$ 的**楚列斯基因子**.

随后, 我们来考察如何在算法上实现楚列斯基分解. 考虑将矩阵 $\mathbf{A}$ 写作分块形式:

$$\begin{pmatrix} a_{11} & \mathbf{A}_{12} \\ \mathbf{A}_{12}^\mathrm{T} & \mathbf{A}_{22} \end{pmatrix} = \begin{pmatrix} \sqrt{a_{11}} & \\ \dfrac{\mathbf{A}_{12}^\mathrm{T}}{\sqrt{a_{11}}} & \mathbf{I} \end{pmatrix} \begin{pmatrix} 1 & \\ & \tilde{\mathbf{A}}_{22} \end{pmatrix} \begin{pmatrix} \sqrt{a_{11}} & \dfrac{\mathbf{A}_{12}}{\sqrt{a_{11}}} \\ & \mathbf{I} \end{pmatrix}. \tag{3.1.23}$$

容易检验

$$\mathbf{A}_{22} = \tilde{\mathbf{A}}_{22} + \frac{\mathbf{A}_{12} \mathbf{A}_{12}^\mathrm{T}}{a_{11}} = \tilde{\mathbf{A}}_{22} + \mathbf{L}_{12} \mathbf{L}_{12}^\mathrm{T}, \tag{3.1.24}$$

即取 $\tilde{\mathbf{A}}_{22} = \mathbf{A}_{22} - \mathbf{L}_{12} \mathbf{L}_{12}^\mathrm{T}$ 时上述表达式得以成立, 因此分解是可行的. 这个分解具有类似于 (3.1.21) 式的形式, 只不过这里中间那个矩阵是一个分块对角矩阵, 而非真正的对角矩阵. 不过没关系, 注意到 $\tilde{\mathbf{A}}_{22}$ 已经比初始的 $\mathbf{A}$ 降低一阶了, 我们可以将 $\tilde{\mathbf{A}}_{22}$ 再按照 (3.1.23) 式的方式做分解, 反复进行直到阶数降低至 1 为止. 由于矩阵正定等价于各阶顺序主子式行列式均大于零, 对于正定矩阵不需要考虑选主元的问题而可以实现稳定分解. 我们写出相应的伪代码.

算法 3.3 对称正定矩阵 $\mathbf{A}$ 的楚列斯基分解

```
1   function CholeskyDecomposition(n,A)
2     L = 0
3     for i = 1, n
4       s = A(i,i)
5       for j = 1, i-1
6         s = s - L(i,j)^2
7       end
```

```
 8        if(s<0) stop "non-positive definite"
 9        L(i,i) = sqrt(s)
10        for j = i+1, n
11          s = A(i,j)
12          for k = 1, i-1
13            s = s - L(j,k)*L(i,k)
14          end
15          L(j,i) = s/L(i,i)
16        end
17      end
18      return L
19    end
```

值得注意的是，上述代码中并没有显式地写出 $\tilde{\mathbf{A}}$，但可以检验所有必要的操作已经包含在对 $\mathbf{L}$ 诸元的求和之中了. 有兴趣的同学可以估算，楚列斯基分解的计算复杂度大约是 $O(n^3/3)$. 另外，由于其利用了矩阵的对称性，仅需要一半的存储空间.

此外，我们也可以将这个算法直接应用到任意对称矩阵上. 如果计算过程中需要对负数开根号，我们便可以确定这个矩阵是非正定的. 事实上，这是判断矩阵是否正定最方便的算法之一.

对于对称非正定矩阵，且需要选主元的情形，原则上同样可以通过 LDL^T 分解来实现节省一半存储空间的目的，但细节会相对烦琐[1].

3.1.4 带状矩阵

实际上，在某些具体的物理问题中，所得到的线性方程组的系数矩阵还可能具有更简单的结构以及良好的对称性和稀疏性. 现在来看一个最简单的例子. 考虑如图 3.1 所示的一维电路"网络"，始末两端点接地. 显然，通过计算电路中流过的电流，可以轻松地写出问题的解. 不过我们依旧尝试用本节开头所讨论的求解线性方程组的办法来处理. 该问题满足的方程组可写作

$$\begin{pmatrix} g_{01}+g_{12} & -g_{12} & & & \\ -g_{12} & g_{12}+g_{23} & -g_{23} & & \\ & -g_{23} & g_{23}+g_{34} & -g_{34} & \\ & & \ddots & \ddots & \ddots \end{pmatrix} \begin{pmatrix} U_1 \\ U_2 \\ U_3 \\ \vdots \end{pmatrix} = \begin{pmatrix} -g_{01}\varepsilon_{01}+g_{12}\varepsilon_{12} \\ -g_{12}\varepsilon_{12}+g_{23}\varepsilon_{23} \\ -g_{23}\varepsilon_{23}+g_{34}\varepsilon_{34} \\ \vdots \end{pmatrix}.$$

(3.1.25)

---

[1]感兴趣的读者可以参考 Bunch J R and Kaufman L. Some stable methods for calculating inertia and solving symmetric linear systems. Math. Comp., 1977, 31: 163.

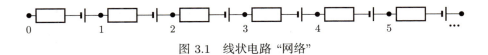

图 3.1 线状电路 "网络"

我们注意到, 此时的导纳矩阵十分特别: 只有对角元和次对角元非零. 我们将这样的矩阵称为**三对角 (tri-diagonal) 矩阵**. 如果将高斯消元法应用于该矩阵: 首先消去第一列自第二行开始的非零元, 而这样的非零元仅有一个, 而在消去的过程中, 第一行又只有两个非零元, 做减除的时候计算消耗也是 $O(1)$ 的. 随后消去第二列自第三行起的非零元, 同样也只有一个. 如此继续直至最后一行, 我们可以仅以 $O(n)$ 的时间消耗完成三对角矩阵的求解. 实际上, 这个时间消耗和直接计算电路中流过的电流是一致的.

高斯消元法对于三对角矩阵的这个约化算法被称为**追赶法** (英文中称 tridiagonal matrix algorithm 或 Thomas algorithm). 记三对角矩阵的左次对角元为 a_i、对角元为 b_i、右次对角元为 c_i、右端向量的元素为 d_i, 则追赶法的伪代码如下.

算法 3.4 追赶法

```
1    function Tridiagonal(a,b,c,d)
2       d(1) = d(1)/b(1)
3       for i = 2, n
4          c(i-1) = c(i-1)/b(i-1)
5          b(i) = b(i)-a(i)*c(i-1)
6          d(i) = (d(i)-a(i)*d(i-1))/b(i)
7       end
8
9       x(n) = d(n)
10      for i = n-1, 1
11         x(i) = d(i) - c(i)*x(i+1)
12      end
13   end
```

值得注意的是, 上述算法是针对一般的三对角矩阵, 如果考虑我们刚才所讨论的实际问题中的对称三对角矩阵, 算法还可以进一步简化.

注意, 直接将高斯消元法不做修改应用于三对角矩阵上时, 计算复杂度不会下降——计算机计算 0.0×1.0 并不比计算 1453.529×1926.817 来得快. 当计算中包含大量零元时, 你必须明确告诉计算机哪些计算不需要进行.

更一般地, 若一个矩阵 $\mathbf{A}$ 满足对于任意 $|i-j| > k$, 都有 $(\mathbf{A})_{i,j} = 0$, 我们将其称为带宽为 $2k+1$ 的**带状矩阵** (band matrix). $k = 0$ 对应于对角矩阵, 而 $k = 1$ 对应于

三对角矩阵. 容易检验, 高斯消元法对于一般的带状矩阵都能做约化, 其时间复杂度为 $O(nk^2)$.

我们同样可以从电路网络中找到带状矩阵的实际物理对应.

练习 3.1 试证明, 如图 3.2 所示的 k 层带状电路的导纳矩阵可以写作带宽为 $2k+1$ 的带状矩阵, 并据此说明, 若将图 3.1 中的电路首尾相连, 得到的导纳矩阵可以写成一个带宽为 5 的带状矩阵.

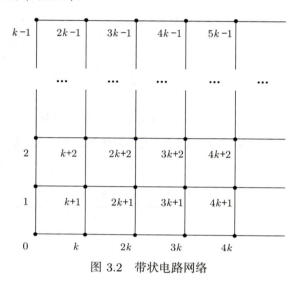

图 3.2 带状电路网络

3.2 暂态过程: 二次型最优化与线性方程组的迭代解法

我们回过头来考察上一节所提出的电路问题. 它是否存在 "物理" 的解法呢? 换句话说, 我们能否从某个不满足方程

$$\mathbf{GU} = \mathbf{J} \tag{3.2.1}$$

的电压分布 $\mathbf{U}$ 出发, 通过一些物理上的演化, 让它最终满足方程呢?

答案是肯定的. 假设电路中的每一个节点都各自通过一个电容接地[2], 然后给定一个初态电压分布 $\mathbf{U}(t=0)$. 经过一系列的暂态过程后, 各个电容上的电量不再变化, 那么此时若切断全部的电容, 系统的状态应当不变. 换言之, 我们将一个纯电阻网络的恒定电路问题转换成了一个 RC 暂态电路的末态问题. 数学上, 我们容易给出微分方程

$$\mathbf{C}\frac{\mathrm{d}}{\mathrm{d}t}\mathbf{U}(t) = \mathbf{J} - \mathbf{GU}(t), \tag{3.2.2}$$

---

[2]实际电路中真的存在类似的分布电容, 以及分布电感和互感.

它的解为

$$U(t) = G^{-1}J + e^{-tC^{-1}G}\left[U(0) - G^{-1}J\right], \tag{3.2.3}$$

其中电容矩阵 $C = \text{diag}\{C_1, C_2, \cdots, C_n\}$ 给出了与各节点相连的电容. 只要矩阵 G 是正定的, 当 $t \to \infty$ 时指数项趋近于零, 微分方程组确实给出了线性代数方程组的解.

关于 G 的正定性可以做如下证明. 考虑内积

$$\begin{aligned} U^{\mathrm{T}}GU &= \sum_{j \neq i} U_i g_{ij}(U_i - U_j) \\ &= \frac{1}{2}\sum_{i,j} U_i g_{ij}(U_i - U_j) + U_j g_{ji}(U_j - U_i) \\ &= \frac{1}{2}\sum_{i,j} g_{ij}(U_i - U_j)^2 \\ &\geqslant 0, \end{aligned} \tag{3.2.4}$$

当且仅当全部电势 U_i 均相等时为零. 进一步, 删去第 k 行和第 k 列相当于将 U_k 取作零, 此时更是仅当余下电势均为零时二次型才为零. 那么, 我们便证明了删减后的导纳矩阵 G 是对称正定的.

直观上想, 求解微分方程组应当要比求解线性代数方程组更困难, 但这并不一定. 我们对 (3.2.2) 式采用向前欧拉法:

$$U_{n+1} = U_n + C^{-1}[J - GU_n]\Delta t. \tag{3.2.5}$$

可以看到计算过程中只涉及了矩阵向量乘法. 如果矩阵 G 是极端稀疏的, 则乘法计算非常快. 此外我们的目标是得到 $U(t)$ 在 $t \to \infty$ 时刻的值, 并不要求精确计算其中间过程, 从而时间步长 Δt 也可以取得尽量大. 那么综合来看, (3.2.5) 式这种一步步迭代的算法的效率不一定会比直接高斯消元差. 这也是本节的主题: 线性代数方程组的迭代解法.

3.2.1 雅可比迭代和高斯 – 塞德尔迭代

对于更一般的问题

$$Ax = b, \tag{3.2.6}$$

只要矩阵 A 正定, 原则上我们都可以通过计算迭代式

$$x_{n+1} = x_n + B[b - Ax_n]\Delta t \tag{3.2.7}$$

来让 x_n 收敛到方程的解. 但其中涉及一个问题, 就是矩阵 $\mathbf{B}$ 和步长 Δt 该怎么取才能保证收敛, 且收敛得足够快. 自然, 步长越大, 接近 $t = \infty$ 所需要的迭代次数就越少. 但是, 从第 2.6 节中对向前欧拉法的讨论可知, 过大的时间步长会导致迭代完全不收敛. 最优的选取需要 $\mathbf{A}$ 的本征值分布信息, 而这相较于求解线性代数方程组而言往往是更困难的. 因此实践中人们会采取一些经验性的策略.

我们将矩阵按照对角元、下三角元和上三角元做分拆:

$$\mathbf{A} = \mathbf{D} + \mathbf{L} + \mathbf{U}. \tag{3.2.8}$$

那么, 迭代格式

$$\boldsymbol{y}^{(k+1)} = \mathbf{D}^{-1}[\boldsymbol{b} - (\mathbf{L} + \mathbf{U})\boldsymbol{y}^{(k)}] \tag{3.2.9}$$

被称为**雅可比 (Jacobi) 迭代**, 这相当于取 $\mathbf{B}$ 为 $\mathbf{A}$ 对角元的逆, 并令 $\Delta t = 1$. 当矩阵 $\mathbf{A}$ 的全部对角元的绝对值大于等于其所在行非对角元绝对值之和, 即主对角占优时, 算法是一定收敛的. 读者可以自行检验电路网络问题满足这个条件. 雅可比迭代的伪代码如下.

算法 3.5 雅可比迭代

```
1   function JacobiIteration(n,A,y,b)
2     do i = 1, n
3       ny(i) = b(i)
4       do j = 1, n
5         if(j=i) cycle
6         ny(i) = ny(i) - A(i,j)*y(j)
7       end
8       ny(i) = ny(i)/A(i,i)
9     end
10    return ny
11  end
```

注意函数 JacobiIteration 仅给出了单步迭代的步骤, 完整求解问题还需要加入收敛判据并重复调用.

雅可比迭代的一个推广形式是**高斯 – 塞德尔 (Gauss-Seidel) 迭代**:

$$\boldsymbol{y}^{(k+1)} = (\mathbf{D} + \mathbf{L})^{-1}(-\mathbf{U}\boldsymbol{y}^{(k)} + \boldsymbol{b}). \tag{3.2.10}$$

实践上, 我们将其写为

$$\boldsymbol{y}^{(k+1)} = \mathbf{D}^{-1}(\boldsymbol{b} - \mathbf{U}\boldsymbol{y}^{(k)} - \mathbf{L}\boldsymbol{y}^{(k+1)}).$$

注意上式与 (3.2.9) 式的区别, 利用上三角元和下三角元在做矩阵乘法时的特殊性, 这个迭代格式相当于在逐行计算雅可比迭代的矩阵乘法过程中, 在等式右端替换了那些已经完成计算的元素. 其伪代码如下.

算法 3.6   高斯 – 塞德尔迭代

```
1   function GaussSeidel(n,A,y,b)
2     do i = 1, n
3       y(i) = b(i)
4       do j = 1, n
5         if(j=i) cycle
6         y(i) = y(i) - A(i,j)*y(j)
7       end
8       y(i) = y(i)/A(i,i)
9     end
10    return y
11  end
```

高斯 – 塞德尔迭代的计算量与雅可比迭代相当, 但是存储空间省了一半. 通常而言, 如果矩阵 **A** 对雅可比迭代和高斯 – 塞德尔迭代均收敛, 那么高斯 – 塞德尔迭代的收敛率约为前者的两倍.

这类直接利用方程构造迭代关系的算法有很多变种, 如松弛迭代、超松弛迭代等等, 其收敛性和收敛速度都难以事先判断, 主要由迭代矩阵的谱半径决定, 感兴趣的读者可参考其他文献, 我们在此不做更多介绍.

3.2.2   向量范数与矩阵范数

上文中略过了迭代算法所必需的终止条件, 即收敛判据. 此处用于迭代的是向量, 迭代收敛可能的一个判据自然是相邻两步向量之差 $\bm{y}^{(k+1)} - \bm{y}^{(k)}$ 充分接近于零向量. 为此, 我们需要有一个函数, 用以描述某个向量与零向量的接近程度, 而这个函数便是向量范数.

设对于任意向量 $\bm{x} \in \mathbb{R}^n$, 都有唯一实数 $\|\bm{x}\| \in \mathbb{R}$ 与其对应, 且该映射满足:

(1) 正定性, $\|\bm{x}\| \geqslant 0$, 等号仅当 $\bm{x} = \bm{0}$ 时成立,

(2) 齐次性, 对于任意 $a \in \mathbb{R}$, 有 $\|a\bm{x}\| = |a|\|\bm{x}\|$,

(3) 三角不等式, $\|\bm{x} + \bm{y}\| \leqslant \|\bm{x}\| + \|\bm{y}\|$, 其中当 $\bm{y} = a\bm{x}(a \in \mathbb{R})$ 时等号成立,

那么我们称 $\|\bm{x}\|$ 为 $\bm{x}$ 的**范数**.

满足上述三个条件的范数有许多种, 例如 p-范数:

$$\|\bm{x}\|_p \equiv \left(\sum_{i=1}^n |x_i|^p \right)^{1/p}, \quad p \geqslant 1. \tag{3.2.11}$$

p 分别取 $1, 2$ 和 ∞ 时对应着三种常用的向量范数, 即

(1) 1-范数 $\|\boldsymbol{x}\|_1 = |x_1| + |x_2| + \cdots + |x_n|$,

(2) 2-范数/欧氏范数 $\|\boldsymbol{x}\|_2 = \sqrt{x_1^2 + x_2^2 + \cdots + x_n^2}$,

(3) ∞-范数 $\|\boldsymbol{x}\|_\infty = \max_i |x_i|$.

此外, 对于对称正定矩阵 $\mathbf{S}$, 我们也可以根据其二次型来定义范数:

$$\|\boldsymbol{x}\|_{\mathbf{S}} \equiv \sqrt{\boldsymbol{x}^{\mathrm{T}} \mathbf{S} \boldsymbol{x}}. \tag{3.2.12}$$

在有了向量范数概念后, 我们便可以选择一个合适且方便计算的范数定义, 来给出迭代算法的收敛判据了. 可以证明, 对于向量序列 $\{\boldsymbol{x}_0, \boldsymbol{x}_1, \boldsymbol{x}_2, \cdots\}$, 如果它在某个范数定义下收敛于 $\boldsymbol{x}^*$, 即

$$\lim_{k \to \infty} \|\boldsymbol{x}_k - \boldsymbol{x}^*\| = 0. \tag{3.2.13}$$

那么它在任意范数定义下都收敛.

除了向量范数, 我们同样可以对于矩阵定义范数. 此时除去之前的三个条件外, 还会引入一个额外的相容性条件:

(1) 正定性, $\|\mathbf{A}\| \geqslant 0$, 等号仅当 $\mathbf{A} = \mathbf{0}$ 时成立;

(2) 齐次性, 对于任意 $a \in \mathbb{R}$, 有 $\|a\mathbf{A}\| = a\|\mathbf{A}\|$;

(3) 三角不等式, $\|\mathbf{A} + \mathbf{B}\| \leqslant \|\mathbf{A}\| + \|\mathbf{B}\|$;

(4) 相容性, $\|\mathbf{AB}\| \leqslant \|\mathbf{A}\|\|\mathbf{B}\|$.

如果预先定义了向量范数, 我们通常也要求矩阵范数与其相容:

$$\|\mathbf{A}\boldsymbol{x}\| \leqslant \|\mathbf{A}\|\|\boldsymbol{x}\|. \tag{3.2.14}$$

与三种 p-范数相容的矩阵范数分别为:

(1) 列范数 $\|\mathbf{A}\|_1 = \max_j \sum_i |a_{ij}|$;

(2) 谱范数 $\|\mathbf{A}\|_2 = \max_i \sqrt{\lambda_i}$, 这里 λ_i 为矩阵 $\mathbf{A}^{\mathrm{T}} \mathbf{A}$ 的本征值;

(3) 行范数 $\|\mathbf{A}\|_\infty = \max_i \sum_j |a_{ij}|$.

此外, 弗罗贝尼乌斯 (Frobenius) 范数 $\|\mathbf{A}\|_{\mathrm{F}} = \sqrt{\operatorname{trace} \mathbf{A}^{\mathrm{T}} \mathbf{A}}$ 同样与向量的 2-范数相容. 在后续章节中我们也将看到矩阵范数的一些应用.

前面讨论过, 一个实际问题转化为数学问题时, 初始数据往往会有观测误差和舍入误差, 亦即扰动, 从而使得最终计算结果产生误差. 向量的误差可以用向量的范数表示: 设 $\boldsymbol{x}^*$ 是 $\boldsymbol{x}$ 的近似向量, $\|\boldsymbol{x} - \boldsymbol{x}^*\|$, $\|\boldsymbol{x} - \boldsymbol{x}^*\|/\|\boldsymbol{x}^*\|$ 分别称为 $\boldsymbol{x}^*$ 的关于范数 $\|\bullet\|$

的绝对误差与相对误差. 矩阵的误差可以用矩阵算子范数表示: 设 $\mathbf{A}^*$ 是 $\mathbf{A}$ 的近似矩阵, $\|\mathbf{A} - \mathbf{A}^*\|$, $\|\mathbf{A} - \mathbf{A}^*\|/\|\mathbf{A}^*\|$ 分别称为 $\mathbf{A}^*$ 的关于范数 $\|\bullet\|$ 的绝对误差与相对误差. 根据范数的等价性, 用何种向量范数都是合理的, 取决于实际过程中是否容易计算. 对理论分析, 谱范数是非常有效的, 但是在计算上, 行范数和列范数更加方便.

比较下面两个方程组:
$$\begin{cases} x_1 + x_2 = 2, \\ x_1 + 1.00001 x_2 = 2 \end{cases} \Rightarrow \begin{cases} x_1 = 2, \\ x_2 = 0, \end{cases}$$
$$\begin{cases} x_1 + x_2 = 2, \\ x_1 + 1.00001 x_2 = 2.00001 \end{cases} \Rightarrow \begin{cases} x_1 = 1, \\ x_2 = 1. \end{cases}$$

显然, 二者只是右端项有很小的差别, 最大相对误差仅为 $\frac{1}{2} \times 10^{-5}$, 但是它们的解截然不同, 解的分量的相对误差至少为 $\frac{1}{2}$. 对于以上系数矩阵的方程组, 输入数据的误差对解的结果影响巨大. 由此, 我们给出线性方程组的性态的定义.

定义 3.1 如果矩阵 $\mathbf{A}$ 或者右端项 $\boldsymbol{b}$ 的微小变化, 可以引起方程组 $\mathbf{A}\boldsymbol{x} = \boldsymbol{b}$ 解的巨大变化, 则称此方程组为 "病态" 方程组, 矩阵 $\mathbf{A}$ 相对于该方程组而言称为病态矩阵, 否则称方程组为 "良态" 方程组, $\mathbf{A}$ 称为良态矩阵.

注意, 矩阵的病态性质是矩阵本身的特性.

为了定量刻画方程组 $\mathbf{A}\boldsymbol{x} = \boldsymbol{b}$ 的病态程度, 可分别对方程组的系数矩阵和右端项有扰动时的两种情形进行讨论.

设 $\boldsymbol{b}$ 有扰动 $\delta\boldsymbol{b}$, 相应的解 $\boldsymbol{x}$ 的扰动记为 $\delta\boldsymbol{x}$, 即 $\mathbf{A}(\boldsymbol{x} + \delta\boldsymbol{x}) = \boldsymbol{b} + \delta\boldsymbol{b}$. 因此
$$\mathbf{A}\boldsymbol{x} = \boldsymbol{b} \quad \Rightarrow \quad \mathbf{A}\delta\boldsymbol{x} = \delta\boldsymbol{b} \quad \Rightarrow \quad \delta\boldsymbol{x} = \mathbf{A}^{-1}\delta\boldsymbol{b}.$$

两边取范数得到 $\|\delta\boldsymbol{x}\| = \|\mathbf{A}^{-1}\delta\boldsymbol{b}\| \leqslant \|\mathbf{A}^{-1}\| \|\delta\boldsymbol{b}\|$. 又因为 $\|\mathbf{A}\boldsymbol{x}\| \leqslant \|\mathbf{A}\| \|\boldsymbol{x}\|$, 有
$$\|\boldsymbol{x}\| \geqslant \frac{\|\mathbf{A}\boldsymbol{x}\|}{\|\mathbf{A}\|} = \frac{\|\boldsymbol{b}\|}{\|\mathbf{A}\|},$$
故
$$\frac{\|\delta\boldsymbol{x}\|}{\|\boldsymbol{x}\|} \leqslant \frac{\|\mathbf{A}^{-1}\| \|\delta\boldsymbol{b}\|}{\frac{\|\boldsymbol{b}\|}{\|\mathbf{A}\|}} = \frac{\|\mathbf{A}\| \|\mathbf{A}^{-1}\| \|\delta\boldsymbol{b}\|}{\|\boldsymbol{b}\|}.$$

上式表明, 当右端项有扰动时, 解的相对误差不超过右端项的相对误差的 $\|\mathbf{A}\| \|\mathbf{A}^{-1}\|$ 倍.

如果右端项没有扰动, 而是系数矩阵 $\mathbf{A}$ 有扰动 $\delta\mathbf{A}$, 相应的解的扰动仍然记为 $\delta\boldsymbol{x}$, 则
$$(\mathbf{A} + \delta\mathbf{A})(\boldsymbol{x} + \delta\boldsymbol{x}) = \boldsymbol{b} \quad \Rightarrow \quad \mathbf{A}\delta\boldsymbol{x} + \delta\mathbf{A}(\boldsymbol{x} + \delta\boldsymbol{x}) = \boldsymbol{0}$$
$$\Rightarrow \quad \|\delta\boldsymbol{x}\| = \|\mathbf{A}^{-1}\delta\mathbf{A}(\mathbf{x} + \delta\mathbf{x})\| \leqslant \|\mathbf{A}^{-1}\| \|\delta\mathbf{A}\|(\|\boldsymbol{x}\| + \|\delta\boldsymbol{x}\|).$$

如果 $\delta \mathbf{A}$ 充分小, 使得 $\|\mathbf{A}^{-1}\| \|\delta \mathbf{A}\| < 1$, 则由上式得

$$\|\delta \boldsymbol{x}\|(1 - \|\mathbf{A}^{-1}\| \|\delta \mathbf{A}\|) \leqslant \|\mathbf{A}^{-1}\| \|\delta \mathbf{A}\| \|\boldsymbol{x}\|,$$

故

$$\frac{\|\delta \boldsymbol{x}\|}{\|\boldsymbol{x}\|} \leqslant \frac{\|\mathbf{A}^{-1}\| \|\delta \mathbf{A}\|}{1 - \|\mathbf{A}^{-1}\| \|\delta \mathbf{A}\|} = \frac{\|\mathbf{A}\| \|\mathbf{A}^{-1}\| \frac{\|\delta \mathbf{A}\|}{\|\mathbf{A}\|}}{1 - \|\mathbf{A}\| \|\mathbf{A}^{-1}\| \frac{\|\delta \mathbf{A}\|}{\|\mathbf{A}\|}}.$$

此式表明, 当系数矩阵有扰动时, 解的扰动仍然与 $\|\mathbf{A}\| \|\mathbf{A}^{-1}\|$ 有关. $\|\mathbf{A}\| \|\mathbf{A}^{-1}\|$ 越大, 通常所导致的解的扰动也越大.

综上分析可知, $\|\mathbf{A}\| \|\mathbf{A}^{-1}\|$ 实际上刻画了解对原始数据变化的敏感程度, 即刻画了方程组的"病态"程度.

定义 3.2 设 $\mathbf{A}$ 为非奇异矩阵, 称数 $\mathrm{cond}(\mathbf{A})_\nu = \|\mathbf{A}\|_\nu \|\mathbf{A}^{-1}\|_\nu$ ($\nu = 1, 2, \infty$) 为矩阵的条件数 (condition number).

常用的条件数有:

(1) $\mathrm{cond}(\mathbf{A})_\infty = \|\mathbf{A}^{-1}\|_\infty \|\mathbf{A}\|_\infty$;

(2) $\mathbf{A}$ 的谱条件数 $\mathrm{cond}(\mathbf{A})_2 = \|\mathbf{A}^{-1}\|_2 \|\mathbf{A}\|_2 = \sqrt{\dfrac{\lambda_{\max}(\mathbf{A}^{\mathrm{T}} \mathbf{A})}{\lambda_{\min}(\mathbf{A}^{\mathrm{T}} \mathbf{A})}}$.

当 $\mathbf{A}$ 为对称矩阵时, $\mathrm{cond}(\mathbf{A})_2 = \dfrac{|\lambda_1|}{|\lambda_n|}$, 其中 λ_1 和 λ_n 为矩阵 $\mathbf{A}$ 的绝对值最大和绝对值最小的特征值.

矩阵的条件数有如下性质:

(1) 对任意非奇异矩阵 $\mathbf{A}$, 都有

$$\mathrm{cond}(\mathbf{A})_\nu \geqslant 1. \tag{3.2.15}$$

这是因为

$$\mathrm{cond}(\mathbf{A})_\nu = \|\mathbf{A}^{-1}\|_\nu \|\mathbf{A}\|_\nu \geqslant \|\mathbf{A}^{-1} \mathbf{A}\|_\nu = \|\mathbf{I}\| = 1.$$

(2) 设 $\mathbf{A}$ 为非奇异矩阵且 c 为不为零的常数, 则

$$\mathrm{cond}(c\mathbf{A})_\nu = \mathrm{cond}(\mathbf{A})_\nu.$$

(3) 如果 $\mathbf{A}$ 为正交矩阵, 则 $\mathrm{cond}(\mathbf{A})_2 = 1$.

(4) 如果 $\mathbf{A}$ 为非奇异矩阵, $\mathbf{R}$ 为正交矩阵, 对谱条件数有

$$\mathrm{cond}(\mathbf{R}\mathbf{A})_2 = \mathrm{cond}(\mathbf{A}\mathbf{R})_2 = \mathrm{cond}(\mathbf{A})_2.$$

针对矩阵条件数, 我们来看一个例子. 对希尔伯特 (Hilbert) 矩阵

$$\mathbf{H}_n = \begin{bmatrix} 1 & \frac{1}{2} & \cdots & \frac{1}{n} \\ \frac{1}{2} & \frac{1}{3} & \cdots & \frac{1}{n+1} \\ \cdots & \cdots & \cdots & \cdots \\ \frac{1}{n} & \frac{1}{1+n} & \cdots & \frac{1}{2n-1} \end{bmatrix},$$

试计算 $n = 3$ 时的条件数:

$$\mathbf{H}_3 = \begin{bmatrix} 1 & \frac{1}{2} & \frac{1}{3} \\ \frac{1}{2} & \frac{1}{3} & \frac{1}{4} \\ \frac{1}{3} & \frac{1}{4} & \frac{1}{5} \end{bmatrix}, \quad \mathbf{H_3}^{-1} = \begin{bmatrix} 9 & -36 & 30 \\ -36 & 192 & -180 \\ 30 & -180 & 180 \end{bmatrix}.$$

通过计算可得

$$\mathrm{cond}(\mathbf{H}_3)_\infty = \|\mathbf{H}_3\|_\infty \|\mathbf{H}_3^{-1}\|_\infty = \frac{11}{6} \times 408 = 748.$$

同理可计算得到

$$\mathrm{cond}(\mathbf{H}_6)_\infty = 2.9 \times 10^6.$$

事实上, 希尔伯特矩阵是一种著名的病态矩阵, 阶数 n 越大, 其条件数越大、病态性越严重. 考虑一个例子:

$$\begin{bmatrix} 1 & \frac{1}{2} & \frac{1}{3} \\ \frac{1}{2} & \frac{1}{3} & \frac{1}{4} \\ \frac{1}{3} & \frac{1}{4} & \frac{1}{5} \end{bmatrix} \begin{bmatrix} x_1 \\ x_2 \\ x_3 \end{bmatrix} = \begin{bmatrix} \frac{11}{6} \\ \frac{13}{12} \\ \frac{47}{60} \end{bmatrix} \Rightarrow \begin{cases} x_1 = 1, \\ x_2 = 1, \\ x_3 = 1. \end{cases}$$

假设 $\mathbf{H}_3$ 和 $\mathbf{b}$ 有微小的误差, $(\mathbf{H}_3 + \delta\mathbf{H}_3)(\boldsymbol{x} + \delta\boldsymbol{x}) = \boldsymbol{b} + \delta\boldsymbol{b}$. 这里, 我们取 3 位有效数字, 则

$$\begin{bmatrix} 1.00 & 0.500 & 0.333 \\ 0.500 & 0.333 & 0.250 \\ 0.333 & 0.250 & 0.200 \end{bmatrix} \begin{bmatrix} x_1 + \delta x_1 \\ x_2 + \delta x_2 \\ x_3 + \delta x_3 \end{bmatrix} = \begin{bmatrix} 1.83 \\ 1.08 \\ 0.783 \end{bmatrix},$$

其解为 $\boldsymbol{x} + \delta\boldsymbol{x} = (1.0895, 0.4880, 1.491)^\mathrm{T}$, 故 $\delta\boldsymbol{x} = (0.0895, -0.5120, 0.4910)^\mathrm{T}$. 由此, 可以计算得到

$$\frac{\|\delta\mathbf{H}_3\|_\infty}{\|\mathbf{H}_3\|_\infty} \approx 0.18 \times 10^{-3} < 0.02\%, \quad \frac{\|\delta\boldsymbol{b}\|_\infty}{\|\boldsymbol{b}\|_\infty} \approx 0.182\%, \quad \frac{\|\delta\boldsymbol{x}\|_\infty}{\|\boldsymbol{x}\|_\infty} \approx \frac{0.5120}{1} = 51.2\%.$$

这表明，矩阵和右端项相对误差不超过 0.2%，可是引起解的相对误差超过了 50%!

计算条件数需要求矩阵的逆矩阵，因而代价比较大. 根据数值经验，在下列情况下，方程组常常是病态的：

(1) 在使用主元消去法时出现小主元.

(2) $\mathbf{A}$ 的最大特征值和最小特征值绝对值之比很大.

(3) 系数矩阵中有行或列近似线性相关，或系数行列式的值近似为零. 但这不是绝对的，例如当 $\mathbf{A} = \varepsilon\mathbf{I}$，$\varepsilon$ 是很小的数时，有 $\det(\mathbf{A}) = \varepsilon^n \approx 0$，但是 $\mathrm{cond}(\mathbf{A}) = \mathrm{cond}(\mathbf{I}) = 1$，方程组是良态的.

(4) 系数矩阵 $\mathbf{A}$ 元素间数量级相差很大，并且没有一定的规则.

3.2.3 最速下降法

我们希望找到一种收敛性更好的迭代算法. 暂时先假设矩阵 $\mathbf{A}$ 对称正定，那么可以考察如下形式的极小值问题：

$$\min_{\boldsymbol{x}} f(\boldsymbol{x}) \equiv \frac{1}{2}\boldsymbol{x}^{\mathrm{T}}\mathbf{A}\boldsymbol{x} - \boldsymbol{b}^{\mathrm{T}}\boldsymbol{x}$$

$$= \frac{1}{2}(\boldsymbol{x} - \mathbf{A}^{-1}\boldsymbol{b})^{\mathrm{T}}\mathbf{A}(\boldsymbol{x} - \mathbf{A}^{-1}\boldsymbol{b}) - \frac{1}{2}\boldsymbol{b}^{\mathrm{T}}\mathbf{A}^{-1}\boldsymbol{b}. \quad (3.2.16)$$

由于 $\mathbf{A}$ 正定，函数存在最小值，当 $\boldsymbol{x}$ 取原线性方程组的解时达到. 我们将一个线性方程组的求解转换成了一个等价的函数极小值问题. 注意到，如果回到电路网络问题，函数 $f(\boldsymbol{x})$ 实际上给出了电路中全部电阻元件的功率消耗 (只相差一个常数). 在物理上，这个等价转换是广义变分原理在电路问题上的特例：闭合电路中的真实电势分布使得功率消耗取极小值.

我们在第 2.5 节中讨论过一维函数的最优化问题，大致思路是从某一个点或几个点出发，利用这些点附近的信息在一维区间选取下一个点，不断搜索. 而现在到了多自由度的问题，从一个点出发不仅需要知道往前走多远，还得知道往什么方向走. 最直接的想法是寻找在该点处函数值下降最快的方向，即负梯度方向. 考虑我们有初始猜测值 $\boldsymbol{x}_0$，此处的负梯度为

$$-\nabla f(\boldsymbol{x}_0) = \boldsymbol{b} - \mathbf{A}\boldsymbol{x}_0, \quad (3.2.17)$$

记作 $\boldsymbol{r}_0$. 随后就是考虑该走多远. 计算

$$f(\boldsymbol{x}_0 + \alpha\boldsymbol{r}_0) = \frac{\alpha^2}{2}\boldsymbol{r}_0^{\mathrm{T}}\mathbf{A}\boldsymbol{r}_0 + \alpha(\mathbf{A}\boldsymbol{x}_0 - \boldsymbol{b})^{\mathrm{T}}\boldsymbol{r}_0 + \frac{1}{2}\boldsymbol{x}_0^{\mathrm{T}}\mathbf{A}\boldsymbol{x}_0 - \boldsymbol{b}^{\mathrm{T}}\boldsymbol{x}_0. \quad (3.2.18)$$

它是关于参数 α 的二次函数，其极小值点容易算得：

$$\alpha = \frac{r_0^T r_0}{r_0^T A r_0}. \tag{3.2.19}$$

得到下一个点 $x_1 = x_0 + \alpha r_0$. 依次循环往复，就能逐步逼近问题的解了. 这个思路被称作**最速下降法** (steepest descent method). 注意到, 在理论上函数极值点处梯度为零, $r_0^T r_0 = 0$, 我们可以依此作为收敛判据. 伪代码如下.

算法 3.7 最速下降法 (二次型)

```
1   function SteepestDescent(A,b,x,eps)
2     r = b - A.x
3     resi = r.r
4     do while(resi>eps)
5       q = A.r
6       alpha = resi/(r.q)
7       x = x + alpha * r
8       r = r - alpha * q
9       resi = r.r
10    end
11    return x
12  end
```

这里下角点 "." 代表将前一个数组的最后一个指标和后一个数组的第一个指标缩并, 相应于矩阵乘法. 注意我们引入了额外的辅助变量 $q = Ar$ 以节省一次矩阵乘法的计算. $r^T q$ 出现在了分母上作为除数, 由于我们假定了矩阵 A 正定, 可知其必定大于零.

整个计算中只出现了矩阵和向量的乘法, 单次迭代的时间消耗是 $O(n^2)$. 对于非零元数目 $N \ll n^2$ 的稀疏矩阵, 矩阵乘法的消耗更是降低至 $O(N)$. 那么, 只要迭代法能够在 $O(n)$ 步内给出一个精度可以接受的结果, 这个迭代解法就不比直接用高斯消元法差. 而对于充分稀疏的矩阵, 迭代算法更是远优于上一节中的直接解法.

那么梯度下降法的收敛速度如何呢? 我们可以考察相邻两步待优化函数值与最优值之差 $f(x_k) - f(x^*)$ 的比值. 简单的计算给出

$$\frac{f(x_{k+1}) - f(x^*)}{f(x_k) - f(x^*)} = 1 - \frac{(r_k^T r_k)^2}{(r_k^T A^{-1} r_k)(r_k^T A r_k)}. \tag{3.2.20}$$

令 $u = A^{-1/2} r$, 可以发现上式实际上就等于向量 u 与 Au 夹角正弦的平方值. 正弦平方的下界是零, 而上界则在向量 u 与 Au 的方向偏离最远的时候取到. 显然, 此时 u 肯定位于矩阵 A 最大本征值 $\lambda_{\max}$ 和最小本征值 $\lambda_{\min}$ 所分别对应的两个本征向量

构成的子空间内. 进一步放缩不等式可以求得

$$\frac{f(\boldsymbol{x}_{k+1}) - f(\boldsymbol{x}^*)}{f(\boldsymbol{x}_k) - f(\boldsymbol{x}^*)} \leqslant \left(\frac{\kappa-1}{\kappa+1}\right)^2 < 1. \tag{3.2.21}$$

此处我们引入了记号 $\kappa \equiv |\lambda_{\max}/\lambda_{\min}| \geqslant 1$, 也就是对称矩阵的谱条件数. 上述讨论中, $\boldsymbol{u}$ 与 $\boldsymbol{A}\boldsymbol{u}$ 的关系如图 3.3 所示.

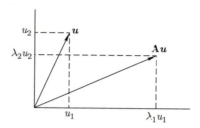

图 3.3 向量 $\boldsymbol{u}$ 与 $\boldsymbol{A}\boldsymbol{u}$ 的示意图, 图中相应于 $\kappa = |\lambda_1/\lambda_2| = 5$ 的情形. 当 $(u_2/u_1)^2 = \kappa$ 时, 这两个向量夹角正弦最大

这种相邻两步误差之比为常数的形式我们之前见过, 为线性收敛, 收敛率上界为 $[(\kappa-1)/(\kappa+1)]^2$. 当 $\kappa \gg 1$ 时, 算法会几乎退化为弱线性收敛. 而若 $\kappa = 1$, 一步就能收敛, 此时矩阵为单位阵简单乘上一个常数.

再次强调, 条件数是一个非常重要的概念, 它将在本书随后的章节以及数值实践中与大家时刻相伴. 这里我们看到大条件数矩阵很难用迭代法处理, 实际上在直接法数值求解线性方程组的过程中, 大条件数的矩阵也会造成舍入误差被快速放大, 导致得到的 "精确解" 的精度难以接受. 由此, 我们将大条件数的矩阵及其对应的问题称作刚性 (stiffness), 甚至是病态的 (ill-conditioned).

(3.2.21) 式给出的是收敛率的一个上界. 但可以证明[3], 只要猜测解中包含了本征值 $\lambda_{\max}$ 和 $\lambda_{\min}$ 所分别对应的两个本征向量的分量, 在 $n \to \infty$ 时, 相邻两步误差之比一定会收敛到这个上界, 并且 $\boldsymbol{r}_k$ 也会落到这两个本征向量所张成的子空间中. 这可就让人头疼了: 明明近乎在一个二维平面内找极小值, 为什么就不能迅速收敛到真实解呢? 这便引出了下一小节的主题 —— 共轭梯度法.

3.2.4 共轭梯度法

我们重新来考察 (3.2.16) 式给出的最优化问题. 在给出一个初始猜测解 $\boldsymbol{x}_0$ 后, 第

---

[3] Forsythe G E. On the asymptotic directions of the s-dimensional optimum gradient method. Numer. Math., 1968, 11: 57.

一步 p_0 依旧取在函数梯度方向上:

$$\begin{aligned}
r_0 &= b - Ax_0, \\
p_0 &= r_0, \\
\alpha_0 &= \frac{r_0^T p_0}{p_0^T A p_0}, \\
x_1 &= x_0 + \alpha_0 p_0, \\
r_1 &= r_0 - \alpha_0 A p_0.
\end{aligned} \quad (3.2.22)$$

引入记号 p 是为了后续叙述方便,读者可以检验上式中 α 的选取当搜索方向不在函数梯度的方向上时也成立. 此时我们获得了两个向量: 上一步的搜索方向 p_0 和这一步的残差 r_1. 容易检验它们是正交的, $p_0^T r_1 = 0$. 在第二步, 我们就不限定搜索方向在 r_1 了, 而是在子空间 $\text{span}\{p_0, r_1\}$ 中寻找函数极小值, 这样就提前避免了最速下降法最后面临的困难. 具体来说, 考察函数

$$\begin{aligned}
f(x_1 + \xi r_1 + \eta p_0) &= \frac{1}{2}(\xi r_1 + \eta p_0)^T A(\xi r_1 + \eta p_0) \\
&\quad + (Ax_1 - b)^T (\xi r_1 + \eta p_0) \\
&\quad + \frac{1}{2} x_1^T A x_0 - b^T x_1.
\end{aligned} \quad (3.2.23)$$

它是关于 ξ, η 的二元二次函数. 对 η 偏导数为零给出

$$(\xi r_1 + \eta p_0)^T A p_0 = r_1^T p_0 = 0, \quad (3.2.24)$$

即新的搜索方向 $\alpha_1 p_1 = \xi r_1 + \eta p_0$ 与 $A p_0$ 正交. 我们可以将 p_1 取作

$$p_1 = r_1 + \beta_0 p_0, \quad (3.2.25)$$

其中 $\beta_0 = -p_0^T A r_1 / p_0^T A p_0$. 这相当于用 p_0 扣除掉 r_1 中与 $A p_0$ 平行的分量. 相应的步长 α_1 可以参照之前的一维搜索给出:

$$\begin{cases} \alpha_1 = \dfrac{r_1^T p_1}{p_1^T A p_1}, \\ r_2 = r_1 - \alpha_1 A p_1. \end{cases} \quad (3.2.26)$$

这种形式的搜索依旧保证了正交关系 $p_1^T r_2 = 0$.

到了这一步, 我们就可以放心大胆地依次迭代下去了, 迭代关系为

$$p_k = r_k + \beta_{k-1} p_{k-1}, \qquad \beta_{k-1} = -\frac{p_{k-1}^T A r_k}{p_{k-1}^T A p_{k-1}}, \quad (3.2.27)$$

$$r_{k+1} = r_k - \alpha_k A p_k, \qquad \alpha_k = \frac{r_k^T p_k}{p_k^T A p_k}. \quad (3.2.28)$$

在给出具体代码之前，我们仍要对计算过程做一定的化简. $p_{k-1}^\mathrm{T} r_k = 0$ 与 (3.2.27) 式联立可以推出 $r_k^\mathrm{T} p_k = r_k^\mathrm{T} r_k$，从而可以简化 α_k 的计算. 进一步有

$$\begin{aligned} r_k^\mathrm{T} r_{k+1} &= r_k^\mathrm{T} r_k - \frac{r_k^\mathrm{T} r_k}{p_k^\mathrm{T} \mathbf{A} p_k} r_k^\mathrm{T} \mathbf{A} p_k \\ &= \frac{r_k^\mathrm{T} r_k}{p_k^\mathrm{T} \mathbf{A} p_k} (p_k - r_k)^\mathrm{T} \mathbf{A} p_k \\ &= 0, \end{aligned} \qquad (3.2.29)$$

即相邻两步的残差正交. 而另一项

$$\begin{aligned} \beta_{k-1} &= -\frac{p_{k-1}^\mathrm{T} \mathbf{A} r_k}{p_{k-1}^\mathrm{T} \mathbf{A} p_{k-1}} \\ &= \frac{\alpha_{k-1}^{-1} (r_k - r_{k-1})^\mathrm{T} r_k}{p_{k-1}^\mathrm{T} \mathbf{A} p_{k-1}} \\ &= \frac{r_k^\mathrm{T} r_k}{r_{k-1}^\mathrm{T} r_{k-1}} \end{aligned} \qquad (3.2.30)$$

为相邻两步残差模方之比. 这样，最后的伪代码如下.

算法 3.8　共轭梯度法 (二次型)

```
1   function ConjugateGradient(A,b,x,eps)
2     r = b - A.x
3     p = r
4     oldResi = r.r
5     do while(oldResi>eps)
6       q = A.p
7       alpha = oldResi/(p.q)
8       x = x + alpha * p
9       r = r - alpha * q
10      newResi = r.r
11      beta = newResi/oldResi
12      p = r + beta * p
13      oldResi = newResi
14    end
15    return x
16  end
```

这个算法被称为**共轭梯度法**. 其名字的含义相信读者通过上面讨论的各向量之间无穷无尽的正交关系已经看出端倪了. 共轭梯度法每一步迭代仅需要一次矩阵向量乘法，与最速下降法的计算消耗相同，而如我们一开头所讨论的，其每一步都在一个二维

平面内寻找极值, 收敛速度上显著优于最速下降法. 事实上, 共轭梯度法原则上可以在 n 次迭代内得到精确解!

我们来具体考察这个惊人的事实. 在 (3.2.27) 式两端左乘 $\mathbf{A}$, 并代入 (3.2.28) 式消去 $\boldsymbol{p}$, 我们得到

$$\boldsymbol{r}_{k+1} = -\alpha_k \mathbf{A} \boldsymbol{r}_k + \left(1 + \beta_{k-1} \frac{\alpha_k}{\alpha_{k-1}}\right) \boldsymbol{r}_k - \beta_{k-1} \frac{\alpha_k}{\alpha_{k-1}} \boldsymbol{r}_{k-1}. \tag{3.2.31}$$

之前我们已经证明了 $\boldsymbol{r}_k^{\mathrm{T}} \boldsymbol{r}_{k+1} = 0$, 而再压低一个指标,

$$\begin{aligned}
\boldsymbol{r}_{k-1}^{\mathrm{T}} \boldsymbol{r}_{k+1} &= -\alpha_k \boldsymbol{r}_{k-1}^{\mathrm{T}} \mathbf{A} \boldsymbol{r}_k - \beta_{k-1} \frac{\alpha_k}{\alpha_{k-1}} \boldsymbol{r}_{k-1}^{\mathrm{T}} \boldsymbol{r}_{k-1} \\
&= \frac{\alpha_k}{\alpha_{k-1}} \left(\boldsymbol{r}_k + \beta_{k-2} \frac{\alpha_{k-1}}{\alpha_{k-2}} \boldsymbol{r}_{k-2}\right)^{\mathrm{T}} \boldsymbol{r}_k - \beta_{k-1} \frac{\alpha_k}{\alpha_{k-1}} \boldsymbol{r}_{k-1}^{\mathrm{T}} \boldsymbol{r}_{k-1} \\
&= \beta_{k-2} \frac{\alpha_k}{\alpha_{k-2}} \boldsymbol{r}_{k-2}^{\mathrm{T}} \boldsymbol{r}_k.
\end{aligned} \tag{3.2.32}$$

将上式反复用自身迭代, 并利用 $\boldsymbol{r}_0^{\mathrm{T}} \boldsymbol{r}_2 = 0$ 这一事实, 可以得到 $\boldsymbol{r}_k^{\mathrm{T}} \boldsymbol{r}_{k+2} = 0$. 以此类推, 我们最终可以证明所有 $\boldsymbol{r}_k$ 都是相互正交的:

$$\boldsymbol{r}_i^{\mathrm{T}} \boldsymbol{r}_j = 0, \quad i \neq j. \tag{3.2.33}$$

现在我们得到了所需要的性质. 在进行共轭梯度迭代的过程中, 我们实际上构造了一个由向量组 $\{\boldsymbol{r}_0, \mathbf{A}\boldsymbol{r}_0, \mathbf{A}^2\boldsymbol{r}_0, \cdots, \mathbf{A}^k\boldsymbol{r}_0\}$ 张成的子空间, 称作**克雷洛夫 (Krylov) 子空间** $\mathcal{K}_k(\mathbf{A}, \boldsymbol{r}_0)$, 并且找到了这个子空间中的一组正交基组 $\{\boldsymbol{r}_0, \boldsymbol{r}_1, \cdots, \boldsymbol{r}_k\}$. 由 (3.2.31) 式可知, 矩阵 $\mathbf{A}$ 在这个基组下表现为一个三对角矩阵, 而三对角矩阵可以通过追赶法简单求解. 当迭代次数增加时, 子空间维度逐步增大, 而当维度等同于全空间维度 n 时, 得到的解就是问题的精确解.

当然上述的论述中还有一些缺漏的地方. 比方说, 如果初始残差 $\boldsymbol{r}_0$ 一开始位于矩阵 $\mathbf{A}$ 某几个本征向量构成的子空间内, 那么不管再怎么计算 $\mathbf{A}^k \boldsymbol{r}_0$, 其都不可能跑出这个不变子空间. 但这其实是好事, 因为我们的目的就是为了让最后的 $\boldsymbol{r}_k$ 变成零, 而维度变小反而意味着收敛到精确解的迭代次数变少了.

虽然理论上讲共轭梯度法能够在有限步内给出精确解, 但计算复杂度相比高斯消元法并不占优, 且由于在构造正交基组过程中舍入误差的放大, 实践上它也很难真正给出一个精确解. 因此实践上, 人们通常还是将其看作一个迭代解法. 可以证明如下关系:

$$\frac{f(\boldsymbol{x}_{k+1}) - f(\boldsymbol{x}^*)}{f(\boldsymbol{x}_k) - f(\boldsymbol{x}^*)} \leqslant \left(\frac{\sqrt{\kappa} - 1}{\sqrt{\kappa} + 1}\right)^2. \tag{3.2.34}$$

可见, 其对于刚性矩阵的处理能力相比梯度下降法要强了不少.

克雷洛夫子空间这个概念不仅可以用在二次型最优化的问题上，在矩阵本征值问题中，甚至更高效的数值积分法中都能看到它的身影。其基本思路就在于用一个小的子空间来近似替代全空间，而这个子空间又能通过简单的矩阵向量乘法求得。基于克雷洛夫子空间的算法往往在处理稀疏矩阵时有着极高的效率，并且具有良好的可并行性。

3.2.5 讨论与小结

现在让我们看看将迭代思想应用于线性代数方程组的求解时会得到什么。迭代法每一步在得到一个猜测解 x_k 后计算残差

$$r_k = b - Ax_k, \tag{3.2.35}$$

而原有的线性代数方程组转换成

$$A(x - x_k) = b - Ax_k = r_k, \tag{3.2.36}$$

问题变成了求解矩阵相同但等号右侧的常数向量不同的另一个线性代数方程组，可以继续下一步迭代。在迭代的过程中，矩阵不变，残差的模逐步减小，而猜测解逐步逼近问题的精确解。我们可以自然地想到，上一节中介绍的直接解法也可以作为一个迭代步：一步就能得到一个相当精确的解，但依旧存在一定舍入误差引起的残差，将这个残差作为右端向量重新解一遍方程，就能进一步优化我们得到的结果。这个操作对于某些病态矩阵是有必要的。

此外，本节所介绍的基于二次型最优化的两种算法仅适用于对称正定（或负定）矩阵的求解。不过，一个一般的线性代数方程组

$$Ax = b, \tag{3.2.37}$$

等式两端同时左乘 A^T，就转换成了一个对称正定的问题

$$A^T Ax = A^T b, \tag{3.2.38}$$

从而可以适用于前述的算法。唯一需要注意的点在于，其矩阵向量乘法的计算复杂度会加倍，矩阵的条件数也会平方，总体的计算复杂度会翻两番。

我们在这两节中介绍了如此多求解线性代数方程组的方法，在后续讨论偏微分方程求解时，还会对于特殊形式的矩阵介绍更多方法。这里对面临不同形式的矩阵采用什么数值方法做一个简单的指引：

(1) 对于稠密矩阵，优先采用直接解法；

(2) 对于带状矩阵,直接解法退化为追赶法;

(3) 对于其他形式的稀疏矩阵,优先采用迭代解法;

(4) 迭代解法中,对于对称正定矩阵,优先采用共轭梯度法;

(5) 如果对矩阵的行为足够了解,可以采用雅可比迭代或高斯 – 塞德尔迭代,否则推荐在正定化后使用共轭梯度法.

此外,如果待求解的矩阵是奇异的,相应的线性代数方程组和极值问题存在无穷多个解. 如果强行使用本节中介绍的迭代算法,依旧能收敛到问题的某一个解上,但这个解具体如何将会依赖于迭代初值的选取.

我们反反复复提到矩阵的条件数,那有什么降低条件数的方法吗?人们提出了一个叫作**预处理** (preconditioning) 的思路. 假使我们有非奇异矩阵 $\mathbf{M}$,是 $\mathbf{A}^{-1}$ 的某个近似. 那么容易想象,$\mathbf{MA}$ 是一个条件数很低的矩阵,我们可以转而求解问题

$$\mathbf{MA}x = \mathbf{M}b. \tag{3.2.39}$$

对于 $\mathbf{A}$ 是对称矩阵的情形,为维持问题的对称性不变,我们往往会寻找 $\mathbf{PP}^\mathrm{T} \approx \mathbf{A}^{-1}$,随后求解

$$\mathbf{P}^\mathrm{T}\mathbf{APP}^{-1}x = \mathbf{P}^\mathrm{T}b. \tag{3.2.40}$$

这样 $\mathbf{P}^\mathrm{T}\mathbf{AP}$ 依旧是对称矩阵. 求得 $\mathbf{P}^{-1}x$ 后再进一步解出 x 即可.

当然,怎么选取近似才能真正节省运算资源,就需要具体问题具体讨论了.

本节最后,我们再来略微谈一谈数域的问题. 不论是对于有理数域、实数域、复数域,甚至四元数域,我们都可以在其上讨论线性代数方程组. 但是当涉及二次型时,我们之前的讨论就要略微改一下记号了. 具体来说,在复数域中,我们要将转置 "T" 换成共轭转置 "†",向量内积从 $x^\mathrm{T}y$ 变成 $x^\dagger y$,对称矩阵 $\mathbf{A}^\mathrm{T} = \mathbf{A}$ 换成厄米矩阵 $\mathbf{H}^\dagger = \mathbf{H}$,正交矩阵 $\mathbf{O}^\mathrm{T} = \mathbf{O}^{-1}$ 换成幺正矩阵 $\mathbf{U}^\dagger = \mathbf{U}^{-1}$. 这样,实数域中所讨论的所有算法全都可以应用到复数域上.

处理复数域的另一种方案是将 n 维复数空间 $\mathbb{C}^n$ 看作两个 n 维实数空间的直和 $\mathbb{R}^n \oplus \mathbb{R}^n$. 考虑两个复矩阵的乘法,分解成实部和虚部:

$$\mathbf{AB} = \Re\mathbf{A}\Re\mathbf{B} - \Im\mathbf{A}\Im\mathbf{B} + \mathrm{i}(\Re\mathbf{A}\Im\mathbf{B} + \Im\mathbf{A}\Re\mathbf{B}). \tag{3.2.41}$$

注意到

$$\begin{pmatrix} \Re\mathbf{A} & \Im\mathbf{A} \\ -\Im\mathbf{A} & \Re\mathbf{A} \end{pmatrix} \begin{pmatrix} \Re\mathbf{B} & \Im\mathbf{B} \\ -\Im\mathbf{B} & \Re\mathbf{B} \end{pmatrix} = \begin{pmatrix} \Re\mathbf{A}\Re\mathbf{B} - \Im\mathbf{A}\Im\mathbf{B} & \Re\mathbf{A}\Im\mathbf{B} + \Im\mathbf{A}\Re\mathbf{B} \\ -\Re\mathbf{A}\Im\mathbf{B} - \Im\mathbf{A}\Re\mathbf{B} & \Re\mathbf{A}\Re\mathbf{B} - \Im\mathbf{A}\Im\mathbf{B} \end{pmatrix}, \tag{3.2.42}$$

即将 n 维复矩阵如此写成 $2n$ 维实矩阵后，实矩阵的乘法规则与复矩阵的乘法规则是一致的. 随后我们就可以继续使用实矩阵的算法了. 但其缺陷在于需要额外一倍冗余的数据存储和计算消耗，故实践上少有应用. 这类同态映射也可以应用于四元数域上.

复数域的问题在物理上是很常见的. 考虑上一节末尾提到的带状电阻网络，将相邻两节点间连接的电阻元件替换成电阻、电容、电感并联成的结构，外界输入频率为 ω 的稳定驱动源，那么两节点间的导纳将会写成

$$G = \frac{1}{R} + \mathrm{i}\omega L + \frac{1}{\mathrm{i}\omega C}, \tag{3.2.43}$$

是一个复数. 读者可自行考虑此时这个问题如何求解最方便.

3.2.6 数值实验

在本节的最后，我们来实际计算一个例子. 对于带状电阻网络，如图 3.2 所示，取带宽 $k=8$，长度为 $m=16$，那么矩阵向量乘法可以由如下函数给出：

```
1   function applyMatrix(x)
2     y = 0
3     for i = 1, m*k-1
4       a = i/k
5       b = i%k
6       if(a>0) y(i) = y(i) + (x(i)-x(i-k))*G(i,i-k)
7       if(a<m-1) y(i) = y(i) + (x(i)-x(i+k))*G(i,i+k)
8       if(b>0) y(i) = y(i) + (x(i)-x(i-1))*G(i,i-1)
9       if(b<k-1) y(i) = y(i) + (x(i)-x(i+1))*G(i,i+1)
10    end
11    return y
12  end
```

其中，我们约定了 0 号节点的电势为零.

这里有两点需要注意：首先我们根本没管矩阵该长什么样，而是直截了当地写出了矩阵乘向量该是如何. 在面对不同形状的电路网络时，我们就需要编写不同的函数. 但是，这并不比对于不同形状电路网络构造不同形式的矩阵更麻烦. 另一点是对于赝指标和边界点的处理，读者可以自行体会.

然后是非齐次项，我们简单地令 0 号和 1 号节点间连有单位电源 $\varepsilon_{01}=1$，那么赝电流向量也可以写出来. 再令全部电阻都是单位 1，就能进行数值求解了.

取初始猜测解 $\boldsymbol{x}=\boldsymbol{0}$，我们画出最速下降法和共轭梯度法的收敛历史，如图 3.4 所示. 散点为迭代过程中残差 $\boldsymbol{r}^\mathrm{T}\boldsymbol{r}$ 随迭代步数的变化，而实线为理论所给出的各自残差

的上界 (3.2.21) 和 (3.2.34) 式. 这里的条件数可以解析算得: $\kappa = 2/[\sin^2(\pi/2/(k+1)) + \sin^2(\pi/2/(m+1))] \approx 52$. 可以看到, 最速下降法除了在最初十余步误差快速降低外, 很快就收敛到了理论所预测的上界, 而共轭梯度法则一直保持了一个很高的收敛速度. 不过无论如何, 对于这样一个 $8 \times 16 = 128$ 阶的大型稀疏矩阵, 通过百来步乘法操作就能求得解, 总要比直接解法快得多.

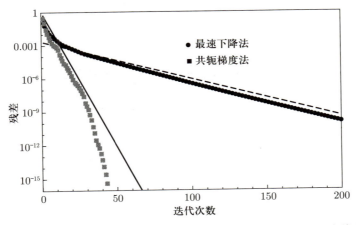

图 3.4 最速下降法和共轭梯度法的收敛历史图, 分别由圆点和方点表示. 而虚线和实线两条直线为理论所预测的收敛速度下界

3.3 数据拟合: 最小二乘问题

1818 年, 汉诺威公国委派给数学家高斯[4]一个重要任务: 对国土与边界进行精确的测量. 高斯选定了若干标记点 $\{i\}$, 派人测量这些标记点之间连线的距离 $\{L_{ij}\}$ 与相邻两条线之间的夹角 $\{\theta_{ijk}\}$, 以反推这些标记点所处的空间位置 $\{r_i\}$. 测量数据与需要的坐标之间的关系是非线性的:

$$\begin{aligned} L_{ij}^2 &= (r_i - r_j)^{\mathrm{T}}(r_i - r_j), \\ L_{ij} L_{jk} \cos\theta_{ijk} &= (r_i - r_j)^{\mathrm{T}}(r_k - r_j). \end{aligned} \quad (3.3.1)$$

通过求解每一个三角形当然可以逐步算出目标量, 但是测量数据的误差将不断积累, 让大尺度上的结果变得相当不可信. 此外, 测量得到的数据量往往远多于需求解的目标量. 如何利用这些额外的数据提高目标量的精度, 成了高斯在处理数据时所需要重点考虑的问题. 实际上, 这一类问题在科研和生产生活实践中广泛存在.

---

[4]我们在本章前两节中已经见过他的名字了, 而后续章节还将多次同他的名字打交道. 尽管那个年代并不存在任何现代意义上的计算机, 但数值计算确实有着悠久的历史渊源.

我们将所面临的这类问题进一步抽象为一个数学模型：有 n 个测量量 $\{y_i\}$ 和 m 个目标量 $\{u_i\}$，且 $n > m$，它们之间的函数关系 $y_i = g_i(\boldsymbol{u})$ 已知。现在需要从中得到对目标量"最优"的估计值。

高斯创造性地提出，最优的估计值将会使如下函数取最小值：

$$f(\boldsymbol{u}) \equiv \sum_i \left(\frac{y_i - g_i(\boldsymbol{u})}{\Delta y_i} \right)^2, \tag{3.3.2}$$

其中 Δy_i 为该测量量的测量误差。

这是一个多元非线性函数的最小值问题，直接求解相当困难。幸运的是，高斯事先已经知道了这些标记点的大概位置 $\boldsymbol{u}^{(0)}$。记 $\delta\boldsymbol{u} \equiv \boldsymbol{u} - \boldsymbol{u}^{(0)}$，将 g_i 做泰勒展开至一阶项，有

$$f(\boldsymbol{u}) \approx \sum_i \left(\frac{y_i - g_i(\boldsymbol{u}^{(0)}) - \delta\boldsymbol{u}^{\mathrm{T}} \nabla g_i(\boldsymbol{u}^{(0)})}{\Delta y_i} \right)^2. \tag{3.3.3}$$

它是关于 $\delta\boldsymbol{u}$ 的二次型。

继续引入记号，问题可以转化为：已知 $n \times m$ 阶矩阵 $\mathbf{A}$ 与 n 阶向量 $\boldsymbol{b}$，寻求 m 阶向量 $\boldsymbol{x}$，使得

$$|\mathbf{A}\boldsymbol{x} - \boldsymbol{b}|^2 \tag{3.3.4}$$

取最小值，其中 $n > m$，且 $\mathbf{A}$ 为**列满秩的**。这样的问题被称为**最小二乘问题**。

这是关于 $\boldsymbol{x}$ 的正定二次型，存在且仅存在一个极值点，也就是其最小值点，可以通过对 $\boldsymbol{x}$ 的导数为零来得到：

$$\mathbf{A}^{\mathrm{T}}\mathbf{A}\boldsymbol{x} = \mathbf{A}^{\mathrm{T}}\boldsymbol{b}. \tag{3.3.5}$$

在解出 $\boldsymbol{x}$（亦即 $\delta\boldsymbol{u}$）后，便能得到更新的标记点位置 $\boldsymbol{u}^{(1)} = \boldsymbol{u}^{(0)} + \delta\boldsymbol{u}$。此时可以检验更新的标记点精度是否满足要求，若不满足，则可以将其重新作为猜测值再次代入进行迭代求解。

本节主要关注最小二乘问题，而原始的非线性问题将会在下一章中详细讨论。自然，我们可以直接使用上一节学到的算法求解这个对称正定矩阵，但考虑到 $\mathbf{A}^{\mathrm{T}}\mathbf{A}$ 所具有的特殊形式，直接求解未必是最高效的。本节中我们将介绍直接对矩阵 $\mathbf{A}$ 进行分解的策略，这些策略可以更好地处理病态矩阵，减轻大条件数矩阵对最终数值误差的影响。

3.3.1 QR 分解

假设我们可以找到分解式 $\mathbf{A} = \mathbf{QR}$，其中 $\mathbf{R}$ 为 $m \times m$ 阶上三角矩阵，而 $\mathbf{Q}$ 为 $n \times m$ 阶矩阵，由 m 个正交归一的列向量拼成[5]，容易检验其满足

$$\mathbf{Q}^T\mathbf{Q} = \mathbf{I}_m, \quad \mathbf{Q}^T(\mathbf{I}_n - \mathbf{QQ}^T) = \mathbf{0}. \tag{3.3.6}$$

那么 (3.3.4) 式可以写作

$$|\mathbf{QR}x - b|^2$$
$$= |\mathbf{Q}(\mathbf{R}x - \mathbf{Q}^T b) - (\mathbf{I} - \mathbf{QQ}^T)b|^2$$
$$= |\mathbf{R}x - \mathbf{Q}^T b|^2 + |(\mathbf{I} - \mathbf{QQ}^T)b|^2 - 2(\mathbf{R}x - \mathbf{Q}^T b)^T \mathbf{Q}^T(\mathbf{I} - \mathbf{QQ}^T)b$$
$$= |\mathbf{R}x - \mathbf{Q}^T b|^2 + b^T(\mathbf{I} - \mathbf{QQ}^T)b. \tag{3.3.7}$$

上式告诉我们，二次型在 $x = \mathbf{R}^{-1}\mathbf{Q}^T b$ 时取得最小值 $b^T(\mathbf{I} - \mathbf{QQ}^T)b$. 而利用第 3.1 节的知识，我们知道上三角矩阵的逆乘向量是容易计算的. 接下来的问题便是如何计算 QR 分解，事实上我们早在线性代数课程中就学过了一种基本的方法，即**格拉姆 – 施密特 (Gram-Schmidt) 正交化算法**，其伪代码如下.

算法 3.9   格拉姆 – 施密特正交化算法

```
1   function GramSchmidtOrth(A,n,m)
2     do i = 1, m
3       Q(:,i) = A(:,i)
4       do j = 1, i-1
5         R(j,i) = Q(:,j).Q(:,i)
6         Q(:,i) = Q(:,i) - R(j,i)*Q(:,j)
7       end
8       R(i,i) = sqrt(Q(:,i).Q(:,i))
9       if(R(i,i) = 0) return Q, R
10      Q(:,i) = Q(:,i)/R(i,i)
11    end
12    return Q, R
13  end
```

上述算法中，对 $\mathbf{A}$ 的全部列向量，依次取出并与已有的正交向量组做正交归一，拼接而成 $\mathbf{Q}$，并记录计算过程中的矩阵 $\mathbf{R}$，便完成了 QR 分解. 若计算过程中出现了

---
[5] 仅当 $m = n$ 时我们才能称其为正交矩阵.

$(\mathbf{R})_{i,i} = 0$, 这说明 $\mathbf{A}$ 并非列满秩的, 与假设的前提不符.

考虑到 $n > m$, 基于格拉姆 – 施密特正交化的 QR 分解算法计算量主要体现在向量内积上, 为 $O(m^2 n)$, 与直接解法中计算矩阵 $\mathbf{A}^{\mathrm{T}}\mathbf{A}$ 的计算消耗相当.

迭代过程中我们使用等式 $(\mathbf{R})_{j,i} = \boldsymbol{q}_j^{\mathrm{T}} \boldsymbol{q}_i = \boldsymbol{q}_j^{\mathrm{T}} \boldsymbol{a}_i$ 进行了替换, 其中 $\boldsymbol{a}_i$, $\boldsymbol{q}_j$ 分别是矩阵 $\mathbf{A}$, $\mathbf{Q}$ 的第 i, j 列. 这是因为如果 $\mathbf{A}$ 的列向量组近似线性相关, 正交化的过程中会得到接近于零的 $(\mathbf{R})_{i,i}$, 使得实际算得的 "正交矩阵" 并不正交, 即 $|\mathbf{Q}^{\mathrm{T}}\mathbf{Q} - \mathbf{I}| \gg \varepsilon$. 而这一步替换有利于改善正交性. 但是, 对于极端病态的矩阵, 这个改善依旧有限, 我们需要寻求更稳定的算法.

3.3.2 豪斯霍尔德变换与吉文斯变换

为此, 先对 QR 分解式进行改写:

$$\begin{aligned}
\mathbf{A}_{n\times m} &= \mathbf{Q}_{n\times m} \mathbf{R}_{m\times m} \\
&= \begin{pmatrix} \mathbf{Q}_{n\times m} & \tilde{\mathbf{Q}}_{n\times(n-m)} \end{pmatrix} \begin{pmatrix} \mathbf{R}_{m\times m} \\ \mathbf{0}_{(n-m)\times m} \end{pmatrix} \\
&= \mathbf{Q}'_{n\times n} \mathbf{R}'_{n\times m},
\end{aligned} \tag{3.3.8}$$

其中, 矩阵 $\tilde{\mathbf{Q}}$ 满足 $\tilde{\mathbf{Q}}^{\mathrm{T}} \mathbf{Q} = \mathbf{0}$. 显然, 这是一定存在的. 这样, 我们就有了另一种形式的 QR 分解. 值得注意的是, 理论上可以证明, 当限定 $\mathbf{R}$ 对角元非负时, 分解是唯一的.

随后我们不去研究怎么正交化向量组, 而是直接考虑如何构造正交矩阵. 正交变换保持向量内积不变, 从几何学可知, 这样的变换一共分两类: **反射**与**旋转**. 它们分别对应我们本小节中要谈到的 **豪斯霍尔德 (Householder) 变换**与 **吉文斯 (Givens) 变换**.

相对法向量为 $\boldsymbol{w}$ 的平面做反射的变换可以写作

$$\mathbf{H} \equiv \mathbf{I} - 2\boldsymbol{w}\boldsymbol{w}^{\mathrm{T}}, \tag{3.3.9}$$

称作豪斯霍尔德变换, 其中 $\boldsymbol{w}^{\mathrm{T}} \boldsymbol{w} = 1$. 容易验证: $\mathbf{H}$ 作用于任意垂直于 $\boldsymbol{w}$ 的向量将不做改变, 而作用于与 $\boldsymbol{w}$ 平行的向量上时则会增添负号, 同时可以检验其满足正交矩阵的定义式 $\mathbf{H}^{\mathrm{T}}\mathbf{H} = \mathbf{I}$, 且 $\mathbf{H}^{\mathrm{T}} = \mathbf{H}$. 因此, $\mathbf{H}$ 确实代表着反射变换, 如图 3.5 所示.

给定任意非零向量 $\boldsymbol{x}$ 与单位向量 $\boldsymbol{e}$, 几何上我们总能通过反射使得 $\boldsymbol{x}$ 平行于 $\boldsymbol{e}$, 即 $\mathbf{H}\boldsymbol{x} = \gamma \boldsymbol{e}$, 且 $\gamma = |\boldsymbol{x}|$. 简单的计算可以给出, 此时

$$\boldsymbol{w} = \frac{\boldsymbol{x} - \gamma \boldsymbol{e}}{\sqrt{2(\gamma^2 - \gamma \boldsymbol{x}^{\mathrm{T}} \boldsymbol{e})}}. \tag{3.3.10}$$

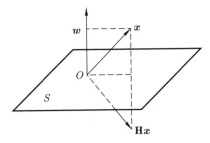

图 3.5 豪斯霍尔德变换示意图

有了这个结论,我们就能通过豪斯霍尔德变换来将一个矩阵变换成上三角矩阵. 设矩阵 $\mathbf{A}$ 写作分块形式 $(\boldsymbol{a}_1 \ \mathbf{A}_2)$, 取 $\boldsymbol{x} = \boldsymbol{a}_1$, $\boldsymbol{e}$ 为 $\boldsymbol{e}_1 = (1, 0, 0, \cdots)^\mathrm{T}$, 左乘 $\mathbf{H}$ 得到

$$\mathbf{HA} = \begin{pmatrix} \mathbf{H}\boldsymbol{a}_1 & \mathbf{H}\mathbf{A}_2 \end{pmatrix} = \begin{pmatrix} \gamma \boldsymbol{e}_1 & \mathbf{A}_2 - 2\boldsymbol{u}\boldsymbol{u}^\mathrm{T}\mathbf{A}_2 \end{pmatrix}. \tag{3.3.11}$$

这样, 通过一次正交变换, 我们将矩阵 $\mathbf{A}$ 第一列自第二行开始的全部元素都变成了零. 随后的步骤与高斯消元法类似, 依次迭代将矩阵 $\mathbf{A}$ 对角元以下的元素一一消零, 我们便完成了 QR 分解. 综上, 我们给出豪斯霍尔德变换的伪代码如下.

算法 3.10　豪斯霍尔德变换

```
1   function Householder(x)
2     gamma = sqrt(x.x)
3     if(gamma!=0)
4       delta = sqrt(gamma*(gamma-x(1)))
5       u(1) = (x(1)-gamma) / delta
6       u(2:) = x(2:)/delta
7     else
8       u = 0
9     end
10    return gamma, w
11  end
12
13  function QRHouseholder(A,m,n)
14    R = A
15    do i = 1, m
16      [gamma, U(i:,i)] = Householder(R(i:,i))
17      if (gamma != 0)
18        v = U(i:,i).R(i:,i+1:)
19        R(i,i) = gamma
20        R(i+1:,i) = 0
21        do j = i+1, m
```

```
22              R(j,i+1:)  = R(j,i+1:)  - v * U(j,i)
23            end
24         end
25      end
26      return R, U
27  end
```

以上算法的复杂度同样是 $O(m^2 n)$. 注意, 我们在 w 的定义式 (3.3.10) 中额外乘了 $\sqrt{2}$ 以简化计算. 此外, 函数返回了全体 $\{w_i\}$, 而并没有给出正交变换 $\mathbf{Q}$ 的确切数值, 但在后续所需的矩阵乘法操作中, 已知 $\{w_i\}$ 就足以完成计算, 并且计算和存储消耗与已知 $\mathbf{Q}$ 的具体形式的情形相比是相当的.

另外一类正交变换为旋转变换. 在二维平面上, 大家熟知旋转矩阵可以写作

$$\mathbf{G} = \begin{pmatrix} c & s \\ -s & c \end{pmatrix}, \quad c^2 + s^2 = 1. \tag{3.3.12}$$

对于平面上任意非零向量 $\boldsymbol{x} = (\alpha, \beta)^{\mathrm{T}}$, 我们都可以通过旋转, 使其与坐标轴平行, 即

$$\mathbf{G}\boldsymbol{x} = (\eta, 0)^{\mathrm{T}}, \tag{3.3.13}$$

其中 $\eta = \sqrt{\alpha^2 + \beta^2}$, 且

$$c = \frac{\alpha}{\eta}, \quad s = \frac{\beta}{\eta}. \tag{3.3.14}$$

上述变换被称作吉文斯变换. 在平面 $\mathrm{span}\{e_1, e_i\}$ 上执行吉文斯变换将列向量的第 i 个元素消零, 依次执行可消去除第一个元素以外的所有元素. 那么, 将矩阵看作一组列向量, 从左到右逐个将下三角元素全部消零, 我们就可以通过吉文斯变换实现 QR 分解.

算法 3.11　吉文斯变换

```
1   function Givens(alpha,beta)
2       eta = sqrt(alpha^2+beta^2)
3       if(eta!=0)
4           c = alpha/eta
5           s = beta/eta
6       else
7           c = 1
8           s = 0
9       end
10      return c, s, eta
```

```
11    end
12
13    function QRGivens(A,m,n)
14      R = A
15      do i = 1, m
16        do j = i+1, n
17          [c(i,j), s(i,j), eta] = Givens(R(i,i),R(i,j))
18          if(eta!=0)
19            R(i,i) = eta
20            R(i,j) = 0
21            u = R(i+1:,i)
22            v = R(i+1:,j)
23            R(i+1:,i) = c(i,j)*u + s(i,j)*v
24            R(i+1:,j) = -s(i,j)*u + c(i,j)*v
25        end
26      end
27      return R, c, s
28    end
```

执行一次吉文斯变换需要 $O(m)$ 次浮点运算, 消去全部下三角元需要执行 $O(mn)$ 次操作, 则总体的计算复杂度同样是 $O(m^2n)$. 但更仔细的分析表明, 吉文斯变换需要两倍于豪斯霍尔德变换的计算量. 不过, 由于吉文斯变换是逐元操作的, 对于某些具有特殊结构的稀疏矩阵, 其计算量相比豪斯霍尔德变换更低.

3.3.3 讨论与小结

本节较为简短, 我们介绍了最小二乘法和 QR 分解的概念, 并引入了三种不同的 QR 分解算法. 这部分内容并不存在太多直接的物理对应, 但这三个算法将是计算物理核心问题之一 —— 本征值问题的重要基础. 下一节中我们便要来啃这块硬骨头, 希望读者做好心理准备.

练习 3.2 考虑 n 阶希尔伯特矩阵 $\mathbf{H}$, 其矩阵元由下式给出:

$$(\mathbf{H})_{ij} = \frac{1}{i+j-1}. \tag{3.3.15}$$

它是一个极端病态的对称正定矩阵. 取 $n=10$, 试分别采用本节中介绍过的三种算法对该矩阵做 QR 分解, 并比较所得到的 Q 矩阵的正交性.

3.4 谐振电路: 本征值问题

在 3.1 节中所引入的电路网络, 仅考虑了电阻、电压源这些静态元件. 更复杂一些的电路中还会带有电容和电感, 它们的存在会在方程中引入时间导数, 例如

$$C\frac{\mathrm{d}U}{\mathrm{d}t} = I, \quad L\frac{\mathrm{d}I}{\mathrm{d}t} = U. \tag{3.4.1}$$

将所有的电流和电压都合写成一个时间依赖的向量 $\boldsymbol{x}(t)$, 我们原则上可以写下它所满足的方程

$$\dot{\boldsymbol{x}}(t) = \mathbf{A}\boldsymbol{x}(t) + \boldsymbol{b}. \tag{3.4.2}$$

这是一个一阶线性非齐次常微分方程组, 其中的非齐次项 $\boldsymbol{b}$ 可以通过变换 $\boldsymbol{x} \to \boldsymbol{x} - \mathbf{A}^{-1}\boldsymbol{b}$ 简单消去[6]. 不失一般性, 我们只需要考虑齐次形式

$$\dot{\boldsymbol{x}}(t) = \mathbf{A}\boldsymbol{x}(t), \tag{3.4.3}$$

其形式解可写为

$$\boldsymbol{x}(t) = \exp(t\mathbf{A})\,\boldsymbol{x}(0). \tag{3.4.4}$$

接下来的问题便是, 我们如何在上式中进行矩阵指数的数值计算. 由线性代数的知识可知, 如果方阵 $\mathbf{A}$ 是非亏损的[7], 则存在本征值序列 $\{\lambda_i\}$ 和相应的左、右本征向量组 $\{\boldsymbol{u}_i, \boldsymbol{v}_i\}$ 满足

$$\mathbf{A} = \sum_{i=1}^{n} \lambda_i \boldsymbol{v}_i \boldsymbol{u}_i^\mathrm{T}, \tag{3.4.5}$$

以及

$$\boldsymbol{u}_i^\mathrm{T} \boldsymbol{v}_j = \delta_{ij}. \tag{3.4.6}$$

记 $\mathbf{D} = \mathrm{diag}\{\lambda_1, \lambda_2, \cdots, \lambda_n\}, \mathbf{P} = (\boldsymbol{u}_1, \boldsymbol{u}_2, \cdots, \boldsymbol{u}_n), \mathbf{Q} = (\boldsymbol{v}_1, \boldsymbol{v}_2, \cdots, \boldsymbol{v}_n)$, 我们可以将上述两式写成矩阵形式:

$$\mathbf{A} = \mathbf{Q}\mathbf{D}\mathbf{P}^\mathrm{T}, \tag{3.4.7}$$

与

$$\mathbf{P}^\mathrm{T}\mathbf{Q} = \mathbf{I}. \tag{3.4.8}$$

根据矩阵本征值的性质, 可以由 $\mathbf{A}\boldsymbol{u}_i = \lambda_i \boldsymbol{u}_i$ 证明 $\mathrm{e}^{a\mathbf{A}}\boldsymbol{u}_i = \mathrm{e}^{a\lambda_i}\boldsymbol{u}_i$, 其中 a 为任意

---

[6]请读者思考, 若矩阵 $\mathbf{A}$ 奇异该怎么办.

[7]若一个 n 阶矩阵具有 n 个线性无关的特征向量, 则称其为非亏损矩阵. 实际物理问题中矩阵亏损的情形相对罕见, 我们会在本节的最后讨论一个具体例子.

非零常数. 实际上, 矩阵的指数可以通过级数展开来定义, 即 $e^{a\mathbf{A}} = \mathbf{I} + (a\mathbf{A}) + \frac{(a\mathbf{A})^2}{2!} + \frac{(a\mathbf{A})^3}{3!} + \frac{(a\mathbf{A})^4}{4!} + \cdots$, 与单变量的指数展开类似.

这样, 对 (3.4.4) 式, 我们便能写出其显式表达式

$$\boldsymbol{x}(t) = \sum_i \boldsymbol{u}_i e^{\lambda_i t} \boldsymbol{v}_i^{\mathrm{T}} \boldsymbol{x}(0) = \mathbf{P} e^{\mathbf{D} t} \mathbf{Q}^{\mathrm{T}} \boldsymbol{x}(0). \tag{3.4.9}$$

至此, 我们将一个常微分方程组的初值问题转换成了求解矩阵的全部本征值和本征向量的问题. 同样根据线性代数中的知识, 本征值 $\{\lambda_i\}$ 由多项式 $\det|\mathbf{A} - \lambda\mathbf{I}|$ 的全部零点给出. 对于低阶矩阵这不难处理, 但阶数一高, 伽罗瓦 (Galois) 理论告诉我们, 五次及以上多项式方程不存在一般的代数解法, 这意味着矩阵的本征值问题不存在直接解法, 而必须通过数值迭代求解. 本征值问题的数值求解便是我们本节讨论的主要内容.

3.4.1 行列式与本征值

在正式讨论数值算法之前, 我们先回顾一下矩阵本征值和本征向量所具有的一些性质, 这将有利于后续的阐述.

若两方阵 $\mathbf{A}$ 和 $\mathbf{B}$ 可以通过非奇异矩阵 $\mathbf{P}$ 相联系, 即

$$\mathbf{A} = \mathbf{P}^{-1} \mathbf{B} \mathbf{P}, \tag{3.4.10}$$

则称 $\mathbf{A}$ 和 $\mathbf{B}$ 相似. 联系这两矩阵的变换称为相似变换, $\mathbf{P}$ 为相似变换矩阵. 对 $\mathbf{A}\boldsymbol{x} = \lambda\boldsymbol{x}$, 上述相似变换不改变矩阵的本征值组, 且本征向量组之间也只相差一个相似变换, 也就是说

$$\begin{aligned} \mathbf{P}^{-1} \mathbf{B} \mathbf{P} \boldsymbol{x} &= \lambda \boldsymbol{x}, \\ \mathbf{B} \mathbf{P} \boldsymbol{x} &= \lambda \mathbf{P} \boldsymbol{x}. \end{aligned} \tag{3.4.11}$$

矩阵 $\mathbf{A}$ 本征值组由多项式 $\det|\mathbf{A} - \lambda\mathbf{I}|$ 的全部零点给出. 而上三角矩阵 $\mathbf{R}$ 的行列式等于其全部对角元之积, 那么

$$\det|\mathbf{R} - \lambda\mathbf{I}| = \prod_i [(\mathbf{R})_{ii} - \lambda], \tag{3.4.12}$$

从而我们得知上三角矩阵的本征值就是它的对角元. 上三角矩阵的本征向量也是容易计算的. 假使我们想求解第 i 个本征向量 (暂不考虑简并的情形), 将 $\mathbf{R}$ 写作如下分块形式:

$$\mathbf{R} = \begin{pmatrix} T_{11} & T_{12} & T_{13} \\ 0 & T_{22} & T_{23} \\ 0 & 0 & T_{33} \end{pmatrix}, \tag{3.4.13}$$

其中 T_{11}, T_{22}, T_{33} 分别是 $(i-1)\times(i-1), 1\times 1, (n-i)\times(n-i)$ 阶矩阵. 本征值方程写作

$$\begin{pmatrix} T_{11}-\lambda & T_{12} & T_{13} \\ 0 & 0 & T_{23} \\ 0 & 0 & T_{33}-\lambda \end{pmatrix} \begin{pmatrix} \boldsymbol{x}_1 \\ x_2 \\ \boldsymbol{x}_3 \end{pmatrix} = 0. \tag{3.4.14}$$

上式中取 $x_2 = 1$, 容易解得

$$\boldsymbol{x} = \begin{pmatrix} (\lambda \mathbf{I} - T_{11})^{-1} T_{12} \\ 1 \\ 0 \end{pmatrix}, \tag{3.4.15}$$

因此, 我们只需要计算一个上三角矩阵的逆即可求得第 i 个本征向量.

此外, 分块上三角矩阵的行列式也可以分块计算, 即

$$\det|\mathbf{B}| = \det\begin{pmatrix} \mathbf{B}_{11} & \mathbf{B}_{12} \\ 0 & \mathbf{B}_{22} \end{pmatrix} = \det|\mathbf{B}_{11}|\det|\mathbf{B}_{22}|, \tag{3.4.16}$$

故矩阵 $\mathbf{B}$ 的本征值集合为矩阵 $\mathbf{B}_{11}$ 和 $\mathbf{B}_{22}$ 的本征值集合之并集.

考虑线性空间 V, 若 $\forall \boldsymbol{x} \in V$, 都有 $\mathbf{A}\boldsymbol{x} \in V$, 则称 V 为矩阵 $\mathbf{A}$ 的**不变子空间**. 显然, 对于可对角化的矩阵, 不变子空间均可由矩阵的若干个本征向量张成. 上三角矩阵之所以有这么优异的性质, 一个重要的原因是任意前 i 个单位基矢张成的空间 $\text{span}\{\boldsymbol{e}_1, \boldsymbol{e}_2, \cdots, \boldsymbol{e}_i\}(i \leqslant n)$ 都是其不变子空间.

3.4.2 幂法

我们先考虑另一个问题: 矩阵 $\mathbf{A}$ 的 k 次幂乘向量 $\boldsymbol{x}_0$. 假设 $\mathbf{A}$ 是可对角化的, 我们可以写下

$$\boldsymbol{x}_k \equiv \mathbf{A}^k \boldsymbol{x}_0 = \sum_i \boldsymbol{u}_i \lambda_i^k \boldsymbol{v}_i^{\mathrm{T}} \boldsymbol{x}_0, \tag{3.4.17}$$

并设本征值 $\{\lambda_i\}$ 依其绝对值从大到小排列. 从 (3.4.17) 式中可以发现, 随着 k 的增长, 向量 $\boldsymbol{x}_k$ 中 $\boldsymbol{u}_1$ 的成分会越来越高. 也就是说, 我们可以通过多次矩阵向量乘法

$$\boldsymbol{x}_k = \mathbf{A}\boldsymbol{x}_{k-1} \tag{3.4.18}$$

来 "提取" 矩阵 $\mathbf{A}$ 绝对值最大的本征向量. 如果我们用 $\boldsymbol{u}_2$ 前的相对系数的绝对值来近似度量 $\boldsymbol{x}_k$ 与 $\boldsymbol{u}_1$ 的接近程度, 则有

$$\varepsilon_k \sim \left|\frac{\boldsymbol{v}_2^{\mathrm{T}} \boldsymbol{x}_0}{\boldsymbol{v}_1^{\mathrm{T}} \boldsymbol{x}_0}\right| \left|\frac{\lambda_2}{\lambda_1}\right|^k, \tag{3.4.19}$$

表现为线性收敛, 收敛率的大小取决于绝对值最大的两个本征值之比 $|\lambda_2/\lambda_1|$. 实践中, 为了避免在不断矩阵乘向量的过程中出现数值越界, 每乘一步都会对向量做归一化操作.

在得到近似的本征向量 $\boldsymbol{x}$ 后, 需要给出本征值的估计值. 最优的本征值估计 μ 应该使得如下函数取极小值:

$$f(\mu) = |\mathbf{A}\boldsymbol{x} - \mu\boldsymbol{x}|^2. \tag{3.4.20}$$

通过求导容易给出

$$\mu(\boldsymbol{x}) \equiv \frac{\boldsymbol{x}^\mathrm{T}\mathbf{A}\boldsymbol{x}}{\boldsymbol{x}^\mathrm{T}\boldsymbol{x}} = \lambda_1 \frac{\boldsymbol{x}^\mathrm{T}\boldsymbol{u}_1\boldsymbol{v}_1^\mathrm{T}\boldsymbol{x}}{\boldsymbol{x}^\mathrm{T}\boldsymbol{x}} + \lambda_2 \frac{\boldsymbol{x}^\mathrm{T}\boldsymbol{u}_2\boldsymbol{v}_2^\mathrm{T}\boldsymbol{x}}{\boldsymbol{x}^\mathrm{T}\boldsymbol{x}} + \cdots. \tag{3.4.21}$$

上式中 μ 称为**瑞利商** (Rayleigh quotient), 可以看出它与本征向量同样为线性收敛且收敛率相同.

这个朴素的算法被称为**幂法**, 可以用来求矩阵绝对值最大的本征值及相应的本征向量, 其伪代码如下.

算法 3.12　幂法

```
1   function powerMethod(A,x0,eps)
2     y = x0
3     do
4       norm = sqrt(y.y)
5       x = y/norm
6       y = A.x
7       mu = x.y
8       resi = y - mu*x
9     end while(resi.resi < eps)
10    return y, mu
11  end
```

上述算法中, 我们使用了第 k 次迭代后的残差 $\boldsymbol{r}^{(k)} \equiv \mathbf{A}\boldsymbol{x}^{(k)} - \lambda^{(k)}\boldsymbol{x}^{(k)}$ 的模方来作为收敛判据, 每一步迭代需要进行一次矩阵向量乘法. 幂法的收敛性依赖于 $|\lambda_2/\lambda_1|$ 的大小. 特别地, 当 $|\lambda_2/\lambda_1| = 1$ 时, 幂法将无法收敛, 向量 $\boldsymbol{x}_k$ 将在一个子空间中反复振荡. 在实际物理问题中, 通常也会出现 $\lambda_1 = \lambda_2^*$ 的情况, 这种朴素的幂法最多也只能给出一组本征对. 因此, 这就要求我们寻找更有效的算法去解决实践中的问题.

3.4.3　正交幂法

幂法在迭代过程中用矩阵乘向量, 最后收敛到一个本征向量上. 我们介绍了不变子空间的概念, 那我们能不能用矩阵乘子空间, 最后收敛到一个不变子空间上, 从而获取这个子空间内全部本征值的信息呢?

答案是肯定的. 假设我们有初始的子空间 $V = \text{span}\{\boldsymbol{x}_1, \boldsymbol{x}_2, \cdots, \boldsymbol{x}_p\}$, 将其列向量用本征向量展开:

$$\boldsymbol{x}_i = \sum_j a_{ij} \boldsymbol{u}_j. \tag{3.4.22}$$

左乘 k 次矩阵, 得到 $V^{(k)} = \text{span}\{\boldsymbol{x}_1^{(k)}, \boldsymbol{x}_2^{(k)}, \cdots, \boldsymbol{x}_p^{(k)}\}$, 其中

$$\boldsymbol{x}_i^{(k)} = \sum_j a_{ij} \lambda_j^k \boldsymbol{u}_j. \tag{3.4.23}$$

我们看到 $V^{(k)}$ 中在子空间 $\text{span}\{\boldsymbol{u}_1, \boldsymbol{u}_2, \cdots, \boldsymbol{u}_p\}$ 之外的成分以 $|\lambda_{p+1}/\lambda_p|^k$ 的形式线性收敛于零, 这意味着我们确实能够收敛到一个不变子空间上.

当然, 像上面这样直接做乘法在数值上是不可接受的. 这是因为 $\{\boldsymbol{x}_1^{(k)}, \boldsymbol{x}_2^{(k)}, \cdots, \boldsymbol{x}_p^{(k)}\}$ 将会高度线性相关 (它们都几乎与 $\boldsymbol{u}_1$ 平行), 从而难以提取其余本征向量的信息. 为了解决这个问题, 我们可以在每个迭代步都将向量组正交化. 这可以用我们在上一节中学过的 QR 分解来实现. 依此可写出如下伪代码, 称作**正交幂法**.

算法 3.13 正交幂法

```
1    k=0
2    do
3        Q_{k+1}R_{k+1} = X_k
4        X_{k+1} = AQ_{k+1}
5        k=k+1
6    end while(convergence)
```

注意, 在伪代码中并没有显式地出现向量组 $\mathbf{X}$ 的维度 p.

这个算法有趣的点在于, 当执行一个 p 阶的正交幂法的同时, 我们事实上也执行了一个 $p' < p$ 阶的正交幂法: 不论是矩阵向量乘法, 还是 QR 分解, $\boldsymbol{x}_i^{(k)}$ 都只与 $\boldsymbol{x}_j^{(k-1)}(j \leqslant i)$ 相关. 这样, 当迭代完全收敛后, 向量组 $\{\boldsymbol{x}_1^{(k)}, \boldsymbol{x}_2^{(k)}, \cdots, \boldsymbol{x}_p^{(k)}\}$ 的前任意个向量张成的空间都是 $\mathbf{A}$ 的不变子空间. 根据我们上一节对上三角矩阵的讨论, 矩阵 $\mathbf{A}$ 在这组基矢下为一个上三角矩阵, 即

$$\mathbf{Q}^{\mathrm{T}} \mathbf{A} \mathbf{Q} = \mathbf{R}. \tag{3.4.24}$$

也就是说, 这个上三角矩阵正是我们做 QR 分解得到的那个上三角矩阵. 这样, 矩阵 $\mathbf{A}$ 的前 p 个本征值由 $\mathbf{R}$ 的对角元给出, 相应的本征向量也容易通过前面的讨论进行计算.

不过，如果想让迭代完全收敛，而不是仅仅收敛到一个 p 阶的子空间，收敛速度就得按最慢的那个来算，亦即 $\max_{i\leqslant p}|\lambda_{i+1}/\lambda_i|^k$. 因此，本征值分布越密集，便越难以收敛.

3.4.4 QR 迭代

既然正交幂法的迭代并不显式地依赖于阶数 p，我们便可以令 $p=n$，并取初始的 $\mathbf{X}^{(0)}=\mathbf{I}$，这样便能一次性求解出 $\mathbf{A}$ 的全部本征值和本征向量. 为方便起见，我们做如下定义:

$$\mathbf{A}_k \equiv \mathbf{Q}_{k-1}^{\mathrm{T}}\mathbf{A}\mathbf{Q}_{k-1}, \quad \tilde{\mathbf{Q}}_k \equiv \mathbf{Q}_{k-1}^{\mathrm{T}}\mathbf{Q}_k. \tag{3.4.25}$$

这样，我们就得到了大名鼎鼎的 **QR 迭代**算法.

算法 3.14　QR 迭代算法

```
1   k=0
2   A₀=A
3   do
4       Q̃ₖRₖ =Aₖ
5       Aₖ₊₁ =RₖQ̃ₖ
6       k=k+1
7   end while(convergence)
```

QR 迭代算法是当今几乎所有线性代数函数库中对角化矩阵的标准算法，特别适用于求解中等规模稠密矩阵的全部本征值和本征向量.

3.4.4.1 降低复杂度

在将其付诸实践之前，我们先考虑一下上述算法的复杂度问题. p 阶的正交幂法单步迭代需要计算 p 次矩阵向量乘法，以及一次 $p\times n$ 阶矩阵的 QR 分解，复杂度为 $O(pn^2)+O(p^2n)$. 当取 $p=n$ 时，QR 迭代算法一个迭代步的计算复杂度为 $O(n^3)$，与计算一次矩阵的逆相当. 一步迭代就有这么高的计算量，迭代到收敛的耗费更是不敢想象. 因此，我们需要思考如何降低迭代过程中的计算消耗.

QR 迭代包含一步 QR 分解和一步矩阵乘法. 如果我们能够事先通过相似变换将 $\mathbf{A}$ 变换成一个接近于上三角矩阵的形式，使得 QR 分解较为容易，$\mathbf{Q}$ 的表达式也相对简单，每个迭代步的计算消耗就能显著降低. 而最接近上三角矩阵的，就是**上黑森贝格矩阵** (upper Hessenberg matrix): $\forall i+1>j$，都有 $(\mathbf{G})_{ij}=0$ 的矩阵 $\mathbf{G}$ 称为上黑森贝

格矩阵, 如下式所示:

$$\begin{pmatrix} \times & \times & \times & \times \\ \times & \times & \times & \times \\ 0 & \times & \times & \times \\ 0 & 0 & \times & \times \end{pmatrix}, \tag{3.4.26}$$

相比上三角矩阵额外多出了一个斜排.

可以想象, 将上黑森贝格矩阵做 QR 分解不会太难, 而它还具备另一个重要的特性: 依照算法 3.14 做迭代时, 如果 $\mathbf{A}_k$ 是上黑森贝格矩阵, 那么 $\mathbf{A}_{k+1}$ 也将是上黑森贝格矩阵. 这意味着在整个迭代过程中上黑森贝格化的步骤只需要进行一次, 从而大大降低 QR 迭代算法的整体计算量.

将 $\mathbf{A}$ 上黑森贝格化可以使用上一节中介绍过的豪斯霍尔德变换来完成. 此时我们不再要求 $\mathbf{HA}$ 将第一列自第一个元素以下全部元素消零, 而是要求 $(\mathbf{A})_{11}$ 不变, 第一列自第二个元素以下全部消零, 这样再右乘其转置 $\mathbf{HAH}^{\mathrm{T}}$, 第一列的元素不会发生任何改变. 依次迭代下去, 就能通过相似变换将 $\mathbf{A}$ 的第 i 列自第 $i+1$ 个元素以下全部消零, 达成我们的目标, 如图 3.6 所示. 同时可以指出, 实对称矩阵经过豪斯霍尔德变换将保持对称性, 最终化为三对角矩阵. 伪代码如下.

$$\begin{pmatrix} \times & \times & \times & \times & \times \\ \times & \times & \times & \times & \times \\ \times & \times & \times & \times & \times \\ \times & \times & \times & \times & \times \\ \times & \times & \times & \times & \times \end{pmatrix} \xrightarrow{\mathbf{H}_1\mathbf{A}} \begin{pmatrix} \times & \times & \times & \times & \times \\ \times & \times & \times & \times & \times \\ 0 & \times & \times & \times & \times \\ 0 & \times & \times & \times & \times \\ 0 & \times & \times & \times & \times \end{pmatrix} \xrightarrow{\mathbf{H}_1\mathbf{A}\mathbf{H}_1} \begin{pmatrix} \times & \times & \times & \times & \times \\ \times & \times & \times & \times & \times \\ 0 & \times & \times & \times & \times \\ 0 & \times & \times & \times & \times \\ 0 & \times & \times & \times & \times \end{pmatrix} = \mathbf{B}_1$$

$$\begin{pmatrix} \times & \times & \times & \times & \times \\ \times & \times & \times & \times & \times \\ 0 & \times & \times & \times & \times \\ 0 & \times & \times & \times & \times \\ 0 & \times & \times & \times & \times \end{pmatrix} \xrightarrow{\mathbf{H}_2\mathbf{B}_1} \begin{pmatrix} \times & \times & \times & \times & \times \\ \times & \times & \times & \times & \times \\ 0 & \times & \times & \times & \times \\ 0 & 0 & \times & \times & \times \\ 0 & 0 & \times & \times & \times \end{pmatrix} \xrightarrow{\mathbf{H}_2\mathbf{B}_1\mathbf{H}_2} \begin{pmatrix} \times & \times & \times & \times & \times \\ \times & \times & \times & \times & \times \\ 0 & \times & \times & \times & \times \\ 0 & 0 & \times & \times & \times \\ 0 & 0 & \times & \times & \times \end{pmatrix} = \mathbf{B}_2$$

$$\cdots$$

$$\begin{pmatrix} \times & \times & \times & \times & \times \\ \times & \times & \times & \times & \times \\ 0 & \times & \times & \times & \times \\ 0 & 0 & \times & \times & \times \\ 0 & 0 & 0 & \times & \times \end{pmatrix} \xrightarrow{\mathbf{H}_{n-2}\mathbf{B}_{n-3}} \begin{pmatrix} \times & \times & \times & \times & \times \\ \times & \times & \times & \times & \times \\ 0 & \times & \times & \times & \times \\ 0 & 0 & \times & \times & \times \\ 0 & 0 & 0 & \times & \times \end{pmatrix} \xrightarrow{\mathbf{H}_{n-2}\mathbf{B}_{n-3}\mathbf{H}_{n-2}} \begin{pmatrix} \times & \times & \times & \times & \times \\ \times & \times & \times & \times & \times \\ 0 & \times & \times & \times & \times \\ 0 & 0 & \times & \times & \times \\ 0 & 0 & 0 & \times & \times \end{pmatrix}$$

图 3.6 豪斯霍尔德变换将一般矩阵变为上黑森贝格矩阵

算法 3.15　矩阵的豪斯霍尔德约化

```
1  function HouseholderReduction(A,n)
2    H = A
3    do i = 1, n-2
4      [gamma, U(i+1:,i)] = Householder(H(i+1:,i))
5      if(gamma != 0)
6        v = U(i+1:,i).H(i+1:,i+1:)
7        H(i+1,i) = gamma
8        H(i+2:,i) = 0
9        do j = i+1, n
10         H(j,i+1:) = H(j,i+1:) - U(j,i) * v
11       end
12
13       v = H(:,i+1:).U(i+1:,i)
14       do j = i+1, n
15         H(:,j) = H(:,j) - v * U(j,i)
16       end
17     end
18   end
19   return H, U
20 end
```

上述算法中, 我们引用了上一节中定义的 Householder() 函数.

变成上黑森贝格形式后再做 QR 分解就不难了. 由于此时我们只需要依次将上黑森贝格矩阵下方的次对角元消零, 因而可以使用上一节讨论过的吉文斯变换, 其伪代码如下.

算法 3.16　上黑森贝格矩阵的 QR 分解

```
1  function upperHessenbergQR(H,n)
2    R = H
3    do i = 1, n-1
4      [c(i), s(i), eta] = Givens(R(i,i), R(i+1,i))
5      if(eta != 0)
6        R(i,i) = eta
7        R(i+1,i) = 0
8        u = R(i  ,i+1:)
9        v = R(i+1,i+1:)
```

```
10            R(i  ,i+1:)   = c(i)*u+s(i)*v
11            R(i+1,i+1:)   = -s(i)*u+c(i)*v
12        end
13    end
14    return R, c, s
15 end
```

上述计算的复杂度为 $O(n^2)$. 首先, 同豪斯霍尔德变换一样, 这里没有给出矩阵 **Q** 的具体形式, 而仅仅是返回了变换系数 c_i, s_i. 其次, 在 QR 迭代的第二步, 将得到的 **Q** 和 **R** 换个顺序再乘在一起. 容易证明, 这样乘出来的矩阵依旧是上黑森贝格形式. 那么, 豪斯霍尔德变换只需要在初始化的过程中做一次就够了. 因此, 单个迭代步中的计算消耗仅仅包含吉文斯变换, 为 $O(n^2)$.

3.4.4.2 加速收敛

除去降低每一步的计算消耗外, 我们还希望能够降低迭代的步数. 注意到迭代的收敛速度依赖于比例 $|\lambda_p/\lambda_q|$, 如果我们能够给出 λ_p 的某个近似值 μ, 通过将 **A** 减去一个数量矩阵得到 $\mathbf{A} - \mu\mathbf{I}$, 这个比例就变成了 $|(\lambda_p - \mu)/(\lambda_q - \mu)|$, 它往往会比 $|\lambda_p/\lambda_q|$ 更接近于零. 那么从正交幂法搜寻不变子空间的角度看来, 迭代将很快地收敛到一个 $(n-1)$ 阶的不变子空间, 而这个子空间的补空间, 就是 λ_p 所对应的本征向量.

我们来仔细考察这个事实意味着什么. 收敛到 $(n-1)$ 阶不变子空间, 相当于 (3.4.24) 式部分成立, 有

$$\boldsymbol{q}_n^{\mathrm{T}}(\mathbf{A}_k - \mu\mathbf{I})\boldsymbol{q}_k = 0, \quad k < n, \tag{3.4.27}$$

$$\to \boldsymbol{q}_n^{\mathrm{T}}\mathbf{A}_k\boldsymbol{q}_k = 0, \quad k < n, \tag{3.4.28}$$

$$\to \boldsymbol{q}_n^{\mathrm{T}}\mathbf{A}_k = \lambda_p \boldsymbol{q}_n^{\mathrm{T}}. \tag{3.4.29}$$

这里用到了基组 $\{\boldsymbol{q}_k\}$ 的正交完备性. 这样, 我们明修栈道, 暗度陈仓: 表面上盯着不变子空间, 实则求解出了剩下的那组本征值和 (左) 本征向量.

完成了这一步之后, 就可以继续照葫芦画瓢: 给出下一个本征值的估计, 在剩下的 $n-1$ 维子空间里找寻 $n-2$ 维子空间, 以求出这对本征值和本征向量的精确解.

另一个问题是怎么给出本征值的估计值. 这个问题不难解决: 当 QR 迭代收敛时, $\mathbf{A}_k$ 收敛于上三角矩阵, 本征值由其对角元给出, 那么在这里我们取每一步迭代中 $(\mathbf{A}_k)_{nn}$ 作为猜测值即可. 这个算法被称为**位移 QR 迭代**, 其伪代码如下.

算法 3.17 位移 QR 迭代

```
1   k=0
2   A₀ = A
3   do p=n,2
4     do
5       μ = (Aₖ)pp
6       QₖRₖ = Aₖ - μI
7       Aₖ₊₁ = RₖQₖ + μI
8     end while(convergence)
9   end
```

其中, 迭代的收敛判据的一种取法是 $|A(p, p-1)| < \varepsilon(|A(p-1, p-1)| + |A(p,p)|)$.

现在考察位移 QR 迭代的收敛速度. 设 $|\lambda_p - \mu_i| \ll 1$. 一轮迭代后, 该本征值的估计值 $|\lambda_p - \mu_{i+1}| = |\lambda_p - \mu_i| \times |\lambda_p - \mu_i|/|\lambda_q - \mu_i| \propto |\lambda_p - \mu_i|^2$, 亦即每一步的误差均是上一步误差的平方, 故位移 QR 迭代是平方收敛的. 通常而言, 除去第一个本征值收敛较慢外, 其余每个本征值仅仅需要执行一到两步迭代就能满足收敛判据. 因此, 在做了预先上黑森贝格化后, 使用位移 QR 迭代求解矩阵全部本征值的计算消耗是 $O(n^3)$.

如果希望同时获知本征向量的信息, 我们需要先将计算过程中产生的正交变换 Q 全部都乘起来, 这一步的计算消耗是 $O(n^4)$. 同时, 大量的矩阵乘法也会导致误差累积. 因此, 实践中人们常常先计算得到本征值, 然后直接使用这些精确的本征值进行位移 QR 分解来求得本征向量.

3.4.4.3 共轭对与威尔金森位移

在非位移的迭代算法中, 我们需要假定矩阵本征值的模 $|\lambda_i|$ 互不相等以保证收敛. 在位移算法中, 这一个约束似乎就不那么重要了: 只要 λ_i 与 λ_j 不简并, 就总存在位移 μ 使得 $|\lambda_i - \mu| \neq |\lambda_j - \mu|$. 但是, 实践中常会碰见一种使迭代无法收敛的情况: $\mathbf{A}$ 是实矩阵, 且包含一对共轭的本征值 λ 和 λ^*. 在这种情况下, 迭代过程中不可能出现复数, 而对于任意 $\mu \in \mathbb{R}$, 都有 $|\lambda - \mu| = |\lambda^* - \mu|$, 因此我们的迭代就没法收敛了.

解决这个问题的办法是使用所谓**威尔金森 (Wilkinson) 位移**. 实矩阵出现共轭的复本征值对, 要求这个矩阵最低也是二阶. 那么我们就取 QR 迭代中 $\mathbf{A}_k$ 右下角的 2×2 的子矩阵的本征值作为位移, 记该子矩阵为

$$\begin{pmatrix} \alpha & \beta \\ \gamma & \delta \end{pmatrix}. \tag{3.4.30}$$

容易求得其本征值

$$\lambda = \delta + \frac{\alpha - \delta \pm \sqrt{(\alpha-\delta)^2 + 4\beta\gamma}}{2}. \tag{3.4.31}$$

若我们选取最接近 δ 的那一个本征值作为位移, 威尔金森位移的伪代码如下.

算法 3.18　威尔金森位移

```
1   function wilkinson(alpha,beta,gamma,delta)
2     mu = delta
3     q = beta*gamma
4     if(q!=0)
5       p = (alpha-delta)/2
6       r = sqrt(p^2+q)
7       if(Re(p*conjg(r))<0) r =-r
8       mu = mu - q/(p+r)
9     end
10    return mu
11  end
```

注意, 在实际计算中一般先算出较远的那个本征值, 再用韦达定理得到所需的位移. 这样避免了大数减大数所造成的误差放大.

到现在为止, 我们距离各大软件标准库中的全套实际 QR 迭代算法 (即**双步位移的隐式迭代**) 依旧差了那么一点. 考虑到篇幅所限, 以及这些差别并不会对计算消耗和稳定性有数量级的影响, 我们在此略去, 感兴趣的同学可以参考其他教材[8]. QR 迭代算法不能百分之百保证对所有可对角化的矩阵收敛, 关于这些罕见的例外情形可以参考相关文献[9].

3.4.5　对称矩阵

我们最后来谈谈上述对一般矩阵的算法应用到对称矩阵时, 会存在什么特别的地方. QR 迭代的核心在于上三角化 $\mathbf{A} = \mathbf{Q}\mathbf{R}\mathbf{Q}^T$. 当 $\mathbf{A}$ 是对称矩阵时, $\mathbf{R}$ 成了对角阵, 那么我们就直接完成了完整的对角化步骤.

为使 QR 迭代实用化, 需要预先做上黑森贝格化, 这一步的计算量与矩阵是否对称关系不大, 但一个对称的上黑森贝格矩阵实际上就是一个三对角矩阵, 那么相应的吉文斯变换单步消耗就从 $O(n^2)$ 降低至 $O(n)$. 这样, 对角化一个对称矩阵需要 $O(n^3)$ 来做三对角化、$O(n^2)$ 来做吉文斯变换收敛对角阵, 再加上 $O(n^3)$ 来得到相应的全部本征向量. 下面的伪代码给出了一个对称三对角矩阵位移 QR 迭代的完整实现.

---

[8]例如参考书 [1].
[9]Batterson S. Convergence of the shifted QR algorithm on 3 by 3 normal matrices. Numer. Math., 1990, 58: 341; Demmel J, Gu M, et al. Computing the singular value decomposition with high relative accuracy. Linear Algebra Appl., 1999, 299: 21.

算法 3.19 对称三对角矩阵位移 QR 迭代

```
1   function SymTriShiftQR(a,b,n,eps)
2     do k = n, 2, -1
3       do while(abs(b(k-1)) > eps*(abs(a(k))+abs(a(k-1))))
4         mu = wilkinson(a(k-1), b(k-1), b(k-1), a(k))
6         a = a - mu
7         do i = 1, k-1
8           norm = SQRT(a(i)**2+b(i)**2)
9           c(i) = a(i)/norm
10          s(i) = b(i)/norm
11          if(i != 1) b(i) = c(i-1)*b(i)
12          a(i) = norm
13          ta = a(i+1)*c(i) - b(i)*s(i)
14          tb = a(i+1)*s(i) + b(i)*c(i)
15          a(i+1) = ta
16          b(i) = tb
17        end
18        do i = 1, k-1
19          a(i) = c(i)*a(i)+s(i)*b(i)
20          b(i) = s(i)*a(i+1)
21          a(i+1) = c(i)*a(i+1)
22        end
23        a = a + mu
24      end
25    end
26    return a
27  end
```

请读者注意算法中对于矩阵特殊性的利用.

此外, 对于对称矩阵来说, 瑞利商变为

$$\mu(\boldsymbol{x}) = \frac{\sum_i \lambda_i |\boldsymbol{v}_i^\mathrm{T} \boldsymbol{x}|^2}{\sum_i |\boldsymbol{v}_i^\mathrm{T} \boldsymbol{x}|^2}, \tag{3.4.32}$$

这相当于全部本征值按照 $\boldsymbol{x}$ 在相应本征向量上的投影分量的加权平均值. 从而

$$\lambda_{\min} \leqslant \mu \leqslant \lambda_{\max}, \tag{3.4.33}$$

也就是说, 通过瑞利商对本征值可以做出一个不低于下界、不高于上界的估计. 此外, 由于加权平均是按照投影分量的平方来做的, 故此时本征值将会比本征向量更快地收敛到精确值. 对于对称矩阵, 位移 QR 迭代的收敛阶将提高至 $p = 3$. 不过, 由于这一步的计算消耗并不是最主要的, 收敛阶提升一阶对整体收敛速度的影响并不显著.

除了 QR 迭代之外, 还存在着两种被广泛应用的对称矩阵对角化算法: **分治法** (divide-and-conquer) 和**雅可比迭代法**. 它们对于一些特殊形式的矩阵或在特别的计算要求下会优于 QR 迭代算法. 感兴趣的读者可以参考其他教材[10].

我们在上面两节中讨论的算法都是基于实矩阵的. 读者可以根据第 3.2 节末尾处的讨论思考如何将其推广到复矩阵上.

练习 3.3 请自行实现对称矩阵的 QR 迭代算法, 并以上一节所提到的希尔伯特矩阵为例, 求解其全部本征值.

3.4.6 临界阻尼: 一个亏损矩阵的例子

我们来看一个物理上矩阵亏损的例子. 考虑一个 LRC 谐振电路, 其运动方程写作

$$\begin{cases} \dot{Q} = I, \\ L\dot{I} + \dfrac{Q}{C} + IR = 0. \end{cases} \tag{3.4.34}$$

定义向量 $\boldsymbol{y} = (Q \quad I)^\mathrm{T}$, 我们可以将上式改写成一阶常微分方程的形式

$$\dot{\boldsymbol{y}} = \begin{pmatrix} 0 & 1 \\ -\omega_0^2 & -2\gamma \end{pmatrix} \boldsymbol{y}, \tag{3.4.35}$$

其中 $\omega_0^2 \equiv 1/LC, \gamma \equiv R/2L$. 该式可以写出形式解

$$\boldsymbol{y}(t) = \exp\left[\begin{pmatrix} 0 & 1 \\ -\omega_0^2 & -2\gamma \end{pmatrix} t\right] \boldsymbol{y}(0). \tag{3.4.36}$$

为了给出矩阵指数的具体形式, 我们需要对这个矩阵进行对角化. 为此, 计算行列式

$$\begin{aligned} \det\begin{pmatrix} \lambda & -1 \\ \omega_0^2 & \lambda + 2\gamma \end{pmatrix} &= 0, \\ \lambda^2 + 2\gamma\lambda + \omega_0^2 &= 0, \\ \implies \lambda_\pm &= -\gamma \pm \sqrt{\gamma^2 - \omega_0^2}. \end{aligned} \tag{3.4.37}$$

我们看到, 当 $\gamma^2 = \omega_0^2$ 时, 矩阵的两个本征值简并了, 物理上对应于临界阻尼. 但是, 一个二阶的矩阵如果两个本征向量对应的本征值相同, 则应当是一个数量矩阵 (即单位矩阵乘以一个任意实数). 而

$$\begin{pmatrix} 0 & 1 \\ -\gamma^2 & -2\gamma \end{pmatrix} \tag{3.4.38}$$

---

[10]例如参考书 [2].

看起来不是一个数量矩阵. 若尝试计算矩阵的本征向量, 我们得到

$$\boldsymbol{u}_{\pm} = \begin{pmatrix} -1 \\ \gamma \mp \sqrt{\gamma^2 - \omega_0^2} \end{pmatrix}, \tag{3.4.39}$$

不仅本征值简并, 本征向量同样也 "简并" 了. 此时几何重数低于代数重数, 矩阵退化了!

解析上, 退化矩阵的问题可以通过未退化的极限来求解. 记 $\delta \equiv \sqrt{\gamma^2 - \omega_0^2}$, 我们可以给出

$$\begin{pmatrix} 0 & 1 \\ -\omega_0^2 & -2\gamma \end{pmatrix} = \begin{pmatrix} -1 & -1 \\ \gamma - \delta & \gamma + \delta \end{pmatrix} \begin{pmatrix} -\gamma + \delta & 0 \\ 0 & -\gamma - \delta \end{pmatrix} \begin{pmatrix} -\dfrac{\gamma + \delta}{2\delta} & -\dfrac{1}{2\delta} \\ \dfrac{\gamma - \delta}{2\delta} & \dfrac{1}{2\delta} \end{pmatrix}. \tag{3.4.40}$$

显然, 当 $\delta = 0$ 时最右端的矩阵发散, 但暂且不管这个问题, 继续计算矩阵的指数:

$$\exp\left[\begin{pmatrix} 0 & 1 \\ -\omega_0^2 & -2\gamma \end{pmatrix} t\right] = \begin{pmatrix} -1 & -1 \\ \gamma - \delta & \gamma + \delta \end{pmatrix} \begin{pmatrix} \mathrm{e}^{(-\gamma+\delta)t} & \\ & \mathrm{e}^{(-\gamma-\delta)t} \end{pmatrix} \begin{pmatrix} -\dfrac{\gamma + \delta}{2\delta} & -\dfrac{1}{2\delta} \\ \dfrac{-\gamma + \delta}{2\delta} & \dfrac{1}{2\delta} \end{pmatrix}$$

$$= \mathrm{e}^{-\gamma t} \begin{pmatrix} \cosh \delta t + \gamma \dfrac{\sinh \delta t}{\delta} & \dfrac{\sinh \delta t}{\delta} \\ -\omega_0^2 \dfrac{\sinh \delta t}{\delta} & \cosh \delta t - \gamma \dfrac{\sinh \delta t}{\delta} \end{pmatrix}. \tag{3.4.41}$$

进一步, 我们取 $\delta \to 0$ 的极限, 就可以得到

$$\lim_{\delta \to 0} \boldsymbol{y}(t) = \mathrm{e}^{-\gamma t} \begin{pmatrix} 1 + \gamma t & t \\ -\omega_0^2 t & 1 - \gamma t \end{pmatrix} \boldsymbol{y}(0). \tag{3.4.42}$$

这是一个有限的表达式. 但在数值上, 出于控制误差的考虑, 类似这种零比零的式子是需要极力避免的. 在实践中, 为求解这类问题, 通常会将矩阵变换成若尔当 (Jordan) 块的形式, 感兴趣的读者可以参考相关资料[11].

3.5 小振动: 克雷洛夫子空间与正交多项式

在理论力学中我们会涉及多自由度系统的小振动问题. 考虑一个一般的保守系统, 其拉格朗日量写作

$$L(\boldsymbol{q}, \dot{\boldsymbol{q}}, t) = \frac{1}{2} \dot{\boldsymbol{q}}^{\mathrm{T}} \mathbf{A}(\boldsymbol{q}) \dot{\boldsymbol{q}} - V(\boldsymbol{q}). \tag{3.5.1}$$

---

[11]例如 Brenan K, Campbell S, and Petzold L. Numerical Solution of Initial-Value Problems in Differential-Algebraic Equations. North Holland, 1989.

假定系统在其稳定平衡位置 q_0 附近运动, 则 $x = q - q_0$ 是小量, 可以将 $V(q)$ 展开至二阶:

$$V(q) = V(q_0) + \frac{1}{2} x^\mathrm{T} K x + \cdots, \tag{3.5.2}$$

其中势能函数在平衡位置的二阶导数 K 被称为刚度矩阵. 对于动能项中的矩阵, 我们将其取作平衡位置的值 $M = A(q_0)$, 称作惯性矩阵. 那么多自由度保守系统中小振动的拉格朗日量写作

$$L(x, \dot{x}, t) = \frac{1}{2} \dot{x}^\mathrm{T} M \dot{x} - \frac{1}{2} x^\mathrm{T} K x, \tag{3.5.3}$$

相应的运动方程为

$$M\ddot{x} + Kx = 0, \tag{3.5.4}$$

具有形式解

$$x(t) = \exp\left(\sqrt{-M^{-1}K}\, t\right) x(0). \tag{3.5.5}$$

与上一节类似, 可以通过求解矩阵 $M^{-1}K$ 的本征值问题

$$M^{-1}Kx = \lambda x \tag{3.5.6}$$

来计算这个矩阵指数. 然而, 这样不仅需要额外计算一次矩阵逆, 还完全破坏了原问题所具有的物理特性: 由于动能的正定性和平衡点的稳定性, 惯性矩阵和刚度矩阵都应当是对称正定矩阵! 我们宁可将问题写作如下形式:

$$Kx = \lambda M x. \tag{3.5.7}$$

这个形式的问题被称为**广义本征值问题**. 当 M 为单位阵时, 问题退化为标准形式的本征值问题.

从 3.2 节我们得知, 对称正定矩阵的线性代数方程组的求解可以转换成一个等价的极值问题. 相关的讨论其实同样适用于广义本征值问题. 考虑如下约束极值问题:

$$\min_{x} f(x) = x^\mathrm{T} A x, \tag{3.5.8}$$

使得

$$x^\mathrm{T} B x = 1,$$

其中, B 为对称正定矩阵. 求解约束极值问题的标准策略是拉格朗日乘子法, 即通过引入拉格朗日乘子 λ, 原约束极值问题等价于如下无约束极值问题:

$$\min_{\lambda, x} g(\lambda, x) = x^\mathrm{T} A x - \lambda (x^\mathrm{T} B x - 1). \tag{3.5.9}$$

上式右边对 x 取微分,便得到

$$\mathbf{A}x = \lambda \mathbf{B}x, \tag{3.5.10}$$

为广义本征值问题.

在 3.2 节中,我们也讨论了在不涉及矩阵的具体分量的情况下,使用迭代法求解二次型最优化问题或线性代数方程组. 这些迭代算法对于稀疏矩阵尤其具有优势. 那么,这套思路是否能够应用到矩阵本征值问题上呢? 答案是肯定的,下面我们来讨论其具体实现.

3.5.1 再谈克雷洛夫子空间

在进行正交幂法迭代的过程中,我们将矩阵 $\mathbf{A}$ 反复乘一个事先给定的 k 阶子空间,然后期待这个子空间能够收敛到一个不变子空间. 但是,如果这个给定的子空间是克雷洛夫子空间 $\text{span}\{x_0, \mathbf{A}x_0, \mathbf{A}^2 x_0, \cdots, \mathbf{A}^{k-1} x_0\}$,那么左乘一次矩阵后得到 $\text{span}\{\mathbf{A}x_0, \mathbf{A}^2 x_0, \mathbf{A}^3 x_0, \cdots, \mathbf{A}^k x_0\}$,也就是说我们只需要丢掉第一个向量,然后做一次矩阵乘法就能完成一次迭代,计算量降低了 k 倍.

不过,我们未必一定要丢掉 x_0,可以将它留在子空间里,反复扩大克雷洛夫子空间. 同样,为了避免生成的向量组高度线性相关,我们也可以在迭代的过程中做 QR 分解来实现正交化.

假定我们已经通过迭代生成了一组正交归一基 $\{q_i\}$,那么再继续迭代得到下一个向量 q_{i+1} 并做格拉姆 – 施密特正交化,相应的伪代码为

```
q_{i+1} = Aq_i,
do j=1,i
  h_{ji} = q_j^T q_{i+1},
  q_{i+1} = q_{i+1} - q_j h_{ji},
end
h_{i+1,i} = ||q_{i+1}||_2,
q_{i+1} = q_{i+1}/h_{i+1,i}.
```

综上,我们可以写出等式

$$\sum_{j=1}^{i+1} h_{ji} q_j = \mathbf{A} q_i. \tag{3.5.11}$$

换言之,我们有

$$q_j^T \mathbf{A} q_i = \begin{cases} h_{ji}, & j \leqslant i+1, \\ 0, & \text{其他情况.} \end{cases} \tag{3.5.12}$$

我们发现, 在基组 $\{q_i\}$ 下, 矩阵 $\mathbf{A}$ 可以变换成上黑森贝格形式, 那便可以直接使用吉文斯变换了. 分解式

$$\mathbf{A}\mathbf{Q}_k = \mathbf{Q}_k\mathbf{H}_k + h_{k+1,k}\bm{q}_{k+1}\bm{e}_k^{\mathrm{T}} \qquad (3.5.13)$$

被称为**阿诺尔迪 (Arnoldi) 分解**.

原则上讲, 如果初始的猜测向量 $\bm{x}_0$ 没有落在 $\mathbf{A}$ 的某个非全空间的不变子空间内的话, 迭代会在第 n 步时终止. 若 $\mathbf{A}$ 是满矩阵, 单次迭代计算消耗为 $O(n^2)$, 整个上黑森贝格化的计算消耗为 $O(n^3)$, 与豪斯霍尔德变换相同. 并且, 基于 3.3 节中关于 QR 分解的讨论, 格拉姆 – 施密特正交化会出现数值不稳定的现象, 难以用于实践.

但是, 克雷洛夫子空间迭代并不是为了求解矩阵的全部本征值而生的. 如果在迭代过程中出现了 $|h_{i+1,i}| \ll |h_{i,i}| + |h_{i+1,i+1}|$, 这说明我们得到了近似的分块上三角矩阵的一个分块, 同时 $\{\bm{q}_0, \bm{q}_1, \cdots, \bm{q}_i\}$ 张成了 $\mathbf{A}$ 的一个近似不变子空间. 这样, 我们可以直接对角化已经得到的子矩阵 $\mathbf{H}$, 就能求得矩阵的若干本征值和本征向量. 此外, 对于 $\mathbf{A}$ 是稀疏矩阵的情形, 仅依赖于矩阵向量乘法的克雷洛夫子空间方法也能在计算量上展现出优势.

但我们依旧想知道, 当 $h_{k+1,k}$ 没有那么小的时候, 对角化能给我们什么信息. 在给定正交基组 $\{\bm{q}_1, \bm{q}_2, \cdots, \bm{q}_k\}$ 后, 如果存在 α_{ij} 使得

$$\mathbf{A}\bm{q}_i = \sum_{j=1}^{k} \alpha_{ij}\bm{q}_j. \qquad (3.5.14)$$

那么 $\{\bm{q}_1, \bm{q}_2, \cdots, \bm{q}_k\}$ 张成了 $\mathbf{A}$ 的一个不变子空间. 但是, 当这一点不成立的时候, 我们希望找到 α_{ij} 使得二次型

$$\sum_{i=1}^{k} \left| \mathbf{A}\bm{q}_i - \sum_{j=1}^{k} \alpha_{ij}\bm{q}_j \right|^2 \qquad (3.5.15)$$

取得极小值. 我们不妨在上式的模内左乘一个单位矩阵 $I = \sum_{j'=1}^{n} \bm{q}_{j'}\bm{q}_{j'}^{\mathrm{T}}$, 并利用基函数之间的正交归一性, 则上式等价于

$$\sum_{i=1}^{k} \left[\sum_{j=1}^{k} |\bm{q}_j^{\mathrm{T}}\mathbf{A}\bm{q}_i - \alpha_{ij}|^2 + \sum_{j=k+1}^{n} |\bm{q}_j^{\mathrm{T}}\mathbf{A}\bm{q}_i|^2 \right]. \qquad (3.5.16)$$

易知最小值在 $\alpha_{ij} = \bm{q}_j^{\mathrm{T}}\mathbf{A}\bm{q}_i$ 处取到. 进一步, 对于克雷洛夫子空间也容易算出其最小值为 $|h_{k,k+1}|^2$. 这样, 我们便是在一个近似的子空间中, 在上述最优意义下对角化了矩阵. 不论这套基组是怎么生成的, 这一大类算法统称为**瑞利 – 利兹 (Rayleigh-Ritz)**

投影方法. 我们注意到, 当 $k = 1$ 时, 以上算法退化为前面讨论过的使用瑞利商估计矩阵本征值的方法.

下一个问题是, 这样求出来的本征值是哪些呢? 首先, 我们容易发现, 对于任意给定的 μ, $\mathcal{K}_k(\mathbf{A}, \boldsymbol{x}) = \mathcal{K}_k(\mathbf{A} - \mu\mathbf{I}, \boldsymbol{x})$, 亦即对矩阵做位移操作不会改变克雷洛夫子空间, 那么显然就不会像正交幂法那样收敛到模最大的那几个本征值上了. 其次, 我们注意到, 记全体不高于 k 阶多项式的集合为 $\mathcal{P}_k$, 容易证明

$$\mathcal{K}_k(\mathbf{A}, \boldsymbol{x}) = \{p(\mathbf{A})\boldsymbol{x} | p \in \mathcal{P}_k\}. \tag{3.5.17}$$

设 $\boldsymbol{x} = \sum_i \gamma_i \boldsymbol{v}_i$, 那么算法能够收敛到本征值 λ_j 的条件是, 存在 $p \in \mathcal{P}_k$, 使得在

$$p(\mathbf{A})\boldsymbol{x} = \sum_i \gamma_i p(\lambda_i) \boldsymbol{v}_i \tag{3.5.18}$$

中, 第 j 项前系数的模 $|\gamma_j p(\lambda_j)|$ 远大于其余值. 对于 $k+1 = n$ 的情形, 我们当然可以取多项式的零点正好是其余本征值. 而当 k 没么大的时候, 根据复变函数的最大模定理, 即非常数解析函数模的最大值只能在其定义域的边界上取得. 这样, 我们就能定性地给出结论: 克雷洛夫子空间方法通常优先收敛到矩阵谱集边缘的本征值, 即矩阵的最大和最小本征值.

另一个问题, 也是在 3.2 节中讨论过的: 若初始猜测向量 $\boldsymbol{x}_0$ 落在某个不变子空间中该怎么办. 如果想要的那些本征向量都在这个子空间里, 那自然是好事, 说明问题的维度变小了. 如果不在, 那就可能得考虑是不是猜测向量没选好: 事实上, 如果 $\mathbf{A}$ 满足某个对称群 G (这在物理中是十分常见的), 那么对于任意属于 G 的某个不可约表示的 $\boldsymbol{x}$, $\mathbf{A}\boldsymbol{x}$ 同样属于该不可约表示. 因此, 原则上只要对于这些不可约表示一个个选择猜测向量, 我们就能依次得到我们需要的本征值.

另外, 若 $\mathbf{A}$ 是实对称矩阵, 那么克雷洛夫迭代得到的便是一个三对角矩阵 $\mathbf{T}$, 即

$$\mathbf{A}\mathbf{Q}_k = \mathbf{Q}_k \mathbf{T}_k + \beta_k \boldsymbol{q}_{k+1} \boldsymbol{e}_k^{\mathrm{T}}. \tag{3.5.19}$$

矩阵 $\mathbf{T}$ 的对角元和次对角元通常用序列 α_k 和 β_k 来标记. 这种特殊情况通常被称为**兰乔斯 (Lanczos) 分解**, 显然会降低计算和储存消耗.

3.5.2 广义本征值问题

前面谈到, 已知矩阵 $\mathbf{A}$ 和 $\mathbf{B}$, 如下形式的问题

$$\mathbf{A}\boldsymbol{x} = \lambda\mathbf{B}\boldsymbol{x} \tag{3.5.20}$$

被称为**广义本征值问题**. 出于开头所讨论的物理背景, 我们尤其对于一类特殊的广义本征值问题感兴趣: $\mathbf{A}$ 是实对称矩阵, $\mathbf{B}$ 是对称正定矩阵. 此时, 我们可以直接将一些对称矩阵的算法应用于此.

最简单的想法便是先对 $\mathbf{B}$ 做楚列斯基分解 $\mathbf{B} = \mathbf{L}\mathbf{L}^\mathrm{T}$, 并引入 $\boldsymbol{y} = \mathbf{L}^\mathrm{T}\boldsymbol{x}$, 那么 (3.5.20) 式化作

$$\mathbf{L}^{-1}\mathbf{A}(\mathbf{L}^\mathrm{T})^{-1}\boldsymbol{y} = \lambda \boldsymbol{y}, \tag{3.5.21}$$

转换成了关于对称矩阵 $\mathbf{L}^{-1}\mathbf{A}(\mathbf{L}^\mathrm{T})^{-1}$ 的本征值问题. 不过, 楚列斯基分解和两次矩阵乘法需要 $O(n^3)$ 次操作, 这在只需要求解矩阵一部分本征值时就不一定那么值得了.

如果 $\mathbf{B}^{-1}\mathbf{A}\boldsymbol{x}$ 相对容易计算, 那么阿诺尔迪算法可以避免做楚列斯基分解. 不过这个时候我们需要修改向量 "内积" 的定义为

$$(\boldsymbol{x}, \boldsymbol{y}) \equiv \boldsymbol{x}^\mathrm{T}\mathbf{B}\boldsymbol{y}. \tag{3.5.22}$$

读者可自行检验, 将全部内积用上式替换后, 前述兰乔斯分解便可推广至广义本征值问题, 伪代码如下.

算法 3.20   兰乔斯分解用于广义本征值问题

```
1   function Lanczos(invB_A,B,x,k)
2     q(:,1) = x/sqrt(x.B.x)
3     do i = 2, k
4       w = invB_A.q(:,i-1)
5       if(i>2) w = w - beta(i-2) * q(:,i-2)
6       alpha(i-1) = q(:,i-1).B.w
7       w = w - alpha(i-1) * q(:,i-1)
8       do j = 1, i-1
9         gamma = q(:,j).B.w
10        w = w - gamma * q(:,j)
11      end
12      beta(i-1) = sqrt(w.B.w)
13      if(beta(i-1)=0) return q, alpha, beta
14      q(:,i) = w/beta(i-1)
15    end
16    return q, alpha, beta
17  end
```

上述代码中第 8~10 行插入了一句 $\boldsymbol{w} = \boldsymbol{w} - \sum_{i=1}^{j-1} \boldsymbol{q}_i \boldsymbol{q}_i^\mathrm{T} \mathbf{B}\boldsymbol{w}$ 做重正交化. 从解析上考虑, 这一步中计算的内积原则上都是零, 不起任何作用, 但是在数值上由于舍入误差

的存在, 向量组 $\{q_i\}$ 在迭代过程中会逐渐失去正交性, 从而这个重正交化步骤是维持数值稳定性不可或缺的.

广义本征值问题的形式还可以进一步推广. 考虑由 λ 的 k 阶多项式构成的向量方程

$$\left(\sum_{i=0}^{k} \lambda^i \mathbf{A}_i\right) \boldsymbol{u} = \boldsymbol{0}, \tag{3.5.23}$$

其中 $\mathbf{A}_i$ 均为 $n \times n$ 的矩阵, 这被称为**多项式本征值问题**. 显然, 当 $k=1$ 时, 问题退化为上面讨论过的广义本征值问题. 而对于一般的 k, 我们可以借助 1.1 节中所介绍过的秦九韶算法, 递归引入向量序列

$$\begin{cases} \boldsymbol{p}_0 = \mathbf{A}_k \boldsymbol{u}, \\ \boldsymbol{p}_i = \lambda \boldsymbol{p}_{i-1} + \mathbf{A}_{k-i} \boldsymbol{u}, \quad i=1,2,\cdots,k. \end{cases} \tag{3.5.24}$$

显然, $\boldsymbol{p}_k = \boldsymbol{0}$ 重新给出了 (3.5.23) 式. 将上式重新写成 $nk \times nk$ 阶的矩阵形式, 有

$$\begin{pmatrix} -\mathbf{A}_{k-1}\mathbf{A}_k^{-1} & \mathbf{I} & & & \\ -\mathbf{A}_{k-2}\mathbf{A}_k^{-1} & \mathbf{0} & \mathbf{I} & & \\ -\mathbf{A}_{k-3}\mathbf{A}_k^{-1} & \mathbf{0} & \mathbf{0} & \mathbf{I} & \\ \vdots & & & \ddots & \\ -\mathbf{A}_0 \mathbf{A}_k^{-1} & & & & \mathbf{0} \end{pmatrix} \begin{pmatrix} \boldsymbol{p}_0 \\ \boldsymbol{p}_1 \\ \boldsymbol{p}_2 \\ \vdots \\ \boldsymbol{p}_{k-1} \end{pmatrix} = \lambda \begin{pmatrix} \boldsymbol{p}_0 \\ \boldsymbol{p}_1 \\ \boldsymbol{p}_2 \\ \vdots \\ \boldsymbol{p}_{k-1} \end{pmatrix}, \tag{3.5.25}$$

最后一行我们用到了 $\boldsymbol{p}_k = \boldsymbol{0}$ 的事实. 由此我们可以看到, 通过升高矩阵的阶数, 可以将多项式本征值问题转化成标准形式的矩阵本征值问题, 从而通过本章中介绍过的算法来求解. 上式中最左边的矩阵被称为**友矩阵** (companion matrix), 通常记作 $\mathbf{C}$.

有意思的是 $n=1$ 时的情况: 此时向量方程退化成一个代数方程, 准确地说, 关于 λ 的一元 k 次方程. 我们知道, 一个 k 阶矩阵的本征值问题可以转换成 k 次多项式的求根问题. 而在这里, 我们看到了如何将一个多项式求根问题转换为友矩阵的本征值问题. 特别地, 我们注意到

$$\mathbf{C} = \begin{pmatrix} 0 & 1 & & \\ \vdots & & \ddots & \\ 0 & & & 1 \\ 1 & 0 & \ldots & 0 \end{pmatrix} - \begin{pmatrix} a_{k-1} \\ a_{k-2} \\ \vdots \\ a_0 - a_k \end{pmatrix} \begin{pmatrix} 1/a_k, 0, \cdots, 0 \end{pmatrix} = \mathbf{U} - \boldsymbol{x}\boldsymbol{y}^{\mathrm{T}}. \tag{3.5.26}$$

上述事实告诉我们, 友矩阵可以拆分成一个正交矩阵和一个秩一矩阵之差. 将 QR 算法的思想应用于这类特殊矩阵上时, 存在 $O(n)$ 级别计算量的快速算法. 感兴趣的读者可以阅读其他阅读书[12].

---

[12]例如参考书 [4].

3.5.3 正交多项式

正如我们在本节开头所谈到的, 克雷洛夫子空间方法的优势就在于不需要矩阵 **A** 的具体形式, 只要能构造出矩阵与向量乘法的高效实现即可. 对于稀疏矩阵, 这自然能大大加速运算. 另一方面, 这同时意味着我们可以用来处理更加抽象的问题, 譬如处理的问题未必需要局限在有限维的线性空间!

给定区间 $[a, b]$ 上全体平方可积的函数构成了一个线性空间, 我们称其为**希尔伯特空间** $\mathbb{L}^2$. 空间中的向量代表任意一个函数, 坐标算符 x 和导数算符 $\mathrm{d}/\mathrm{d}x$ 这些成了 "矩阵", 函数的内积由下式定义:

$$(f, g) \equiv \int_a^b f(x) g(x) \rho(x) \, \mathrm{d}x, \tag{3.5.27}$$

其中权函数 $\rho(x) > 0$. 那么, 在这里我们讨论一个稍显古怪的问题: 坐标算符 x 的本征值是多少? 容易检验, x 是一个实对称 "矩阵", 故

$$(f, xg) = (g, xf). \tag{3.5.28}$$

我们尝试将兰乔斯分解应用于上述对称矩阵. 如果初始向量 $\bm{q}_0$ 可取作常函数 $P_0(x) = c$, 那么, 容易检验克雷洛夫子空间就是多项式空间, 即 $\mathcal{K}_k = \mathcal{P}_k$. 而相邻三步的递归关系为

$$\beta_k P_{k+1}(x) = (x - \alpha_k) P_k(x) - \beta_{k-1} P_{k-1}(x). \tag{3.5.29}$$

上述方程可以显式地写为如下形式:

$$x \begin{pmatrix} P_0(x) \\ P_1(x) \\ P_2(x) \\ \vdots \\ P_{n-1}(x) \end{pmatrix} = \begin{pmatrix} \alpha_0 & \beta_0 & 0 & \cdots & 0 \\ \beta_0 & \alpha_1 & \beta_1 & \cdots & 0 \\ 0 & \beta_1 & \alpha_2 & \cdots & 0 \\ \vdots & \vdots & \vdots & \ddots & \\ 0 & 0 & 0 & & \alpha_{n-1} \end{pmatrix} \begin{pmatrix} P_0(x) \\ P_1(x) \\ P_2(x) \\ \vdots \\ P_{n-1}(x) \end{pmatrix} + \begin{pmatrix} 0 \\ 0 \\ 0 \\ \vdots \\ \beta_{n-1} P_n(x) \end{pmatrix}. \tag{3.5.30}$$

如果我们取 x 为 $P_n(x)$ 的某个零点 x_i, 上述等式右侧的第二项为零, 因而整个式子呈现出如下本征值方程的形式:

$$x_i \bm{P}_n(x_i) = \mathbf{T}_n \bm{P}_n(x_i), \tag{3.5.31}$$

其中黑斜体的 $\bm{P}_n(x)$ 表示 n 个 $P_k(x)$ 分量所构成的向量. 这样, 我们便得到结论: 算符 x 在多项式空间 $\mathcal{P}_{n-1}$ 的全部本征值正好是 n 阶多项式 $P_n(x)$ 的全部零点 $\{x_i\}$, 而

其也是矩阵 $\mathbf{T}_n$ 的全部本征值, 相应的本征向量为

$$\boldsymbol{v}_i = \sqrt{w_i} \begin{pmatrix} P_0(x_i) \\ P_1(x_i) \\ \vdots \\ P_{n-1}(x_i) \end{pmatrix} = \sqrt{w_i} \boldsymbol{P}_n(x_i), \tag{3.5.32}$$

其中 w_i 为归一化常数.

而对于正交多项式的零点, 我们有如下定理.

定理 3.1 设有多项式集合 $\{P_i(x)\}$, 其中 $P_i(x)$ 为 i 阶多项式, 彼此相互正交:

$$\int_a^b P_i(x) P_j(x) \rho(x) \, \mathrm{d}x = \delta_{ij}, \tag{3.5.33}$$

那么 $P_n(x)$ 的 n 个零点是实数, 互不相等, 且分布在 (a,b) 上.

证明 由于 $P_0(x)$ 为常函数, $P_n(x)$ 与其正交, 故 $P_n(x)$ 在 (a,b) 上至少存在一个奇数阶零点 x_i 使得 $P_n(x)$ 在该点前后变号.

在子空间 $\mathcal{P}_1$ 中容易构造出一个一阶多项式, 使其与 $P_n(x)$ 具有一个相同的零点. 那么 $P_n(x)$ 与该子空间正交意味着其在 (a,b) 上存在着另一个相异的零点.

依次归纳, 我们便证明了 $P_n(x)$ 在 (a,b) 上有 n 个不重的零点.

这样, 我们便可以将算符 x 的本征值视作区间 (a,b) 的某种离散采样. 我们再来仔细看看本征向量是什么. 我们将 $\boldsymbol{v}_i$ 写成各多项式线性叠加的函数形式, 即定义一个新函数为

$$v_i(x) \equiv \sqrt{w_i} \sum_{k=0}^{n-1} P_k(x_i) P_k(x) = \sqrt{w_i} \boldsymbol{P}_n(x_i) \cdot \boldsymbol{P}_n(x). \tag{3.5.34}$$

根据本征向量的正交性, 可得

$$v_i(x_j) = \sqrt{w_i} \boldsymbol{P}_n(x_i) \cdot \boldsymbol{P}_n(x_j) = \frac{\delta_{ij}}{\sqrt{w_i}}. \tag{3.5.35}$$

上式告诉我们, 在所有零点中, $v_i(x)$ 仅在 x_i 这一点非零. 因此, $v_i(x)$ 可以看作一个 $n-1$ 阶拉格朗日插值多项式:

$$v_i(x) = \frac{1}{\sqrt{w_i}} \prod_{j \neq i} \frac{x - x_j}{x_i - x_j}. \tag{3.5.36}$$

我们注意到 $v_i(x)(x - x_i)$ 为 n 阶多项式且与 $P_n(x)$ 具有相同的零点, 因此我们知道

$$v_i(x)(x - x_i) \propto P_n(x). \tag{3.5.37}$$

进一步, 我们看到各本征函数的内积

$$\int_a^b v_i(x)v_j(x)\rho(x)\,\mathrm{d}x$$
$$= \sqrt{w_i w_j} \sum_{kl} P_k(x_i) P_l(x_j) \int_a^b P_k(x) P_l(x) \rho(x)\,\mathrm{d}x$$
$$= \sqrt{w_i w_j} \sum_{kl} P_k(x_i) P_l(x_j) \delta_{kl}$$
$$= \delta_{ij}, \tag{3.5.38}$$

同样具有正交性, 且

$$\int_a^b v_i(x) x v_j(x) \rho(x)\,\mathrm{d}x$$
$$= \int_a^b v_i(x)[x_j v_j(x) + c P_n(x)]\rho(x)\,\mathrm{d}x$$
$$= x_i \delta_{ij}. \tag{3.5.39}$$

这样, 在由全部零点构成集合的离散意义下, 多项式 $v_i(x)$ 相当于一个近似的"狄拉克 (Dirac) δ 函数":

$$v_i(x) \sim \delta(x - x_i). \tag{3.5.40}$$

这是符合预期的, 毕竟也只有 δ 函数才真正是坐标算符的本征函数:

$$x\delta(x-y) = y\delta(x-y). \tag{3.5.41}$$

更进一步, 我们来讨论这些 "δ 函数" 在数值计算中有什么用途. 从 (3.5.35) 式可知, $\forall f(x) \in \mathcal{P}_{n-1}$, 有

$$f(x) = \sum_{i=1}^n f(x_i) \sqrt{w_i} v_i(x). \tag{3.5.42}$$

借助 (3.5.39) 式, 可以计算积分

$$\int_a^b f(x) x g(x) \rho(x)\,\mathrm{d}x = \sum_{i=1}^n x_i f(x_i) g(x_i) w_i. \tag{3.5.43}$$

由于 $f(x)$ 和 $g(x)$ 均是 $n-1$ 阶多项式, 不失一般性, 我们可以得到如下定理.

定理 3.2 $\forall f(x) \in \mathcal{P}_{2n-1}$, 有等式

$$\int_a^b f(x)\rho(x)\,\mathrm{d}x = \sum_{i=1}^n w_i f(x_i), \tag{3.5.44}$$

其中权值 $w_i = [(\boldsymbol{v}_i)_0/P_0(x_i)]^2$, $x_i, \boldsymbol{v}_i$ 为相应三对角矩阵 $\mathbf{T}_n$ 的全部本征值和本征向量.

与 2.2 节的内容做比较可以发现, 我们从另一个角度出发找到了一个利用 n 个采样点实现 $2n-1$ 阶精度的数值积分算法. 这即是我们前面提到的**高斯积分法**, 相应的采样点 $\{x_i\}$ 被称为**高斯节点**. 需要指出的是, 上式在 $f(x)$ 是不超过 $2n-1$ 的多项式时是精确成立的, 而即使对一般的函数, 也能有效实现具有很高精度的数值积分.

最后, 我们给出一些常见的权函数下的正交多项式以及递归系数. 读者可以尝试自行编写程序, 从 α 和 β 出发计算节点 x_i 与权值 w_i. 值得注意的是, 我们又看见了 2.3 节中出现过的切比雪夫多项式, 这里从另一个角度证明了切比雪夫积分法的 $2n-1$ 阶精度. 表 3.1 给出了一些特殊多项式的情况.

表 3.1 一些特殊多项式的情况

名称	记号	(a,b)	$\rho(x)$	α_k	β_k
勒让德多项式	P_n	$(-1,1)$	1	0	$\dfrac{k+1}{\sqrt{(2k+1)(2k+3)}}$
第一类切比雪夫多项式	T_n	$(-1,1)$	$\dfrac{1}{\sqrt{1-x^2}}$	0	$\begin{cases} 1/\sqrt{2}, & k=0, \\ 1/2, & \text{其他情况} \end{cases}$
第二类切比雪夫多项式	U_n	$(-1,1)$	$\sqrt{1-x^2}$	0	$1/2$
拉盖尔多项式	L_n	$(0,\infty)$	e^{-x}	$2k+1$	$-(k+1)$
厄米多项式	H_n	$(-\infty,\infty)$	e^{-x^2}	0	$\sqrt{\dfrac{k+1}{2}}$

练习 3.4 试数值求解 n 阶第一类切比雪夫多项式的零点, 并与解析结果

$$x_i = \cos\frac{2i-1}{2n}\pi$$

做对比.

实际上, 权值 w_i 也存在着解析的表达式, 尽管在数值上并不实用, 但能够方便某些推导. 为此, 我们在 (3.5.30) 式两端同时左乘 $\boldsymbol{P}_n^{\mathrm{T}}(y)$, 得到

$$x\boldsymbol{P}_n(y)\cdot\boldsymbol{P}_n(x) = \boldsymbol{P}_n(y)\cdot[\mathbf{T}_n\boldsymbol{P}_n(x)] + \beta_{n-1}P_{n-1}(y)P_n(x). \tag{3.5.45}$$

交换 x 与 y 并同原式做差, 得到

$$\boldsymbol{P}_n(y)\cdot\boldsymbol{P}_n(x) = \beta_{n-1}\frac{P_n(x)P_{n-1}(y) - P_{n-1}(x)P_n(y)}{x-y}. \tag{3.5.46}$$

取 $y\to x$ 的极限, 有

$$\boldsymbol{P}_n(x)\cdot\boldsymbol{P}_n(x) = \beta_{n-1}\left[P_n'(x)P_{n-1}(x) - P_{n-1}'(x)P_n(x)\right]. \tag{3.5.47}$$

上面两个结果被称为**克里斯托弗 – 达布 (Christoffel-Darboux) 公式**. 取 x 为某个高斯节点, 我们便能得到积分权值

$$w_i = \frac{1}{\boldsymbol{P}_n(x_i) \cdot \boldsymbol{P}_n(x_i)} = \frac{1}{\beta_{n-1} P_n'(x_i) P_{n-1}(x_i)}. \tag{3.5.48}$$

而在 (3.5.46) 式中取 $y = x_i$, 可以得到

$$\boldsymbol{P}_n(x_i) \cdot \boldsymbol{P}_n(x) = \frac{\beta_{n-1} P_n(x) P_{n-1}(x_i)}{x - x_i},$$
$$(x - x_i) v_i(x) = \sqrt{w_i} \beta_{n-1} P_{n-1}(x_i) P_n(x). \tag{3.5.49}$$

3.5.4 约束高斯节点

高斯节点是通过对角化正交多项式递归系数所组成的三对角矩阵 $\mathbf{T}_n$ 得到的, 它们中通常都不会包含边界点. 这对于处理很多实际问题的边界条件是非常不便的. 为此, 我们考虑如下矩阵的本征值问题:

$$\mathbf{R}_n = \begin{pmatrix} \mathbf{T}_{n-1} & \beta_{n-2} \boldsymbol{e}_{n-1} \\ \beta_{n-2} \boldsymbol{e}_{n-1}^T & \alpha_{n-1} + \beta_{n-1} \dfrac{P_n(x^*)}{P_{n-1}(x^*)} \end{pmatrix}. \tag{3.5.50}$$

容易证明, 其对应于方程组

$$x \boldsymbol{P}_n(x) = \mathbf{R}_n \boldsymbol{P}_n(x) + \beta_{n-1} \left[-\frac{P_n(x^*)}{P_{n-1}(x^*)} P_{n-1}(x) + P_n(x) \right] \boldsymbol{e}_n. \tag{3.5.51}$$

上式意味着, 矩阵 $\mathbf{R}_n$ 的本征值为 n 阶多项式 $-\dfrac{P_n(x^*)}{P_{n-1}(x^*)} P_{n-1}(x) + P_n(x)$ 的全部零点, 而我们选定的参数 x^* 恰好就是这个多项式的一个零点. 我们可以将其取作边界点, 以满足我们的需求. 当零点 x^* 取作区间左端点 a (右端点 b) 时, 得到的节点被称作**左 (右) 拉道 (Radau) 节点**.

随后构造积分权值的过程与前面的讨论是类似的. 由于额外对节点引入了一个约束, 数值积分的精度降低为 $2n - 2$ 阶.

我们也可以构造同时包含左右两个端点的高斯节点, 这会稍微复杂一些. 考虑矩阵

$$\mathbf{L}_n = \begin{pmatrix} \mathbf{T}_{n-1} & \tilde{\beta}_{n-2} \boldsymbol{e}_{n-1} \\ \tilde{\beta}_{n-2} \boldsymbol{e}_{n-1}^\mathrm{T} & \tilde{\alpha}_{n-1} \end{pmatrix}, \tag{3.5.52}$$

与之前类似, 我们希望它能给出本征值方程组

$$x \begin{pmatrix} \boldsymbol{P}_{n-1}(x) \\ \tilde{P}_{n-1}(x) \end{pmatrix} = \mathbf{L}_n \begin{pmatrix} \boldsymbol{P}_{n-1}(x) \\ \tilde{P}_{n-1}(x) \end{pmatrix} + \tilde{\beta}_{n-1} \tilde{P}_n(x) \boldsymbol{e}_n, \tag{3.5.53}$$

其中, 构造出的 n 阶多项式满足 $\tilde{P}_n(a) = \tilde{P}_n(b) = 0$. 因而, 可以解出

$$\begin{cases} \tilde{\beta}_{n-2} = \sqrt{\beta_{n-2} \dfrac{(b-a)P_{n-1}(a)P_{n-1}(b)}{P_{n-1}(a)P_{n-2}(b) - P_{n-1}(b)P_{n-2}(a)}}, \\ \tilde{\alpha}_{n-1} = \dfrac{aP_{n-1}(a)P_{n-2}(b) - bP_{n-1}(b)P_{n-2}(a)}{P_{n-1}(a)P_{n-2}(b) - P_{n-1}(b)P_{n-2}(a)}. \end{cases} \tag{3.5.54}$$

据此得到的高斯节点被称为 **洛巴托 (Lobatto) 节点**. 由于对节点引入了两个额外的约束, 数值积分精度进一步降为 $2n-3$ 阶. 值得注意的是, 此时 $\{v_i(x)\}$ 不再是一个正交归一的基组.

3.5.5 讨论与小结

本节中讨论的内容相对比较纷杂, 大致可以分成三个部分: 广义本征值问题的概念以及本征值问题与多项式求根的对应; 使用克雷洛夫子空间的方法求解大规模稀疏矩阵的部分本征值和本征向量; 将这个概念推广到函数空间, 构造具有最高代数精度的数值积分方法. 最后一部分不仅在数值积分中扮演着极为重要的角色, 而且我们将在后续章节中看到拉道节点和洛巴托节点在求解微分方程中的重要应用. 不同于简单的有限差分对微分方程的离散, 它们是既具有极高精度, 又能很好处理边界条件的离散方法.

大作业: 霍夫施塔特蝴蝶

考虑如图 3.7 所示的由 n 个等质量振子构成的弹簧振子链, 首末两端相连, 绕成一圈. 记第 i 个振子偏离平衡点的位移为 x_i, 系统的运动方程可以写作

$$\begin{aligned} m\ddot{x}_i &= \kappa(x_{i+1} - x_i) + \kappa(x_{i-1} - x_i), \quad i = 1, 2, \cdots, n, \\ x_k &= x_{k+n}. \end{aligned} \tag{1}$$

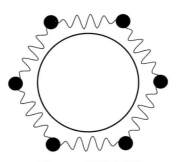

图 3.7 弹簧振子链

引入向量 $\boldsymbol{x} \equiv (x_1, x_2, \cdots, x_n)^\mathrm{T}$，方程 (1) 可以改写成矩阵形式

$$\ddot{\boldsymbol{x}} + \omega_0^2 \mathbf{K}\boldsymbol{x} = \mathbf{0}, \tag{2}$$

其中 $\omega_0^2 \equiv \kappa/m$，对称矩阵

$$\mathbf{K} = \begin{pmatrix} 2 & -1 & & & -1 \\ -1 & 2 & -1 & & \\ & -1 & \ddots & \ddots & \\ & & \ddots & & -1 \\ -1 & & & -1 & 2 \end{pmatrix}. \tag{3}$$

如果我们能够将矩阵 $\mathbf{K}$ 对角化：$\mathbf{K} = \mathbf{Q}^\mathrm{T}\mathbf{D}\mathbf{Q}$，上述微分方程可改写成

$$\left[\frac{\mathrm{d}^2}{\mathrm{d}t^2} + \omega_0^2 \mathbf{D}\right]\mathbf{Q}\boldsymbol{x} = \mathbf{0}, \tag{4}$$

那么，方程对于 $\boldsymbol{y} \equiv \mathbf{Q}\boldsymbol{x}$ 而言就变成了一系列独立的一维常微分方程，可以轻松地写下问题的解。所以我们关心的重点就成了矩阵对角化。

1. 试分别对于 $n = 2, 16, 128, 1024$ 的情形，数值求解矩阵 $\mathbf{K}$ 的全部本征值。检验它们与如下解析公式相符：

$$\lambda_k = 2\left(1 - \cos\frac{2\pi k}{n}\right). \tag{5}$$

本征值有如此简单的结构，意味着这个问题可以解析化简：考察本征值方程

$$-x_{j-1} + 2x_j - x_{j+1} = \lambda x_j, \tag{6}$$

改写成矩阵形式

$$\begin{pmatrix} x_{j+1} \\ x_j \end{pmatrix} = \begin{pmatrix} 2-\lambda & -1 \\ 1 & 0 \end{pmatrix} \begin{pmatrix} x_j \\ x_{j-1} \end{pmatrix}, \tag{7}$$

变成了传输矩阵的形式，我们可以写下

$$\begin{pmatrix} x_{j+n} \\ x_{j+n-1} \end{pmatrix} = \begin{pmatrix} 2-\lambda & -1 \\ 1 & 0 \end{pmatrix}^n \begin{pmatrix} x_j \\ x_{j-1} \end{pmatrix}. \tag{8}$$

同矩阵指数一样，矩阵幂的计算也可以转换成求解矩阵本征值问题。记 $c = (2-\lambda)/2$，(7) 式中矩阵的本征值 η 满足方程

$$\eta(\eta - 2c) + 1 = 0, \tag{9}$$

故

$$\eta_\pm = c \pm \sqrt{c^2 - 1}. \tag{10}$$

代入周期边界条件 $x_k = x_{k+n}$, 有

$$\begin{pmatrix} \eta_+^n & 0 \\ 0 & \eta_-^n \end{pmatrix} = \mathbf{I}. \tag{11}$$

要让这个等式成立, 必有

$$\eta_+^n = \eta_-^n = 1, \tag{12}$$

即 $\eta_\pm = \exp[\pm\mathrm{i}2\pi k/n]$. 相应可以导出前述 λ 的解析表达式.

下面, 我们来给这个链条加上一些别的约束. 给每个振子额外再绑上一根弹簧 (见图 3.8), 这些额外弹簧的劲度系数呈周期变化. 此时, 系统的运动方程变为

$$m\ddot{x}_j = \kappa(x_{j+1} - x_i) + \kappa(x_{j-1} - x_i) - [g_0 + g_1 \cos(2\pi j \alpha)]x_j, \quad j = 1, 2, \cdots, n. \tag{13}$$

容易检验, 此时系统的本征值方程为

$$x_{j+1} = \left[2 - \lambda + \frac{g_0 + g_1 \cos(2\pi j \alpha)}{\kappa}\right] x_j - x_{j-1}. \tag{14}$$

记 $c = (2 - \lambda + g_0/\kappa), \gamma = g_1/\kappa$, 请求解以下问题:

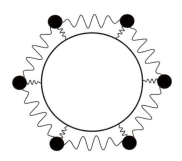

图 3.8 有约束的弹簧振子链

2. 取 $\gamma = 2, \alpha = 1/2, n = 720$, 直接对角化矩阵 $\mathbf{K}$, 求解其全部本征值. 请检验, c 分布在两个分立的区间中. 本征谱的这种分离在凝聚态物理中相当常见, 有时叫作电子的价带和导带, 有时又称为声子的声学支和光学支.

3. 仿照题文中的操作, 检验本征谱可以通过分析从 $(x_j, x_{j-1}, x_{j-2})^\mathrm{T}$ 到 $(x_{j+2}, x_{j+1}, x_j)^\mathrm{T}$ 的传输矩阵给出. 用你得到的解析表达式验证数值结果.

4. 分别对于 $\alpha = 1/3, 1/4$, 给出 c 的容许区间. 此时无须考虑 n 的限制.

5. 给出更多的算例, 检验对于任意 $\alpha = p/q \in (0, 1)$, 其中 p, q 互素, 本征谱的容许区间会劈裂成 q 份.

6. 给定 $\gamma = 2, n = 720$, 连续变化 α, 请在 $\alpha\text{-}c$ 平面上画出全体本征值的散点图. 检验你看到了一只 "蝴蝶".

本题中 (14) 式被称为**哈珀 (Harper) 方程**, 最初从分析二维晶格在均匀外磁场下的能带总结而来: 无量纲参数 α 对应于晶格元胞磁通量与磁通量子 hc/e 之比; 本征谱的劈裂对应于分数阶量子霍尔效应; 而那只蝴蝶被称为**霍夫斯塔特 (Hofstadter) 蝴蝶**. 有猜想认为 α 为无理数时, 能带容许区间为分形的康托尔 (Cantor) 集, 但并未得到严格证明.

第四章 迈向非线性

上一章中我们详细讨论了线性系统, 这能够代表物理学中相当大一类的理论问题. 例如, 从最基础的力学到最高深的量子场论, 都离不开谐振子. 而当面临现实中的物理问题时, 非线性就变得十分重要且非常普遍了. 如何系统地分析和处理非线性问题并不存在一般的策略. 本章中我们将从最简单的角度 —— 局部线性化入手, 来尝试求解非线性问题.

4.1 汤姆孙问题: 多维非线性优化

汤姆孙在提出他的葡萄干布丁原子模型后, 顺便考虑了如下问题: 在单位球面上放置 N 个电子, 其稳定平衡的构型是怎么样的? 具体而言, 就是求解多元函数

$$V(\boldsymbol{r}_1, \boldsymbol{r}_2, \cdots, \boldsymbol{r}_N) = \sum_{i=1}^{N} \sum_{j=1}^{i-1} \frac{1}{|\boldsymbol{r}_i - \boldsymbol{r}_j|} \tag{4.1.1}$$

在约束

$$|\boldsymbol{r}_i| = 1, \quad i = 1, 2, \cdots, N \tag{4.1.2}$$

下的最小值.

这是一个多维非线性的约束优化问题, 不过约束的形式比较简单, 可以通过变换到球面坐标系 (θ_i, ϕ_i) 来消去约束. 此时两点间距离为

$$r_{12} = 2\sqrt{\sin^2 \frac{\theta_1 - \theta_2}{2} + \sin\theta_1 \sin\theta_2 \sin^2 \frac{\phi_1 - \phi_2}{2}}. \tag{4.1.3}$$

面对这个无约束的非线性优化问题, 我们依旧可以使用 3.2 节中的思路: 从一个点出发, 思考往哪个方向走以及走多远. 对于一个一般的优化问题

$$\min_{\boldsymbol{x} \in \mathbb{R}_n} f(\boldsymbol{x}), \tag{4.1.4}$$

当选定移动方向 $\boldsymbol{p}$ 后, 走多远就成了一个一维的非线性优化问题

$$\min_{\alpha \in \mathbb{R}} f(\boldsymbol{x}_0 + \alpha \boldsymbol{p}), \tag{4.1.5}$$

可以用 2.5 节中介绍过的算法来处理. 因此, 本节我们将重点讨论如何确定移动方向 $\boldsymbol{p}$.

4.1.1 最速下降法与共轭梯度法

二次型最优化问题中的最速下降法依旧适用，我们可以选取函数的负梯度方向作为搜索方向：

$$\boldsymbol{p} = -\nabla f(\boldsymbol{x}). \tag{4.1.6}$$

当函数 f 的解析表达式未知，或其导数形式相当复杂时，我们可以用差分来代替导数：

$$(\boldsymbol{p})_i = \frac{f(\boldsymbol{x} - h\boldsymbol{e}_i) - f(\boldsymbol{x} + h\boldsymbol{e}_i)}{2h}. \tag{4.1.7}$$

这里差分步长 h 在开始迭代时可以选择一个较小的固定值，而当迭代接近收敛时，可以取作上一步的位移大小

$$h^{(n)} = \min\{h_0, |\boldsymbol{x}^{(n)} - \boldsymbol{x}^{(n-1)}|\}. \tag{4.1.8}$$

伪代码如下.

算法 4.1 最速下降法 (非线性)

```
1   function SteepestDescent(func,dfunc,x,eps)
2     p =-dfunc(x)
3     resi = p.p
4     do while(resi>eps)
5       alpha = 1dSearch(func,x,p,eps)
6       x = x + alpha * p
7       p =-dfunc(x)
8       resi = p.p
9     end
10    return x
11  end
```

这里的函数 `1dSearch(·,·,·,·)` 可以取作某个一维优化的函数.

当迭代初值充分接近某个极小值点时，我们可以将 f 做泰勒展开到二阶，借助二次型中类似的分析，能够证明最速下降法的收敛速度为一阶.

最速下降法的收敛速度虽然不快，但算法简单，并且能确保迭代过程中 $f(\boldsymbol{x}^{(n)})$ 单调递降，总能收敛到一个极小值点，因此得到了广泛应用.

同样，我们可以将共轭梯度法也推广到非线性情形. 但与二次型情形不同的是，我们没法将那些关于残差的解析性质推广，很多等价表达式也不再等价. 下面给出其伪代码.

算法 4.2　共轭梯度法 (非线性)

```
1   function ConjugateGradient(func,dfunc,x,eps)
2     or =-dfunc(x)
3     p = or
4     Resi = or.or
5     do while(Resi>eps)
6       alpha = 1dSearch(func,x,p,eps)
7       x = x + alpha * p
8       nr =-dfunc(x)
9       beta = betaChoice(p,nr,or)
10      p = nr + beta * p
11      or = nr
12      Resi = or.or
13    end
14    return x
15  end
```

这里函数 betaChoice$(\cdot,\cdot,\cdot)$ 用以决定下一步的搜索方向, 文献中存在如下六种不同的取法:

$$\begin{aligned}
\beta_k &= |\boldsymbol{r}_{k+1}|^2/|\boldsymbol{r}_k|^2, \\
\beta_k &= (\boldsymbol{r}_{k+1}-\boldsymbol{r}_k)^{\mathrm{T}}\boldsymbol{r}_{k+1}/|\boldsymbol{r}_k|^2, \\
\beta_k &= (\boldsymbol{r}_{k+1}-\boldsymbol{r}_k)^{\mathrm{T}}\boldsymbol{r}_{k+1}/\boldsymbol{p}_k^{\mathrm{T}}(\boldsymbol{r}_{k+1}-\boldsymbol{r}_k), \\
\beta_k &= |\boldsymbol{r}_{k+1}|^2/\boldsymbol{p}_k^{\mathrm{T}}(\boldsymbol{r}_{k+1}-\boldsymbol{r}_k), \\
\beta_k &= -(\boldsymbol{r}_{k+1}-\boldsymbol{r}_k)^{\mathrm{T}}\boldsymbol{r}_{k+1}/\boldsymbol{p}_k^{\mathrm{T}}\boldsymbol{r}_k, \\
\beta_k &= -|\boldsymbol{r}_{k+1}|^2/\boldsymbol{p}_k^{\mathrm{T}}\boldsymbol{r}_k,
\end{aligned} \quad (4.1.9)$$

对应于 β_k 的表达式中分子的两种选择和分母的三种选择, 这些公式分别被称为弗莱彻 – 李维斯 (Fletcher-Reeves) 公式、波拉克 – 里比埃 – 波利亚克 (Polak-Ribière-Polyak) 公式、里斯特尼斯 – 施蒂费尔 (Hestenes-Stiefel) 公式、戴袁 (Dai-Yuan) 公式、共轭下降公式和刘 – 斯托里 (Liu-Storey) 公式[1]. 读者可以自行检验, 它们在 $f(\boldsymbol{x})$ 为二次型时是等价的, 但对于一般问题就不是如此了.

与二次型情形一样, 共轭梯度法面对非线性函数时收敛速度同样是线性的. 但是由于其 "共轭性" 不复存在, 其所生成的各个搜索方向没法张成一个正交完备的子空间, 自然也不能在有限步内完成收敛, 同时数值实验中也不再表现出超越线性的收敛

---

[1]见参考书 [7] 的第 56 页.

行为.

4.1.2 牛顿法

对于非线性问题，共轭梯度法不再是超线性收敛的，我们需要求助于其他的方法. 事实上，2.4 节中已经讨论过一元非线性方程的求根问题，牛顿法便可以实现超线性收敛. 因此，我们可以将类似的思想应用到多元非线性极值问题上来：将目标函数在当前迭代点附近做二阶泰勒展开：

$$f(\boldsymbol{x}+\boldsymbol{p}) \approx f(\boldsymbol{x}) + \boldsymbol{p}^\mathrm{T}\nabla f(\boldsymbol{x}) + \frac{1}{2}\boldsymbol{p}^\mathrm{T}\mathbf{M}\boldsymbol{p}, \tag{4.1.10}$$

其中

$$(\mathbf{M})_{i,j} \equiv \partial_{x_i}\partial_{x_j} f(\boldsymbol{x}) \tag{4.1.11}$$

为目标函数在 $\boldsymbol{x}$ 处的黑塞矩阵 (Hessian matrix)，是一个对称矩阵，通常也记作 $\mathbf{M} = \nabla\nabla f(\boldsymbol{x})$. 这样，原问题便被近似成一个二次型的极值问题，可以直接写出解：

$$\boldsymbol{p} = -\mathbf{M}^{-1}\nabla f(\boldsymbol{x}). \tag{4.1.12}$$

当然，由于二阶泰勒展开仅仅是近似的，这个解未必就能一次性给出目标函数的极值点. 但我们可以重复上述操作，反复迭代. 这样的算法被称为**牛顿法**，其收敛速度为二阶. 此外，也可以仅将 $\boldsymbol{p}$ 作为迭代过程中的方向，并使用一维优化搜寻最优的步长. 这类算法被称为**阻尼牛顿法**.

牛顿法的缺陷在于，其可能会被约束到一个鞍点上. 在二次型问题中，我们总是假定矩阵 $\mathbf{A}$ 是正定或半正定的，但是黑塞矩阵并不总是满足这个条件. 以二元函数为例，

$$f(x_1, x_2) = x_1^4 - 2x_1^2 + \sqrt{1+x_2^2}.$$

可以看出，这个函数在 $(\pm 1, 0)$ 处拥有两个相等的最小值 -1，而在 $(0,0)$ 处拥有一个鞍点，导数为零，且在一个方向上二阶导数为正，另一个方向上二阶导数为负. 由于牛顿法搜索的实际上是导函数的零点，它完全可能收敛到 $(0,0)$ 这个鞍点上，而无法找到真正的极值点.

处理这个问题的一个策略是，在矩阵求逆时做分解

$$\mathbf{M} = \mathbf{L}\mathbf{D}\mathbf{L}^\mathrm{T}. \tag{4.1.13}$$

若对角阵 $\mathbf{D}$ 包含负值，说明当前的迭代点靠近一个鞍点. 为了尽快远离这个鞍点，选取搜索方向

$$\boldsymbol{p} = -(\mathbf{L}^\mathrm{T})^{-1}|\mathbf{D}|^{-1}(\mathbf{L})^{-1}\nabla f(\boldsymbol{x}), \tag{4.1.14}$$

将对角元取绝对值, 以期朝远离鞍点的方向搜寻极小值.

4.1.3 拟牛顿法

除去容易陷入鞍点之外, 牛顿法的另一个缺点在于黑塞矩阵可能并不好求. 如果函数的解析表达式未知, 那么用数值差分近似计算二阶偏导数

$$\partial_{x_i}\partial_{x_j}f(\boldsymbol{x}) \approx \frac{1}{4h^2} \times \Big[f(\boldsymbol{x}+h\boldsymbol{e}_i+h\boldsymbol{e}_j) - f(\boldsymbol{x}-h\boldsymbol{e}_i+h\boldsymbol{e}_j) \\ -f(\boldsymbol{x}+h\boldsymbol{e}_i-h\boldsymbol{e}_j) + f(\boldsymbol{x}-h\boldsymbol{e}_i-h\boldsymbol{e}_j)\Big], \tag{4.1.15}$$

以及对角元

$$\partial^2_{x_i}f(\boldsymbol{x}) \approx \frac{f(\boldsymbol{x}+h\boldsymbol{e}_i) - 2f(\boldsymbol{x}) + f(\boldsymbol{x}-h\boldsymbol{e}_i)}{h^2}, \tag{4.1.16}$$

每个矩阵元都需要额外计算二到四次函数的值, 总体计算量是 $O(n^2)$, 这么大的计算消耗是难以接受的.

而且, 当迭代序列靠近目标点时, 相邻两步的位移并不会很大, 这意味着黑塞矩阵自身的变化也不大. 那么, 我们便可以一开始先给出一个近似的黑塞矩阵, 然后利用迭代过程中的函数值和导数信息逐步修正和更新这个矩阵. 当然, 更聪明的策略是存储和更新其逆矩阵 $\mathbf{W} = \mathbf{M}^{-1}$, 这样便省下了每次求解线性代数方程组的消耗.

下一个问题是如何更新. 具体地, 我们已知当前点 $\boldsymbol{x}_k$ 与下一点 $\boldsymbol{x}_{k+1}$ 处的梯度值, 注意到黑塞矩阵可以看作 "梯度的导数", 那么应当有如下近似关系成立:

$$\mathbf{M}_{k+1}(\boldsymbol{x}_{k+1} - \boldsymbol{x}_k) \approx \nabla f(\boldsymbol{x}_{k+1}) - \nabla f(\boldsymbol{x}_k), \tag{4.1.17}$$

我们由此给出矩阵 $\mathbf{M}_{k+1}$ 所需要满足的**拟牛顿 (quasi-Newton) 条件**

$$\boldsymbol{s}_k = \mathbf{W}_{k+1}\boldsymbol{y}_k. \tag{4.1.18}$$

这里引入了记号 $\boldsymbol{s}_k = \boldsymbol{x}_{k+1} - \boldsymbol{x}_k, \boldsymbol{y}_k = \nabla f(\boldsymbol{x}_{k+1}) - \nabla f(\boldsymbol{x}_k)$.

拟牛顿条件并不足以唯一确定 $\mathbf{W}_{k+1}$, 这给了我们额外的选择空间. 为简单起见, 我们通常希望相邻两步的修正不是太大. 因此, 假定修正量为一个秩为 2 的对称矩阵:

$$\mathbf{W}_{k+1} = \mathbf{W}_k + \beta_k \boldsymbol{u}\boldsymbol{u}^\mathrm{T} + \gamma_k \boldsymbol{v}\boldsymbol{v}^\mathrm{T}. \tag{4.1.19}$$

满足 (4.1.19) 式的参数组合 β_k, γ_k 有无穷多种, 一种常见的取法是

$$\boldsymbol{u} = \mathbf{W}_k\boldsymbol{y}_k, \quad \boldsymbol{v} = \boldsymbol{s}_k, \quad \beta_k = -\frac{1}{\boldsymbol{u}^\mathrm{T}\boldsymbol{y}_k}, \quad \gamma_k = \frac{1}{\boldsymbol{v}^\mathrm{T}\boldsymbol{y}_k}. \tag{4.1.20}$$

从而我们得到了著名的**戴维登 – 弗莱彻 – 鲍威尔 (Davidon-Fletcher-Powell, DFP) 方法**

$$\mathbf{W}_{k+1} = \mathbf{W}_k - \frac{\mathbf{W}_k y_k y_k^T \mathbf{W}_k}{y_k^T \mathbf{W}_k y_k} + \frac{s_k s_k^T}{s_k^T y_k}. \tag{4.1.21}$$

另外一种取法是

$$\mathbf{W}_{k+1} = \mathbf{W}_k - \frac{\mathbf{W}_k y_k s_k^T + s_k y_k^T \mathbf{W}_k}{y_k^T s_k} + \left(1 + \frac{y_k^T \mathbf{W}_k y_k}{y_k^T s_k}\right) \frac{s_k s_k^T}{y_k^T s_k}, \tag{4.1.22}$$

被称为**布罗伊登 – 弗莱彻 – 戈德法布 – 尚诺 (Broyden-Flecher-Goldfarb-Shanno, BFGS) 方法**. 值得注意的是, DFP 方法和 BFGS 方法是对偶的, 即若将 $\mathbf{W}_k, y_k$ 和 $\mathbf{M}_k, s_k$ 对换, 这两种算法将会变换成对方的形式. 下面给出 BFGS 拟牛顿法的伪代码.

算法 4.3　拟牛顿法 (BFGS)

```
1    function quasiNewtonBFGS(func,dfunc,x,eps)
2      W = I
3      p0 = dfunc(x)
4      do while(p0.p0>eps)
5        s = - W.p0
6        alpha = 1dSearch(func,x,s,eps)
7        s = alpha*s
8        p1 = dfunc(x+s)
9        y = p1 - p0
10       ys = y.s
11       x = x + alpha * p
12       Wy = W.y
13       yWy = y.Wy
14       do i = 1, n
15         do j = 1, n
16           W(i,j) = W(i,j) - (Wy(i)*s(j)+s(i)*Wy(j))/ys
17                    + (1+yWy/ys)*s(i)*s(j)/ys
18         end
19       end
20       x = x + s
21       p0 = p1
22     end
23     return x
23   end
```

这里将 $\mathbf{W}_0$ 取作单位矩阵 $\mathbf{I}$. 可以看到, 在生成 $\mathbf{W}_k$ 的过程中, 仅使用了矩阵乘法和函数的梯度. 对于二次型而言, 函数的导数也就等于矩阵乘向量. 这让我们不禁回忆起了克雷洛夫子空间和共轭梯度法. 事实也是如此, 我们不加证明地列举 DFP 和 BFGS 方法 (以及许多其他形式的拟牛顿法) 所具有的性质:

(1) 不变性: 算法在变量的线性变换 $x \to \mathbf{A}x + b$ 下不变.

(2) 二次终止性: 若 $f(x)$ 是二次型, 则算法在有限步迭代后终止, 且算法生成的点列 $\{x_k\}$ 与共轭梯度法一致.

(3) 正定性: 若 $\mathbf{W}_k$ 正定, 且 $y_k^{\mathrm{T}} s_k > 0$, 则 $\mathbf{W}_{k+1}$ 同样正定.

(4) 最小变化性: 对于 DFP 方法和 BFGS 方法, 可以分别找到某个矩阵范数 $\|\cdot\|$, 使得该方法给出的修正量 $|\mathbf{W}_{k+1} - \mathbf{W}_k|$ 在该范数下是满足拟牛顿条件的最小可能值.

(5) 收敛性: 对于二阶可微的目标函数, 假定一维线搜索是精确的, 那么若算法收敛, 则为超线性收敛,

$$\lim_{k\to\infty} \frac{|x_{k+1} - x^*|}{|x_k - x^*|} = 0.$$

从而, 拟牛顿法可以看作共轭梯度法在非线性问题上的一个推广和优化形式. 不过, 由于存储矩阵 $\mathbf{W}$ 的需要, 使得其在大规模问题上有点困难. 而在关于矩阵 $\mathbf{W}$ 存储这一问题上, 存在所谓有限内存 (limited memory) 拟牛顿法的推广方案, 感兴趣的读者可以参考相关资料[2].

4.1.4 非精确线搜索

在执行优化迭代时, 每个迭代步需要选取搜索方向, 以及在该方向上做一维优化. 显然, 每次一维优化都把精度提到最高, 这对于整个算法而言肯定是不划算的. 因此我们可以考虑使用**非精确线搜索** (inexact line search), 优化时不强求找到最接近的最值点, 而是希望能够在较低的计算消耗下找到一个较好的估计值.

关于什么是"较好", 有一条被广泛接受的**沃尔夫 – 鲍威尔 (Wolfe-Powell) 准则**: 对于函数 $g(\alpha) \equiv f(x_0 + \alpha p)$, 要求步长 α 满足

$$g(0) - g(\alpha) \geqslant -c_1 \alpha g'(0), \tag{4.1.23}$$

$$g'(\alpha) \geqslant c_2 g'(0), \tag{4.1.24}$$

其中 c_1, c_2 是事先选定的两个常数, 满足 $0 < c_1 \leqslant c_2 < 1$. 图 4.1 中给出了这两个条件的图示.

第一个条件要求函数值下降一定大小. 由于 $g(\alpha)$ 有下界, 只要 $\alpha = 0$ 不是它的极小值点, 就一定存在 $\alpha_l > 0$, 使得 $\forall \alpha \in (0, \alpha_l]$ 都有 (4.1.23) 式成立, 且仅在 $\alpha = \alpha_l$ 时取等号.

第二个条件相当于要求导数的绝对值也下降一定大小. 注意到在最值点 α^* 处有 $g' = 0$, 从而由介值定理, 总存在 $\alpha_r \in (0, \alpha^*)$, 使得 $\forall \alpha \in (\alpha_r, \alpha^*]$ 都有 (4.1.24) 式成立, 且仅在 $\alpha = \alpha_r$ 处取等号.

---

[2]例如参考书 [7] 的第 111 页.

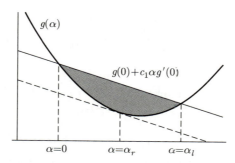

图 4.1 非精确线搜索的沃尔夫 – 鲍威尔准则，上下两条线分别给出了函数值判据和导数判据

由上述讨论可知，两个条件分别给出了 α^* 的上界和下界. 那么我们可以从 $(0,\infty)$ 出发，利用两个条件不断缩小边界. 该算法的一种实现如下.

算法 4.4　沃尔夫 – 鲍威尔线搜索

```
1   function WolfePowellSearch(func,dfunc,x,c1 = 0.1,c2 = 0.5)
2       a = 0
3       b = INFTY
4       dx = 1
5       f0 = func(x)
6       df0 = dfunc(x)
7       do while(true)
8         if(f0 < func(x+dx)-c1*dx*df0)
9           b = dx
10          dx = (a+dx)/2
11        elseif(dfunc(x+dx) < c2*df0)
12          a = dx
13          dx = min(2*dx,(dx+b)/2)
14        else
15          EXIT
16        end
17      end
18      return dx
19  end
```

算法中默认选取了 $c_1 = 0.1, c_2 = 0.5$. 一般而言，c_2 越小，线搜索越精确，但收敛所需要的迭代次数也越多，而算法的收敛性是线性的. 然而这实际上并不关键，当取不太小的 c_2 时，算法迭代数步就能满足收敛判据，从而给出可接受的近似估计.

4.1.5　单纯形法

在 2.5 节中，我们介绍了一维问题中基于区间分隔的黄金分割法，仅仅通过比较函数值大小来进行搜索. 而对于多维问题, 同样存在类似的方案, 即**单纯形法** (simplex method). 通俗地讲, 在 n 维空间中取 $n+1$ 个点 $\{x_i\}$, 若这些点不处在某个降维的超平面内, 即

$$\det(x_1 - x_0, x_2 - x_0, \cdots, x_n - x_0) \neq 0,$$

那么以这些点作为顶点可以形成一个凸多面体, 称作 n **维空间中的单纯形**. 例如, 二维单纯形为三角形, 而三维单纯形为四面体. 单纯形法的基本思路为: 在 n 维空间中取 $n+1$ 个点构成一个单纯形, 通过这些点的信息找到一个函数值较小的点, 然后去掉原本最大的那个点, 构成一个新的单纯形, 依此循环往复. 我们将结合图 4.2 来理解相应的操作步骤.

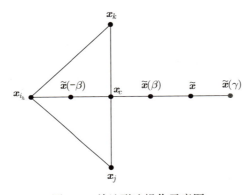

图 4.2 单纯形法操作示意图

那么, 首要的问题是如何找到一个新的点. 一个简单的猜测是, 取函数值最大的点 x_{i_h}, 然后相对剩下 n 个点的中心 $x_c = \dfrac{1}{n}\sum\limits_{i \neq i_h} x_i$ 作对称点

$$\tilde{x} = 2x_c - x_{i_h}. \tag{4.1.25}$$

如果 $f(\tilde{x})$ 比原本的最小值 $f(x_l)$ 还小, 那么我们可以试试再往外走一点:

$$\tilde{x}(\gamma) \equiv x_c + \gamma(x_c - x_{i_h}). \tag{4.1.26}$$

这里参数 $\gamma > 1$. 然后比较 $\tilde{x}$ 和 $\tilde{x}(\gamma)$ 处函数值的大小, 选取其中较小的那个替代 x_h 构成新的单纯形.

另一种可能性是 $f(\tilde{x})$ 大于等于原本的次大值. 这意味着或许我们已经比较接近极小值了, 为了让算法能收敛, 需要缩小单纯形. 引入参数 $\beta \in (0,1)$, 若 $f(\tilde{x}) < f(x_{i_h})$, 选取 $\tilde{x}(\beta)$, 否则选取 $\tilde{x}(-\beta)$. 如果新点处函数值小于 $f(x_{i_h})$, 则用其替换掉 x_{i_h}, 否则将单纯形整体向最小值点处缩小:

$$x_i = \dfrac{x_i + x_{i_l}}{2}, \quad i \neq i_l. \tag{4.1.27}$$

最后一种情况是 $f(\tilde{x})$ 小于原本的次大值，此时用其将 x_{i_h} 替换掉即可. 容易检验，如果迭代过程中省去了上一段中的判断，算法可能会陷入死循环. 整个算法的伪代码如下.

算法 4.5　单纯形法

```
1   function variance(x,n)
2     xavg = 0
3     x2avg = 0
4     do i = 1, n+1
5       xavg = xavg + x(i)/(n+1)
6       x2avg = x2avg + x(i)**2/(n+1)
7     end
8     return x2avg - xavg**2
9   end
10
11  function SimplexSearch(func,x,n,eps,gamma=2,beta=1/2)
12    do i = 1, n+1
13      fx(i) = func(x(i))
14    end
15    do while(variance(x)>eps)
16      ih = MaxLoc(fx)
17      i2 = 2ndLoc(fx)
18      il = MinLoc(fx)
19      xc = 0
20      do i = 1, n+1
21        if(i=ih) CYCLE
22        xc = xc + x(i)
23      end
24      xc = xc/n
25      xa = 2*xc - x(ih)
26      fa = f(xa)
27      if(fa<fx(il))
28        xg = gamma*(xc-x(ih)) + xc
29        fg = f(xg)
30        if(fg<fa)
31          x(ih) = xg
32          fx(ih) = fg
33        else
34          x(ih) = xa
35          fx(ih) = fa
```

```
36        end
37      elseif(fa>=fx(i2))
38        if(fa<fx(ih))
39          xa = beta*(xc-x(ih)) + xc
40        else
41          xa =-beta*(xc-x(ih)) + xc
42        end
43        fa = func(fa)
44        if(fa<fx(ih))
45          x(ih) = xa
46          fx(ih) = fa
47        else
48          do i = 1, n+1
49            if(i=i1) CYCLE
50            x(i) = (x(i)+x(i1))/2
51            fx(i) = func(x(i))
52          end
53        end
54      else
55        x(ih) = xa
56        f(ih) = fa
57      end
58    end
59  end
```

伪代码中使用了三个函数 `MaxLoc,2ndLoc,MinLoc`, 分别用于给出数组中最大值、次大值和最小值的指标. 收敛判据取作单纯形顶点位置的方差小于一定值. 此处参数默认取作 $\gamma = 2, \beta = 1/2$. 单纯形法的收敛速度是线性的, 收敛率并不高. 但是, 由于其完全不依赖于函数的导数, 在处理函数值剧烈变化甚至不连续的问题时是非常可靠的, 不会出现振荡.

4.1.6 数值实验

我们以著名的 "香蕉函数" 来测试本节中介绍的算法:

$$f(x,y) = (a-x)^2 + b(y-x^2)^2,$$
$$a = 1.01, \quad b = 100.001.$$

容易看出, 这个函数的极值点位于 $x = 1.01, y = 1.01^2$ 处. 其等值线如图 4.3 所示, 可以观察到香蕉状的狭长峡谷. 取初值为 $x = -1, y = 0.5$, 分别使用牛顿法和 BFGS 方法来求解其极小值. 图 4.3 中同样给出了它们的收敛历史. 可以看到, 牛顿法可以在数步之内很快收敛到极小值, 而 BFGS 方法则需要沿着谷底弯弯绕绕, 历经数十步才能抵达目标. 这与算法和函数的特性是相对应的: 拟牛顿法假定了函数的黑塞导数变化不大, 而香蕉函数却正是一个二阶导数变化非常剧烈的函数. 出于这个特性, 每当人们提出一个新的优化算法时, 总会测试它在香蕉函数上的表现.

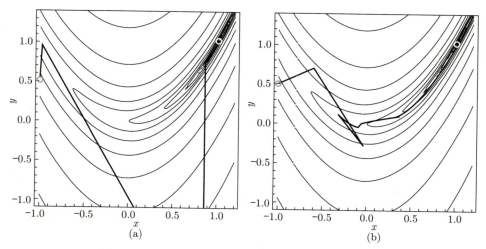

图 4.3 (a) 牛顿法; (b) 拟牛顿法. 等值线为对数标度

练习 4.1 试实现 DFP 方法, 并利用香蕉函数测试它的收敛行为.

4.2 非线性方程组: 零点与约束优化

对于非线性方程组

$$\begin{cases} f_1(x_1, x_2, \ldots, x_n) = 0, \\ f_2(x_1, x_2, \ldots, x_n) = 0, \\ \quad \cdots \cdots \\ f_n(x_1, x_2, \ldots, x_n) = 0, \end{cases} \tag{4.2.1}$$

或者用向量记号写作

$$\boldsymbol{F}(\boldsymbol{x}) = \boldsymbol{0}, \tag{4.2.2}$$

我们可以构造函数 $f(\boldsymbol{x}) = \boldsymbol{F}^{\mathrm{T}}(\boldsymbol{x})\boldsymbol{F}(\boldsymbol{x})$, 这样非线性方程组就转换成了 $f(\boldsymbol{x})$ 的非线性优化问题, 可以用上一节介绍过的算法求解. 不过, 我们依旧期待寻找一些关于这类问题特别的算法.

4.2.1 牛顿法

首先, 一维非线性方程的牛顿法在此依旧适用. 我们将目标函数在迭代点附近做一阶泰勒展开:

$$F(x+p) \approx F(x) + \mathbf{J}p, \tag{4.2.3}$$

其中 $(\mathbf{J})_{ij} = \partial_{x_j} f_i$ 为目标函数在 x 处的雅可比矩阵. 这样, 原问题便被近似成一个线性代数方程组, 可以直接写出解:

$$p = -\mathbf{J}^{-1} F(x). \tag{4.2.4}$$

与非线性优化问题中的牛顿法类似, 我们通常只将 p 用作迭代方向, 并在该方向上进行一维搜索得到最优步长. 不过, 此时一般不可能通过调节一个参数 α 使得方程组

$$F(x+\alpha p) = 0 \tag{4.2.5}$$

成立. 这时, 我们可以退而求其次, 仅要求上式与出发点处函数正交:

$$F(x)^{\mathrm{T}} F(x+\alpha p) = 0. \tag{4.2.6}$$

4.2.2 拟牛顿法

与优化问题中牛顿法的困难一样, 每步迭代都计算一次雅可比矩阵并不容易, 从而我们需要思考如何在迭代的过程中维护一个近似的雅可比矩阵, 利用每一步的信息来优化和更新. 记第 k 步迭代中雅可比矩阵的近似值为 $\mathbf{M}_k$, 我们有拟牛顿条件

$$\mathbf{M}_{k+1} s_k = y_k. \tag{4.2.7}$$

这里有 $s_k \equiv x_{k+1} - x_k, y_k \equiv F(x_{k+1}) - F(x_k)$.

注意到

$$(\mathbf{M}_{k+1} - \mathbf{M}_k) s_k = y_k - \mathbf{M}_k s_k, \tag{4.2.8}$$

因此, 一个自然的选择是

$$\mathbf{M}_{k+1} = \mathbf{M}_k + \frac{(y_k - \mathbf{M}_k s_k) s_k^{\mathrm{T}}}{s_k^{\mathrm{T}} s_k}, \tag{4.2.9}$$

这就是非线性方程组拟牛顿法中的布罗伊登格式. 事实上, 对于任意满足拟牛顿条件 (4.2.7) 的矩阵 $\mathbf{M}$, 布罗伊登格式使得矩阵修正量 $\mathbf{M} - \mathbf{M}_k$ 的弗罗贝尼乌斯范数取极

小. 证明是直截了当的:

$$\begin{aligned}
\|\mathbf{M}_{k+1} - \mathbf{M}_k\|_F &= \left\| \frac{(y_k - \mathbf{M}_k s_k)s_k^T}{s_k^T s_k} \right\|_F \\
&= \left\| \frac{(\mathbf{M} - \mathbf{M}_k)s_k s_k^T}{s_k^T s_k} \right\|_F \\
&\leqslant \|\mathbf{M} - \mathbf{M}_k\|_F \cdot \left\| \frac{s_k s_k^T}{s_k^T s_k} \right\|_F \\
&= \|\mathbf{M} - \mathbf{M}_k\|_F,
\end{aligned} \qquad (4.2.10)$$

从而命题得证.

在计算上, 我们需要的实际是雅可比矩阵的逆 $\mathbf{W}_k$. 利用谢尔曼 – 莫里森 (Sherman-Morrison) 公式

$$(\mathbf{A} + xy^T)^{-1} = \mathbf{A}^{-1} - \frac{\mathbf{A}^{-1} xy^T \mathbf{A}^{-1}}{1 + y^T \mathbf{A}^{-1} x}, \qquad (4.2.11)$$

可以得到 $\mathbf{W}_k$ 的更新格式

$$\mathbf{W}_{k+1} = \mathbf{W}_k + \frac{s_k - \mathbf{W}_k y_k}{s_k^T \mathbf{W}_k y_k} s_k^T \mathbf{W}_k. \qquad (4.2.12)$$

同非线性优化问题中的 DFP 方法与 BFGS 方法之间的对偶一样, 布罗伊登方法存在着其对偶形式

$$\mathbf{W}_{k+1} = \mathbf{W}_k + \frac{y_k^T(s_k - \mathbf{W}_k y_k)}{y_k^T y_k}, \qquad (4.2.13)$$

同样满足拟牛顿条件.

4.2.3 同伦方法

从牛顿法衍生出的各种算法的一个难点就在于, 收敛不稳定. 利用一个点附近的信息找到对零点的估计, 移动到估计的 "零点" 后又发现与真实的零点相距较远. 为了提高收敛的稳定性, 让迭代过程中每一步移动得不是那么远, 人们提出了**同伦** (homotopy) 方法.

我们以一维求根问题 $f(x) = 0$ 为例. 先寻找一个简单的函数 $g(x)$, 要求它容易计算、零点解析已知, 且行为与 $f(x)$ 尽可能相近. 然后, 我们构造函数

$$h(x, \lambda) \equiv (1 - \lambda)g(x) + \lambda f(x), \quad \lambda \in [0, 1] \qquad (4.2.14)$$

来求解 $h(x, \lambda)$ 的零点. 当 $\lambda = 0$ 时, 其零点就是 $g(x)$ 的零点, 解析已知. 随着 λ 逐渐增加, $h(x, \lambda)$ 的零点应当也是逐渐变化的. 从而我们可以构造序列 $0 = \lambda_1 < \lambda_2 <$

$\cdots < \lambda_n = 1$，以上一步得到的零点估计 $x^*(\lambda_k)$ 作为下一步迭代的初值. 由于每一步的迭代初值都相当靠近目标点, 收敛应该相当快.

此外, 由于 $h(x, \lambda)$ 形式简洁, 导数信息也是可以复用的:

$$h^{(n)}(x, \lambda_k) = \frac{\lambda_k}{\lambda_{k-1}} h^{(n)}(x, \lambda_{k-1}) - \frac{\lambda_k - \lambda_{k-1}}{\lambda_{k-1}} g^{(n)}(x). \tag{4.2.15}$$

同伦方法可以形象地理解成 "顺藤摸瓜": 瓜 (零点) 在哪儿不知道, 但我可以牵出一条藤 $x^*(\lambda)$ 来, 从一端 $x^*(0)$ 开始顺着往下摸, 应当总能摸到瓜 $x^*(1)$ 在哪儿. 这个思想可以应用到很多其他类型的数值问题上.

但不幸的是, 即便对于一维求根问题, 同伦方法也不能保证达到目的. 函数零点在演化的过程中可能会出现一些意料之外的情况. 例如考虑函数 $f(x) = x^3 - x$, 取 $g(x) = x$, 那么当 λ 从 0 增大到 0.5 时, 一个根就会岔开变成三个根. 若此时取 $g(x) = -x^3$, 还能看到方程的根跑到无穷远处. 这些情形示意性地绘制于图 4.4 中.

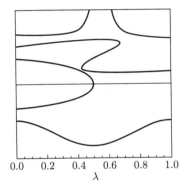

图 4.4　一些典型的同伦路径

4.2.4　约束优化

在 4.1 节开头讨论的汤姆孙问题实际上是一个约束约化问题, 我们通过坐标变换 $(x, y, z) \to (r, \theta, \phi)$ 将约束约化到一个变量 $r = 1$ 上. 但对于更一般化的问题, 这类变量代换并不是始终存在的. 因此, 我们考虑问题

$$\min_{\boldsymbol{x} \in \mathbb{R}_n} f(\boldsymbol{x}) \quad 使得 \; \boldsymbol{c}(\boldsymbol{x}) = \boldsymbol{0}, \tag{4.2.16}$$

其中 $\boldsymbol{c}$ 为一个 m 维的向量函数. 这相当于我们在求解一个优化问题的同时, 还要保证求得的解满足一个非线性方程组.

解析上, 处理约束优化问题的标准策略是利用拉格朗日乘子消去约束. 上述问题等价于关于 $n + m$ 维向量 $\boldsymbol{z} \equiv \begin{pmatrix} \boldsymbol{x} \\ \boldsymbol{\lambda} \end{pmatrix}$ 的函数

$$L(\boldsymbol{z}) = f(\boldsymbol{x}) + \boldsymbol{c}(\boldsymbol{x})^\mathrm{T} \boldsymbol{\lambda} \tag{4.2.17}$$

的极值问题. 不过, 这样构造得到的拉格朗日函数是无下界的, 目标点并非其最值点, 而只是驻点. 从而我们无法使用前述的数值优化算法, 而必须将其当作一个 $n+m$ 维非线性方程组来求解:

$$\begin{cases} \nabla[f(\boldsymbol{x}) + \boldsymbol{c}(\boldsymbol{x})^{\mathrm{T}}\boldsymbol{\lambda}] = \boldsymbol{0}, \\ \boldsymbol{c}(\boldsymbol{x}) = \boldsymbol{0}. \end{cases} \tag{4.2.18}$$

记 $\mathbf{M} \equiv \nabla\nabla[f(\boldsymbol{x}) + \boldsymbol{c}(\boldsymbol{x})^{\mathrm{T}}\boldsymbol{\lambda}], \mathbf{J} \equiv \nabla\boldsymbol{c}(\boldsymbol{x})$. 牛顿法给出位移所满足的方程

$$\begin{pmatrix} \mathbf{M} & \mathbf{J}^{\mathrm{T}} \\ \mathbf{J} & 0 \end{pmatrix} \begin{pmatrix} \delta\boldsymbol{x} \\ \delta\boldsymbol{\lambda} \end{pmatrix} = -\begin{pmatrix} \nabla f(\boldsymbol{x}) + \mathbf{J}^{\mathrm{T}}\boldsymbol{\lambda} \\ \boldsymbol{c}(\boldsymbol{x}) \end{pmatrix}, \tag{4.2.19}$$

然后反复用这组方程进行迭代即可. 当然, 同样可以引入线搜索和拟牛顿法. 这套方案被称为**拉格朗日 – 牛顿法**.

原则上, 引入约束将问题的维度从 n 降低至 $n-m$, 然而拉格朗日乘子法却反过来将维度扩张至 $n+m$. 这看起来就很不划算. 一种解决方案被称为**罚函数** (penalty function) 法. 我们构造函数

$$h(\boldsymbol{x}; \sigma) = f(\boldsymbol{x}) + \sigma\boldsymbol{c}(\boldsymbol{x})^{\mathrm{T}}\boldsymbol{c}(\boldsymbol{x}), \tag{4.2.20}$$

其中附加项 $\sigma\boldsymbol{c}(\boldsymbol{x})^{\mathrm{T}}\boldsymbol{c}(\boldsymbol{x})$ 被称为罚函数. 其想法在于当约束不被满足时给予一定的 "惩罚", 而偏离约束越远, 惩罚越大. 显然, $\sigma = 0$ 对应于 $f(\boldsymbol{x})$ 的无约束优化, 而 $\sigma \to \infty$ 对应于需要求解的约束优化问题. 那么, 基于同伦方法的思想, 我们应当可以从无约束优化的解一路找到待求的约束优化的解.

除去等式约束外, 实际问题中还可能会抽象出不等式约束

$$c_i(\boldsymbol{x}) > 0. \tag{4.2.21}$$

这类问题的求解往往会更加困难. 罚函数方法可以用于求解这类问题, 求解方案包括内点法和外点法两类. 内点法所对应的罚函数往往定义域局限在约束范围内, 且越靠近约束边界, 惩罚越大. 一个常见的内点罚函数是

$$p(\boldsymbol{x}) = -\frac{1}{\sigma}\sum_i \ln[c_i(\boldsymbol{x})],$$

当 $\sigma \to \infty$ 时约束范围内的惩罚归零. 外点法则相反, 其所构造的罚函数在约束范围内为零, 而在约束范围之外, 越靠近约束边界函数值越小. 一个常见的外点罚函数为

$$p(\boldsymbol{x}) = \sigma\sum_i c_i^2(\boldsymbol{x})\Theta[-c_i(\boldsymbol{x})],$$

当 $\sigma \to \infty$ 时约束范围外的惩罚趋于无穷. 一般而言, 如果希望找寻在约束范围内部的极值点, 内点法比较合适, 而如果希望找寻在边界附近的极值点, 外点法则更好用.

如果待优化函数为线性函数, 且不等式约束均为线性约束, 则相应的数值问题退化为线性规划问题. 目前处理这类问题通行的方法是单纯形法[3], 有需要的读者可以阅读参考书 [6] 的第三章.

练习 4.2 设有一简谐振子 A, 其运动由下式给出:

$$x(t) = x_0 \cos \omega t.$$

振子上束缚有一质点 E, 其质量 m_E 远小于该振子. 在 $t = t_\mathrm{i}$ 时刻解除束缚, 该质点以速度 $-\omega x_0 \sin \omega t_\mathrm{i}$ 做匀速直线运动. 当 $t = t_\mathrm{r}$ 时, A 与 E 再次相遇:

$$x_0 \cos \omega t_\mathrm{r} = x_0 \cos \omega t_\mathrm{i} - \omega (t_\mathrm{r} - t_\mathrm{i}) x_0 \sin \omega t_\mathrm{i},$$

进而发生碰撞. 试利用本节所给出的算法求解如下两个约束极值问题:

(1) t_i 与 t_r 取多大时, 碰撞发生时质点相对振子的动能最大? 最大为多少?

(2) 设碰撞是完全弹性的, 那么 t_i 与 t_r 取多大时, 碰撞结束后质点的动能最大? 最大为多少?

这个问题与强激光场下原子的电离动力学密切相关.

4.3 常微分方程组: 龙格 – 库塔算法

在 3.4 节中, 我们以电路网络作为引子, 探讨了线性常微分方程组

$$\dot{\boldsymbol{x}}(t) = \mathbf{A}\boldsymbol{x}(t) \tag{4.3.1}$$

的求解. 在这种情况下, 我们只需要进行一次矩阵对角化, 就能得到方程在任意 t 时刻的解. 然而, 即便是电路, 其中依旧可能包含着一些诸如二极管之类的非线性器件.

例如图 4.5 所示的蔡氏电路, N_R 是一个有着非线性负阻特性的蔡氏二极管. 其目的是在电路中模拟混沌现象. 此时, 我们面临的是非线性常微分方程组

$$\begin{cases} \dot{\boldsymbol{y}}(t) = \boldsymbol{f}[t, \boldsymbol{y}(t)], \\ \boldsymbol{y}(t_0) = \boldsymbol{y}_0. \end{cases} \tag{4.3.2}$$

当然, 在 2.6 节中, 我们已经接触了一些简单的算法. 但那些算法都不存在可拓展性, 想提高精度只能不断降低步长. 这种做法在面临一些困难的问题时会变得低效. 本节中我们将介绍一些更高阶的算法, 它们通常在每一步上需要更多的计算消耗, 但可以容许更大的步长, 从而整体上在保证精度的同时减少了计算量.

---

[3]与上一节中的算法同名, 但它们是完全不同的算法.

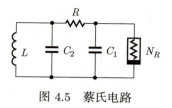

图 4.5 蔡氏电路

在正式开始之前，我们需要指出，$f[t, y(t)]$ 中对时间 t 的依赖总是可以被 "消掉"：我们可以引入新的函数 y^*，满足方程

$$\begin{cases} \dot{y}^*(t) = 1, \\ y^*(t_0) = t_0. \end{cases} \tag{4.3.3}$$

显然，我们知道 $y^* = t$. 此时将它看成 y 一个的新分量，那么 $f[t, y(t)]$ 就可以完全写成关于 y 的函数. 因此在本节中，我们总是基于不含时的形式展开讨论.

4.3.1 显式龙格 – 库塔算法

对于 n 维一阶非线性常微分方程组，我们引入一类一般的算法: **龙格 – 库塔 (R-K) 算法**

$$g_i = y_{k-1} + \tau \sum_{j=1}^{m} a_{ij} f(g_j), \tag{4.3.4}$$

$$y_k = y_{k-1} + \tau \sum_{i=1}^{m} b_i f(g_i), \tag{4.3.5}$$

其中 $\tau \equiv t_k - t_{k-1}$, a_{ij}, b_i 为事先确定的常系数，而 g_i 需要通过求解 (4.3.4) 式这个非线性自洽方程组来得到.

为了理解这个式子的含义，我们可以尝试写下方程的形式解

$$y_k = y_{k-1} + \int_{t_{k-1}}^{t_k} f[y(t)] \, dt$$

$$\approx y_{k-1} + \tau \sum_{i=1}^{m} b_i f[y(t_{k-1} + c_i \tau)]. \tag{4.3.6}$$

观察上式可知，R-K 算法相当于在两个时间格点之间取了 m 个分点 $t_{k-1} + c_i \tau$，给出这些分点上的函数 y 的估计值 g_i，再将这样计算得到的导数按一定权重 b_i 求和进行数值积分，来得到最终的函数值 y_k. 其中需要的 g_i 可以通过与 (4.3.6) 式类似的格式给出，只要将积分区间变成 $(t_{k-1}, t_{k-1} + c_i \tau)$ 即可. 参数 a_{ij}, b_i 和 c_i 的选取则决定了

积分估计的精度, 它们至少得在 f 为常函数时给出正确的结果, 即

$$\begin{cases} \sum_{j=1}^{m} a_{ij} = c_i, \\ \sum_{i=1}^{m} b_i = 1. \end{cases} \tag{4.3.7}$$

若 $\forall j \geqslant i$, 有 $a_{ij} = 0$, 则 (4.3.4) 式可以直接逐项求解, R-K 算法成为显式算法, 否则 R-K 算法为隐式算法.

为方便起见, 高阶龙格 – 库塔算法的系数常用如下形式的表格表示, 称为**布彻 (Butcher) 表**:

$$\begin{array}{c|cccc} c_1 & a_{11} & a_{12} & \cdots & a_{1m} \\ c_2 & a_{21} & a_{22} & & a_{2m} \\ \vdots & \vdots & & \ddots & \vdots \\ c_m & a_{m1} & a_{m2} & \cdots & a_{mm} \\ \hline & b_1 & b_2 & \cdots & b_m \end{array} \tag{4.3.8}$$

或简记为

$$\begin{array}{c|c} \boldsymbol{c} & \boldsymbol{A} \\ \hline & \boldsymbol{b}^{\mathrm{T}} \end{array} \tag{4.3.9}$$

显式算法意味着 $\boldsymbol{A}$ 一定是一个严格下三角矩阵, 同时从 (4.3.7) 式中也可以推出 $c_1 = 0$.

接下来来讨论如何确定布彻表. 我们可以通过将 $\boldsymbol{y}(t_k)$ 用 $\boldsymbol{y}(t_{k-1})$ 及其各阶导数的泰勒级数展开, 与 $\boldsymbol{y}_k$ 逐阶比较, 通过调整系数来使得算法达到最高的截断精度. 我们将以 $m = 2$ 为例演示这一过程. 下述诸函数若未写明自变量取值, 均默认为在 t_{k-1} 处取值.

二阶显式龙格 – 库塔算法写作

$$\boldsymbol{y}_k = \boldsymbol{y}_{k-1} + \tau(b_1 \boldsymbol{k}_1 + b_2 \boldsymbol{k}_2), \tag{4.3.10}$$

$$\boldsymbol{k}_1 = \boldsymbol{f}(\boldsymbol{y}_{k-1}), \tag{4.3.11}$$

$$\boldsymbol{k}_2 = \boldsymbol{f}(\boldsymbol{y}_{k-1} + \tau a_{21} \boldsymbol{k}_1), \tag{4.3.12}$$

而准确的结果为

$$\boldsymbol{y}(t_n) = \boldsymbol{y} + \boldsymbol{y}'\tau + \boldsymbol{y}''\frac{\tau^2}{2} + \boldsymbol{y}'''\frac{\tau^3}{6} + O(\tau^4). \tag{4.3.13}$$

将导数逐阶写开:

$$\begin{cases} \boldsymbol{y}' = \boldsymbol{f}, \\ \boldsymbol{y}'' = \dfrac{\mathrm{d}\boldsymbol{f}}{\mathrm{d}t} = \boldsymbol{f} \cdot \nabla \boldsymbol{f}, \\ \boldsymbol{y}''' = \boldsymbol{f} \cdot \nabla \boldsymbol{f} \cdot \nabla \boldsymbol{f} + (\boldsymbol{f} \cdot \nabla)^2 \boldsymbol{f}. \end{cases} \quad (4.3.14)$$

另一方面, 使用二阶显式 R-K 算法得到的 $\boldsymbol{y}_k$ 为

$$\begin{aligned} \boldsymbol{y}_k &= \boldsymbol{y} + \tau\left[b_1\boldsymbol{f} + b_2\boldsymbol{f}\left(\boldsymbol{y} + \tau a_{21}\boldsymbol{f}\right)\right] \\ &= \boldsymbol{y} + \tau(b_1+b_2)\boldsymbol{f} + \tau^2 b_2 a_{21}\boldsymbol{f} \cdot \nabla \boldsymbol{f} + \frac{\tau^3}{2}b_2 a_{21}^2 (\boldsymbol{f} \cdot \nabla)^2 \boldsymbol{f} + O(\tau^4). \end{aligned} \quad (4.3.15)$$

同样可以按照 τ 的幂次逐阶展开. 相比较可以发现, 若须使两式前两阶相等, 使三个系数满足两个等式即可, 但第三阶无论怎样也无法相等, 即二阶龙格 – 库塔算法精度最高为二阶. 实践中常取 $b_1 = b_2 = 1/2$:

$$\begin{array}{c|cc} 0 & & \\ 1 & 1 & \\ \hline & 1/2 & 1/2 \end{array} \quad (4.3.16)$$

可以证明, 当 $m \leqslant 4$ 时算法的阶数和其最高精度相等. 而当 m 继续增长时, 最高可能精度的增长速度会减慢. 因此四阶龙格 – 库塔算法是最常用的, 下述的 R-K4 格式尤其著名:

$$\begin{array}{c|cccc} 0 & & & & \\ 1/2 & 1/2 & & & \\ 1/2 & 0 & 1/2 & & \\ 1 & 0 & 0 & 1 & \\ \hline & 1/6 & 2/6 & 2/6 & 1/6 \end{array} \quad (4.3.17)$$

这里的积分权值 b_i 和积分格点 c_i 与我们在 2.2 节中得到的辛普森求积公式一致.

4.3.2 隐式龙格 – 库塔算法

如果我们不限定算法是显式的, R-K 算法很容易实现更高阶的精度. 为了确定在高阶 R-K 算法中这些系数所需要满足的条件, 我们考虑简化情形 $f(y) = y$, 此时可以写下严格解

$$\begin{aligned} \tilde{g}_i &= \mathrm{e}^{c_i \tau} y_{k-1} = \sum_{l=0}^{\infty} \frac{(\tau c_i)^l}{l!} y_{k-1}, \\ \tilde{y}_k &= \mathrm{e}^{\tau} y_{k-1} = \sum_{l=0}^{\infty} \frac{\tau^l}{l!} y_{k-1}. \end{aligned} \quad (4.3.18)$$

将这两个展开式代入 R-K 算法的迭代格式 (4.3.4) 和 (4.3.5)，令 τ 的每一个幂次前的系数相等，我们可以得到

$$\sum_{i=1}^{m} b_i c_i^{l-1} = \frac{1}{l}, \tag{4.3.19}$$

$$\sum_{j=1}^{m} a_{ij} c_j^{l-1} = \frac{1}{l} c_i^l. \tag{4.3.20}$$

我们记 (4.3.19) 式对于 $l \leqslant \xi$ 成立为 $B(\xi)$，(4.3.20) 式对于 $l \leqslant \xi$ 成立为 $C(\xi)$。同时，考察等式

$$\sum_i b_i c_i^{l-1} a_{ij} = \frac{1}{l} b_j (1 - c_j^l). \tag{4.3.21}$$

记上式对于 $l \leqslant \xi$ 成立为 $D(\xi)$。容易检验，$B(k+m), C(m)$ 可以导出 $D(k)$。

可以证明[4]，如果系数 $\mathbf{A}, \mathbf{b}$ 满足 $B(p), C(\eta), D(\xi)$，且 $p \leqslant \xi + \eta + 1, p \leqslant 2\eta + 2$，那么这样的 R-K 算法具有 p 阶精度。

观察 (4.3.19) 式可知，如果将 c_j 视作 $(0,1)$ 上的积分节点，b_j 视作积分权值，那么该式就相当于要求数值积分能够精确给出 $\int_0^1 x^{l-1}\,\mathrm{d}x$，这是容易做到的。进而对于 (4.3.20) 式中的每个 i，取 l 从 1 到 m，得到 m 个 m 维的线性方程组，求解它们就能求得 a_{ij} 的值，使其满足 $C(m)$。

从这个视角出发，我们可以按照前面讨论过的高斯积分节点来选取 c_j。m 阶高斯积分具有 $2m-1$ 阶代数精度，故 $B(2m)$ 成立。再加上 $C(m)$ 和之前的结论，可以导出 $D(m)$ 成立。这样，m 阶高斯节点所相应的 R-K 算法具有 $2m$ 阶精度。当然，我们也可以固定一个边界点，使用拉道积分格点。

一阶高斯 R-K 算法为

$$\text{高斯 2:} \quad \begin{array}{c|c} 1/2 & 1/2 \\ \hline & 1 \end{array} \tag{4.3.22}$$

与中点欧拉法等价。

比较常用的高阶方案有如下两个：

$$\text{拉道 5:} \quad \begin{array}{c|ccc} \dfrac{4-\sqrt{6}}{10} & \dfrac{88-7\sqrt{6}}{360} & \dfrac{296-169\sqrt{6}}{1800} & \dfrac{-2+3\sqrt{6}}{225} \\ \dfrac{4+\sqrt{6}}{10} & \dfrac{296+169\sqrt{6}}{1800} & \dfrac{88+7\sqrt{6}}{360} & \dfrac{-2-3\sqrt{6}}{225} \\ 1 & \dfrac{16-\sqrt{6}}{36} & \dfrac{16+\sqrt{6}}{36} & \dfrac{1}{9} \\ \hline & \dfrac{16-\sqrt{6}}{36} & \dfrac{16+\sqrt{6}}{36} & \dfrac{1}{9} \end{array} \tag{4.3.23}$$

---

[4]Butcher J C. Implicit Runge-Kutta processes. Math. Comp., 1964, 18: 50.

$$
\text{高斯 6:} \quad
\begin{array}{c|ccc}
\frac{1}{2}-\frac{\sqrt{15}}{10} & \frac{5}{36} & \frac{2}{9}-\frac{\sqrt{15}}{15} & \frac{5}{36}-\frac{\sqrt{15}}{30} \\
\frac{1}{2} & \frac{5}{36}+\frac{\sqrt{15}}{24} & \frac{2}{9} & \frac{5}{36}-\frac{\sqrt{15}}{24} \\
\frac{1}{2}+\frac{\sqrt{15}}{10} & \frac{5}{36}+\frac{\sqrt{15}}{30} & \frac{2}{9}+\frac{\sqrt{15}}{15} & \frac{5}{36} \\
\hline
 & \frac{5}{18} & \frac{4}{9} & \frac{5}{18}
\end{array}
\qquad (4.3.24)
$$

分别具有 5 阶和 6 阶精度.

4.3.3 隐式迭代求根

隐式算法的每一步迭代都需要求解一个 $m \times n$ 维的非线性方程组 (4.3.4) 式. 不过幸运的是, 由于迭代步长通常不大, 方程的解 g_i 一般都和 y_{k-1} 相距不远, 从而可以把 y_{k-1} 作为 g_i 的初值, 通过迭代算法快速求解.

我们定义 $m \times n$ 维的双下标向量

$$(\boldsymbol{G})_{i\alpha} = (\boldsymbol{g}_i)_\alpha, \qquad (4.3.25)$$

自洽方程写作

$$G_{i\alpha} - (\boldsymbol{y}_{k-1})_\alpha - \tau \sum_{l=1}^{m} a_{il} f_\alpha(\boldsymbol{g}_l) = 0. \qquad (4.3.26)$$

将上式对 $G_{j\beta}$ 求偏导数, 可以得到整个非线性方程组的雅可比矩阵

$$(\mathbf{K})_{j\beta,i\alpha} = \delta_{ij}\delta_{\alpha\beta} - \tau a_{ij}(\mathbf{J}_j)_{\beta\alpha}, \qquad (4.3.27)$$

其中 $\mathbf{J}_j$ 是 $\boldsymbol{f}(\boldsymbol{y})$ 在 $\boldsymbol{y} = \boldsymbol{g}_j$ 处的雅可比矩阵. 作为一个估计, 我们令各处的雅可比矩阵近似相等,

$$(\mathbf{J}_j)_{\beta\alpha} \approx \left.\frac{\partial f_\alpha(\boldsymbol{y})}{\partial y_\beta}\right|_{\boldsymbol{y}=\boldsymbol{y}_{k-1}}, \qquad (4.3.28)$$

这样 $\mathbf{K}$ 便成了一个常量, 从而牛顿迭代格式为

$$\Delta G_{i\alpha} = \sum_{j=1}^{m}\sum_{\beta=1}^{n}(\mathbf{K}^{-1})_{i\alpha,j\beta}\left[G_{j\beta} - (\boldsymbol{y}_{k-1})_\beta - \tau\sum_{l=1}^{m}a_{jl}f_\beta(\boldsymbol{g}_l)\right]. \qquad (4.3.29)$$

单次计算便能得到在近似意义下所需要的解. 另一种改进的策略是, 将前述 $\mathbf{K}$ 作为雅可比矩阵的初始猜测, 然后使用拟牛顿法来不断更新改善.

4.3.4 稳定性分析

我们来讨论一下 R-K 算法的稳定性. 作为一个例子, 将 R-K 算法应用于方程 $y' = \lambda y$ 上, 并取 $y(t_n) = y_n + \varepsilon_n$, 有

$$\delta_i = \varepsilon_{n-1} + \lambda\tau \sum_{j=1}^{m} a_{ij}\delta_j,$$
$$\varepsilon_n = \varepsilon_{n-1} + \lambda\tau \sum_{i=1}^{m} b_i\delta_i, \tag{4.3.30}$$

其中 δ_i 是计算 $f(g_i)$ 时的误差. 计算误差的模方

$$|\varepsilon_n|^2 = |\varepsilon_{n-1}|^2 + 2\Re\lambda\tau \sum_i b_i\delta_i\varepsilon_{n-1}^* + |\lambda\tau|^2 \sum_{i,j} b_ib_j\delta_i\delta_j^*$$
$$= |\varepsilon_{n-1}|^2 + 2\Re\lambda\tau \sum_i b_i|\delta_i|^2$$
$$+ |\lambda\tau|^2 \sum_{i,j}(b_ib_j - b_ia_{ij} - b_ja_{ji})\delta_i\delta_j^*. \tag{4.3.31}$$

注意到 b_i 相当于积分权值, 通常大于零. 如果有 $\Re\lambda < 0$, 再加上矩阵 $(\mathbf{M})_{ij} \equiv b_ja_{ji} + b_ia_{ij} - b_ib_j$ 半正定, 我们就得到

$$|\varepsilon_n|^2 \leqslant |\varepsilon_{n-1}|^2, \tag{4.3.32}$$

误差不会随着迭代而增长, 从而算法是稳定的. 那么回忆之前的定义, 若矩阵 $\mathbf{M}$ 半正定, 则 R-K 算法的稳定域包含左半平面, 这类 R-K 算法是 A-稳定的. 可以证明, 不存在 A-稳定的显式 R-K 算法.

给矩阵 $\mathbf{M}$ 右乘 $\boldsymbol{c}^{l-1}$, 有

$$\sum_{j=1}^{m}(b_ib_j - b_ia_{ij} - a_{ij}b_j)c_j^{l-1} = b_i\frac{1}{l} - b_i\frac{c_i^l}{l} - \frac{1}{l}b_i(1-c_i^l) = 0. \tag{4.3.33}$$

推导中用到了 $B(l), C(l)$ 和 $D(l)$. 如果上式对于 $l = 1, \cdots, m$ 均成立, 则 $\mathbf{M}$ 是零矩阵. 从而, 基于高斯积分格点的隐式 R-K 算法都是 A-稳定的.

4.3.5 数值实验

我们以开普勒问题为例测试 R-K4 算法:

$$\begin{cases} x' = p_x, \\ y' = p_y, \\ p_x' = -x/(x^2+y^2)^{3/2}, \\ p_y' = -y/(x^2+y^2)^{3/2}, \end{cases} \tag{4.3.34}$$

初始条件取作

$$\begin{cases} x|_{t=0} = 1, \\ y|_{t=0} = 0, \\ p_x|_{t=0} = 0, \\ p_y|_{t=0} = 1.3. \end{cases}$$

对于这类问题，检验算法精度最有效的方法便是计算那些解析给出的守恒量在数值求解过程中是否依旧守恒. 在开普勒问题中，我们有三个独立守恒量：能量

$$E = (p_x^2 + p_y^2)/2 - \frac{1}{\sqrt{x^2 + y^2}}, \qquad (4.3.35)$$

角动量的 z 分量

$$J_z = xp_y - yp_x, \qquad (4.3.36)$$

以及拉普拉斯 – 龙格 – 楞次 (Laplace-Runge-Lenz) 矢量的 x 分量

$$L_x = p_y J_z - \frac{x}{\sqrt{x^2 + y^2}}. \qquad (4.3.37)$$

我们分别采用中点欧拉法和 R-K4 来求解这个问题，并将相应求得的守恒量随时间的变化绘制于图 4.6 中. 从能量的变化中可以看到，具有四阶精度的 R-K4 显然远优于仅有二阶精度的中点欧拉法，并且这个差异在步长减半之后更加明显了. 不过，中点欧拉法给出的能量虽然抖动较大，却在演化过程中始终做周期变化，而更高精度的 R-K4 反而在单向漂移. 对于角动量，事情更是反过来了，中点欧拉法给出了数值精度内完全不变的角动量，而 R-K4 依旧呈现出单调的漂移行为. 只有在拉普拉斯 – 龙格 – 楞次矢量上，R-K4 才表现出了无可争议的优势.

这些看似奇怪的数值行为，其背后实际上都有着清晰的理论解释. 掌握这些规律，借此设计更高效的算法以便于求解实际物理问题，这便是我们下一节将要探讨的内容：辛算法.

4.3.6 线性多步法

在 R-K 算法中，虽然涉及了函数在节点 $t + c_i \tau$ 上的估计值 $\bm{g}_i$，但 $\bm{g}_i$ 依旧是由 $\bm{y}_{k-1}$ 得到的. 像这种在计算下一步 ($\bm{y}_k$) 时只用到了上一步 ($\bm{y}_{k-1}$) 信息的算法被称为单步法. 那么与之对应的还有多步法. 当然，由于多步法涉及之前若干个格点的信息，它是无法自启动的，通常需要通过单步法来计算前几步. 另外，由于对之前格点信息的利用涉及其与此处的距离，因此变步长技术很难应用到多步法之中，而常用固定步长 h.

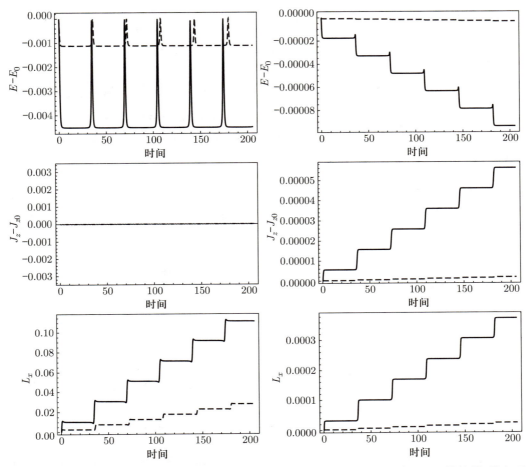

图 4.6 龙格-库塔算法求解开普勒问题. 左列为中点欧拉法的结果, 右列为 R-K4 的结果. 从上至下三行分别为能量、角动量与拉普拉斯-龙格-楞次矢量与零时刻的差值. 虚线和实线分别代表时间步长取 0.1 和 0.2 的情形

一般的**线性多步法**公式表示为

$$\boldsymbol{y}_{n+k} = \sum_{i=0}^{k-1} \alpha_i \boldsymbol{y}_{n+i} + h \sum_{i=0}^{k} \beta_i \boldsymbol{f}_{n+i}. \qquad (4.3.38)$$

根据 β_k 是否为零, 多步法分为显式多步法和隐式多步法. 从上式出发进行逐阶展开

$$\begin{aligned} \boldsymbol{y}_{n+k} &= \sum_{i=0}^{k-1} \alpha_i \boldsymbol{y}(t_n+ih) + h \sum_{i=0}^{k} \beta_i \boldsymbol{y}'(t_n+ih) \\ &= \sum_{j=0}^{p} \frac{h^j}{j!} \boldsymbol{y}^{(j)} \left[\sum_{i=0}^{k-1} \left(\alpha_i i^j + j\beta_i i^{j-1} \right) + j\beta_k k^{j-1} \right] + O(h^{p+1}), \qquad (4.3.39) \end{aligned}$$

与下式逐项比对：

$$y(x_n + kh) = \sum_{j=0}^{p} \frac{(kh)^j}{j!} y^{(j)} + O(h^{p+1}). \tag{4.3.40}$$

可通过求解一个线性方程组使得逐项系数相等，来得到一个尽可能高阶精度的线性多步法. 显然，确定这些系数比确定显式龙格 – 库塔算法中的系数简单多了.

取 $\alpha_{k-1}=1$, 其余 $\alpha_i=0$ 以及 $\beta_k=0$, 可以得到显式的**亚当斯 – 巴什福思 (Adams-Bashforth) 公式**，其精度为 $k-1$ 阶：

$$y_{n+k} = y_{n+k-1} + h\sum_{i=0}^{k-1} \beta_i f_{n+i}. \tag{4.3.41}$$

前几阶系数表见表 4.1.

表 4.1 亚当斯 – 巴什福思公式的系数

k	β_0	β_1	β_2	β_3	β_4	$\cdots$
1	1					
2	$-1/2$	$3/2$				
3	$5/12$	$-4/3$	$23/12$			
4	$-3/8$	$37/24$	$-59/24$	$55/24$		
5	$251/720$	$-1274/720$	$2616/720$	$-2774/120$	$1901/720$	
$\vdots$			$\vdots$			

取 $\alpha_{k-1}=1$, 其余 $\alpha_i=0$, 可以得到隐式的**亚当斯 – 莫尔顿 (Adams-Moulton) 公式**，其精度为 k 阶：

$$y_{n+k} = y_{n+k-1} + h\sum_{i=0}^{k} \beta_i f_{n+i}. \tag{4.3.42}$$

前几阶系数表见表 4.2.

表 4.2 亚当斯 – 莫尔顿公式的系数

k	β_0	β_1	β_2	β_3	β_4	β_5	$\cdots$
1	$1/2$	$1/2$					
2	$-1/12$	$2/3$	$5/12$				
3	$1/24$	$-5/24$	$19/24$	$3/8$			
4	$-19/720$	$53/360$	$-11/30$	$323/360$	$251/720$		
5	$3/160$	$-173/1440$	$241/720$	$-133/240$	$1427/1440$	$95/288$	
$\vdots$			$\vdots$				

当 f 不依赖于 y 时，亚当斯类公式等价于牛顿 – 柯特斯积分法.

4.4 哈密顿系统: 辛算法

在上一节中, 我们对于一般形式的常微分方程组讨论了龙格 – 库塔算法. 但仅靠这些知识是不足以又快又好地处理各类实际物理问题的. 对于由不同的物理问题抽象得到的微分方程, 我们需要根据其特性, 设计不同的算法来更好地求解.

物理中最广为人知的常微分方程组是哈密顿方程

$$\dot{\boldsymbol{p}} = -\partial_{\boldsymbol{q}} H(\boldsymbol{p}, \boldsymbol{q}), \\ \dot{\boldsymbol{q}} = \partial_{\boldsymbol{p}} H(\boldsymbol{p}, \boldsymbol{q}). \tag{4.4.1}$$

如果令 $\boldsymbol{y} \equiv \begin{pmatrix} \boldsymbol{p} \\ \boldsymbol{q} \end{pmatrix}$ 为相空间坐标, 哈密顿方程给出了向量场

$$\mathbf{J} \nabla H(\boldsymbol{y}), \quad \mathbf{J} \equiv \begin{pmatrix} 0 & -\mathbf{I} \\ \mathbf{I} & 0 \end{pmatrix} \tag{4.4.2}$$

的流线方程 $\dot{\boldsymbol{y}} = \mathbf{J} \nabla H(\boldsymbol{y})$, 我们称其为相流. 特别地, 这个向量场是无散的:

$$-\partial_{\boldsymbol{p}} \partial_{\boldsymbol{q}} H(\boldsymbol{p}, \boldsymbol{q}) + \partial_{\boldsymbol{q}} \partial_{\boldsymbol{p}} H(\boldsymbol{p}, \boldsymbol{q}) = 0. \tag{4.4.3}$$

此外, 由于不含时哈密顿系统的哈密顿量守恒, 这条流线同时也会局域在 $H(\boldsymbol{y})$ 的等值面上.

本节中, 我们将先简略地回顾一下理论力学的知识, 介绍哈密顿方程解的特殊结构, 然后讨论如何设计算法, 使得这些特殊结构能够得到保留.

4.4.1 哈密顿正则方程的辛结构

考虑变换 $S : \boldsymbol{y} \to \tilde{\boldsymbol{y}}$. 在这个变换下, 哈密顿方程变为

$$\frac{\partial \boldsymbol{y}}{\partial \tilde{\boldsymbol{y}}} \frac{\partial \tilde{\boldsymbol{y}}}{\partial t} = \mathbf{J} \left(\frac{\partial \tilde{\boldsymbol{y}}}{\partial \boldsymbol{y}} \right)^{\mathrm{T}} \frac{\partial H}{\partial \tilde{\boldsymbol{y}}}, \\ \frac{\partial \tilde{\boldsymbol{y}}}{\partial t} = \frac{\partial \tilde{\boldsymbol{y}}}{\partial \boldsymbol{y}} \mathbf{J} \left(\frac{\partial \tilde{\boldsymbol{y}}}{\partial \boldsymbol{y}} \right)^{\mathrm{T}} \frac{\partial H}{\partial \tilde{\boldsymbol{y}}}. \tag{4.4.4}$$

如果有等式

$$\frac{\partial \tilde{\boldsymbol{y}}}{\partial \boldsymbol{y}} \mathbf{J} \left(\frac{\partial \tilde{\boldsymbol{y}}}{\partial \boldsymbol{y}} \right)^{\mathrm{T}} = \mathbf{J} \tag{4.4.5}$$

恒成立, 那么哈密顿方程形式不变. 这样的变换 S 被称为**辛变换**, 相应的雅可比矩阵 $\partial \boldsymbol{y} / \partial \tilde{\boldsymbol{y}}$ 称为**辛矩阵**. 显然, 时间平移变换 $S : \boldsymbol{y}(t) \to \tilde{\boldsymbol{y}}(t) = \boldsymbol{y}(t + \Delta t)$ 就是一个辛变换. 通过规定辛变换之间的乘积为复合, 可以检验 $\mathbb{R}^{2n}$ 上的全体辛变换构成一个李群, 记

作 $Sp(2n)$，称为 $2n$ 阶**辛群**. 这样，哈密顿正则方程的解由一个单参数辛群 $\{g_H^t; t\}$ 生成. 具体来说，哈密顿正则方程的传播可以写成 $\boldsymbol{y}(t) = g_H^t(\boldsymbol{y}(0))$，其中 g_H^t 为辛变换：g_H^0 是恒等变换，而 $g_H^{t_1+t_2} = g_H^{t_1} \cdot g_H^{t_2}$.

哈密顿方程在辛变换下不变，对应着一个对称性，而对称性意味着守恒量，这个守恒量被称为**辛结构**. 以相空间中一点 $\boldsymbol{y}$ 为起始点引出两个无穷小向量 $\mathrm{d}\boldsymbol{y}_1, \mathrm{d}\boldsymbol{y}_2$，考虑它们的一个二次型

$$\omega = (\mathrm{d}\boldsymbol{y}_1)^\mathrm{T} \mathbf{J} \mathrm{d}\boldsymbol{y}_2. \tag{4.4.6}$$

在辛变换下，$\mathrm{d}\tilde{\boldsymbol{y}} \leftarrow \mathrm{d}\boldsymbol{y} = (\partial \boldsymbol{y}/\partial \tilde{\boldsymbol{y}}) \mathrm{d}\tilde{\boldsymbol{y}}$，那么

$$\omega = \mathrm{d}\tilde{\boldsymbol{y}}_1^\mathrm{T} \left(\frac{\partial \boldsymbol{y}}{\partial \tilde{\boldsymbol{y}}}\right)^\mathrm{T} \mathbf{J} \left(\frac{\partial \boldsymbol{y}}{\partial \tilde{\boldsymbol{y}}}\right) \mathrm{d}\tilde{\boldsymbol{y}}_2 = \mathrm{d}\tilde{\boldsymbol{y}}_1^\mathrm{T} \mathbf{J} \mathrm{d}\tilde{\boldsymbol{y}}_2 = \tilde{\omega}. \tag{4.4.7}$$

可见在辛变换下，即随时间传播时，这对无穷小向量的二次型不变，称为**外积**. 值得注意的是，在相空间维度为二时，这个二次型等于无穷小向量 $\mathrm{d}\boldsymbol{y}_1$ 和 $\mathrm{d}\boldsymbol{y}_2$ 所张成的无穷小平行四边形的有向面积.

由这个守恒量可以证明如下几个推论：

(1) 庞加莱 (Poincaré) 不变量：考虑扩展了时间维度的相空间中任一简单闭曲线，当该曲线上各点按正则方程演化时，环路积分 $\oint \boldsymbol{p} \cdot \mathrm{d}\boldsymbol{q}$ 为守恒量.

(2) 刘维尔 (Liouville) 定理：考虑相空间任一体积元，随时间演化时其 ($2n$ 维的) 体积不变.

当哈密顿量是广义动量和广义坐标的二次型时，微分形式的辛结构守恒可以拓展到相空间坐标自身，即

$$\boldsymbol{y}_1^\mathrm{T} \mathbf{J} \boldsymbol{y}_2 = \boldsymbol{q}_1^\mathrm{T} \boldsymbol{p}_2 - \boldsymbol{p}_1^\mathrm{T} \boldsymbol{q}_2 \tag{4.4.8}$$

守恒. 这个量形式上与角动量类似.

除此之外，正则方程存在着一些其他对称性所导致的守恒量，可以通过泊松括号来得到. 定义两个函数 $A(\boldsymbol{y}), B(\boldsymbol{y})$ 的泊松括号为

$$\{A, B\} \equiv [\nabla A]^\mathrm{T} \mathbf{J} [\nabla B] = \frac{\partial A}{\partial \boldsymbol{q}} \cdot \frac{\partial B}{\partial \boldsymbol{p}} - \frac{\partial A}{\partial \boldsymbol{p}} \cdot \frac{\partial B}{\partial \boldsymbol{q}}. \tag{4.4.9}$$

由 $\mathbf{J}$ 在辛变换下不变可知，在辛变换下泊松括号也不改变.

一个函数对时间的导数可以用它与哈密顿量的泊松括号得到：

$$A'(\boldsymbol{y}(t)) = [\boldsymbol{y}'(t)]^\mathrm{T} \nabla A = [\mathbf{J} \partial_{\boldsymbol{y}} H]^\mathrm{T} \nabla A = \{A, H\}. \tag{4.4.10}$$

那么一个函数不随时间改变等价于其与哈密顿量的泊松括号为零. 这样的函数称为该正则方程的初积分.

考虑一个充分接近单位矩阵的辛矩阵 $\mathbf{A} = \mathbf{I} + \varepsilon \mathbf{B}$，其中 $\varepsilon \to 0$. 将其代入 (4.4.5) 式有

$$\mathbf{J}\mathbf{B} + \mathbf{B}^\mathrm{T}\mathbf{J} = \mathbf{0}. \tag{4.4.11}$$

满足上式的矩阵 $\mathbf{B}$ 称为**无穷小辛矩阵**. 由无穷小辛矩阵构造出的**指数变换** $\exp(\mathbf{B})$ 和**凯莱 (Cayley) 变换** $(\mathbf{I} + \mathbf{B})^{-1}(\mathbf{I} - \mathbf{B})$ 都是辛矩阵. 容易验证, 全体 $2n$ 阶无穷小辛矩阵在矩阵加法和数乘运算下构成了线性空间, 添加对易运算 $[\mathbf{A}, \mathbf{B}] \equiv \mathbf{AB} - \mathbf{BA}$ 后构成了辛群的李代数.

前文所讨论的部分性质仅当哈密顿量不含时才成立. 而对于时间依赖的哈密顿量 $H(\boldsymbol{p}, \boldsymbol{q}, t)$，我们可以通过引入辅助变量以及正则变换的方式, 使其转换成不含时的情形. 注意到

$$\frac{\mathrm{d}H}{\mathrm{d}t} = \frac{\partial H}{\partial t}, \tag{4.4.12}$$

我们可以将函数 $\mathcal{H}[(\boldsymbol{p}, t), (\boldsymbol{q}, E)] = H(\boldsymbol{p}, \boldsymbol{q}, t) - E$ 看作一个新的哈密顿量, 时间和能量视作新的广义动量和广义坐标. 容易检验, 它们满足哈密顿方程

$$\begin{cases} \dot{t} = -\dfrac{\partial \mathcal{H}}{\partial E}, \\ \dot{E} = \dfrac{\partial \mathcal{H}}{\partial t}. \end{cases} \tag{4.4.13}$$

这样, 我们便通过将时间当成动力学坐标的方式, 将含时哈密顿方程转换成了不含时哈密顿方程.

在复习完哈密顿正则方程所具有的特殊性质之后, 我们自然期望所构造的数值算法能够维持这些性质. 具体而言, 通过恰当选取迭代格式, 使得每一步 $\boldsymbol{y}_{n+1} = g(\boldsymbol{y}_n)$ 都是一个辛变换, 从而可以保持由于辛群对称性所保证的守恒量. 特别地, 如果已知系统满足的部分对称性, 构造迭代格式的时候应注意使迭代构成的变换与相应对称变换对易, 这样就能确保相应的守恒量在数值上守恒. 对于相当大一部分哈密顿系统[5], 存在着时间反演对称性, 这个时候可能需要考虑算法是不是也是反演对称的. 显然, 这样的算法一定不是显式算法.

4.4.2 辛算法

在 2.6 节中讨论的中点欧拉法是最简单的辛算法:

$$\boldsymbol{y}_1 = \boldsymbol{y}_0 + \tau \mathbf{J} \nabla H\left(\frac{\boldsymbol{y}_1 + \boldsymbol{y}_0}{2}\right). \tag{4.4.14}$$

---

[5] 物理上来说, 对应不存在磁场的情形.

为证明这一点，我们对 y_0 求导，有

$$\frac{\partial y_1}{\partial y_0} = \mathbf{I} + \tau \mathbf{J} \nabla \nabla H \left(\frac{y_1 + y_0}{2}\right) \left(\frac{1}{2}\frac{\partial y_1}{\partial y_0} + \frac{1}{2}\mathbf{I}\right), \tag{4.4.15}$$

从而得到变换的雅可比矩阵

$$\frac{\partial y_1}{\partial y_0} = \left[\mathbf{I} - \frac{\tau}{2}\mathbf{J} \nabla \nabla H \left(\frac{y_1 + y_0}{2}\right)\right]^{-1} \left[\mathbf{I} + \frac{\tau}{2}\mathbf{J} \nabla \nabla H \left(\frac{y_1 + y_0}{2}\right)\right]. \tag{4.4.16}$$

注意到 $\mathbf{J}\nabla\nabla H$ 满足前述无穷小辛矩阵的条件 (4.4.11)，从而 (4.4.16) 式为相应的凯莱变换，是辛变换. 那么中点欧拉格式为辛算法. 中点欧拉格式除了能够保证辛结构不变外，还能确保系统所具有的全部二次守恒量和修正形式的哈密顿量

$$\tilde{H} = H - \tau^2 (\nabla H)^T \mathbf{J}\nabla\nabla H \mathbf{J} \nabla H + \cdots$$

均守恒.

现在我们便能理解上一节的数值实验中所观察到的奇怪行为了：中点欧拉格式属于辛算法，保证了修正形式的哈密顿量守恒，而 $\tilde{H}$ 和 H 之间依赖于系统处在周期轨道的不同位置上存在周期性的依赖关系，角动量是二次守恒量，从而能完美地守恒，至于拉普拉斯 – 龙格 – 楞次矢量，因为构造算法时并未考虑到其所对应的对称性，从而不能保证守恒，其变化对应着轨道的进动.

将中点欧拉法稍做一点修改，可以写出同为二阶隐式算法的**克兰克 – 尼科尔森 (Crank-Nicolson) 算法**：

$$y_1 = y_0 + \tau \mathbf{J} \nabla [H(y_0) + H(y_1)]/2. \tag{4.4.17}$$

同样可以求导得到雅可比矩阵：

$$\frac{\partial y_1}{\partial y_0} = \left[\mathbf{I} - \frac{\tau}{2}\mathbf{J}\nabla\nabla H(y_1)\right]^{-1} \left[\mathbf{I} + \frac{\tau}{2}\mathbf{J}\nabla\nabla H(y_0)\right]. \tag{4.4.18}$$

显然，除非哈密顿量 H 是 y 的二次型，这个矩阵通常不是辛矩阵，从而该算法不是辛算法. 但可以证明[6]，它能保证如下形式结构不变：

$$\tilde{\mathbf{J}} = \mathbf{J} + \frac{\tau^2}{4}(\nabla\nabla H)\mathbf{J}(\nabla\nabla H). \tag{4.4.19}$$

从图 4.7 中可以看出，克兰克 – 尼科尔森算法不再保证二次守恒量，从而角动量也在做周期性的变化.

---

[6]Tam H W and Wang D L. A symplectic structure preserved by the trapezoidal rule. J. Phys. Soc. Jpn., 2003, 72: 2193.

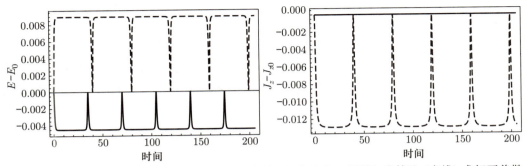

图 4.7 与图 4.6 类似，分别通过中点欧拉法 (实线) 和克兰克 – 尼科尔森算法 (虚线) 求解开普勒问题，时间步长固定为 0.2

4.4.3 辛 R-K 算法

我们现在来考察一般形式的 R-K 算法在满足什么条件时会是辛算法. 重新写下 R-K 算法的迭代公式

$$\begin{aligned} \boldsymbol{g}_i &= \boldsymbol{y}_{n-1} + \tau \sum_{j=1}^{m} a_{ij} \boldsymbol{f}(\boldsymbol{g}_j), \\ \boldsymbol{y}_n &= \boldsymbol{y}_{n-1} + \tau \sum_{i=1}^{m} b_i \boldsymbol{f}(\boldsymbol{g}_i). \end{aligned} \quad (4.4.20)$$

取微分

$$\begin{aligned} \mathrm{d}\boldsymbol{g}_i &= \mathrm{d}\boldsymbol{y}_{n-1} + \tau \sum_{j=1}^{m} a_{ij} \mathrm{d}\boldsymbol{f}_j, \\ \mathrm{d}\boldsymbol{y}_n &= \mathrm{d}\boldsymbol{y}_{n-1} + \tau \sum_{i=1}^{m} b_i \mathrm{d}\boldsymbol{f}_i, \end{aligned} \quad (4.4.21)$$

然后计算外积

$$\begin{aligned} \mathrm{d}\boldsymbol{y}_n^{\mathrm{T}} \mathbf{J} \mathrm{d}\boldsymbol{y}_n &= \mathrm{d}\boldsymbol{y}_{n-1}^{\mathrm{T}} \mathbf{J} \mathrm{d}\boldsymbol{y}_{n-1} + \tau \sum_i b_i \left(\mathrm{d}\boldsymbol{y}_{n-1}^{\mathrm{T}} \mathbf{J} \mathrm{d}\boldsymbol{f}_i + \mathrm{d}\boldsymbol{f}_i^{\mathrm{T}} \mathbf{J} \mathrm{d}\boldsymbol{y}_{n-1} \right) + \tau^2 \sum_{i,j} b_i b_j \mathrm{d}\boldsymbol{f}_i^{\mathrm{T}} \mathbf{J} \mathrm{d}\boldsymbol{f}_j \\ &= \mathrm{d}\boldsymbol{y}_{n-1}^{\mathrm{T}} \mathbf{J} \mathrm{d}\boldsymbol{y}_{n-1} + \tau \sum_i b_i \left(\mathrm{d}\boldsymbol{g}_i^{\mathrm{T}} \mathbf{J} \mathrm{d}\boldsymbol{f}_i + \mathrm{d}\boldsymbol{f}_i^{\mathrm{T}} \mathbf{J} \mathrm{d}\boldsymbol{g}_i \right) \\ &\quad + \tau^2 \sum_{i,j} (b_i b_j - b_i a_{ij} - b_j a_{ji}) \mathrm{d}\boldsymbol{f}_i^{\mathrm{T}} \mathbf{J} \mathrm{d}\boldsymbol{f}_j. \end{aligned} \quad (4.4.22)$$

上式第三项中的系数正好是我们在稳定性分析中见过的 $\mathbf{M}$ 矩阵，而第二项括号里的式子由矩阵 $\mathbf{J}$ 的反对称性可知为零. 这样外积在 R-K 迭代中守恒便等价于 $\mathbf{M} = \mathbf{0}$. 而基于高斯积分格点的隐式 R-K 算法，如前面所给出的拉道 5 和高斯 6, 都满足这个条件，从而是辛算法.

4.4.4 辛 R-K-N 算法

我们现在看到的辛算法都是隐式算法,而隐式算法每一个迭代步都需要求一次非线性方程组的根,这是非常耗时的. 我们在 2.6 节的最后介绍过蛙跳法,对于动能项和势能项可以分开的哈密顿量 $H(\boldsymbol{p},\boldsymbol{q}) = T(\boldsymbol{p}) + V(\boldsymbol{q})$,可以通过错开半步的方案进行显式的迭代. 那么蛙跳法是否是辛算法呢? 我们重新写下迭代方程

$$\begin{aligned} \boldsymbol{p}_n &= \boldsymbol{p}_{n-1} - \tau \nabla V(\boldsymbol{q}_{n-1/2}), \\ \boldsymbol{q}_{n+1/2} &= \boldsymbol{q}_{n-1/2} + \tau \nabla T(\boldsymbol{p}_n). \end{aligned} \quad (4.4.23)$$

等式两端取微分,有

$$\begin{aligned} \mathrm{d}\boldsymbol{p}_n &= \mathrm{d}\boldsymbol{p}_{n-1} - \tau \nabla\nabla V \mathrm{d}\boldsymbol{q}_{n-1/2}, \\ \mathrm{d}\boldsymbol{q}_{n+1/2} &= \mathrm{d}\boldsymbol{q}_{n-1/2} + \tau \nabla\nabla T \mathrm{d}\boldsymbol{p}_n. \end{aligned} \quad (4.4.24)$$

定义 $\boldsymbol{y}_n = (\boldsymbol{p}_n \ \ \boldsymbol{q}_{n+1/2})^\mathrm{T}$,那么上式等价于

$$\mathbf{S} = \frac{\partial \boldsymbol{y}_n}{\partial \boldsymbol{y}_{n-1}} = \begin{pmatrix} \mathbf{I} & \mathbf{0} \\ -\tau \nabla\nabla T & \mathbf{I} \end{pmatrix}^{-1} \begin{pmatrix} \mathbf{I} & -\tau \nabla\nabla V \\ \mathbf{0} & \mathbf{I} \end{pmatrix}. \quad (4.4.25)$$

借助 V, T 两函数黑塞矩阵的对称性,容易检验 $\mathbf{S}$ 是一个辛矩阵,从而蛙跳法可以看作一个辛算法. 注意,由于 $\boldsymbol{y}$ 的定义与之前不同,蛙跳法所能确保的守恒量也会相应变化. 例如,对于谐振子,

$$H(q,p) = \frac{p^2}{2} + \frac{q^2}{2}, \quad (4.4.26)$$

蛙跳法给出如下的修正哈密顿量守恒:

$$\tilde{H} = \frac{1}{2}[p_n^2 + q_{n+1/2}^2 - \tau p_n q_{n+1/2}]. \quad (4.4.27)$$

那么这种思路是否可以推广到高阶? 答案是肯定的,这就是所谓**显式龙格 – 库塔 – 尼斯特伦 (Runge-Kutta-Nyström) 算法**. 记 $\boldsymbol{g}(p) = \nabla T(\boldsymbol{p}), \boldsymbol{f}(q) = -\nabla V(\boldsymbol{q})$,有

如下迭代格式:

$$y_0 = q_{k-1}$$
$$x_0 = p_{k-1}$$
$$\text{do } i = 1, m$$
$$y_i = y_{i-1} + \tau(c_i - c_{i-1})g(x_{i-1})$$
$$x_i = x_{i-1} + \tau b_i f(y_i)$$
$$\text{end}$$
$$q_k = y_m + \tau(1 - c_m)g(x_m)$$
$$p_k = x_m$$
(4.4.28)

此处 c_i, b_i 的含义与通常 R-K 算法中的类似, 并默认取 $c_0 = 0$. 令 $m = 1, b_1 = 1, c_1 = 1/2$ 便给出了蛙跳法. 实践上也常用 $m = 3$ 的格式, 对应于

$$c = \begin{pmatrix} \frac{1}{2} + \gamma \\ \frac{1}{2} \\ \frac{1}{2} - \gamma \end{pmatrix}, \quad b = \begin{pmatrix} 1 + 2\gamma \\ -1 - 4\gamma \\ 1 + 2\gamma \end{pmatrix}.$$

式中 γ 为三次方程 $48\gamma^3 - 24\gamma^2 + 1 = 0$ 的实根,

$$\gamma = \frac{2^{1/3} + 2^{-1/3} - 1}{6} \approx 0.175604.$$

这个格式具有四阶精度[7].

练习 4.3 试编程实现上述算法, 并依旧以开普勒问题检验其精度.

大作业: FPU 模型

这一题中我们讨论在计算机上实现的第一个计算物理问题: FPU [费米 (Fermi), 帕斯塔 (Pasta), 乌拉姆 (Ulam)][8]模型. 这个模型讨论的是一个弹簧振子链, 如图 4.8 所示. n 个单位质量的质点通过相同的弹簧相互连接, 首末两端固定. 记 j 号质点偏离平衡位置的距离为 q_j, 并定义 $q_0 = q_{n+1} = 0$, 系统的哈密顿量写成

$$H_\alpha = \frac{1}{2}\sum_{j=1}^n p_j^2 + \frac{1}{2}\sum_{j=0}^n (q_j - q_{j+1})^2 + \frac{\alpha}{3}\sum_{j=0}^n (q_j - q_{j+1})^3, \tag{1}$$

---

[7]对于此类算法感兴趣的读者可以参考 Okunbor D and Skeel R D. Explicit canonical methods for Hamiltonian systems. Math. Comp., 1992, 59: 439.

[8]但在计算机上模拟实现的是另一位女士 Mary Tsingou. 关于这段历史可参见 Dauxois T. Fermi, Pasta, Ulam, and a mysterious lady. Physics Today., 2008, 61: 55.

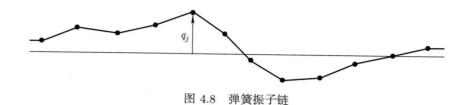

图 4.8 弹簧振子链

或者
$$H_\alpha = \frac{1}{2}\sum_{j=1}^n p_j^2 + \frac{1}{2}\sum_{j=0}^n (q_j - q_{j+1})^2 + \frac{\beta}{4}\sum_{j=0}^n (q_j - q_{j+1})^4, \tag{2}$$

分别称为 α-FPU 模型或 β-FPU 模型.

1. 解析或数值证明对于没有高次项 (α 或 β 为 0) 的情形, 系统具有守恒量
$$E_k = \frac{1}{2}\dot{Q}_k^2 + \frac{1}{2}\omega_k^2 Q_k^2, \tag{3}$$
其中有
$$Q_k = \sqrt{\frac{2}{n}}\sum_j q_j \sin\frac{\pi k j}{n+1}, \quad \omega_k = 2\sin\frac{\pi k}{2(n+1)}. \tag{4}$$
我们通常将不同的 k 称为不同的声子模式.

2. 费米相信, 引入非谐项后, 系统的能量可以从一个声子模式扩散到全体声子模式上去, 从而实现对热平衡过程的模拟. 在 FPU 最初的报告中, 他们选取 α-FPU 模型, 令 $\alpha = 0.25, n = 32, Q_1(0) = 4$, 而其他 $Q_k(0)$ 以及全部 $\dot{Q}_k(0)$ 都为零, 计算了 $t \in [0, 160 \times 2\pi/\omega_1]$ 的时间内系统的运动[9]. 试重复这个计算, 在同一张图上画出 E_1, E_2, E_3, E_4 随时间的变化, 时间轴的单位取为 $2\pi/\omega_1$. 说明这段时间内有一个时刻几乎全部能量都回到了 $k = 1$ 的模式上, 并给出具体时刻和能量比例.

3. 给出你认为对这个结果的所有可能解释. (本问不以正误计分, 在完成这一问之前请不要往下做)

4. 1961 年, 塔克 (Tuck) 等人将计算的时间长度进一步向前推进. 采用前述参数, 给出 $t \in [0, 4000 \times 2\pi/\omega_1]$ 的时间中 E_1 的变化图像. 说明这段时间内存在一个更大的回归周期. 给出具体的回归时刻和能量比例.

5. 非线性系统的动力学行为往往强烈依赖于参数和初始条件的选取. 取 $Q_1 = 20$, 其他参数不变. 计算并从模式能量的角度描述系统的演化. 在多长的时间后系统表现出混沌的特性? 讨论此时 $\langle E_k \rangle$ 与 k 的关系, 是否和能均分定理相符?

6. 我们将目光转向 β-FPU 模型. 自行选择参数, 验证 β-FPU 模型中也有与之前类似的现象.

---

[9]这个计算耗费了当时 (1953 年) 最强大的计算机 MANIC 一整天的时间.

7. 论证对于 n 为偶数的 β-FPU 模型, 若初始能量均分布在偶/奇次模式上, 则随时间演化后仍然分布在偶/奇次模式上. 取 $n=16, \beta=1$, 初始条件为 $Q_{11}=1$ 而其余为零, 在对数标度上画出 9 至 13 次模式上能量的演化. 解释你所观察到的现象.

8. β-FPU 模型可以看作著名的 KdV 方程

$$\partial_t u + u\partial_x u + \delta^2 \partial_{xxx} u = 0 \tag{5}$$

的离散形式. 从而, 在恰当的参数下我们能在 β-FPU 模型中看到 KdV 方程特有的孤子解. 取 $n=128$, 分别对 $\beta=0,1$, 考虑如下形式的初始条件:

$$\begin{aligned}
q_i &= B\cos\frac{\pi k(i-n/2)}{n+1} \Big/ \cosh\left[\sqrt{\frac{3}{2}}B\omega_k(i-n/2)\right], \\
p_i &= \frac{B}{\cosh\left[\sqrt{\frac{3}{2}}B\omega_k(i-n/2)\right]}\left\{\omega_k\left(1+\frac{3}{16}\omega_k^2 B^2\right)\sin\frac{\pi k(i-n/2)}{n+1}\right. \\
&\quad \left. +\sqrt{\frac{3}{2}}B\cos\frac{\pi k(i-n/2)}{n+1}\sin\frac{\pi k}{n+1}\tanh\left[\sqrt{\frac{3}{2}}B\omega_k(i-n/2)\right]\right\},
\end{aligned} \tag{6}$$

其中取 $B=0.5, k=11$, 计算系统的运动. 用合适的图表展示波包的运动、反射、扩散等过程并讨论之.

第五章 连续场

在第三章中,我们讨论了网格上的数值问题: 不论是电路网络,还是被弹簧串在一起的振子,都是一个个离散的系统,相互之间耦合在一起,展现出复杂的行为. 在更多时候,现实中所面临的问题会是连续化的: 我们需要求解大块导体中的电流流动、从天线辐射出的电磁波,抑或鼓面的振动. 这些时候,物理量表现为场: 时空的连续函数 $\phi(\boldsymbol{r},t)$. 在数值上,通常会先将连续的时空离散成网格,然后用上一章的办法求解. 然而,如何进行离散,如何利用问题的特殊性质在数值上简化,这值得我们在这一章中来详细讨论.

5.1 静电静磁: 泊松方程的边值问题

在学习物理的过程中,我们首先接触到的场往往是静电场和静磁场. 对于静电场,我们可以引入标量场电势 $\phi(\boldsymbol{r})$,其满足泊松方程

$$\nabla^2 \phi = -\rho/\varepsilon_0. \tag{5.1.1}$$

而对于静磁场,我们也可以在无电流的单连通区域内引入满足拉普拉斯方程的磁标势,不同单连通区域再通过边界条件相连接.

对于这样一个方程,在给定了非齐次项 ρ,也就是电荷密度分布后,再加上合适的边界条件,根据唯一性定理就能完全确定 ϕ 的全空间分布. 这类问题通常称为**边值问题**. 本节中我们将初步探讨如何从数值上求解这类问题.

5.1.1 解析求解与打靶法

我们从一维泊松方程的边值问题出发讨论边值问题的一些基础概念:

$$\begin{cases} -u'' = f(x), \\ u(0) = 0, \\ u(1) = 0. \end{cases} \tag{5.1.2}$$

这个问题可以理解成两块接地的平行导体板之间有电荷分布 $f(x)$,求电势 $u(x)$. 它能够解析求解. 对 (5.1.2) 式两端做一次积分,得到

$$u'(x) = -\int_0^x f(x_1)\,\mathrm{d}x_1 + u'(0), \tag{5.1.3}$$

出现了未知的 $x=0$ 处的导数. 再做一次积分, 得到

$$\begin{aligned} u(x) &= -\int_0^x \mathrm{d}x_1 \int_0^{x_1} \mathrm{d}x_2\, f(x_2) + xu'(0) + u(0) \\ &= -\int_0^x (x-x_1) f(x_1)\, \mathrm{d}x_1 + xu'(0) + u(0). \end{aligned} \tag{5.1.4}$$

代入边界条件 $u(1)=0$, 可以解得

$$u'(0) = \int_0^1 (1-x) f(x)\, \mathrm{d}x. \tag{5.1.5}$$

最后得到问题的解

$$\begin{aligned} u(x) &= -\int_0^x (x-x_1) f(x_1)\, \mathrm{d}x_1 + x\int_0^1 (1-x_1) f(x_1)\, \mathrm{d}x_1 \\ &= (1-x)\int_0^x x_1 f(x_1)\, \mathrm{d}x_1 + x\int_x^1 (1-x_1) f(x_1)\, \mathrm{d}x_1. \end{aligned} \tag{5.1.6}$$

上述解析演算的过程实际上非常类似于求解一维边值问题中常用的**打靶法** (shooting method). 我们考虑一个一般的二阶线性微分方程的一维边值问题:

$$\begin{cases} y'' + p(x)y' + q(x)y = f(x), \\ (\alpha_1 y + \beta_1 y')|_{x_1} = b_1, \\ (\alpha_2 y + \beta_2 y')|_{x_2} = b_2. \end{cases} \tag{5.1.7}$$

原则上讲, 如果已知一端的初始条件 $y(x_1), y'(x_1)$, 我们可以直接将方程改写成初值问题, 然后使用先前讨论过的常微分方程的初值问题的算法来求解, 例如 R-K 算法. 但现在是两个端点各给了一个边界条件, 我们就需要先从一端开始做一些尝试:

(1) 选取一组满足边界点 1 边界条件的函数值和导数值:

$$\alpha_1 g_1(x_1) + \beta_1 g_1'(x_1) = b_1.$$

(2) 通过初值问题的数值算法求解后续的函数值 $g_1(x)$.

(3) 得到边界点 2 的函数值 $g_1(x_2)$ 和导数值 $g_1'(x_2)$. 一般而言它们不满足另一个边界条件, 但我们知道由于方程和算法都是线性的, 残差 $\delta_1 = \alpha_2 g_1(x_2) + \beta_2 g_1'(x_2) - b_2$ 必然是边界点 1 处函数值和导数值的线性函数.

(4) 选取另一组满足边界点 1 边界条件的函数值和导数值, 不失一般性地,

$$g_2(x_1) = g_1(x_1) + \gamma_0 \beta_1,$$
$$g_2'(x_1) = g_1'(x_1) - \gamma_0 \alpha_1.$$

可相应计算出 $\delta_2 = \alpha_2 g_2(x_2) + \beta_2 g_2'(x_2) - b_2$.

(5) 从线性关系可知满足全部边界条件的解应该取 $\gamma = \gamma_0/(1 - \delta_2/\delta_1)$, 而完整的解为

$$u(x) = \frac{\delta_2 g_1(x) - \delta_1 g_2(x)}{\delta_2 - \delta_1}. \tag{5.1.8}$$

从上面的描述可以看出, 我们利用方程的线性, 将一个边值问题转换为以不同初始条件两次求解一个初值问题, 来得到满足两端点处边界条件的解. 其名字也暗含了这个寓意: 打靶时射击点和靶子都是固定的, 而射角可调, 利用两次射击得到的数据便可以确定如何射击能够得到一条准确击中目标的轨迹.

事实上, 对于非线性边值问题和本征值问题, 打靶法依旧适用, 但此时需要求一个非线性方程 $\delta(\gamma) = 0$ 的根. 容易注意到, (5.1.8) 式与 2.4 节中的弦割法完全一致, 只不过对于这里的线性方程可以一步求得准确解. 对于非线性情形, 也可以使用我们在 2.4 节中学过的其余求根方法来解决.

练习 5.1 用打靶法求解非线性边值问题 $u'' = -\delta e^u, u(0) = u(1) = 0$. 检验当参数 δ 满足 $0 < \delta < \delta_c \approx 3.51$ 时, 该边值问题存在两个解.

5.1.2 格林函数与有限差分

我们重新回到原泊松方程的解析解

$$u(x) = (1-x)\int_0^x x_1 f(x_1)\,\mathrm{d}x_1 + x\int_x^1 (1-x_1)f(x_1)\,\mathrm{d}x_1. \tag{5.1.9}$$

如果定义函数

$$G(x,s) = \begin{cases} (1-x)s, & 0 \leqslant s \leqslant x, \\ (1-s)x, & x < s \leqslant 1, \end{cases} \tag{5.1.10}$$

那么方程的解可以简化作

$$u(x) = \int_0^1 G(x,s)f(s)\,\mathrm{d}s. \tag{5.1.11}$$

这里, $G(x,s)$ 被称为方程 (5.1.2) 的格林函数. 我们容易注意到, 格林函数关于变量 x 和 s 是交换对称的, 并且在整个定义域上非负且有界, 最大值为 $\frac{1}{4}$. 据此可以证明如下不等关系:

$$\max_x |u(x)| \leqslant \frac{1}{4}\max_x |f(x)|. \tag{5.1.12}$$

这指出了一维泊松方程的解是有界的.

现在我们暂时不管格林函数, 而是考虑求解边值问题的另一个思路: 将自变量区间 $[0,1]$ 离散化, 用差分近似导数, 将微分方程变为线性方程组. 具体来说, 在定义域

$x \in [0,1]$ 上选取 $n+1$ 个均匀分布的节点 $\{x_i \equiv ih\}_{i=0}^n$,其中间隔 $h \equiv 1/n$. 函数 u 在这些节点上的值简记作 $\{u_i \equiv u(x_i)\}_{i=0}^n$. 二阶导数可以使用中心差分来近似:

$$u''(x) = \frac{u(x+h) - 2u(x) + u(x-h)}{h^2} + O(h^2), \tag{5.1.13}$$

得到方程组

$$\begin{cases} u_i = 0, & i = 0, n, \\ -\dfrac{u_{i+1} - 2u_i + u_{i-1}}{h^2} = f_i, & i = 1, 2, \cdots, n-1. \end{cases} \tag{5.1.14}$$

引入 $\boldsymbol{u} = (u_1, \cdots, u_{n-1})^{\mathrm{T}}$, $\boldsymbol{f} = (f_1, \cdots, f_{n-1})^{\mathrm{T}}$,得到

$$\mathbf{A}\boldsymbol{u} = \boldsymbol{f}, \tag{5.1.15}$$

其中 $\mathbf{A}$ 是对角元为 $2/h^2$、次对角元为 $-1/h^2$ 的三对角矩阵.

现在我们通过将微分近似替换为差分,把微分方程的边值问题转换为了一个线性代数方程组的求解. 差分过程中产生的误差为 $O(h^2)$,我们称该微分方程差分格式的**局部截断误差**为二阶. 显然,使用追赶法可以轻松求解这个三对角矩阵对应的方程组.

我们可以仔细考究一下矩阵 $\mathbf{A}$ 的性质. 考察二次型

$$\begin{aligned} \boldsymbol{u}^{\mathrm{T}}\mathbf{A}\boldsymbol{u} &= \frac{2}{h^2}\sum_{i=1}^{n-1} u_i^2 - \frac{2}{h^2}\sum_{i=2}^{n-1} u_i u_{i-1} \\ &= \frac{1}{h^2}\left[u_1^2 + u_{n-1}^2 + \sum_{i=2}^{n-1}(u_i - u_{i-1})^2\right] \\ &\geqslant 0, \end{aligned} \tag{5.1.16}$$

可知矩阵 $\mathbf{A}$ 以及其逆 $\mathbf{A}^{-1}$ 都是正定的,与解析的格林函数性质相符. 事实上,我们在第四章的大作业中也见过这个三对角的对称矩阵 $\mathbf{A}$,在那里它作为线性弹簧振子链的刚度矩阵而存在. 我们可以知道 $\mathbf{A}$ 的全体本征值

$$\lambda_i = \frac{4}{h^2}\sin^2\frac{\pi i}{2n} = 4n^2 \sin^2\frac{\pi i}{2n}, \quad i = 1, 2, \cdots, n-1, \tag{5.1.17}$$

和相应本征向量 (j 表示的是本征向量的各分量)

$$(\boldsymbol{q}_i)_j = \sqrt{\frac{2}{n-1}}\sin\frac{\pi i j}{n}, \quad i, j = 1, 2, \cdots, n-1. \tag{5.1.18}$$

根据此关系,我们可以证明

$$\|\boldsymbol{u}\|_2 \leqslant \frac{1}{4n^2 \sin^2(\pi/2n)}\|\boldsymbol{f}\|_2 < \frac{1}{\pi^2}\|\boldsymbol{f}\|_2. \tag{5.1.19}$$

这个式子相当于说明了算法的**稳定性**: 不论网格怎么取, 数值解总是有界的.

如果不去考虑如何解得快, 而是写出形式解

$$u = \mathbf{A}^{-1} f, \tag{5.1.20}$$

将其与 (5.1.11) 式相对照, 我们看到 $\mathbf{A}^{-1}$ 这个矩阵似乎和函数算符 $\int G(x,s)[\cdots]\mathrm{d}s$ 的地位相当, 只是后者作用在函数 $f(s)$ 上, 而前者作用在向量 f 上. 进一步地, 注意到矩阵乘法就是一个求和操作

$$u_i = \sum_{j=1}^{n-1} (\mathbf{A}^{-1})_{ij} f_j,$$

这与将 (5.1.11) 式中的积分离散化按梯形法数值积分得到的和式

$$u(x_i) \approx \frac{h}{2}[G(x_i,0)f(0) + G(x_i,1)f(1)] + h\sum_{j=1}^{n-1} G(x_i,x_j)f(x_j) \tag{5.1.21}$$

在形式上是相同的. 因此我们可以将格林函数想象成矩阵形式, 定义 $(\mathbf{G})_{i,j} \equiv hG(x_i,x_j)$, 将积分变为矩阵乘法, 我们看到

$$\begin{aligned}
(\mathbf{AG})_{i,j} &= \frac{2G_{i,j} - G_{i+1,j} - G_{i-1,j}}{h^2} \\
&= \frac{1}{h}\begin{cases} 2(1-x_i)x_i - (1-x_{i+1})x_i - (1-x_i)x_{i-1}, & i = j, \\ 2(1-x_i)x_j - (1-x_{i+1})x_j - (1-x_{i-1})x_j, & i > j, \\ 2(1-x_i)x_j - (1-x_j)x_{i+1} - (1-x_j)x_{i-1}, & i < j \end{cases} \\
&= \delta_{ij},
\end{aligned} \tag{5.1.22}$$

也就是说 $\mathbf{A}^{-1} = \mathbf{G}$, 即

$$u_i = \sum_{j=1}^{n-1} hG(x_i,x_j)f(x_j). \tag{5.1.23}$$

这意味着有限差分法等价于将用格林函数表示的解析解中的积分用梯形法近似.

有了 (5.1.23) 式, 也可以借助 2.2 节中算法 2.2 的结论来得到有限差分法的误差估计:

$$\max_i |u_i - u(x_i)| \leqslant \frac{h^2}{12} \max_{x \in (0,1)} \left|\frac{\mathrm{d}^2}{\mathrm{d}x^2} G(x_i,x)f(x)\right|, \tag{5.1.24}$$

即对于一个二阶导数有界的函数 $f(x)$, 在取充分小的 h 后总能得到精确的解. 这样我们称有限差分方法在这个问题上是**收敛**的.

5.1.3 走向高维度: 迭代法

考察正方形区域 $[0,1] \otimes [0,1]$ 中的泊松方程

$$-\left(\partial_x^2 + \partial_y^2\right)u(x,y) = f(x,y),$$
$$u(0,y) = 0,$$
$$u(1,y) = 0, \qquad (5.1.25)$$
$$u(x,0) = 0,$$
$$u(x,1) = 0.$$

显然, 此时打靶法将不再适用了, 但是依旧可以使用有限差分方法. 在方框中均匀取 $(n_x+1)(n_y+1)$ 个格点 $\{(x_i, y_j) \equiv (ih_x, jh_y)\}_{i=0,j=0}^{n_x,n_y}$, 其中 $h_x = 1/n_x, h_y = 1/n_y$. 引入记号 $\{u_{i,j} \equiv u(x_i, y_j)\}_{i=0,j=0}^{n_x,n_y}$. 同样利用中心差分, 得到 $(n_x-1)(n_y-1)$ 维的线性代数方程组

$$\begin{cases} u_{i,j} = 0, & i = 0, n \,||\, j = 0, n, \\ \dfrac{-u_{i+1,j} + 2u_{i,j} - u_{i-1,j}}{h_x^2} + \dfrac{-u_{i,j+1} + 2u_{i,j} - u_{i,j-1}}{h_y^2} = f_{i,j}, & \text{其他情况}. \end{cases} \qquad (5.1.26)$$

它可以写成更抽象的形式

$$(\mathbf{A}_x \otimes \mathbf{I}_y + \mathbf{I}_x \otimes \mathbf{A}_y)\boldsymbol{u} = \boldsymbol{f}, \qquad (5.1.27)$$

或者

$$\mathbf{A}\boldsymbol{u} = \boldsymbol{f}. \qquad (5.1.28)$$

该方程组所对应的矩阵不再是简单的三对角矩阵, 不能够使用追赶法求解. 但是注意它是极端稀疏的, 仅有 $O(n_x n_y)$ 个非零元, 而一个同样维度的满矩阵则拥有 $n_x^2 n_y^2$ 个元素, 从而 (5.1.28) 式可以使用各种迭代算法求解.

读者应当记得我们在 3.1 节的末尾处理过一个类似的问题: 离散的带状电路网络, 它可以导出几乎相同的矩阵. 我们通过假定电路中每个节点都通过电容接地, 引出了雅可比迭代. 对于连续场, 也能找到类似的物理情形: 泊松方程 $-\nabla^2 u = f$ 不仅能代表在电荷分布 f 下的势场分布 u, 同样也能代表在热源分布 f 下的稳态温度分布 u. 在这个情形下, 若系统初态的温度分布与稳态温度分布相异, 那么其将按照如下热传导方程演化:

$$(\partial_t - \nabla^2)u(t, \boldsymbol{r}) = f(\boldsymbol{r}). \qquad (5.1.29)$$

由于算符 $-\nabla^2$ 的正定性，这个系统在经过充分长时间的演化之后一定会趋向于稳态，即 $\partial_t u|_{t\to\infty} = 0$. 此时的 u 就是原来泊松方程的解. 那么，我们便可以将原来的边值问题转换成一个初值问题，然后接着使用向前欧拉法

$$\bm{u}^{(k+1)} - \bm{u}^{(k)} = \Delta t_k(-\mathbf{A}\bm{u}^{(k)} + \bm{f}). \tag{5.1.30}$$

向前欧拉法收敛，要求 $|1 + \lambda\Delta t| \leq 1$. 那么我们便得求解矩阵 $\mathbf{A}_x \otimes \mathbf{I}_y + \mathbf{I}_x \otimes \mathbf{A}_y$ 的本征值. 容易检验，若 $\bm{q}_i^x$ 是矩阵 $\mathbf{A}_x$ 本征值为 λ_i^x 的本征向量，$\bm{q}_i^y$ 是矩阵 $\mathbf{A}_y$ 本征值为 λ_i^y 的本征向量，那么有

$$(\mathbf{A}_x \otimes \mathbf{I}_y + \mathbf{I}_x \otimes \mathbf{A}_y)\bm{q}_i^x \otimes \bm{q}_j^y = (\lambda_i^x + \lambda_j^y)\bm{q}_i^x \otimes \bm{q}_j^y. \tag{5.1.31}$$

也就是说，两个一维泊松方程本征向量的直积正好是二维泊松方程的本征向量，对应于本征值 $\lambda_i^x + \lambda_j^y$. 这与数学物理方法课程中所学习的分离变量法的思想是一致的. 也就是说，矩阵 $-\mathbf{A}$ 的全体本征值为

$$\lambda_{ij} = -4n_x^2 \sin^2 \frac{\pi i}{2n_x} - 4n_y^2 \sin^2 \frac{\pi j}{2n_y}, \tag{5.1.32}$$

对应于最大可能的时间步长

$$\Delta t_{\max} = \frac{1}{2(n_x^2 + n_y^2)}. \tag{5.1.33}$$

将这个时间步长代回到迭代式 (5.1.30) 中可以发现，迭代关系 $\bm{u}^{(k+1)} = \mathbf{B}\bm{u}^{(k)} + \bm{r}$ 中矩阵 $\mathbf{B}$ 的对角元正好全部为零. 这恰好等价于所讨论过的雅可比迭代.

对于泊松方程，雅可比迭代可以收敛，那么收敛速度如何呢？(5.1.30) 式有显式解

$$\bm{u}^{(k)} = \mathbf{A}^{-1}\bm{f} + (\mathbf{I} - \mathbf{A}\Delta t)^k \left[\bm{u}^{(0)} - \mathbf{A}^{-1}\bm{f}\right], \tag{5.1.34}$$

显然，$\bm{u}^{(k)}$ 收敛到所需解的速度，依赖于指数项中最慢的那一项，即

$$1 - \lambda_{\min}\Delta t = 1 - 2\frac{\lambda_{\min}}{\lambda_{\max}} \approx 1 - \frac{\pi^2}{n_x^2 + n_y^2}. \tag{5.1.35}$$

我们再一次见到了矩阵的条件数 κ，这个收敛速度和最速下降法是相当的，需要约 $O(n^2)$ 次迭代步.

我们来整体性地考虑这个问题：为了保证用差分来替代微分有足够高的精度，要求我们选取足够小的格点间距，但格点间距减小，不仅意味着存储的数据量同步增长，矩阵的条件数也在增长，从而求解方程所需要的计算量以平方的速度增加. 因此，不同于数值积分中我们几乎可以选取任意小的格点，而计算量并不过分增长，在求解微分方程边值问题时必须要在精度和计算量之间做某种权衡.

泊松方程的条件数也可以从拉普拉斯算符 ∇^2 上来理解: 在无界空间中, ∇^2 的本征谱下界是零, 可以任意小, 只有限定在有界区间才能得到一个约为空间尺度平方倒数的下界, 而其上界更是没有限制, 仅仅在离散化后才存在一个格点尺度平方倒数的上界. 因此, 泊松方程是一个天生的刚性问题, 我们必须小心处理.

5.1.4 多重网格法

既然泊松方程的本征值与其空间尺度挂钩, 尺度越小就要求越小的迭代步长, 而尺度越大就越难收敛, 那我们能不能将不同尺度的问题用不同的步长分别处理呢? 这个想法初看荒谬, 实际上却是可行的.

从之前关于迭代算法的讨论中我们已经知道, 线性代数方程组的迭代求解可以看作残差在迭代过程中趋向于零的过程. 而多尺度算法的思想在于, 在一个尺度上迭代数次后认为这个尺度上的残差已经基本消解干净, 通过一个映射换到更大的尺度上再进行迭代. 简单起见, 我们考虑 $2^l \times 2^l, l \in \mathbb{N}$ 的网格分划. 如图 5.1 所示, 我们定义

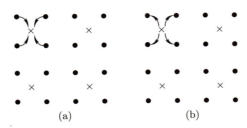

图 5.1 多重网格法中的 (a) 粗粒化和 (b) 拉伸映射

$l, l-1$ 两套网格之间来回变换的两种映射 —— **粗粒化** (coarsening) 和**拉伸** (prolongation):

```
1  function Coarsen(r,l)
2    n = 2^l
3    do i = 1, n
4      do j = 1, n
5        rp(i,j) = (r(2*i,2*j) + r(2*i-1,2*j)
6                 + r(2*i,2*j-1) + r(2*i-1,2*j-1))/4
7      end
8    end
9    return rp
10 end
11
12 function Prolongate(r,l)
13   n = 2^l
14   do i = 1, n
```

```
15      do j = 1, n
16        pr(i,j) = r(int((i+1)/2),int((j+1)/2))
17      end
18    end
19    return pr
20  end
```

在 $2^l \times 2^l$ 维和 $2^{l-1} \times 2^{l-1}$ 维的网格之间来回变换, 上述伪代码中 int 表示的是取整. 由于泊松方程是线性且均一的, 容易检验这两种映射不改变泊松方程的差分形式. 据此, 我们可以写出如下伪代码.

算法 5.1　多重网格法

```
1   function MultiGrid(l,b)
2     x0 = 0
3     (x1, r1) = iteration(x0,b,l)
4     if (l>0)
5       r2 = Coarsen(r1,l-1)
6       p0 = MultiGrid(l-1,r2)
7       p1 = Prolongate(p0,l)
8       x1 = x1 + p1
9     end
10    (x3, r3) = iteration(x1,b,l)
11    return x3
12  end
```

算法 5.1 中, 函数 iteration(x0,b,l) 为将某种线性代数方程组迭代算法作用于 $2^l \times 2^l$ 维网格划分下泊松方程 $\mathbf{A}\mathbf{x} = \mathbf{b}$ 上少许数步, $\mathbf{x}_0$ 为迭代初值, 返回值 $(\mathbf{x}_1, \mathbf{r}_1)$ 分别为更新后的解 $\mathbf{x}_1$ 和其相应的残差 $\mathbf{r}_1 = \mathbf{b} - \mathbf{A}\mathbf{x}_1$.

多重网格法看起来很烦琐, 需要从最精细的尺度演化到最粗糙的尺度, 再从最粗糙的尺度还原回原始的尺度, 如图 5.2 所示. 但实际上, 它并不需要消耗多少计算量. 设迭代算法的计算量为 n^2, 那么一次完整的多尺度演化需要

$$n^2 + (n/2)^2 + (n/4)^2 + \cdots + (n/4)^2 + (n/2)^2 + n^2 = \frac{2n^2}{1 - 1/4} = \frac{8}{3}n^2, \quad (5.1.36)$$

即仅相当于不到三次原始尺度上的迭代. 容易证明, 多重网格法的收敛速度不依赖于矩阵的大小. 不管多大的矩阵, 作用相同次数多尺度算法都能达到相似的收敛程度, 即总体的计算复杂度为 $O(n^2)$. 对于足够细的网格划分, 已经不存在比它更优的算法了. 当然, 中间的迭代步如何选取会影响到 n^2 前的常数, 粗粒化和拉伸的方案也不止这一

种[1].

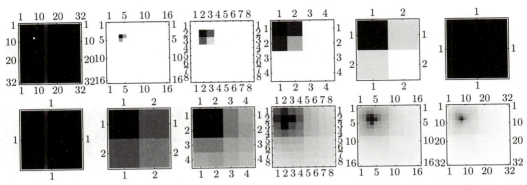

图 5.2 32×32 网格下,使用多重网格法求解 $f(x,y)=\delta(x-1/4)\delta(y-1/4)$ 泊松方程的迭代过程

利用系统在尺度变换下的相似性来求解系统的行为,这个思想在其他物理问题上也获得了广泛应用,一个著名的例子就是统计物理中的重整化群方法.

5.1.5 边界元法

如果问题的求解域不是四四方方那么规则,例如静电学中各种形状的电容器,如何划分网格便成了一个重要问题.边界元法能够部分解决这个困难.我们回顾一下关于格林函数的理论.依旧以泊松方程为例,对于 $\boldsymbol{r}\in\Omega$ 上的微分方程

$$-\nabla_{\boldsymbol{r}}^2 u(\boldsymbol{r}) = f(\boldsymbol{r}), \tag{5.1.37}$$

其格林函数定义为如下方程的解:

$$-\nabla_{\boldsymbol{r}}^2 G(\boldsymbol{r},\boldsymbol{r}') = \delta(\boldsymbol{r}-\boldsymbol{r}'). \tag{5.1.38}$$

使用数学物理方法中常用的技巧:两式相乘相减积分,并运用格林公式,有

$$\begin{aligned} u(\boldsymbol{r}') = & \int_\Omega G(\boldsymbol{r},\boldsymbol{r}')f(\boldsymbol{r})\,\mathrm{d}^n\boldsymbol{r} \\ & + \int_{\partial\Omega}[G(\boldsymbol{r},\boldsymbol{r}')\nabla_{\boldsymbol{r}}u(\boldsymbol{r}) - u(\boldsymbol{r})\nabla_{\boldsymbol{r}}G(\boldsymbol{r},\boldsymbol{r}')]\cdot\mathrm{d}\boldsymbol{\Sigma}. \end{aligned} \tag{5.1.39}$$

如果 $G(\boldsymbol{r},\boldsymbol{r}')$ 满足相应的齐次边界条件 (例如,边界条件由 u 在 $\partial\Omega$ 上的值给出,则要求 $G(\boldsymbol{r},\boldsymbol{r}')=0,\forall \boldsymbol{x}\in\partial\Omega$),那么问题得解.

一般问题的格林函数并没有那么好求解[2],但是如果不限制边界条件的话,格林函

---

[1] 关于这些细节,读者可以参考 Wesseling P. An Introduction to Multigrid Methods. John Wiley & Sons, 1992.

[2] 不然就没有必要来讨论如何数值求解偏微分方程了.

数是不难得到的. 对于泊松方程, 自由空间中不同维度下的格林函数为

$$G(\boldsymbol{r}, \boldsymbol{r}') = \begin{cases} (r-r')\Theta(r-r'), & \text{一维}, \\ -\dfrac{1}{2\pi}\ln|\boldsymbol{r}-\boldsymbol{r}'|, & \text{二维}, \\ -\dfrac{1}{4\pi|\boldsymbol{r}-\boldsymbol{r}'|}, & \text{三维}. \end{cases} \quad (5.1.40)$$

取这样的格林函数, 再来审视 (5.1.39) 式. 若限制 $\boldsymbol{r}' \in \partial\Omega$, 便得到了关于函数值 u 和法向导数 $\boldsymbol{n} \cdot \nabla u$ 的一个积分方程, 并且只需要在边界上求解 —— 我们成功地将一个微分方程转换为其边界上的积分方程!

现在我们只需要在边界上划分网格就可以将问题离散化, 而不需要涉及区域内部的事情了. 将积分离散化为某种求和, 并联立边界条件, 便可以求解一个**稠密**的线性方程组来获得问题的解. 降低维度的代价是让稀疏矩阵变得稠密. 由于维度降低一维, 所以前面的一维泊松方程问题变成了零维, 可以解析计算. 格林函数在 $\boldsymbol{r} \to \boldsymbol{r}'$ 处总存在奇异性, 尤其是边界上的不光滑点处, 需要小心处理. 求得边界上的值后, 可以使用同一个公式求得内部任意一点处的值[3].

除去降低矩阵维度以及便于处理各类边界之外, 边界元法还可以用来处理一类特殊问题 —— 变边界问题. 考虑一滴水落在低温的金属表面, 它将会自下而上逐步凝结. 在凝结的过程中, 固态区域和液态区域都是在不断变化的, 求解域 Ω 自身也是待求解的对象. 如果此时使用基于网格的求解方法, 则每一时刻都得基于新的边界重新划分网格, 并在不同网格之间相互做插值, 而边界元法则省去了这一步骤, 大大降低了求解的复杂性.

5.2 动量空间: 傅里叶变换

我们在第三章和第四章的大作业中两次见到了弹簧振子链, 它们的本征向量都由三角函数构成. 3.2 节中的电路网络以及 5.1 节中的泊松方程也是如此. 这源自空间平移不变性. 为此, 我们定义平移算符 $\hat{P}(\boldsymbol{a})$,

$$\hat{P}(\boldsymbol{a})u(\boldsymbol{x}) = u(\boldsymbol{x} - \boldsymbol{a}), \quad (5.2.1)$$

将被作用的函数在空间上整体平移 $\boldsymbol{a}$. 显然, 指数函数 $f_{\boldsymbol{p}}(\boldsymbol{x}) = \exp(\mathrm{i}\boldsymbol{p} \cdot \boldsymbol{x})$ 是平移算符的本征函数:

$$\hat{P}(\boldsymbol{a})f_{\boldsymbol{p}}(\boldsymbol{x}) = \exp(-\mathrm{i}\boldsymbol{p} \cdot \boldsymbol{a})f_{\boldsymbol{p}}(\boldsymbol{x}), \quad (5.2.2)$$

---

[3]关于边界元法的更多细节, 可参考 http://www.boundaryelements.com/.

本征值为 $\exp(-\mathrm{i}\boldsymbol{p}\cdot\boldsymbol{a})$. 不过, 平移算符的本征函数是存在简并的. 事实上, 若有

$$\boldsymbol{p}' - \boldsymbol{p} = 2k\pi\frac{\boldsymbol{a}}{|\boldsymbol{a}|^2} + \boldsymbol{q}\times\boldsymbol{a}, \quad k\in\mathbb{Z},$$

其中 $\boldsymbol{q}$ 为任意矢量, 则 $f_{\boldsymbol{p}'}(\boldsymbol{x})$ 与 $f_{\boldsymbol{p}}(\boldsymbol{x})$ 具有相同的本征值. 将这些简并的本征函数进行线性组合得到的也是 $\hat{P}(\boldsymbol{a})$ 的本征函数. 但是, 如果一个函数是任意 $\boldsymbol{a}\in\mathbb{R}^n$ 所对应的平移算符的共同本征态, 那么便只有 $f_{\boldsymbol{p}}$ 满足这个条件, 简并也不存在了.

平移算符除了作用在函数上, 也能作用在其他算符上. 例如, 对于泊松方程所对应的本征值问题 $\nabla^2 u(\boldsymbol{x}) = \lambda u(\boldsymbol{x})$, 在无界边界条件下方程的形式不会随空间的整体平移而改变. 一般地, 考虑本征值方程

$$\hat{L}u(\boldsymbol{x}) = \lambda u(\boldsymbol{x}). \tag{5.2.3}$$

如果算符 $\hat{L}$ 在任意空间平移算符 $\hat{P}(\boldsymbol{a})$ 下不变, 即

$$\hat{P}(\boldsymbol{a})\hat{L} = \hat{L}\hat{P}(\boldsymbol{a}), \quad \forall \boldsymbol{a}\in\mathbb{R}^n, \tag{5.2.4}$$

作用在 $f_{\boldsymbol{p}}(\boldsymbol{x})$ 上, 则有

$$\hat{P}(\boldsymbol{a})\hat{L}f_{\boldsymbol{p}}(\boldsymbol{x}) = \exp(-\mathrm{i}\boldsymbol{p}\cdot\boldsymbol{a})\hat{L}f_{\boldsymbol{p}}(\boldsymbol{x}). \tag{5.2.5}$$

这样 $\hat{L}f_{\boldsymbol{p}}(\boldsymbol{x})$ 也是 $\hat{P}(\boldsymbol{a})$ 对应于同一个本征值的本征函数. 由于这个结果对于任意 $\boldsymbol{a}$ 都成立, 根据之前的讨论我们可以断言 $\hat{L}f_{\boldsymbol{p}}(\boldsymbol{x})$ 只可能是 $f_{\boldsymbol{p}}(\boldsymbol{x})$ 的常数倍, 也就是说

$$\hat{L}f_{\boldsymbol{p}}(\boldsymbol{x}) = \lambda_{\boldsymbol{p}}f_{\boldsymbol{p}}(\boldsymbol{x}), \tag{5.2.6}$$

即指数函数同样也是算符 $\hat{L}$ 的本征函数.

这个结论是更为普适的定理 —— 对称性意味着守恒量的一个特例: 空间平移不变性意味着动量守恒.

当然, 原则上算符 $\hat{L}$ 中应当包含着边界条件. 加上诸如 $u(0) = u(1) = 0$ 这样的固定边界条件之后, 算符 $\hat{L}$ 在空间平移下不再是不变的. 但是, 我们依旧可以用 $\hat{P}(\boldsymbol{a})$ 的本征函数做线性组合, 以满足这些边界条件. 例如, 我们注意到, 对于方程

$$-\nabla^2 u = \lambda u, \tag{5.2.7}$$

在不考虑边界条件的情况下, $\mathrm{e}^{\mathrm{i}px}$ 和 $\mathrm{e}^{-\mathrm{i}px}$ 对应着同一个本征值 p^2, 那么我们取

$$u(x) = \mathrm{e}^{\mathrm{i}px} - \mathrm{e}^{-\mathrm{i}px} = 2\mathrm{i}\sin(px), \tag{5.2.8}$$

只要令 $p \times 1 = k\pi, k \in \mathbb{Z}$, 这样组合得到的函数便自然满足边界条件. 其余类型的边界条件也是类似的.

据此, 上一节所讨论的二维泊松方程所对应矩阵的本征值和本征向量分别为

$$\begin{cases} u_{mk}(x,y) = 2\sin(\pi m x)\sin(\pi k y), \\ \lambda_{mk} = \pi^2(m^2 + k^2), \end{cases} \quad m, k = 1, 2, \cdots. \tag{5.2.9}$$

此处给出的本征值与上一节中所给出的形式有所不同, 这个差异源自用二阶差分替代二阶导数所带来的误差. 得知矩阵 $\mathbf{A}$ 的全部本征对后, 我们相当于完成了对角化

$$\mathbf{A} = \mathbf{Q}\mathbf{D}\mathbf{Q}^{\mathrm{T}}, \tag{5.2.10}$$

那么方程的解可以写成

$$\begin{aligned} u(x,y) &= \mathbf{Q}\mathbf{D}^{-1}\mathbf{Q}^{\mathrm{T}} \boldsymbol{f} \\ &= \sum_{m,k} \boldsymbol{q}_{mk} \frac{1}{\lambda_{mk}} \boldsymbol{q}_{mk}^{\mathrm{T}} \boldsymbol{f} \\ &= \sum_{m,k} u_{mk}(x,y) \frac{1}{\lambda_{mk}} \int u_{mk}(x',y') f(x',y') \, \mathrm{d}x' \mathrm{d}y', \end{aligned} \tag{5.2.11}$$

最后一个等号用到了函数间的内积事实上就是相乘积分. 现在, 我们便得到了方形边界下泊松方程解的一个解析表达式. 这种通过求解非齐次偏微分方程所对应的本征值问题来给出原问题的解的办法被称为**谱方法** (spectral method).

但是, 单单得到一个解析表达式其实意义并不大: 为了计算这个式子, 我们需要做一个二重无穷级数的求和, 而级数中的每一项都是一个二重积分. 因此, 我们需要使用数值方法近似计算它. 以一维为例, 首先是积分, 我们可以用简单的梯形积分法

$$\begin{aligned} a_m &= \int_0^1 \sin(m\pi x) f(x) \, \mathrm{d}x \\ &\approx \frac{1}{n} \sum_{i=1}^{n-1} \sin\left(\frac{\pi m i}{n}\right) f\left(\frac{i}{n}\right). \end{aligned} \tag{5.2.12}$$

然后是无穷求和, 我们可以将其截断成一个有限的求和:

$$\begin{aligned} u\left(\frac{i}{n}\right) &= \sum_{m=1}^{\infty} \sin\left(\frac{\pi m i}{n}\right) \frac{a_m}{\lambda_m} \\ &\approx \sum_{m=1}^{n-1} \sin\left(\frac{\pi m i}{n}\right) \frac{a_m}{\lambda_m}. \end{aligned} \tag{5.2.13}$$

很有趣的是, 我们发现这两步构成了一对对偶的操作. 这也引出了本节的主题: 离散傅里叶变换.

5.2.1 离散傅里叶变换

为了让公式简洁, 我们不以满足特定边界条件的三角函数作为基底, 而是基于指数函数讨论, 三角函数可由指数函数通过取实部或虚部得到. 考虑变换

$$\tilde{a}_j = \frac{1}{\sqrt{n}} \sum_{k=0}^{n-1} w_n^{jk} a_k, \tag{5.2.14}$$

其中 $w_n \equiv \mathrm{e}^{-2\pi\mathrm{i}/n}$ 为 $x^n = 1$ 在复平面上的 n 次单位根. (5.2.14) 式相当于一个矩阵向量乘法

$$\tilde{\boldsymbol{a}} = \mathbf{F}\boldsymbol{a}, \tag{5.2.15}$$

其中傅里叶变换矩阵

$$(\mathbf{F})_{jk} = \frac{1}{\sqrt{n}} w_n^{jk}. \tag{5.2.16}$$

矩阵 $\mathbf{F}$ 是一个幺正矩阵, 其共轭转置等于自身的逆, 因为

$$\begin{aligned}
(\mathbf{F}\mathbf{F}^\dagger)_{jk} &= \frac{1}{n} \sum_{m=0}^{n-1} w_n^{jm} w_n^{-mk} = \frac{1}{n} \sum_{m=0}^{n-1} w_n^{(j-k)m} \\
&= \begin{cases} 1, & j = k, \\ \dfrac{1}{n} \dfrac{1 - w_n^{n(j-k)}}{1 - w_n^{j-k}}, & j \neq k \end{cases} \\
&= \delta_{jk} = (\mathbf{I})_{jk}.
\end{aligned} \tag{5.2.17}$$

这意味着我们可以轻松写出逆变换:

$$\begin{aligned}
\boldsymbol{a} &= \mathbf{F}^\dagger \tilde{\boldsymbol{a}}, \\
a_k &= \frac{1}{\sqrt{n}} \sum_{j=0}^{n-1} w_n^{-jk} \tilde{a}_j.
\end{aligned} \tag{5.2.18}$$

我们将 $\tilde{\boldsymbol{a}} = \mathbf{F}\boldsymbol{a}$ 称为 $\boldsymbol{a}$ 的**离散傅里叶变换** (discrete Fourier transformation, DFT). 与连续形式的傅里叶级数和傅里叶变换类似, 容易证明如下几个重要定理:

(1) 帕塞瓦尔 (Parseval) 定理: $|\boldsymbol{a}|^2 = |\tilde{\boldsymbol{a}}|^2$.

(2) 位移 – 相移定理: 若有 $b_k = a_{(k+m) \bmod n}$, 则 $\tilde{b}_j = w_n^{-jm} \tilde{a}_j$; 而若 $b_k = w_n^{km} a_k$, 则 $\tilde{b}_j = \tilde{a}_{(j+m) \bmod n}$.

(3) 卷积定理:

$$\sum_{k=0}^{n-1} a_k b_{(m-k) \bmod n} = \sum_{j=0}^{n-1} \tilde{a}_j \tilde{b}_j w_n^{-jm}. \tag{5.2.19}$$

5.2.2 尺度与分辨率

离散傅里叶变换是由一个 n 维向量到另一个 n 维向量的变换,这显得有些抽象.我们可以尝试将离散变换重新写成连续变换的形式:

$$\begin{cases} \tilde{f}\left(\dfrac{2\pi j}{L}\right) = \dfrac{1}{\sqrt{n}} \sum_{i=0}^{n-1} f\left(\dfrac{iL}{n}\right) \exp\left[-\mathrm{i}\dfrac{2\pi j}{L} \times \dfrac{iL}{n}\right], \\ f\left(\dfrac{iL}{n}\right) = \dfrac{1}{\sqrt{n}} \sum_{j=0}^{n-1} \tilde{f}\left(\dfrac{2\pi j}{L}\right) \exp\left[\mathrm{i}\dfrac{2\pi j}{L} \times \dfrac{iL}{n}\right]. \end{cases} \quad (5.2.20)$$

在这个表达式中,a 来自函数 $f(x)$ 在区间 $[0,L]$ 上以 $\Delta x = L/n$ 为间隔的采样,而得到的 $\tilde{a}$ 被诠释为函数 $\tilde{f}(k)$ 在区间 $[0, 2n\pi/L]$ 上以 $\Delta k = 2\pi/L$ 为间隔的采样. 通常,我们称 $f(x)$ 为时域上的分布或实空间上的函数,而称 $\tilde{f}(k)$ 为频域上的分布或动量空间上的函数. 上式同时也假定了函数的周期性:

$$f(x + T_x) = f(x), \quad \tilde{f}(k + T_k) = \tilde{f}(k), \quad (5.2.21)$$

其中 $T_x = L, T_k = 2n\pi/L$.

我们容易发现关系

$$T_x \Delta k = 2\pi, \quad T_k \Delta x = 2\pi, \quad (5.2.22)$$

即时域的区间大小决定了频域的分辨率,而时域的分辨率又决定了频域的区间大小. 这个关系的后一部分被称为**奈奎斯特 (Nyquist) 采样定理**,指出为了提取出信号中的高频率分量,时域中采样点的间隔必须小于一定值. 这是信号处理中的一个重要定理.

不过,对于希望求解偏微分方程来获知场的行为而言,这个关系给予我们的提示是:为了描述实空间中一个快速振荡的函数,动量空间需要足够大;为了描述分布在实空间中很大一个范围中的函数,动量空间中的格点需要足够密. 这样,我们便可以在正式求解方程之前大致估计怎么划分格点才能够保证收敛.

将向量视作函数的采样后,也可以讨论函数的导数了. 由

$$f(x) = \dfrac{1}{\sqrt{n}} \sum_{j=0}^{n-1} \tilde{f}(k_j) \exp[\mathrm{i}k_j x], \quad (5.2.23)$$

等式两端对 x 求 m 阶导数,可知

$$f^{(m)}(x) = \dfrac{1}{\sqrt{n}} \sum_{j=0}^{n-1} \tilde{f}(k_j)(\mathrm{i}k_j)^m \exp[\mathrm{i}k_j x]. \quad (5.2.24)$$

这样,函数导数的傅里叶变换等于函数的傅里叶变换再乘上一些常数. 不过, (5.2.24) 式实际上存在着一些微妙的地方. 我们做离散傅里叶变换时,动量的取值范围限制在

$[0, T_k)$ 中. 这其实具有一定的任意性, 由位移 – 相移定理, 我们完全可以选取任意一段长度为 T_k 的区间 $[m\Delta k, T_k + m\Delta k)$ 来描述函数. 但是, 当我们试图计算导函数时, (5.2.24) 式却会对不同区间给出不同的结果. 这个矛盾来源于离散傅里叶变换仅要求函数值在采样点 $\{x_i\}$ 处符合要求, 而不管其他位置怎么样. 但是函数的导数却完全由 x_i 邻域的行为给出. 为了避免这个问题, 人们通常约定取对称区间 $[-T_k/2, T_k/2)$.

5.2.3 快速傅里叶变换

离散傅里叶变换为满矩阵与向量的乘法, 直接计算的复杂度为 $O(n^2)$. 然而, $\mathbf{F}$ 的矩阵元极具特殊性, 让人不禁思考这个计算过程能否简化. 我们来重新审视傅里叶变换

$$\tilde{a}_j = \frac{1}{\sqrt{n}} \sum_{k=0}^{n-1} w_n^{jk} a_k. \tag{5.2.25}$$

为方便起见, 假设 $n = 2^p$, 再将奇数和偶数指标拆分:

$$\begin{aligned}
\tilde{a}_j &= \frac{1}{2^{p/2}} \sum_{k=0}^{2^p-1} w_{2^p}^{jk} a_k \\
&= \frac{1}{2^{p/2}} \left(\sum_{k=0}^{2^{p-1}-1} w_{2^{p-1}}^{jk} a_{2k} + w_{2^p}^{j} \sum_{k=0}^{2^{p-1}-1} w_{2^{p-1}}^{jk} a_{2k+1} \right) \\
&= \frac{1}{\sqrt{2}} \left(\tilde{b}_j + w_{2^p}^{j} \tilde{c}_j \right),
\end{aligned} \tag{5.2.26}$$

其中 $\tilde{b}$ 和 $\tilde{c}$ 分别为 $b_k = a_{2k}$ 和 $c_k = a_{2k+1}$ 的傅里叶变换. 这里使用了傅里叶变换的周期性 $\tilde{b}_{j+2^{p-1}} = \tilde{b}_j, \tilde{c}_{j+2^{p-1}} = \tilde{c}_j$. 我们发现了一个有趣的结果: 一个 2^p 维向量的傅里叶变换, 能够写成两个 2^{p-1} 维向量的傅里叶变换的线性组合. 显然, 我们可以重复地拆分下去, 设 2^p 维离散傅里叶变换的计算消耗为 $f(2^p)$, 那么有

$$f(2^p) = 2f(2^{p-1}) + O(2^p). \tag{5.2.27}$$

这个迭代式可以使用常数变易法求解, 结果为

$$f(2^p) = O(p 2^p). \tag{5.2.28}$$

若用矩阵维度 n 表示, 那么如此计算傅里叶变换的计算复杂度为 $O(n \log n) < O(n^2)$. 这便是著名的**快速傅里叶变换** (fast Fourier transform, FFT), 伪代码如下.

算法 5.2　快速傅里叶变换

```
1   function FFT(a,p)
2     if(p=0)
3       fa = a
4     else
5       n = 2^(p-1)
6       do j = 0, n - 1
7         b(j) = a(2*j)
8         c(j) = a(2*j+1)
9       end
10      fb = FFT(b,p-1)
11      fc = FFT(c,p-1)
12      do j = 0, n - 1
13        fa(j)   = (fb(j) + fc(j)*exp(-pi*I*j/n))/sqrt(2)
14        fa(j+n) = (fb(j) - fc(j)*exp(-pi*I*j/n))/sqrt(2)
15      end
16    end
17    return fa
18  end
```

历史上, 高斯最早在其生前未发表的手稿中给出了类似的算法. 而其在现代计算机上的广泛应用则要归功于库利 (Cooley) 和图基 (Tukey) 在 1965 年的重新发现. 关于其中的历史, 感兴趣的读者可以参考相关文献[4].

上文所给出的快速傅里叶变换要求向量维度 n 是 2 的整幂次. 事实上, (5.2.26) 式的思想可以用于任意因子的分解. 考虑 n 的因数分解

$$n = p_1 p_2 \cdots p_m, \tag{5.2.29}$$

那么对于任意整数 $k \in [0, n)$, 可以做分解 $k = p_1 q + r$. 我们能将 n 维离散傅里叶变换拆成 p_1 个 n/p_1 维离散傅里叶变换的组合:

$$\begin{aligned}
\tilde{a}_j &= \frac{1}{\sqrt{n}} \sum_{k=0}^{n-1} w_n^{jk} a_k \\
&= \frac{1}{\sqrt{n}} \sum_{r=0}^{p_1-1} w_n^{jr} \sum_{q=0}^{n/p_1-1} w_{n/p_1}^{jq} a_{p_1 q + r} \\
&= \frac{1}{\sqrt{p_1}} \sum_{r=0}^{p_1-1} w_n^{jr} \tilde{b}_r,
\end{aligned} \tag{5.2.30}$$

---

[4]如 Heideman M T, Johnson D H, and Burrus C S. Gauss and the history of the fast Fourier transform. IEEE ASSP Magazine, 1984, 1(4): 14.

那么，计算 n 维离散傅里叶变换的计算消耗 $f(n)$ 为

$$\begin{aligned} f(n) &= p_1 f(n/p_1) + np_1 \\ &= p_1 p_2 f(n/p_1 p_2) + np_2 + np_1 \\ &= \cdots \\ &= n[p_1 + p_2 + \cdots + p_m + O(1)], \end{aligned} \qquad (5.2.31)$$

即 n 的全部因子之和与 n 的乘积. 注意到

$$pq = (p/2-1)q + p(q/2-1) + p + q \geqslant p+q, \qquad (5.2.32)$$

不等号当 $p, q \geqslant 2$ 时成立，那么可以得知，最优的分解方案为将 n 做质因数分解. 据此还可以考察一个更有趣的问题: 如果我们不再限制 p_i 是整数，而仅要求它们满足 (5.2.29) 式，那么它们取多少时 $f(n)$ 最小？

这是一个约束极值问题，通过拉格朗日乘子法容易检验取极值时全部 p_i 相等，记作 p. 那么此时有 $k = \log_p n$，进而

$$f(n; p) = \frac{p}{\ln p} \times n \ln n. \qquad (5.2.33)$$

问题进一步约化成了函数 $p/\ln p$ 的极小值问题. 令其导数为零，容易得到 $p = \mathrm{e} \approx 2.718$，为自然对数的底.

我们当然不可能用 e 来做分解. 在实际计算中，应该选择 $p = 2$ 或 3. 严格来说，对于差不多大小的 n，我们取其为 3 的整幂次做快速傅里叶变换要比取 2 的整幂次来得更快.

事实上，完全相同的函数表达式也出现在了计算机最底层的设计上: 用几进制来存储数据最节省资源？答案是三进制. 然而如今却是二进制计算机大行其道. 这源于在物理上实现二进制要比三进制容易得多，而它们两者之间效率的差距并不是太大:

$$2/\ln 2 \approx 2.885, \quad 3/\ln 3 \approx 2.730, \qquad (5.2.34)$$

不足以抵消物理实现难易度上的巨大差异. 同样地，在快速傅里叶变换这个问题上，由于在二进制计算机上做与 2 相关的存储和运算更快，人们也一般以 2 的整幂次取格点来划分网络，然后用以执行快速傅里叶变换.

有些情况下，格点数目 n 无法人为控制，实践上也可以考虑手动增加向量的维度以凑 2^p，并且令那些多出来的分量为零. 需要注意的是，这种处理可能会引入额外的干扰信号，请读者小心.

下一个问题是将算法扩展到多维. 对于二维傅里叶变换

$$\tilde{a}_{ij} = \sum_{k,l} a_{kl} w_n^{ik} w_n^{jl}, \qquad (5.2.35)$$

我们可以先对于求和式中的每一个给定的 k, 都执行一次快速傅里叶变换, 将指标 l 变成 j, 时间消耗为 $O(n \times n \log n)$, 然后再对于每一个给定的 j, 同样执行一次快速傅里叶变换, 将指标 k 变成 i. 这样, 我们便以 $O(2n^2 \log n)$ 的时间消耗完成了二维傅里叶变换. 容易检验, 对于 d 维的情形, 快速傅里叶变换的时间消耗为 $O(dn^d \log n)$.

拥有了快速傅里叶变换后, 解析式 (5.2.11) 的计算消耗便从直接求解的 $O(n^4)$ 降低为 $O(n^2 \log n)$. 我们在表 5.1 中列出 d 维空间中泊松方程在每个维度上格点均为 n 时, 各个算法的计算消耗.

表 5.1 各个算法的计算消耗

算法	计算消耗
高斯消元	$O(n^{3d})$
带状矩阵高斯消元	$O(n^{3d-2})$
雅可比迭代/高斯 – 塞尔德迭代/最速下降	$O(n^{d+2})$
共轭梯度	$O(n^{d+1})$
快速傅里叶变换	$O(n^d \log n)$
多重网格	$O(n^d)$

5.2.4 快速傅里叶变换的其他应用

除了用于求解偏微分方程外, 快速傅里叶变换也能用于加速许多计算. 例如, 两个向量的卷积 (等式左边需要计算 $0 \leqslant m \leqslant n-1$ 的全部值)

$$\sum_{k=0}^{n-1} a_k b_{(m-k) \bmod n} = \sum_{j=0}^{n-1} \tilde{a}_j \tilde{b}_j w_n^{-jm}, \qquad (5.2.36)$$

直接计算的时间复杂度为 $O(n^2)$, 但是由卷积定理, 可以拆成三个傅里叶变换, 那么时间消耗便降低至 $O(n \log n)$.

卷积运算的一个来源是多项式乘法. 考虑 $f(x) = \sum_i a_i x^i$ 与 $g(x) = \sum_i b_i x^i$, 其乘积为

$$f(x)g(x) = \sum_k x^k \sum_{i=0}^k a_i b_{k-i}, \qquad (5.2.37)$$

即两个多项式乘积的系数为子多项式系数的卷积.

另一个来源是 $n \times n$ 维循环矩阵 $(\mathbf{A})_{i,j} = (\mathbf{a})_{(i-j) \bmod n}$ 的线性代数方程组

$$\mathbf{A}\boldsymbol{x} = \boldsymbol{b},$$
$$\sum_{j=0}^{n-1} a_{(i-j) \bmod n} x_j = b_i. \tag{5.2.38}$$

可以对等式两端同时做傅里叶变换, 再借助卷积定理得到

$$\sqrt{n}\tilde{a}_i \tilde{x}_i = \tilde{b}_i, \tag{5.2.39}$$

方程变成了对角的形式. 同样三次快速傅里叶变换便能求解, 时间消耗为 $O(n \log n)$. 循环矩阵的本征值问题也是类似的.

此外, 快速傅里叶变换在数论和大整数乘法中也有一些应用. 由于其偏离了本书的主旨, 这里不再阐述.

5.3 分离变量: 本征值问题与斯图姆 – 刘维尔型方程

在上一节中, 我们讨论了拉普拉斯算符的平移不变性以及相应的傅里叶变换. 通过找寻算符 $\hat{L}$ 所满足的对称性, 我们轻松求解了本征值问题

$$\hat{L}u_n = \lambda_n u_n, \tag{5.3.1}$$

然后借助求得的本征值和本征函数, 很容易地写下最初偏微分方程 $\hat{L}u = f$ 的解

$$u = \sum_n \frac{1}{\lambda_n} u_n \times (u_n, f), \tag{5.3.2}$$

其中 $(u_n, f) = \int u_n(x) f(x) \, \mathrm{d}x$ 是函数 u_n 与 f 之间的内积.

这套思路可以推广到其他的偏微分方程. 例如, 考虑氢原子系统的含时薛定谔 (Schrödinger) 方程

$$\left(\mathrm{i}\partial_t + \frac{1}{2}\nabla^2 + \frac{1}{r}\right) \Psi(\boldsymbol{r}, t) = 0. \tag{5.3.3}$$

首先, 系统具有时间平移不变性, 那么算符 $\mathrm{i}\partial_t - H$ 的本征函数一定也是时间平移算符的本征函数

$$\psi(\boldsymbol{r}) \mathrm{e}^{-\mathrm{i}Et}. \tag{5.3.4}$$

将上式代入 (5.3.3) 式中, 有

$$\left(-\frac{1}{2}\nabla^2 - \frac{1}{r}\right) \psi(\boldsymbol{r}) = E \psi(\boldsymbol{r}). \tag{5.3.5}$$

一个四维的问题约化成了一个三维的本征值问题. 我们可以进一步约化. 注意到系统在绕坐标原点的任意旋转操作下不变, 那么这个三维问题的解也一定是转动算符的本征函数[5]

$$R_l(r)Y_{lm}(\theta,\varphi), \tag{5.3.6}$$

这里 $Y_{lm}(\theta,\varphi)$ 是球谐函数. 再将 (5.3.6) 式代入 (5.3.5) 式中, 有

$$\left(-\frac{1}{2r^2}\frac{\mathrm{d}}{\mathrm{d}r}r^2\frac{\mathrm{d}}{\mathrm{d}r}+\frac{l(l+1)}{2r^2}-\frac{1}{r}\right)R_l(r)=ER_l(r), \tag{5.3.7}$$

约化成了一个一维的本征值问题. 当然, 我们知道对于库仑 (Coulomb) 势而言, 还存在一个额外的动力学对称性, 这让上式的解也可以写成一个对称操作的本征函数[6]. 不过这就略微有些跑题了. 这套操作在一般的教材中通常以分离变量法的形式给出, 而在此我们需要强调的是, 分离变量之所以可行, 就是因为系统存在着相应的对称性.

我们在本节中关注的核心问题是: 通过一系列变量分离操作后, 能得到一个或者数个难以解析求解的一维本征值问题, 那么该如何在数值上求解?

5.3.1 斯图姆 – 刘维尔型方程

一般地, 我们假设最后得到的一维本征值问题具有下述形式:

$$\begin{cases} -[p(x)u']' + q(x)u = \lambda w(x)u, \\ (u\cos\alpha - p(x)u'\sin\alpha)|_{x=a} = 0, \\ (u\cos\beta - p(x)u'\sin\beta)|_{x=b} = 0, \end{cases} \tag{5.3.8}$$

在 (a,b) 上有 $p(x)>0, w(x)>0$. 这类问题被称为**斯图姆 – 刘维尔 (Sturm-Liouville, SL) 型方程**.

这个方程相当于一个实对称矩阵的广义本征值问题

$$\hat{L}u = \lambda \hat{S}u, \tag{5.3.9}$$

其中算符 $\hat{L} = -\dfrac{\mathrm{d}}{\mathrm{d}x}\left[p(x)\dfrac{\mathrm{d}}{\mathrm{d}x}\right]+q(x), \hat{S} = w(x)$ 都相当于函数空间中的实对称矩阵. 我

---

[5]转动算符的本征值是简并的, 这会使情况稍微有些复杂.
[6]可以参考曾谨言的《量子力学》第二卷第八章的相关内容.

们来证明这一点. 设 f, g 都是满足相应边界条件的平方可积函数, 考虑

$$\begin{aligned}(f, \hat{L}g) &= \int_a^b \{-f[p(x)g']' + fq(x)g\}\,\mathrm{d}x \\ &= \int_a^b \{p(x)f'g' + q(x)fg\}\,\mathrm{d}x - fp(x)g'\Big|_a^b \\ &= \int_a^b \{-g[p(x)f']' + fq(x)g\}\,\mathrm{d}x + [gp(x)f' - fp(x)g']\Big|_a^b \\ &= (g, \hat{L}f) + W[f,g](x)\Big|_a^b,\end{aligned} \tag{5.3.10}$$

其中

$$W[f,g](x) \equiv \begin{vmatrix} g(x) & f(x) \\ p(x)g'(x) & p(x)f'(x) \end{vmatrix} \tag{5.3.11}$$

为朗斯基 (Wronski) 行列式. 由于 f, pf' 和 g, pg' 在边界处满足相同的线性约束, 因此该行列式在边界处为零, 从而有

$$(f, \hat{L}g) = (g, \hat{L}f), \tag{5.3.12}$$

"矩阵" 是对称的. 而对应等式 (5.3.9) 右侧的内积

$$(f, \hat{S}g) = \int_a^b f(x)g(x)w(x)\,\mathrm{d}x, \tag{5.3.13}$$

显然对应一个对称正定矩阵.

若 f 和 g 都是 SL 型方程同一个本征值对应的本征函数, 容易检验朗斯基行列式是一个常量:

$$\begin{aligned}\frac{\mathrm{d}}{\mathrm{d}x}W[f,g](x) &= g'pf' + g(pf')' - f'pg' - f(pg')' \\ &= gw\lambda f - fw\lambda g \\ &= 0.\end{aligned} \tag{5.3.14}$$

在 3.5 节中讨论过, 实对称矩阵的本征值问题 $\hat{L}u = \lambda \hat{S}u$ 等价于一个二次型的约束极小值问题. 或者说, 在引入拉格朗日乘子消去约束后的二次型极小值问题:

$$\min_{u(x),\lambda} [(u, \hat{L}u) - \lambda(u, \hat{S}u)]. \tag{5.3.15}$$

将上式具体写开, 并且用 $\mathcal{Q}(x)$ 替代 $u(x)$, 我们可以得到

$$S[\mathcal{Q}(x); \lambda] = \int_a^b [p\dot{\mathcal{Q}}^2 + (q - \lambda w)\mathcal{Q}^2]\,\mathrm{d}x - p\mathcal{Q}\dot{\mathcal{Q}}\Big|_a^b. \tag{5.3.16}$$

如果暂时遮去 λ 和边界项不管，把 x 看作时间变量，$\mathcal{Q}$ 作为广义坐标，关于 $\mathcal{Q}(x)$ 的泛函 S 看作某个单自由度系统的作用量，那么被积函数 $p\dot{\mathcal{Q}}^2 + (q - \lambda w)\mathcal{Q}^2$ 就成了该系统的拉格朗日量 L，对应有广义动量和哈密顿量：

$$\begin{cases} \mathcal{P} = \dfrac{\partial L}{\partial \dot{\mathcal{Q}}} = 2p\dot{\mathcal{Q}}, \\ H = \mathcal{P}\dot{\mathcal{Q}} - L = \dfrac{\mathcal{P}^2}{4p} + (\lambda w - q)\mathcal{Q}^2. \end{cases} \tag{5.3.17}$$

从而，SL 型方程在一定程度上等价于一个"含时"哈密顿方程。作为一个最简单的例子，弦上驻波在空间上所满足的方程与一个简谐振子在时间上所满足的方程是一致的。从这个角度来看，朗斯基行列式守恒其实对应着哈密顿系统的辛结构守恒。

实对称矩阵的本征值 λ 都是实数，且对应于不同本征值的本征函数相互正交：

$$(\lambda_1 - \lambda_2)(u_1, \hat{S}u_2) = (u_1, \hat{L}u_2) - (u_2, \hat{L}u_1) = 0. \tag{5.3.18}$$

请注意此处正交指的是 $(u_1, \hat{S}u_2) = 0$，而非通常的 $(u_1, u_2) = 0$。

此外，这个系统的本征值

$$\begin{aligned} \lambda &= \frac{(u, \hat{L}u)}{(u, \hat{S}u)} \\ &= \frac{\int_a^b p(x)|u'|^2 \, \mathrm{d}x + \int_a^b \dfrac{q(x)}{w(x)} u^2 w(x) \, \mathrm{d}x - puu'\big|_a^b}{\int_a^b u^2 w(x) \, \mathrm{d}x}. \end{aligned} \tag{5.3.19}$$

对于固定边界条件 $\alpha = \beta = 0$ 或 $\pi/2$ 的情形，上式大于 $\min\limits_{x \in (a,b)} \dfrac{q(x)}{w(x)}$，从而存在下界。对于其他情形同样也可以证明本征值存在着类似的下界。因此我们可以由小到大给本征值排序：$\lambda_0 < \lambda_1 < \lambda_2 < \cdots$。另外两条重要性质证明起来比较烦琐，这里直接给出。设 $u_k(x)$ 为 λ_k 对应的本征函数，那么有：

(1) **振荡定理**：$u_k(x)$ 在 (x_1, x_2) 上具有 k 个不同零点；$u_k(x)$ 的任意两个相邻零点之间有且仅有 u_{k-1} 的一个零点。

(2) $\{u_k(x)\}$ 构成 $L_2(a,b)$ 上的一组正交完备基。

求解此类本征值方程原则上来讲不是什么新问题：使用前两节介绍过的方法，可以将微分方程问题离散化为矩阵问题。再借助 3.4 节中的知识，或直接对角化，或迭代求解，可以得到相应矩阵问题所需的本征值和本征向量。两个问题的本征值直接一一对应，而本征向量和本征函数之间也可以简单转换。然而，根据本征函数的振荡定理，我们的离散化方法往往只能较好地描述前数个本征函数，因为较大的本征值对应于高频的振荡行为，从而难以精确求解。

5.3.2 打靶法

在讨论矩阵化之前，我们先考察一下在 5.1 节中讨论过的边值问题的打靶法. 它也可以用于求解本征值问题，但需要做一些修正.

我们知道 $u(x) = 0$ 是满足微分方程以及相应的边界条件的，但是显然这不是我们需要的解. 若任意取一个 λ 值，使用原始形式的打靶法求解，除非我们正好选中了本征值，否则得到的一定是零解! 这是由线性齐次方程的特性决定的.

具体来说，当我们选取一端的初值为

$$u(a) = \gamma \sin\alpha, \quad pu'(a) = \gamma \cos\alpha$$

后，为使另一端的残差 $\delta(\gamma, \lambda) = u(b)\cos\beta - pu'(b)\sin\beta = \gamma\Delta(\lambda)$ 为零，需要调整的不是这一端的 γ，而是本征值 λ. 此时，我们面临的是关于 λ 的一个非线性方程的求解问题.

从一头往另一头传播方程可能会引入人为的不稳定性和非对称性. 一种解决策略是取一点 $c \in (a, b)$，以某个满足边界条件的初值分别从 a 处和 b 处出发向中间传播，得到两个函数 u_1 和 u_2，再计算它们之间的朗斯基行列式

$$D(\lambda) = \begin{vmatrix} pu_1'(c;\lambda) & pu_2'(c;\lambda) \\ u_1(c;\lambda) & u_2(c;\lambda) \end{vmatrix}. \tag{5.3.20}$$

如果行列式为零，则两函数线性相关，为该本征值问题的解. 从而我们通过求解 $D(\lambda) = 0$ 这个左右对称的方程便可得解.

在开头我们讨论了 SL 型方程和哈密顿方程的等价性. 那么专为哈密顿方程设计的辛算法便可以作为打靶法的一种具体实现.

5.3.3 普吕弗变换

容易看出，本征值问题中存在一个额外的自由度：本征函数乘以任意常数仍然是本征函数. 能否将这个自由度消去以简化问题? 我们引入**普吕弗 (Prüfer) 变换**[7]

$$pu' = r\cos\theta, \tag{5.3.21}$$
$$u = r\sin\theta.$$

微分方程和边界条件化为

$$\begin{cases} (\ln r)' = (1/p - \lambda_k w + q)\sin\theta\cos\theta, \\ \theta' = \cos^2\theta/p + (\lambda_k w - q)\sin^2\theta, \\ \theta(a) = \alpha, \\ \theta(b) = \beta + k\pi. \end{cases} \tag{5.3.22}$$

---
[7]可注意该方法与量子力学中 WKB 近似的关联.

从而方程被拆分成了两个一阶非线性方程，并且其中一个可以单独求解得到本征值——从打靶法的视角来看，这确实降低了求解的复杂度.

我们看到，边界条件中出现了 $k\pi$，这来源于反正切函数，但也可以与本征函数的零点个数相联系[8]. 当求解较大的本征值时，方程的条件数会升高，成为刚性问题. 这个方程同样可以使用从两头向中间的打靶法. 对于某些问题，可以通过恰当地引入一个额外的尺度因子 $S(x)$ 以简化方程，即

$$pu' = \sqrt{S} r \cos\theta,$$
$$u = \frac{r}{\sqrt{S}} \sin\theta.$$

5.3.4 普鲁斯方法

处理复杂的本征值问题的另一个思路是，将问题在局部简化为简单的问题. 具体而言，将 $p(x), q(x), w(x)$ 用分段常数函数代替：

$$-[P(x)u']' + Q(x)u = \Lambda W(x)u. \tag{5.3.23}$$

在某一段区域 $[y_{j-1}, y_j]$ 中，令区间长度为 h_j，三个函数的值分别为 p_j, q_j, w_j，定义 $k_j = (\Lambda w_j - q_j)/p_j$. 这样近似后，在 $[y_{j-1}, y_j]$ 这段常数区间内方程简化为谐振子方程

$$u'' = -k_j u, \tag{5.3.24}$$

其严格解为

$$u(x) = u(y_{j-1})\Psi_j(x - y_{j-1}) + (Pu')(y_{j-1})\Phi_j(x - y_{j-1})/p_j, \tag{5.3.25}$$

其中

$$\Psi_j(x) = \begin{cases} \cos(\sqrt{k_j}x), & k_j > 0, \\ 1, & k_j = 0, \\ \cosh(\sqrt{-k_j}x), & k_j < 0, \end{cases}$$
$$\Phi_j(x) = \begin{cases} \sin(\sqrt{k_j}x)/\sqrt{k_j}, & k_j > 0, \\ x, & k_j = 0, \\ \sinh(\sqrt{-k_j}x)/\sqrt{-k_j}, & k_j < 0. \end{cases} \tag{5.3.26}$$

相邻两个常数区间取连接条件 u 以及 Pu' 连续，得到

$$\begin{pmatrix} u \\ Pu' \end{pmatrix}_j = T_j \begin{pmatrix} u \\ Pu' \end{pmatrix}_{j-1}, \tag{5.3.27}$$

---

[8]请思考，如何从这个角度证明振荡定理? 请注意 θ 对 λ 的偏导数是恒正的.

其中转移矩阵

$$T_j = \begin{pmatrix} \cos(\sqrt{k_j}h_j) & \sin(\sqrt{k_j}h_j)/(p_j\sqrt{k_j}) \\ -p_j\sqrt{k_j}\sin(\sqrt{k_j}h_j) & \cos(\sqrt{k_j}h_j) \end{pmatrix}. \tag{5.3.28}$$

那么从一端的初始条件出发, 可以通过连乘转移矩阵得到另一端与边界条件的差

$$\delta = \begin{pmatrix} \cos\beta & -\sin\beta \end{pmatrix} \prod_j T_j(\Lambda) \begin{pmatrix} \sin\alpha \\ \cos\alpha \end{pmatrix}. \tag{5.3.29}$$

求解 $\delta(\Lambda) = 0$ 这个关于 Λ 的非线性方程, 就能得到本征值和本征函数. 这种方法称为**普鲁斯 (Pruess) 方法**, 一定程度上讲, 其就是打靶法的一个具体实现, 其误差正比于 p, q, w 这三个函数的导数与区间长度 h 的乘积. 但是由于在近似过程中保持了 SL 型方程的形式, 因此方程拥有的诸多解析性质, 包括朗斯基行列式的守恒、不同本征解之间的正交性、振荡定理等都能严格成立.

5.3.5 奇异边界条件

让我们回到本节一开头导出的方程 (5.3.7), 写成 SL 型方程的标准形式

$$-[r^2 R'(r)]' + [l(l+1) - 2r]R(r) = 2Er^2 R(r), \tag{5.3.30}$$

这里有 $p(r) = r^2, q(r) = l(l+1) - 2r, w(r) = 2r^2$, 而边界点为 $a = 0, b = \infty$. 由波函数单值、有界且平方可积[9]可以写下边界条件

$$\begin{cases} r^2 R'(r)|_{r=0} = 0, \\ R(r)|_{r=\infty} = 0. \end{cases} \tag{5.3.31}$$

这个方程的两个端点都会产生麻烦.

首先是右端的无穷远边界, 这意味着无穷大的求解域, 那该如何划分格点进行传播呢? 最简单的策略是取一个足够大的端点 $r_{\max}$, 令波函数在这一点近似为零, 然后求解本征值问题. 当得到的本征值几乎不随 $r_{\max}$ 的增大而变化时, 便认为我们已经求得了一个充分好的解. 此外, 普鲁斯方法可以将最右侧端点 r_n 取作无穷大, 但仍然需要找一个充分大的 r_{n-1}.

其次是左端的边界点. 这个点粗看起来没什么毛病, 但如果考虑到在普鲁斯方法和普吕弗变换中都出现了 $1/p$ 的表达式, 而 $1/p$ 在 $r=0$ 处发散时, 问题就来了. 在量子力学课程的学习中, 解析分析告诉我们此处 $R(r) \sim r^l$, 这意味着所使用的微分方程解法必须要有足够高的精度, 才能较好地描述这一点的行为. 实践中, 处理这类奇异边界的思路和普鲁斯方法类似: 取一个小区间 $[0, \Delta r]$, 在这个小区间内用解析的手段给

---
[9]当求解散射态时, 会丢掉平方可积这个限制. 我们将在后续章节具体讨论.

出本征函数的渐近行为以及 $r = \Delta r$ 处的边界条件, 然后再以 Δr 为数值处理时使用的左端点来求解方程.

5.3.6 数值实验

现在让我们对 (5.3.7) 式来实际试验一下本节中讨论的算法. 我们在 $r \in (0, \infty)$ 上划分格点 $\{a, a+h, a+2h, \cdots, b\}$, 在最两端的边界用渐近解来消除奇异性. 对于 $r \in (0, a)$ 区间段, 有 $R(r) \sim r^l$, 从而在 $r = a$ 处

$$r^2 R'(r)\big|_{r=a} = la^{l+1} = laR(a), \tag{5.3.32}$$

故可取 $\cot\alpha = la$. 对于另一端 $r \in (b, \infty)$, 有 $R(r) \sim e^{-\sqrt{-2E}r}/r$, 从而在 $r = b$ 处

$$r^2 R'(r)\big|_{r=b} = -e^{-\sqrt{-2E}b} - \sqrt{-2E}be^{-\sqrt{-2E}b} = -(1+\sqrt{-2E}b)bR(b), \tag{5.3.33}$$

因此可取 $\cot\beta = -(1+\sqrt{-2E}b)b$. 我们看到此时本征值也出现在了边界条件中, 但这并不影响后面的求解.

消去了奇异边界后, 我们尝试使用普鲁斯算法求解, 各函数用相应区间段中点的值来近似. 数值参数取 $l = 0, h = 0.4, a = h/2 = 0.2, b = 4+a = 4.2$. 求解方程 $\delta(E) = 0$ 得到两个根

$$E_1 = -0.4856, \quad E_2 = -0.0142. \tag{5.3.34}$$

在量子力学中我们学过, 氢原子束缚态的径向波函数是连带拉盖尔 (Laguerre) 函数, 本征值为 $E = -1/2(n+l)^2$. -0.4856 这个根和氢原子 1s 态能量 -0.5 相去不远, 然而 -0.0142 却和 2s 态能量 -0.125 完全不是一回事, 更别提氢原子原则上有无穷多个束缚态.

我们猜测这个结果源自数值参数不足以收敛. 为此, 我们缩小 h, 数值求得的本征值如表 5.2 所示.

表 5.2 $b = 4.2$ 时不同 h 得到的本征值

h	0.4	0.2	0.1	0.05
E_1	−0.4856	−0.4960	−0.4976	−0.4977
E_2	−0.0142	−0.0084	−0.0058	−0.0047

我们看到, 随着格点间距的减小, E_1 不断减小并向理论值靠拢 (但并没有收敛到 -0.5 的趋势), 而 E_2 始终保持着一个很荒唐的值. 这说明问题不出在 h 上, 而是出在 b 上. 我们依旧取 $h = 0.4$, 然后增大 b, 结果如表 5.3 所示.

表 5.3 $h=0.4$ 时不同 b 得到的本征值

b	4.2	8.2	12.2	16.2	20.2
E_1	−0.4856	−0.4873	−0.4873	−0.4873	−0.4873
E_2	−0.0142	−0.1156	−0.1249	−0.1256	−0.1256
E_3			−0.0290	−0.0487	−0.0542
E_4					−0.0106

可以发现, 尽管使用了一个较大的格点间距, 但 E_2 随着 b 的增大快速向理论值靠近. 同时, 方程还出现了更多的根. 看来, 为了容纳更多的本征函数, 我们需要足够大的空间; 而为了准确描述这些本征函数, 我们需要足够小的格点间距. 这在物理上也是不难理解的: 高里德伯 (Rydberg) 态总是要占据很大的空间.

不论如何, 这类方案看起来总不够好: 使用了这么多格点, 也没能给出一个很精确的解. 特别地, 如果我们希望方程能同时给出精确的基态和高激发态, 那我们同时得有足够大的空间尺度和足够小的格点间距, 这对计算量的要求就更高了. 5.4 节中将介绍基于正交多项式的处理手段, 那时我们能看到这类问题可以轻松处理.

练习 5.2 试对于 $r=\infty$ 的边界条件, 直接取 $R(b)=0$, 并采取和正文中类似的数值参数, 求解 (5.3.7) 式. 比较你的结果.

5.3.7 依赖于本征值的边界条件

我们在之前的处理中为了消去边界的奇异性, 引入了依赖于本征值的边界条件. 其实, 这在某些实际的物理问题中也存在. 比方说, 考虑一个弹簧振子, 其中的弹簧不再视作无质量的理想弹簧, 而是可以承载波动的弹性体.

如图 5.3 所示, 设原位于 x 处的弹簧微元相对平衡位置在 t 时刻移动了 $u(x,t)$, 我们可以写下 u 所满足的波动方程:

$$\begin{cases} \partial_t^2 u - \dfrac{k\ell^2}{m}\partial_x^2 u = 0, \\ u|_{x=0} = 0, \\ M\partial_t^2 u + \dfrac{k}{\ell}u'|_{x=\ell} = 0, \end{cases} \tag{5.3.35}$$

其中 k, ℓ, m 分别为弹簧的劲度系数、原长和质量, M 为振子的质量. 由于系统具有时间平移不变性, 故方程的解可以写成 $f(x)\mathrm{e}^{\mathrm{i}\omega t}$ 的形式. 代回 (5.3.35) 式得到

$$\begin{cases} -\dfrac{k\ell^2}{m}f'' = \omega^2 f, \\ f|_{x=0} = 0, \\ \dfrac{k}{M\ell}f'|_{x=\ell} = \omega^2 f. \end{cases} \tag{5.3.36}$$

将 ω^2 看作本征值，我们发现，它出现在了边界条件上.

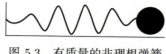

图 5.3 有质量的非理想弹簧

5.4 变分原理: 伽辽金法与函数基组

前述数节中，我们讨论了如何通过各种各样的方案将微分方程边值问题离散化成线性代数方程组. 尽管我们容易分析这些离散方案的局部截断误差，但这些误差对整体结果会产生多大影响，并不存在一般性的理论，5.1 节中对一维泊松方程的分析很难推广到高维度. 因此，本节我们将从另一个视角来探讨微分方程的边值问题. 这个视角在理论上更为优美，也更容易引出其他更高精度的算法.

在物理上我们知道，常见物理问题的微分方程往往对应着某个泛函 $\int \mathcal{L}\,\mathrm{d}V$ 的极值问题，这里 $\mathcal{L}$ 是拉格朗日量密度. 例如 5.1 节中重点讨论的泊松方程

$$-\nabla^2 u = f \tag{5.4.1}$$

对应于

$$\mathcal{L} = \frac{1}{2}(\nabla u)^2 + uf, \tag{5.4.2}$$

波动方程

$$(\partial_t^2 - \nabla^2)u = 0 \tag{5.4.3}$$

对应于

$$\mathcal{L} = (\partial_t u)^2 - (\nabla u)^2. \tag{5.4.4}$$

熟知的麦克斯韦方程组

$$\begin{cases} \nabla \cdot \boldsymbol{E} = \rho/\varepsilon_0, \\ \nabla \times \boldsymbol{E} = -\partial_t \boldsymbol{B}, \\ \nabla \cdot \boldsymbol{B} = 0, \\ \nabla \times \boldsymbol{B} = \mu_0 \boldsymbol{J} + \mu_0\varepsilon_0 \partial_t \boldsymbol{E} \end{cases} \tag{5.4.5}$$

对应于

$$\mathcal{L} = \frac{\varepsilon_0}{2}(E^2 - c^2 B^2) + \rho\phi - \boldsymbol{J} \cdot \boldsymbol{A}. \tag{5.4.6}$$

就连带着复数项的薛定谔方程

$$\mathrm{i}\partial_t \Psi = -\frac{1}{2}\nabla^2 \Psi + V\Psi \tag{5.4.7}$$

也能找到相应的拉格朗日量密度

$$\mathcal{L} = \frac{\mathrm{i}}{2}(\Psi^* \partial_t \Psi - \Psi \partial_t \Psi^*) - \frac{1}{2}|\nabla \Psi|^2 - V|\Psi|^2. \tag{5.4.8}$$

在量子场论中,拉格朗日量更是超越了运动方程,成为描述物理系统行为最基本的函数,由之可以导出运动方程.

既然是极值问题,我们就可以用极值问题的思路来处理. 我们知道,满足给定边界条件的全体平方可积函数构成了一个无穷维线性空间 L^2,其中每个函数都可以看作一个向量,诸如梯度、拉普拉斯算符之类的算符将一个函数线性地映射到另一个函数,从而可以看作一个矩阵. 更进一步,我们看到前面所讨论的拉氏量都是函数的二次型[10],也就是说,我们需要在无穷维函数空间中求解如下二次型的极值问题:

$$L = \frac{1}{2}\boldsymbol{x}^\mathrm{T} \mathbf{A} \boldsymbol{x} - \boldsymbol{x}^\mathrm{T} \boldsymbol{b}. \tag{5.4.9}$$

这里的待求向量 $\boldsymbol{x}$ 对应着待求的物理场 $u, (\boldsymbol{E}, \boldsymbol{B})$ 或 Ψ,已知向量 $\boldsymbol{b}$ 对应着源和汇 $f, (\rho, \boldsymbol{J})$,矩阵 $\mathbf{A}$ 则对应着 $-\nabla^2, \partial_t^2 - \nabla^2$ 等等这些算符.

无穷维的问题在计算实践中无法处理,我们必须截断为有限维. 假设我们选定一组线性无关 (未必正交) 的函数 $\{e_1, e_2, \cdots, e_n\}$,张成了一个 n 维子空间,那便可以先在这个子空间

$$\boldsymbol{x} = \sum_i \boldsymbol{e}_i c_i = \mathbf{E}\boldsymbol{c} \tag{5.4.10}$$

内求 L 的极小值

$$L = \frac{1}{2}\boldsymbol{c}^\mathrm{T} \mathbf{E}^\mathrm{T} \mathbf{A} \mathbf{E} \boldsymbol{c} - \boldsymbol{c}^\mathrm{T} \mathbf{E}^\mathrm{T} \boldsymbol{b}. \tag{5.4.11}$$

这个关于 n 维向量 $\boldsymbol{c}$ 的二次型的极值问题对应于线性代数方程组

$$\mathbf{E}^\mathrm{T} \mathbf{A} \mathbf{E} \boldsymbol{c} = \mathbf{E}^\mathrm{T} \boldsymbol{b}, \tag{5.4.12}$$

系数由下式给出:

$$\begin{aligned}
(\mathbf{E}^\mathrm{T} \mathbf{A} \mathbf{E})_{ij} &= \boldsymbol{e}_i^\mathrm{T} \mathbf{A} \boldsymbol{e}_j = \int e_i(\boldsymbol{r}) \hat{A} e_j(\boldsymbol{r}) \,\mathrm{d}V, \\
(\mathbf{E}^\mathrm{T} \boldsymbol{b})_i &= \boldsymbol{e}_i^\mathrm{T} \boldsymbol{b} = \int e_i(\boldsymbol{r}) b(\boldsymbol{r}) \,\mathrm{d}V.
\end{aligned} \tag{5.4.13}$$

---

[10]当然,实践中也存在很多更复杂的问题.

完成系数计算和线性方程组求解, 我们便给出了原问题的一个近似解. 这个解在我们所限定的子空间内是最优的.

此外, 我们也可以将 (5.4.12) 式改写成

$$\mathbf{E}^{\mathrm{T}}(\mathbf{A}\mathbf{E}c - b) = 0, \tag{5.4.14}$$

也就是说, 通过这种方案得到的近似解, 其残差与所选取的子空间正交. 那么这种方案到底有多好, 就完全依赖于子空间怎么选取. 本节将会介绍若干种常见的方案. 这类方案被称为**伽辽金 (Gerlerkin) 法**.

类似的思路也可以应用于本征值问题之上. 从 3.5 节中我们知道, 本征值问题 $\mathbf{A}x = \lambda x$ 可以转换成一个带拉格朗日乘子的二次型极值问题

$$L = x^{\mathrm{T}}\mathbf{A}x - \lambda(x^{\mathrm{T}}x - 1). \tag{5.4.15}$$

我们在基组 $\{e_1, e_2, \cdots, e_n\}$ 张成的子空间中求解这个极值问题的解, 那么

$$L = c^{\mathrm{T}}\mathbf{E}^{\mathrm{T}}\mathbf{A}\mathbf{E}c - \lambda(c^{\mathrm{T}}\mathbf{E}^{\mathrm{T}}\mathbf{E}c - 1). \tag{5.4.16}$$

它对应于一个有限维的广义本征值问题

$$\mathbf{E}^{\mathrm{T}}\mathbf{A}\mathbf{E}c = \lambda \mathbf{E}^{\mathrm{T}}\mathbf{E}c, \tag{5.4.17}$$

交叠矩阵由下式给出:

$$\left(\mathbf{E}^{\mathrm{T}}\mathbf{E}\right)_{ij} = e_i^{\mathrm{T}}e_j = \int e_i(r)e_j(r)\,\mathrm{d}V. \tag{5.4.18}$$

5.4.1 有限元法

最简单的基函数是分段线性函数. 在区间 $[a, b]$ 中作分划点 $\{x_j\}: a = x_0 < x_1 < \cdots < x_{n-1} < x_n = b$, 取如下形式的基函数:

$$e_j(x) = \begin{cases} \dfrac{x - x_{j-1}}{x_j - x_{j-1}}, & x_{j-1} < x \leqslant x_j, \\ \dfrac{x - x_{j+1}}{x_j - x_{j+1}}, & x_j < x \leqslant x_{j+1}, \\ 0, & \text{其他情况}. \end{cases} \tag{5.4.19}$$

注意这类基函数函数值处处连续. 其一阶导函数容易计算:

$$e_j'(x) = \begin{cases} \dfrac{1}{x_j - x_{j-1}}, & x_{j-1} < x < x_j, \\ \dfrac{1}{x_j - x_{j+1}}, & x_j < x < x_{j+1}, \\ 0, & \text{其他情况}. \end{cases} \tag{5.4.20}$$

导数值在各分划点处存在间断.

此类函数仅在有限区间上非零的特性使得各算符矩阵元非常容易计算. 交叠矩阵为

$$e_i^\mathrm{T} e_j = \frac{x_{i+1} - x_i}{6}\delta_{i,j-1} + \frac{x_{i+1} - x_{i-1}}{3}\delta_{ij} + \frac{x_i - x_{i-1}}{6}\delta_{i,j+1}, \tag{5.4.21}$$

导数算符为

$$\begin{aligned}\left(\frac{\mathrm{d}}{\mathrm{d}x}\right)_{ij} &\equiv \int_a^b e_i(x)\frac{\mathrm{d}}{\mathrm{d}x}e_j(x)\,\mathrm{d}x \\ &= \frac{\delta_{i,j-1} - \delta_{i,j+1}}{2},\end{aligned} \tag{5.4.22}$$

二阶导数算符为

$$\begin{aligned}\left(\frac{\mathrm{d}^2}{\mathrm{d}x^2}\right)_{ij} &\equiv \int_a^b e_i(x)\frac{\mathrm{d}^2}{\mathrm{d}x^2}e_j(x)\,\mathrm{d}x \\ &= e_i(x)e_j'(x)\big|_a^b - \int_a^b e_i'(x)e_j'(x)\,\mathrm{d}x \\ &= \frac{\delta_{i,j-1} - \delta_{ij}}{x_{i+1} - x_i} + \frac{\delta_{i,j+1} - \delta_{ij}}{x_i - x_{i-1}}.\end{aligned} \tag{5.4.23}$$

注意这里使用了一次分部积分, 消去了间断点. 其余与坐标直接依赖的算符 $g(x)$ 同样是三对角的:

$$\begin{aligned}(\hat{g})_{ij} &\equiv \int_a^b e_i(x)g(x)e_j(x)\,\mathrm{d}x \\ &= \delta_{i,j-1}\int_{x_i}^{x_{i+1}} g(x)\frac{(x_{i+1} - x)(x - x_i)}{(x_{i+1} - x_i)^2}\,\mathrm{d}x \\ &\quad + \delta_{ij}\left[\int_{x_{i-1}}^{x_i} g(x)\left(\frac{x - x_{i-1}}{x_i - x_{i-1}}\right)^2\mathrm{d}x + \int_{x_i}^{x_{i+1}} g(x)\left(\frac{x_{i+1} - x}{x_{i+1} - x_i}\right)^2\mathrm{d}x\right] \\ &\quad + \delta_{i,j+1}\int_{x_{i-1}}^{x_i} g(x)\frac{(x_i - x)(x - x_{i-1})}{(x_i - x_{i-1})^2}\,\mathrm{d}x.\end{aligned} \tag{5.4.24}$$

使用此类分段线性基函数的微分方程解法被称为**有限元法** (finite element method). 有限元法很容易推广到高维度. 我们以二维为例, 假定在求解域 Ω 上有一系列分划点 $P_l : (x_l, y_l)$. 以这些点为顶点, Ω 被切分成一系列三角形区域[11]. 对于每一个顶点 P_l, 我们构造分段线性基函数 $\varphi_l(x)$, 它在不以 P_l 为顶点的三角形内为零, 而在此类三角形内非零:

$$\varphi_{l(mn)}(x, y) = \begin{vmatrix} x & y & 1 \\ x_n & y_n & 1 \\ x_m & y_m & 1 \end{vmatrix} \bigg/ \begin{vmatrix} x_l & y_l & 1 \\ x_n & y_n & 1 \\ x_m & y_m & 1 \end{vmatrix}, \quad x \in \triangle_{lnm}, \tag{5.4.25}$$

---

[11]关于网格的划分算法, 可以参考 Edelsbrunner H. Geometry and Topology for Mesh Generation. Cambridge University Press, 2001.

其中 $\triangle_{lnm}$ 表示以 P_l, P_n, P_m 为顶点构成的三角形. 容易检验, 这个线性函数等于 $\triangle PP_nP_m$ 与 $\triangle_{lnm}$ 面积之比, 如图 5.4 所示. 将三角形替换成相应维度下的单纯形, 这类行列式的写法也很容易向更高的维度推广.

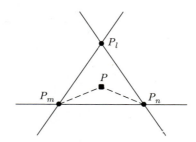

图 5.4　二维三角形区域划分下有限元法基函数示意图

随后考虑矩阵元. 作为示例, 这里给出基函数 φ_l 和 φ_m 之间的拉普拉斯算符 $-\nabla^2$ 在一个三角形 $\triangle_{lmn}$ 内[12]的积分

$$K_{lm(n)} \equiv \int_{\triangle_{lmn}} \nabla\varphi_l \cdot \nabla\varphi_m \, \mathrm{d}S = \frac{\overrightarrow{mn} \cdot \overrightarrow{nl}}{S_{\triangle_{lmn}}}. \tag{5.4.26}$$

当迭代求解大规模问题时, 由于各种矩阵元的计算都很简单, 人们往往会选择用时间换空间, 随用随算而不做存储.

有限元法的优势在于灵活方便, 对于任意形状的求解区域和各种形式的方程都容易给出一个精度尚可的解, 对于弹性体的变形问题也有着不错的适应性. 关于它的理论以及商业化程序是非常成熟的, 我们不在此做过多介绍. 但当对解的精度有更高的要求时, 由于其局部截断误差仅为一阶, 计算量的增长往往是相当可观的. 从而, 我们想寻求超越线性的基函数.

5.4.2 B 样条插值

定义

$$B_i^{(0)}(x) = \begin{cases} 1, & x_i \leqslant x < x_{i+1}, \\ 0, & \text{其他情况}, \end{cases} \tag{5.4.27}$$

以及考克斯 – 德布尔 (Cox-de Boor) 递推公式

$$B_i^{(k)}(x) = \frac{x - x_i}{x_{i+k} - x_i} B_i^{(k-1)}(x) + \frac{x_{i+k+1} - x}{x_{i+k+1} - x_{i+1}} B_{i+1}^{(k-1)}(x), \tag{5.4.28}$$

我们便给出了 **B 样条 (basis spline)** 函数的定义. 容易看出, $B_i^{(k)}(x)$ 为分段 k 次多项式, 在 $[x_i, x_{i+k+1})$ 上恒大于零且小于等于一, 而在其余位置为零.

---

[12]注意, 二维情况下, 基函数 φ_l 和 φ_m 会在两个不同的三角形中同时非零.

一阶 B 样条函数是分段线性函数, 与有限元法所使用的基函数是一致的, 在全区间上连续. 而二阶 B 样条函数的导数为

$$\frac{\mathrm{d}}{\mathrm{d}x}B_i^{(2)}(x) = \frac{1}{x_{i+2}-x_i}B_i^{(1)}(x) + \frac{x-x_i}{x_{i+2}-x_i}\frac{\mathrm{d}}{\mathrm{d}x}B_i^{(1)}(x)$$
$$-\frac{1}{x_{i+3}-x_{i+1}}B_{i+1}^{(1)}(x) + \frac{x_{i+3}-x}{x_{i+3}-x_{i+1}}\frac{\mathrm{d}}{\mathrm{d}x}B_{i+1}^{(1)}(x). \quad (5.4.29)$$

我们知道, $B_i^{(1)}(x)$ 在 $x = x_i, x_{i+1}, x_{i+2}$ 这三点处导数不连续. 然而, 上式中的 $x - x_i$ 因子将 $x = x_i$ 处的不连续压低至零, 而 $x = x_{i+1}$ 处

$$\lim_{x \to x_{i+1}} \frac{\mathrm{d}}{\mathrm{d}x}B_i^{(2)}(x) = \frac{x_{i+1}-x_i}{x_{i+2}-x_i}\frac{\mathrm{d}}{\mathrm{d}x}B_i^{(1)}(x) + \frac{x_{i+3}-x_{i+1}}{x_{i+3}-x_{i+1}}\frac{\mathrm{d}}{\mathrm{d}x}B_{i+1}^{(1)}(x) + \cdots$$
$$= \begin{cases} \dfrac{x_{i+1}-x_i}{x_{i+2}-x_i}\dfrac{1}{x_{i+1}-x_i} + \cdots, & x = x_{i+1} - \varepsilon, \\ \dfrac{x_{i+1}-x_i}{x_{i+2}-x_i}\dfrac{-1}{x_{i+2}-x_{i+1}} + \dfrac{1}{x_{i+2}-x_{i+1}} + \cdots, & x = x_{i+1} + \varepsilon, \end{cases}$$
$$(5.4.30)$$

式中省略号表示导数表达式中显然连续的部分. 我们发现, 通过考克斯 – 德布尔公式所给出的叠加方案, 我们正好将两个导数不连续的函数叠加在一起, 使得导数连续了. 类似地, 容易检验 $B_i^{(2)}(x)$ 在全区间上导数连续. 更一般地, 我们可以通过数学归纳法证明 $B_i^{(k)}(x)$ 在全区间上 $k-1$ 次连续可微. 图 5.5 各子图依此给出了 0 至 3 阶的 B

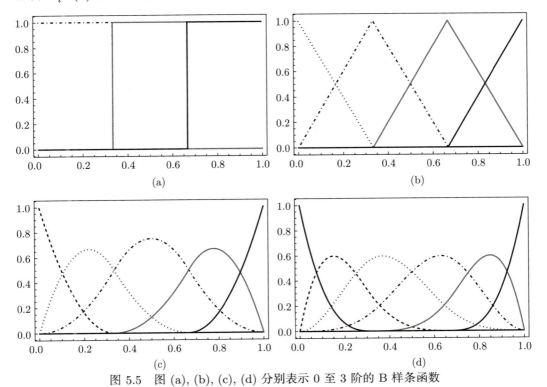

图 5.5　图 (a), (b), (c), (d) 分别表示 0 至 3 阶的 B 样条函数

样条函数, 分点均取作 $(0, 0, 0, 0, 1/3, 2/3, 1, 1, 1, 1)$.

B 样条函数的诸多特性使其在用于数值计算时有不少优势. 由于其仅在有限区域中非零, 这使得微分方程矩阵化后为带状矩阵, 方便求解. 分段多项式使得不少矩阵元可以解析计算. 高次连续可微使得解充分光滑. 另外, 它并不禁止两个相邻分点 x_i, x_{i+1} 值相同, 这使其更易于处理各种各样的边界条件[13].

5.4.3 傅里叶级数

我们在 5.2 节中讨论了离散傅里叶变换. 事实上, 它也可以在伽辽金法的框架下看待. 任意连续的周期函数 $f(x) = f(x+L)$ 都可以用傅里叶级数展开:

$$f(x) = \frac{1}{\sqrt{L}} \sum_{k=-\infty}^{\infty} \tilde{f}_k e^{2\pi i \frac{kx}{L}}. \tag{5.4.31}$$

利用傅里叶基底的正交性

$$\frac{1}{L} \int_0^L \left(e^{2\pi i \frac{kx}{L}}\right)^* e^{2\pi i \frac{k'x}{L}} dx = \delta_{kk'}, \tag{5.4.32}$$

容易给出变换公式

$$\tilde{f}_k = \frac{1}{\sqrt{L}} \int_0^L f(x) e^{-2\pi i \frac{kx}{L}} dx. \tag{5.4.33}$$

而对于其他边界条件, 如固定边界

$$f(0) = f(L) = 0, \tag{5.4.34}$$

我们可以将 $[0, L]$ 上的函数做周期延拓, 并取 $f(x) = -f(-x)$. 这样同样可以进行展开. 更多类型边界条件下的限制这里不做阐述.

傅里叶级数的优势在于, 在这套基组 $\{e^{2\pi i kx/L} | k \in \mathbb{Z}\}$ 下, 导数算符可以写成对角的形式:

$$\begin{aligned}\left(\frac{d}{dx}\right)_{jk} &= \frac{2\pi i k}{L} \delta_{jk}, \\ \left(\frac{d^2}{dx^2}\right)_{jk} &= -\left(\frac{2\pi k}{L}\right)^2 \delta_{jk}, \\ &\cdots\cdots\end{aligned} \tag{5.4.35}$$

而对于其他和坐标直接关联的算符 $g(x)$, 有

$$(\hat{g})_{jk} = \frac{1}{L} \int_0^L g(x) e^{\frac{2\pi i}{L}(j-k)x} dx = \frac{1}{\sqrt{L}} \tilde{g}_{k-j}, \tag{5.4.36}$$

---

[13]相邻分点坐标相同会导致递推公式中出现分母为零的项, 这些项应当取作零.

呈现出一个仅依赖于指标之差的形式. 这个结果与傅里叶变换的卷积定理相联系.

但是, 对于混合型的算符, 如 $x\dfrac{\mathrm{d}}{\mathrm{d}x}$, 在傅里叶级数下就不存在一个简单的表达式了. 此时通常会考虑使用其他函数基底.

5.4.4 高斯基组

在量子化学中, 人们常使用三维空间中的高斯函数

$$g(\boldsymbol{r}-\boldsymbol{r}_i;\alpha)=\exp\left[-\alpha(\boldsymbol{r}-\boldsymbol{r}_i)^2\right] \tag{5.4.37}$$

以及高斯函数与 l 阶多项式 $P_l(x,y,z)$ 的乘积

$$P_l(x,y,z)g(\boldsymbol{r}-\boldsymbol{r}_i;\alpha) \tag{5.4.38}$$

作为基函数, 用以描述原子分子中的电子波函数. 我们称之为**高斯类轨道** (Gaussian type orbital, GTO). $\boldsymbol{r}_i$ 通常取在各原子核的位置上, 而 α 则会根据需要取一系列不同的值. 显然, 这些基组并不是正交的, 它们之所以得到人们的青睐, 有两个主要原因. 其一, 高斯类轨道的乘积依旧是高斯类轨道:

$$\begin{aligned}P_m(x,y,z)&g(\boldsymbol{r}-\boldsymbol{r}_A;\alpha)\times Q_n(x,y,z)g(\boldsymbol{r}-\boldsymbol{r}_B;\beta)\\&=R_{m+n}(x,y,z)g(\boldsymbol{r}-\boldsymbol{r}_P;\alpha+\beta)g\left(\boldsymbol{r}_A-\boldsymbol{r}_B;\dfrac{\alpha\beta}{\alpha+\beta}\right).\end{aligned} \tag{5.4.39}$$

这里新的高斯函数中心位于

$$\boldsymbol{r}_P=\dfrac{\alpha\boldsymbol{r}_A+\beta\boldsymbol{r}_B}{\alpha+\beta}. \tag{5.4.40}$$

另外, 高斯类轨道的导数也是高斯函数, 这会便于解析计算.

其二, 也是最重要的一点, 在于包含库仑势和高斯类轨道的积分存在着一个简单的表达式. 我们不加证明地给出如下积分结果: 单电子积分

$$\int \mathrm{d}^3\boldsymbol{r}\,\dfrac{1}{|\boldsymbol{r}-\boldsymbol{r}_B|}g(\boldsymbol{r}-\boldsymbol{r}_A;\alpha)=\dfrac{2\pi}{\alpha+\beta}F_0\left[\sqrt{\alpha+\beta}|\boldsymbol{r}_A-\boldsymbol{r}_B|\right], \tag{5.4.41}$$

这里函数 F_0 可以用误差函数给出:

$$F_0(t)\equiv\dfrac{1}{t}\int_0^t \mathrm{e}^{-y^2}\,\mathrm{d}y=\dfrac{\sqrt{\pi}}{2t}\mathrm{erf}\,(t), \tag{5.4.42}$$

且有 $F_0(0)=1$. 双电子积分

$$\int \mathrm{d}^3\boldsymbol{r}_1\mathrm{d}^3\boldsymbol{r}_2\,\dfrac{1}{|\boldsymbol{r}_1-\boldsymbol{r}_2|}g(\boldsymbol{r}_1-\boldsymbol{r}_A;\alpha)g(\boldsymbol{r}_2-\boldsymbol{r}_B;\beta)=\dfrac{2\pi^{5/2}}{\alpha\beta\sqrt{\alpha+\beta}}F_0\left[\sqrt{\dfrac{\alpha\beta}{\alpha+\beta}}|\boldsymbol{r}_A-\boldsymbol{r}_B|\right]. \tag{5.4.43}$$

带有多项式的积分会更复杂一些, 但也都可以通过参数求导的方法系统计算, 我们在此略去.

对于薛定谔方程而言, 交叠积分和拉普拉斯算符也是很重要的:

$$\int g(\boldsymbol{r}-\boldsymbol{r}_A;\alpha)g(\boldsymbol{r}-\boldsymbol{r}_B;\beta)\,\mathrm{d}^3\boldsymbol{r} = \left(\frac{\pi}{\alpha+\beta}\right)^{3/2}g\left(\boldsymbol{r}_A-\boldsymbol{r}_B;\frac{\alpha\beta}{\alpha+\beta}\right),$$

$$\int g(\boldsymbol{r}-\boldsymbol{r}_A;\alpha)\nabla^2 g(\boldsymbol{r}-\boldsymbol{r}_B;\beta)\,\mathrm{d}^3\boldsymbol{r}$$
$$= -\left(6 - \frac{4\alpha\beta}{\alpha+\beta}|\boldsymbol{r}_A-\boldsymbol{r}_B|^2\right) \times \left(\frac{\pi}{\alpha+\beta}\right)^{3/2}g\left(\boldsymbol{r}_A-\boldsymbol{r}_B;\frac{\alpha\beta}{\alpha+\beta}\right). \tag{5.4.44}$$

我们将在 6.4 节中具体介绍这些积分的物理起源.

5.4.5 正交多项式与高斯近似

我们在 3.5 节中讨论过通过克雷洛夫子空间方法生成的坐标算符 $\hat{x}$ 的高斯节点 x_i 以及相应的正交多项式基组 $\{v_i(x)\}$. 将权函数拆分给基函数, $\{\sqrt{\rho(x)}v_i(x)\}$ 同样可以用来作为函数基组求解微分方程. 对于和坐标直接关联的算符 $g(x)$, 我们可以利用高斯积分来近似计算:

$$\begin{aligned}(\hat{g})_{ij} &= \int_a^b \sqrt{\rho(x)}v_i(x)g(x)\sqrt{\rho(x)}v_j(x)\,\mathrm{d}x \\ &\approx \sum_{k=1}^n w_k v_i(x_k)g(x_k)v_j(x_k) \\ &= g(x_i)\delta_{ij},\end{aligned} \tag{5.4.45}$$

即近似等于该函数在高斯节点上的值. 这个近似被称为**高斯近似**.

根据 3.5 节中的讨论, 高斯积分的代数精度为 $2n-1$ 阶, 而 $v_i(x)$ 本身就是 $n-1$ 阶多项式, 那么高斯近似仅在 $g(x)$ 为不高于一阶的多项式时才严格成立. 更具体的计算表明, 当取 $g(x) = x^2$ 时, 高斯近似产生的误差为 $O(1/n)$, 这是一个难以容忍的局部误差. 为了匹配边界条件, 我们可能会用到拉道节点或洛巴托节点, 此时代数精度降低至 $2n-2$ 或 $2n-3$ 阶, 连基函数的正交性都不一定严格成立. 但数值实验却表明, 那些我们关心的物理量往往以指数 $O(p^n)$ 的速度迅速收敛[14].

我们再来讨论导数算符. 积分式

$$\begin{aligned}\left(\frac{\mathrm{d}}{\mathrm{d}x}\right)_{ij} &= \int_a^b \sqrt{\rho(x)}v_i(x)\frac{\mathrm{d}}{\mathrm{d}x}\sqrt{\rho(x)}v_j(x)\,\mathrm{d}x \\ &= \int_a^b v_i(x)\left[v_j'(x) + \frac{\rho'(x)}{2\rho(x)}v_j(x)\right]\rho(x)\,\mathrm{d}x\end{aligned} \tag{5.4.46}$$

---

[14] Szalay V, Szidarovszky T, Czakó G, and Császár A G. A paradox of grid-based representation techniques: accurate eigenvalues from inaccurate matrix elements. J. Math. Chem., 2011, 50: 636.

通常是一个较为复杂的表达式, 但当 $\rho(x)$ 取一些特殊形式, 例如 e^{-x^2} (相应于厄米多项式)、e^{-x} (相应于拉盖尔多项式) 或 1 (相应于勒让德多项式) 时, 容易检验上式为一个不高于 $2n-1$ 阶的多项式在权函数 $\rho(x)$ 下的积分, 从而高斯近似是严格的. 我们可以写下

$$\left(\frac{\mathrm{d}}{\mathrm{d}x}\right)_{ij} = \sqrt{w_i}\, v_j'(x_i) + \frac{\rho'(x_i)}{2\rho(x_i)}\delta_{ij}. \tag{5.4.47}$$

借助 (3.5.49) 式, 我们可以对 $i \neq j$ 的情况给出

$$\sqrt{w_i}\, v_j'(x_i) = \frac{(-1)^{i-j}}{x_i - x_j}\sqrt{\left|\frac{P_n'(x_i)P_{n-1}(x_j)}{P_n'(x_j)P_{n-1}(x_i)}\right|}, \tag{5.4.48}$$

而 $i = j$ 的情况有更简洁的算法:

$$\left(\frac{\mathrm{d}}{\mathrm{d}x}\right)_{ii} = \int_a^b \frac{\mathrm{d}}{\mathrm{d}x}\left[\frac{1}{2}v_i(x)v_i(x)\rho(x)\right]\mathrm{d}x = \frac{1}{2}\rho(x)v_i^2(x)\Big|_a^b. \tag{5.4.49}$$

随后我们考虑如下形式的二阶导数算符:

$$\left(-\frac{\mathrm{d}}{\mathrm{d}x}T(x)\frac{\mathrm{d}}{\mathrm{d}x}\right)_{ij} = -\int_a^b \sqrt{\rho(x)}\,v_i(x)\frac{\mathrm{d}}{\mathrm{d}x}T(x)\frac{\mathrm{d}}{\mathrm{d}x}\sqrt{\rho(x)}\,v_j(x)\,\mathrm{d}x$$

$$= \int_a^b T(x)\left[\frac{\mathrm{d}}{\mathrm{d}x}\sqrt{\rho(x)}\,v_i(x)\right]\left[\frac{\mathrm{d}}{\mathrm{d}x}\sqrt{\rho(x)}\,v_j(x)\right]\mathrm{d}x$$

$$= \sum_k T(x_k)\left(\frac{\mathrm{d}}{\mathrm{d}x}\right)_{ki}\left(\frac{\mathrm{d}}{\mathrm{d}x}\right)_{kj}. \tag{5.4.50}$$

上式分部积分中丢掉了边界项, 这是与此类算符出现时所通常对应的物理情形的边界条件相匹配的, 此外最后一个等号再次用到了高斯近似.

5.4.6 数值实验

高斯节点的最大优势在于可以非常自然地处理奇异边界: 只需要选择一个具有相同奇异性的权函数以及相应的正交多项式就好. 依旧以氢原子的径向方程为例, 我们取高斯 – 拉盖尔节点, 基函数自然满足在原点处有界, 以及在无穷远处趋向于零. 容易证明, 此时导数矩阵由下式给出:

$$\left(\frac{\mathrm{d}}{\mathrm{d}r}\right)_{ij} = \begin{cases} -\dfrac{1}{2r_i}, & i = j, \\ \sqrt{\dfrac{r_j}{r_i}}\dfrac{(-1)^{i-j}}{r_i - r_j}, & i \neq j. \end{cases} \tag{5.4.51}$$

基于高斯近似的思想, 容易给出矩阵元

$$\left(-\frac{\mathrm{d}}{\mathrm{d}r}\left(r^2\frac{\mathrm{d}}{\mathrm{d}r}\right) + [l(l+1) - 2r] - 2Er^2\right)_{i,j}$$

$$= \sum_k r_k^2\left(\frac{\mathrm{d}}{\mathrm{d}r}\right)_{ki}\left(\frac{\mathrm{d}}{\mathrm{d}r}\right)_{kj} + [l(l+1) - 2r_i - 2Er_i^2]\delta_{ij}. \tag{5.4.52}$$

取 $l=0$, 格点的数目 n 从 1 取到 10, 得到的前若干个本征值如表 5.4 所示, 其中最后一行为理论值.

表 5.4 $l=0$ 时, 不同 n 得到的本征值

n	E_1	E_2	E_3	E_4	E_5
1	−0.875000				
2	−0.978553	−0.271447			
3	−0.739357	−0.260643	−0.1250000		
4	−0.533248	−0.125000	−0.1250000	0.283248	
5	−0.504262	−0.125000	−0.0851850	−0.032856	1.37230
6	−0.500606	−0.125000	−0.0660301	−0.048775	0.078137
7	−0.500087	−0.125000	−0.0569297	−0.049543	0.004241
8	−0.500012	−0.125000	−0.0556315	−0.043876	−0.015759
9	−0.500002	−0.125000	−0.0555606	−0.038645	−0.023325
10	−0.500000	−0.125000	−0.0555559	−0.034794	−0.026343
	−0.500000	−0.125000	−0.0555556	−0.031250	−0.020000

可以看到, 仅仅使用了不多的几个格点, 我们就计算得到了相当精确的前四五个本征值. 效率远远优于 5.3 节给出的算例: 用了几十个格点, 基态能量的精度还不到 1%. 尤其值得注意的是, 这里使用的矩阵元其实是相当不精确的: 交叠积分 $(r^2)_{ij}$ 与近似值 $r_i^2 \delta_{ij}$ 之间的差距在 $O(1/n)$ 的量级上.

练习 5.3 试严格计算矩阵元 $(r^2)_{ij}$, 然后对角化所得到的矩阵以求得能量. 比较你的结果.

5.4.7 从一维到高维

除了有限元法中的分段线性函数, 本节中我们所讨论的所有基函数, 都仅限于一维. 不过, 向高维拓展并不是什么困难的事. 如果我们的求解域 Ω 在某个坐标系下可以分解成若干个一维区间的直积:

$$\Omega = [a_1, b_1] \otimes [a_2, b_2] \otimes \cdots \otimes [a_n, b_n], \tag{5.4.53}$$

那么, 我们可以在每个维度上各选一组基函数 $f_{j_i}^i(x_i)$, 然后构造 Ω 上的基函数

$$F_{j_1 j_2 \cdots j_n}(x_1, x_2, \cdots, x_n) = f_{j_1}^1(x_1) f_{j_2}^2(x_2) \cdots f_{j_n}^n(x_n). \tag{5.4.54}$$

得到基组后, 就可以同一维情形一样计算矩阵元, 构造矩阵并求解本征值问题了.

特别地, 如果算符中多是类似于 $\hat{L}(x_\alpha)\hat{L}(x_\beta)$ 的项, 那么其矩阵元将具有

$$\mathbf{I}_1 \otimes \mathbf{I}_2 \otimes \cdots \otimes \mathbf{L}_\alpha \otimes \cdots \otimes \mathbf{L}_\beta \otimes \cdots \otimes \mathbf{I}_n \tag{5.4.55}$$

的形式. 这类矩阵的矩阵向量乘法是相对容易计算的. 事实上, 对于高维度问题, 克雷洛夫子空间是求解矩阵本征值最常用的技术.

另一种情况是, 求解域相对不规则, 很难找到一个坐标系使其可以分解成若干个一维区间的直积. 此时往往是有限元法发挥其优势的情形.

大作业: 范德保罗法测量电导率

测量薄片材料的电导率时, 存在一种不依赖于材料形状的方案. 本题旨在通过数值求解偏微分方程, 检验这种方案的正确性.

考虑一块均匀的材料薄片, 厚度为 d, 电导率为 σ, 纵截面构成一单连通区域 Ω, 其边界 $\partial\Omega$ 上依次接入四个点状电极 A, B, C, D, 如图 5.6 所示: 在 A, B 两点间接入一个电流源, 使得电流 I 自 A 点流入, B 点流出. 测量 D, C 两点之间的电势差 U, 从而可以定义电阻

$$R_{AB,DC} \equiv \frac{U}{I}.$$

同理, 也可以定义电阻 $R_{AD,BC}$. 范德保罗 (van der Paul) 证明了有如下关系式成立:

$$\exp(\pi\sigma d R_{AB,DC}) + \exp(\pi\sigma d R_{AD,BC}) = 1. \tag{1}$$

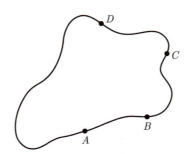

图 5.6 范德保罗法测量电导率示意图

我们考虑如何从数值上检验这个关系式. 引入电势 ϕ, 在 Ω 上其满足拉普拉斯方程

$$\nabla^2 \phi = 0.$$

在电极以外的边界 $\partial\Omega$ 上, 没有电流流入流出, 即电势法向导数为零:

$$\boldsymbol{n} \cdot \nabla \phi = 0.$$

而对于有电流流入流出的电极, 任取一条初末点均在边界上, 且包含该电极的曲线 C, 有

$$\sigma d \int_C \boldsymbol{n} \cdot \nabla \phi \, \mathrm{d}l = \pm I.$$

试分别对于如下情形进行数值离散化,求解 $R_{AB,CD}$ 和 $R_{AD,BC}$,并验证在数值精度内满足 (1) 式:

1. Ω 为一个边长分别为 3 和 2 的长方形,A, B, C, D 分别为四个顶点.
2. Ω 为一个对顶点距离分别为 3 和 2 的菱形,A, B, C, D 分别为四条边的中点.
3. Ω 为一个长轴为 3、短轴为 2 的椭圆,A, B, C, D 分别为长短轴与边界的交点.
4. Ω 为一个由极坐标方程 $r = 3 + 2\cos 2\theta$ 所给出的曲线围成的区域,A, B, C, D 分别为该曲线上 $\theta = 0, 3\pi/4, 3\pi/2, 5\pi/4$ 的四个点.

注意,你可以通过求解通量场而不是电势场来处理这个问题,但请勿使用保角变换或类似方法直接将该问题简化成一个可解析求解的情形.

第六章 量子力学

相比经典力学中的电磁场、温度场、速度场这些时空上的物理量分布，量子力学中的波函数展现了其独特的性质. 最鲜明的一点在于, 当同时存在多个物理对象时, 经典场仅需要求解一系列场 $\{\boldsymbol{E}, \boldsymbol{B}, \rho, \boldsymbol{J}, \cdots\}$ 在时空坐标 $\boldsymbol{r}, t$ 下的偏微分方程组, 而虽然在量子力学中要求解的函数只有一个 (波函数), 但它却要从单个时空坐标的函数 $\Psi(\boldsymbol{r}, t)$ 转变成多个自变量以及多个下标的一个复杂函数 $\Psi_{\sigma\lambda\tau\cdots}(\boldsymbol{r}_1, \boldsymbol{r}_2, \boldsymbol{r}_3, \cdots, t)$. 换言之, 随着自由度的增长, 经典场的复杂度增长是线性的, 而对于量子问题则是指数式的. 当然, 这也是量子计算机具有远胜于经典计算机的潜能的根源.

本章中, 我们将首先更进一步讨论单个物理对象的量子系统, 然后引入两个甚至多个量子系统间的耦合. 在见证了计算复杂度指数增长的维度灾难后, 我们也会简要介绍几种近似处理多自由度量子系统的理论.

本章将不会介绍太多数值算法, 而是讨论如何将量子力学中的各种实际问题转换成能够用本书其他章节介绍过的算法来求解的形式.

为了行文方便, 我们在本章中将始终取 $\hbar = 1$.

量子力学的内容涵盖过广, 本章所涉及的仅是皮毛.

6.1 定态量子系统：微扰论与连续态

我们在 5.3 节中以氢原子的含时薛定谔方程为例, 讨论了如何对其进行分离变量. 其中第一步, 便是对于满足时间平移不变的含时薛定谔方程

$$\mathrm{i}\partial_t |\Psi\rangle = \hat{H}|\Psi\rangle \tag{6.1.1}$$

进行分离变量, 得到关于哈密顿算符的本征值方程

$$E|\Psi\rangle = \hat{H}|\Psi\rangle. \tag{6.1.2}$$

求解哈密顿算符 $\hat{H}$ 的本征谱 $\{E_i\}$ 是量子力学中的核心问题之一. 对于可以分离变量的情形, 我们已经了解了如何求解分离得到的一维本征值方程. 而如果不能分离变量, 直接使用有限元法, 或者使用多组一维基函数做直积得到高维的基函数也能够处理. 不过, 实践中的求解方法远不限于此. 此外, 为了描述一些实际物理过程, 我们也需要超出平方可积这一条限制, 例如研究在无穷远处不为零的散射态, 甚至于讨论哈密顿算符中虚部不为零的"本征值". 本节中我们将简要介绍一下这些问题.

6.1.1 微扰论与本征基组

对于氢原子问题最简单的推广便是, 若外加一个静电场或静磁场, 它的本征能量和本征态会怎样变化? 此时, 它的哈密顿量会具有如下形式:

$$\hat{H}(\lambda) \equiv \hat{H}_0 + \lambda \hat{H}_1, \quad \lambda \ll 1, \tag{6.1.3}$$

其中 $\hat{H}_1$ 为电偶极或磁偶极相互作用, 而参数 λ 则正比于外加的电场强度或磁场强度, 它通常远小于原子内部的电磁场强度. 在量子力学的课程中我们学过, 如果已知 $\hat{H}_0$ 的全体本征对 $\{E_i, |i\rangle\}$, 那么 $H(\lambda)$ 的本征对的表达式由下式给出:

$$\begin{aligned} E_i(\lambda) &= E_i^{(0)} + \lambda E_i^{(1)} + \lambda^2 E_i^{(2)} + \cdots, \\ |i(\lambda)\rangle &= |i\rangle^{(0)} + \lambda |i\rangle^{(1)} + \lambda^2 |i\rangle^{(2)} + \cdots. \end{aligned} \tag{6.1.4}$$

不过, 高阶修正的表达式通常都十分复杂, 包含着大量的求和与矩阵向量乘积, 对于 $\hat{H}_0$ 本征值简并的情形, 也需要额外处理. 而且, 幂级数往往也只在某个收敛半径 $|\lambda| < C$ 内才能收敛.

不过, 我们可以注意到一个事实, 即各阶微扰修正的表达式完全由那些 $\hat{H}_0$ 的本征态以及哈密顿量在它们间的内积 $\langle i | H_1 | j \rangle$ 构成, 这提示我们可以用这些本征态作为基组展开波函数:

$$|\Psi\rangle = \sum_i c_i |i\rangle. \tag{6.1.5}$$

从而得到矩阵形式的本征值方程

$$\sum_j (E_i \delta_{ij} + \lambda \langle i | H_1 | j \rangle) c_j = E(\lambda) c_i. \tag{6.1.6}$$

对基组做一个截断, 我们便可以通过求解一个矩阵的本征值问题来得到本征谱了. 这种方法的计算量与收敛性并不显著依赖于 λ 的值, 也和系统中是否存在简并无关.

作为一个例子, 让我们考虑非谐振子的哈密顿量

$$\hat{H}(\lambda) = \frac{p^2 + x^2}{2} + \lambda x^4. \tag{6.1.7}$$

当 $\lambda = 0$ 时, 系统是一个标准的谐振子, 能谱为 $E_n = n + \frac{1}{2}$, 而本征态可以由升降算符给出:

$$|n\rangle = \frac{1}{\sqrt{n!}} (\hat{a}^\dagger)^n |0\rangle. \tag{6.1.8}$$

如果我们将λ依赖的项视作微扰,使用微扰论,最后得到的结果应当是某个幂级数:

$$E_n(\lambda) = E_n^{(0)} + \lambda E_n^{(1)} + \lambda^2 E_n^{(2)} + \cdots. \tag{6.1.9}$$

注意到, 当 $\lambda \to 0^-$ 时, 系统的势能项 $x^2/2 + \lambda x^4$ 是没有下界的: 在 $x^2 > -1/4\lambda$ 后, 势能就会一直下降, 直至负无穷. 此时系统的基态能量应当也是负无穷. 但是, 如果 λ 从正半轴趋向于零, 即 $\lambda \to 0^+$, 势能项又是有下界的. 系统的能谱应当趋向于谐振子的能谱. 这个事实说明了 $\lambda = 0$ 是函数 $E_n(\lambda)$ 的本性奇点, 从而幂级数的收敛半径是零: 我们完全没法从微扰论中得到我们所需要的结果.

这时我们就必须求助于数值算法了. 以谐振子的本征态作为基组, 矩阵元是容易解析计算的:

$$\langle m|x^4|n\rangle = \frac{1}{4}\Big[\delta_{m,n+4}\sqrt{(n+1)(n+2)(n+3)(n+4)}$$
$$+\delta_{m,n+2}\sqrt{(n+1)(n+2)}(4n+6)$$
$$+\delta_{m,n}(6n^2+6n+3)$$
$$+\delta_{m,n-2}\sqrt{n(n-1)}(4n-2)$$
$$+\delta_{m,n-4}\sqrt{n(n-1)(n-2)(n-3)}\Big]. \tag{6.1.10}$$

依此我们可以取恰当的截断, 对角化矩阵以得到所需的本征能量.

图 6.1 分别给出了微扰论和数值对角化得到的基态能量随参数 λ 的变化关系. (a) 图为微扰阶数分别从 0 取到 4 的结果. 可以看出, 随着微扰论阶数的升高, 计算结果无法收敛, 这来源于前面提及的收敛半径为零. (b) 图为截断 $n_{\max}$ 分别为 0, 2, 4, 6 的结果. $n = 0$ 与一阶微扰论等价 (请读者思考一下原因), 而当 $n_{\max} \geqslant 4$ 时, 肉眼就已经几乎无法区分不同截断之间的差别了, 结果收敛得非常快.

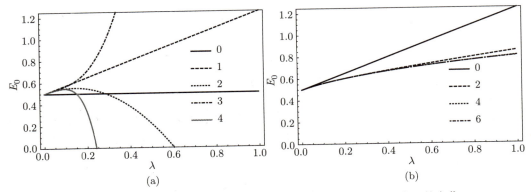

图 6.1 (a) 微扰论和 (b) 截断后直接对角化得到的基态能量随 λ 的变化

与之类似的问题也出现在量子场论的费曼图展开中: 将所有阶数的树图和圈图加起来, 结果通常是发散的. 尽管解析上也存在诸如重求和等处理办法, 但展开中存在发散行为也是人们希望通过格点场论直接数值求解量子场论问题的动机之一.

练习 6.1 请尝试自行推导 (6.1.10) 式. 读者可以查阅量子力学教材获知升降算符的性质.

6.1.2 连续谱与散射态

在量子力学中, 我们总是要求描述实际物理系统的波函数是平方归一的:

$$\int |\Psi|^2 \, \mathrm{d}^3 \boldsymbol{r} = 1, \tag{6.1.11}$$

因此, 我们也会同时期待用以展开波函数的基组是平方可积的:

$$\int |\psi_i|^2 \, \mathrm{d}^3 \boldsymbol{r} < \infty, \tag{6.1.12}$$

否则表达式

$$\int \left| \sum_i c_i \psi_i \right|^2 \mathrm{d}^3 \boldsymbol{r} \tag{6.1.13}$$

中就会包含一些无穷大的求和, 与归一化的条件相冲突. 但这件事也不尽然, 如果基函数不是以离散的角标 i 来分别, 而是以某个连续的变量 E 描述, 那么此时有

$$\Psi(\boldsymbol{r}) = \int \Phi(E) \psi_E(\boldsymbol{r}) \, \mathrm{d}E, \tag{6.1.14}$$

以及

$$\int |\Psi(\boldsymbol{r})|^2 \, \mathrm{d}^3 \boldsymbol{r} = \int \Phi^*(E') \Phi(E) \psi_{E'}^*(\boldsymbol{r}) \psi_E(\boldsymbol{r}) \, \mathrm{d}^3 \boldsymbol{r} \mathrm{d}E \mathrm{d}E', \tag{6.1.15}$$

为一个五重积分. 此时若进一步假定

$$\int \psi_{E'}^*(\boldsymbol{r}) \psi_E(\boldsymbol{r}) \, \mathrm{d}^3 \boldsymbol{r} = \delta(E - E'), \tag{6.1.16}$$

上述的五重积分便可以简化成

$$\int |\Psi(\boldsymbol{r})|^2 \, \mathrm{d}^3 \boldsymbol{r} = \int |\Phi(E)|^2 \mathrm{d}E. \tag{6.1.17}$$

那么我们可以看到, 虽然基函数本身并不是能够归一化的, 我们依旧可以用它们来展开归一化的波函数, 以描述实际物理过程. 特别地, 这些基函数也完全可能是某个哈密顿量的本征态.

对形如 $H = \boldsymbol{p}^2/2 + V(\boldsymbol{r})$ 的哈密顿量, 若势函数在无穷远处为零, 即 $\lim_{|\boldsymbol{r}| \to \infty} V(\boldsymbol{r}) \to 0$, 那么可以断定 H 能量为 $E > 0$ 的本征函数在 $|\boldsymbol{r}| \to \infty$ 处一定具有 $\exp(\mathrm{i}\boldsymbol{k} \cdot \boldsymbol{r})$ 的形式, 其中 $\boldsymbol{k}^2 = 2E$. 特别地, 对于一维问题有

$$\psi_E(x) = \begin{cases} A\mathrm{e}^{\mathrm{i}kx} + B\mathrm{e}^{-\mathrm{i}kx}, & x \to -\infty, \\ C\mathrm{e}^{\mathrm{i}kx} + D\mathrm{e}^{-\mathrm{i}kx}, & x \to \infty. \end{cases} \tag{6.1.18}$$

(6.1.18) 式中的 A, B, C, D 四个系数自然不可能是独立的. 原则上讲, 如果给定了 A 和 B, 我们就获知了 $x = -\infty$ 处的边界条件. 通过求解二阶线性齐次常微分方程

$$-\frac{1}{2}\psi'' + V\psi = E\psi \tag{6.1.19}$$

的初值问题, 可以得到 $\psi_E(x)$ 的完整形式, 从而确定系数 C 和 D 值. 由于问题是线性的, 有矩阵形式

$$\begin{pmatrix} C \\ D \end{pmatrix} = \begin{pmatrix} T_{11} & T_{12} \\ T_{21} & T_{22} \end{pmatrix} \begin{pmatrix} A \\ B \end{pmatrix}. \tag{6.1.20}$$

我们可以进一步讨论转移矩阵 $\mathbf{T}$ 会满足什么条件. 首先, 这个二阶微分方程具有 SL 型方程 (5.3.8) 的形式, 并且 $p(x)$ 是一个常数. 从而根据 (5.3.14) 式, 朗斯基行列式

$$W[f, g](x) = gf' - fg' \tag{6.1.21}$$

是守恒量, 其中 $f(x)$ 和 $g(x)$ 是能量相同的定态. 我们令 $g = f^*$, 此时朗斯基行列式 $W[f, f^*]$ 等价于量子力学中引入的概率流. 取 $x = \pm\infty$, 可以得到

$$|A|^2 - |B|^2 = |C|^2 - |D|^2. \tag{6.1.22}$$

由于上式对任意的 A 和 B 均成立, 再借助 (6.1.20) 式, 可证明转移矩阵 $\mathbf{T}$ 满足

$$\mathbf{T}^\dagger \begin{pmatrix} 1 & 0 \\ 0 & -1 \end{pmatrix} \mathbf{T} = \begin{pmatrix} 1 & 0 \\ 0 & -1 \end{pmatrix}. \tag{6.1.23}$$

我们自然希望数值求解得到的转移矩阵同样满足概率流守恒, 此时能够保证朗斯基行列式守恒的普鲁斯方法以及辛算法自然就成了可以考虑的策略, 在此不做具体演示了.

接下来的问题便是, 求得的这些解在物理上代表什么. 我们假设波函数由某个中心能量 E_0 附近一系列的能量本征态相干叠加而成, 在 $x \to -\infty$ 处有

$$\lim_{x \to -\infty} \Psi(x, t) = \int [A(E) e^{i(kx - Et)} + B(E) e^{i(-kx - Et)}] \, dE, \tag{6.1.24}$$

其中 $A(E)$ 和 $B(E)$ 的模在 $E = E_0$ 处取得其极大值, 并仅当 $|E - E_0| \ll 1$ 时不为零. 将它们按照模和辐角写开:

$$A(E) = |A(E)| \exp[i \arg A(E)]$$
$$\approx |A(E)| \exp\left[i \arg A(E_0) + i \frac{d \arg A}{dE}(E - E_0)\right],$$

这里也将辐角在 E_0 处进行了一阶泰勒展开. 同时, 将 k 也在 E_0 附近做展开. 将这些结果代回原积分式, 有

$$\lim_{x \to -\infty} \Psi(x, t) \sim e^{i(k_0 x - E_0 t)} \int e^{i[\frac{d \arg A}{dE} + \frac{dk}{dE}x - t](E - E_0)} |A(E)| e^{i \arg A(E_0)} \, dE$$
$$+ e^{i(-k_0 x - E_0 t)} \int e^{i[\frac{d \arg B}{dE} - \frac{dk}{dE}x - t](E - E_0)} |B(E)| e^{i \arg B(E_0)} \, dE. \tag{6.1.25}$$

被积函数为一个尖锐的单峰函数乘上一个快速振荡的复指数. 通常, 仅当振荡频率接近于零时, 积分才会有显著的非零值. 这分别对应着

$$x = \frac{\mathrm{d}E}{\mathrm{d}k}(t - t_A), \quad x = -\frac{\mathrm{d}E}{\mathrm{d}k}(t - t_B), \tag{6.1.26}$$

其中 $t_X \equiv \mathrm{d}\arg X/\mathrm{d}E$. 我们可以将它们想象成两个波包: A 波包从 $x = -\infty$ 处以速度 $v_g = \mathrm{d}E/\mathrm{d}k$ 向前运动, 预计在 t_A 时刻到达 $x = 0$ 处; 而 B 波包则像是一个由 $t = t_B$ 时刻从 $x = 0$ 处出发向负半轴处运动的波包, 在 $x \to -\infty$ 时具有速度 v_g. 这里的 v_g 被称为**群速度**, 与哈密顿系统中的广义速度 $\dot{q} = \partial H/\partial p$ 的定义是一致的. 值得注意的是, 仅当 t 足够小时我们才能找到波包 A, t 足够大时我们才能找到波包 B.

对 $x \to \infty$ 处的分析是一致的. 由此我们可以设想一个特殊的情景: $A = 0$. 这意味着在 $t \to -\infty$ 时, 波包 D 自 $x = \infty$ 处向原点运动, 而在 $t \to \infty$ 时, 波包 B 和 C 自原点分别向两端背向而行. 我们可以认为, 波包 B 就是初始的波包 D 穿过势场 $V(x)$ 的透射波, 而波包 C 则是相应的反射波. $B/D = T_{22}^{-1}$ 和 $C/D = T_{12}/T_{22}$ 给出了透射系数和反射系数, 而

$$t_B - t_D = -\frac{\mathrm{d}}{\mathrm{d}E}\arg T_{22}, \quad t_C - t_D = \frac{\mathrm{d}}{\mathrm{d}E}(\arg T_{12} - \arg T_{22}) \tag{6.1.27}$$

则可以理解成波包穿过势场和返回所需要的额外时间. 将这个时间与经典力学的结果做对比, 尤其是在势场中存在经典禁戒区域的时候, 是尤为有趣的.

对于二维或更高维度的情形, 由于波包的运动不再限于前后两个方向, 分析会更困难一些, 但基本思想是一致的.

6.1.3 复本征能量

在无穷远处 ($|r| \to \infty$) 趋向于零 [$V(\infty) = 0$] 的势场远不足以描述全部的实际情形. 我们不妨设想有一个被质子束缚的电子, 它们共同形成氢原子. 现在施加一个微弱的静电场 $\boldsymbol{F}$, 构成势场

$$V(\boldsymbol{r}) = -\frac{1}{r} - \boldsymbol{r} \cdot \boldsymbol{F}, \tag{6.1.28}$$

如图 6.2 所示. 在通常的量子力学教材中, 我们学到的结论是, 氢原子的束缚态能级会因为静电场的存在产生一个直流斯塔克能移 (DC Stark shift). 然而, 不管静电场多弱, 当质子和电子的相对位矢 $\boldsymbol{r}$ 足够大时, 库仑势总是可以被忽略而仅剩下 $-\boldsymbol{r} \cdot \boldsymbol{F}$, 可以趋向于负无穷. 那么, 氢原子的束缚态波函数原则上是可以越过经典势垒, 隧穿到无穷远, 成为在电场中做加速运动的准自由粒子的. 事实上, 对于这个问题, 我们根本找不到可归一化的定态: 波函数在 $-\boldsymbol{r} \cdot \boldsymbol{F} \to -\infty$ 处总会发散.

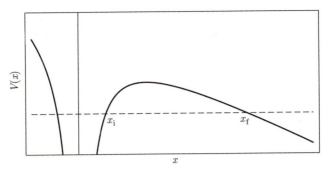

图 6.2 理想无穷大范围静电场作用下的氢原子势场 (取沿静电场方向的一维分布)

找不到可归一化的定态也不一定是个了不得的大难题, 无穷大范围内均匀电场在现实中并不可能存在. 当跨过用以产生静电场的平行极板后, (6.1.28) 式便无法正确描述势场分布了, 在真正的无穷远处, 势函数还是会趋向于零. 而这个体系实际的基态, 应当是电子和质子分别被吸附到正极和负极附近.

但这个实际的基态并不能提供任何有意义的信息: 我们所施加的电场也不是什么真正的静电场, 而仅仅持续一段时间, 这段时间并不足以让氢原子从无外场的基态演化到有外场的 "实际基态". 我们更感兴趣的事情是, 在电场作用下, 单位时间内有多大比例的电子能够脱离库仑势的束缚, 变成自由电子? 换言之, 我们希望能求得隧穿速率 Γ. 在 "实际势场" 下求解这个问题原则上是可行的, 但这意味着我们需要根据具体的实验细节设定远处的势场行为, 并在一个相当大的空间中求解波函数. 显然, 这些实验细节不应当对 Γ 造成多大的影响, 我们依旧希望在 (6.1.28) 式的框架下来求解问题.

我们从隧穿速率的基本概念出发. 处在基态上的电子在单位时间内有 Γ 的概率离开基态, 这意味着基态布居 $\rho(t) = |\langle g|\Psi(t)\rangle|^2$ 会满足方程

$$\frac{\mathrm{d}\rho(t)}{\mathrm{d}t} = -\Gamma \rho(t). \tag{6.1.29}$$

从中可以解出 t 时刻波函数依旧留在束缚态 $|g\rangle$ 的概率为

$$|\langle g|\Psi(t)\rangle|^2 = \mathrm{e}^{-\Gamma t}|\langle g|\Psi(0)\rangle|^2, \tag{6.1.30}$$

呈指数下降[1]. 这意味着

$$|\Psi(t)\rangle \sim \mathrm{e}^{-\Gamma t/2}\mathrm{e}^{-\mathrm{i}Et}|\Psi(0)\rangle \sim \mathrm{e}^{-\mathrm{i}(E-\mathrm{i}\Gamma/2)t}|\Psi(0)\rangle. \tag{6.1.31}$$

---

[1]对于 "实际势场", 隧穿后的电子运动至正极板后可能会发生弹性碰撞, 经过相当长的时间后再次返回原子核. 这对应于波函数等于能量非常接近的若干个束缚态的线性叠加, 不过我们通常不会关心这个时间尺度上的行为.

我们看到,波函数的含时演化似乎可以用一个具有复本征能量的定态来描述!

这着实是一个违背常理的事情. 引入静电场后薛定谔方程依旧是时间平移不变的, 可以通过分离变量转换成定态薛定谔方程求解本征值问题, 而厄米的哈密顿量本征值又只能是实数, 这复数是从哪里来的呢?

问题出在了哈密顿量的"厄米性"上. 当我们考察在一维静电场中做加速运动的粒子时, 由量子力学中所学的 WKB 近似, 其波函数

$$\psi(x) \sim \frac{1}{\sqrt{p}} \exp\left(\mathrm{i}\int p\,\mathrm{d}x\right), \tag{6.1.32}$$

其中经典动量

$$p = \sqrt{2[E - \mathrm{i}\Gamma/2 - V(x)]} \approx \sqrt{2[E - V(x)]} - \frac{\mathrm{i}\Gamma}{2\sqrt{2[E - V(x)]}} \tag{6.1.33}$$

的虚部小于零, 从而波函数在无穷远处是发散的. 而我们仅对于平方可积的函数证明了哈密顿算符的厄米性, 那么得到存在一个复本征能量也就不那么奇怪了.

此外, 波函数在无穷远处指数发散这件事也不稀奇. 积分式

$$\mathrm{i}\int \frac{-\mathrm{i}\Gamma}{2\sqrt{2[E-V(x)]}}\,\mathrm{d}x = \frac{\Gamma}{2}t_\mathrm{c} \tag{6.1.34}$$

给出了一个经典粒子从原点运动到 x 处的时间 t_c. 而在 $t - t_\mathrm{c}$ 时刻, 原点处的波函数幅值应当是 t 时刻波函数幅值的 $\exp(\Gamma t_\mathrm{c}/2)$ 倍: 波函数在空间无穷远处发散正好对应了其在时间无穷远的过去发散.

解释了合理性, 下一个问题是数值上怎么求解. 我们以往处理过的问题要么局限在有限区间, 要么在无穷远处趋向于零. 面临这类发散的问题, 只能考虑能否将其转换成一个不发散的问题. 幸运的是, 这样的转换是存在的. 以一维情形为例, 对于波函数 $\psi(x)$, 我们若不局限于实轴 $\mathbb{R}$, 而将其视作复平面 $\mathbb{C}$ 上的解析函数, 那么在射线 $\arg z = \alpha$ 上, 有

$$\psi(\mathrm{e}^{\mathrm{i}\alpha}x) \sim \frac{1}{\sqrt{p}} \exp\left(\mathrm{i}\mathrm{e}^{\mathrm{i}\alpha}\int p\,\mathrm{d}x\right). \tag{6.1.35}$$

对于静电场问题, 只要 $\alpha \in (0, \pi/2)$, 波函数在这条射线的无穷远处 $(x \to \infty)$ 便依指数收敛于零. 定义 $\psi_\alpha(x) = \psi(\mathrm{e}^{\mathrm{i}\alpha}x)$, 我们写下其满足的方程:

$$-\frac{1}{2}\mathrm{e}^{-2\mathrm{i}\alpha}\psi_\alpha'' + V(\mathrm{e}^{\mathrm{i}\alpha}x)\psi_\alpha = E\psi_\alpha. \tag{6.1.36}$$

可以通过上一章中介绍过的各种算法求解. 值得注意的是, 除去复本征值解外, 这类在复平面上做旋转的算法同样也适用于求解散射态以及束缚态.

除去静电场所导致的隧穿外, 量子力学中还存在大量可以用复本征能量来描述的过程. 例如, 处在激发态上的电子会因为自发辐射跃迁至基态, 这个过程可以理解成电子的束缚态与光子的连续态相互耦合, 共同形成了一个具有复本征能量的暂稳态. 又比如说, 将氦原子的两个电子全激发到激发态后, 其中一个电子会自发回到基态, 并将额外的能量提供给另外一个电子让其电离, 发生俄歇 (Auger) 过程. 这些过程的共同特征在于无界空间以及其上的连续态的存在, 说明了无界系统中自发出现耗散的可能性. 近年来, 在凝聚态物理领域, 人们也通过开放系统构造等效的非厄米量子系统, 研究其中的物理, 形成了非厄米量子力学这一研究领域. 感兴趣的读者可以阅读相关专著[2].

6.2 含时薛定谔方程: 传播子

如果哈密顿量依赖于时间, 我们便不能对薛定谔方程

$$i\partial_t|\psi(t)\rangle = H(t)|\psi(t)\rangle \tag{6.2.1}$$

分离时间变量, 而需要直接求解这个含时传播问题. 此时, 我们通常会先将波函数在空间上离散化, 用基组 $|i\rangle$ 近似展开成一个有限维向量:

$$|\psi\rangle = \sum_i c_i |i\rangle. \tag{6.2.2}$$

借助伽辽金法的思想, 向量 c 满足如下线性常微分方程组:

$$\mathbf{S}\dot{c} = -i\tilde{\mathbf{H}}(t)c, \tag{6.2.3}$$

其中矩阵元 $(\mathbf{S})_{ij} = \langle i|j\rangle$ 以及 $(\tilde{\mathbf{H}})_{ij} = \langle i|H|j\rangle$ 分别给出了交叠矩阵和哈密顿矩阵. 通常, 人们会事先将交叠矩阵做楚列斯基分解 $\mathbf{S} = \mathbf{L}^T\mathbf{L}$, 然后定义新的波函数向量 $\boldsymbol{\psi} = \mathbf{L}c$ 和哈密顿矩阵 $\mathbf{H} = (\mathbf{L}^{-1})^T\tilde{\mathbf{H}}\mathbf{L}^{-1}$, 将离散后的含时薛定谔方程改写成标准形式

$$\dot{\boldsymbol{\psi}} = -i\mathbf{H}(t)\boldsymbol{\psi}. \tag{6.2.4}$$

这样的线性含时常微分方程组处在一个 "尴尬" 的位置上. 首先, 它远不如 4.3 节中所讨论的一般意义下的常微分方程复杂 —— 它是线性的. 然而, 我们却不能像之前一样通过提高待求函数维度的办法消去 $\mathbf{H}$ 的时间依赖, 这会让它重新变成非线性的.

当哈密顿矩阵不依赖于时间时, 方程的解可以由

$$\boldsymbol{\psi}(t) = e^{-i\mathbf{H}(t-t_0)}\boldsymbol{\psi}(t_0) \tag{6.2.5}$$

---
[2]Moiseyev N. Non-Hermitian Quantum Mechanics. Cambridge University Press, 2011.

简单给出. 那么哈密顿量含时的情形是否可以简单将指数上改写成积分

$$\psi(t) = \exp\left[-i\int_{t_0}^{t} \mathbf{H}(s)\,ds\right]\psi(t_0) \tag{6.2.6}$$

呢? 很遗憾, 由于不同时刻的哈密顿量一般不对易, $[\mathbf{H}(t_1), \mathbf{H}(t_2)] \neq 0$, 这种写法并不正确.

我们回到薛定谔方程的线性性质. 原则上, 任意两个时刻的波函数之间可以用一个线性变换联系:

$$\psi(t) = \mathbf{U}(t, t_0)\psi(t_0). \tag{6.2.7}$$

我们将矩阵 $\mathbf{U}(t, t_0)$ 称作**传播子**. 设有两个初始波函数 $\psi(t_0)$ 和 $\phi(t_0)$, 它们按照同一哈密顿量 $\mathbf{H}$ 演化, 则在演化过程中它们的内积是守恒的:

$$\frac{d}{dt}\psi^\dagger\phi = (-i\mathbf{H}\psi)^\dagger\phi + \psi^\dagger(-i\mathbf{H}\phi) = 0. \tag{6.2.8}$$

因此传播子是一个幺正矩阵:

$$\mathbf{U}(t, t_0)^\dagger = [\mathbf{U}(t, t_0)]^{-1} = \mathbf{U}(t_0, t), \tag{6.2.9}$$

其中第一个等号是幺正性的定义, 第二个等号借用了 (6.2.7) 式.

本节的主要内容便是考察如何写出传播子的正确形式, 以及如何在保证幺正性的前提下进行数值实现.

6.2.1 戴森级数与编时算符

含时薛定谔方程 (6.2.4) 可以通过嵌套迭代的方式来得到级数解. 在方程两端做积分, 有

$$\psi(t) = \psi(t_0) - i\int_{t_0}^{t} \mathbf{H}(t_1)\psi(t_1)\,dt_1. \tag{6.2.10}$$

用上式自身替代掉积分号中的 $\psi(t_1)$, 有

$$\psi(t) = \psi(t_0) - i\int_{t_0}^{t} dt_1\,\mathbf{H}(t_1)\psi(t_0)$$
$$+ (-i)^2 \int_{t_0}^{t} dt_1 \mathbf{H}(t_1) \int_{t_0}^{t_1} dt_2\,\mathbf{H}(t_2)\psi(t_2). \tag{6.2.11}$$

如此继续下去, 总可以用 (6.2.10) 式替换掉式子中最后一个 $\psi(t)$ [例如 (6.2.11) 式中的 $\psi(t_2)$], 我们可以写出无穷级数

$$\psi(t) = \mathcal{T}\sum_{k=0}^{\infty}\frac{1}{k!}\left[-i\int_{t_0}^{t}\mathbf{H}(s)\,ds\right]^k\psi(t_0) = \mathbf{U}(t, t_0)\psi(t_0). \tag{6.2.12}$$

这里我们引入了编时算符 $\mathcal{T}$, 其含义在于让其后所有依赖于时间变量的矩阵按时间从大到小的顺序排序. $k!$ 项源自 k 个算符全部排序的可能数. 这个结果被称为**戴森 (Dyson) 级数**. 注意到它具有指数函数泰勒展开的形式, 那么我们可以形式上写出

$$\psi(t) = \mathcal{T} \exp\left[-\mathrm{i} \int_{t_0}^{t} \mathbf{H}(s)\,\mathrm{d}s\right] \psi(t_0). \tag{6.2.13}$$

数值求解含时薛定谔方程的核心就在于如何将 (6.2.13) 式数值实现.

(6.2.13) 式中的编时算符也可以理解成将指数函数拆分成若干更接近于一的指数函数相乘后再作用, 即

$$\mathcal{T} \exp\left[-\mathrm{i} \int_{t_0}^{t} \mathbf{H}(s)\,\mathrm{d}s\right] = \lim_{\substack{t > t_n > \cdots > t_0 \\ (t_{i+1} - t_i) \to 0}} \exp\left[-\mathrm{i} \int_{t_n}^{t} \mathbf{H}(s)\,\mathrm{d}s\right] \cdots \exp\left[-\mathrm{i} \int_{t_0}^{t_1} \mathbf{H}(s)\,\mathrm{d}s\right]. \tag{6.2.14}$$

同数值积分的原始想法类似, 这相当于在每一个小的时间段内将哈密顿量视作一个常数, 用不含时哈密顿量的传播子替代.

6.2.2 对数展开

处理编时传播子的一个思路是, 将其写作一个通常的矩阵指数

$$\mathbf{U}(t, t_0) = \mathrm{e}^{\mathbf{A}}, \tag{6.2.15}$$

而指数项由某个级数展开式给出:

$$\mathbf{A} = \mathbf{A}_1 + \mathbf{A}_2 + \mathbf{A}_3 + \cdots. \tag{6.2.16}$$

我们要求级数中的每一项都是反厄米矩阵, 这样, 截断到前任意项得到的近似传播子也都是幺正的. 我们在此给出前三阶的表达式:

$$\begin{aligned}
\mathbf{A}_1 &= -\mathrm{i} \int_{t_0}^{t} \mathrm{d}t_1\, \mathbf{H}(t_1), \\
\mathbf{A}_2 &= \frac{(-\mathrm{i})^2}{2} \int_{t_0}^{t} \mathrm{d}t_1 \int_{t_0}^{t_1} \mathrm{d}t_2 [\mathbf{H}(t_1), \mathbf{H}(t_2)], \\
\mathbf{A}_3 &= \frac{(-\mathrm{i})^3}{6} \int_{t_0}^{t} \mathrm{d}t_1 \int_{t_0}^{t_1} \mathrm{d}t_2 \int_{t_0}^{t_2} \mathrm{d}t_3 \left\{[\mathbf{H}(t_1), [\mathbf{H}(t_2), \mathbf{H}(t_3)]] + [[\mathbf{H}(t_1), \mathbf{H}(t_2)], \mathbf{H}(t_3)]\right\}.
\end{aligned} \tag{6.2.17}$$

这被称为**马格纳斯 (Magnus) 展开**, 展开收敛的充分条件是 $\int_{t_0}^{t} \mathrm{d}t_1 \|\mathbf{H}(t_1)\|_2 < \pi$[3]. 通常而言, 我们都会让时间间隔 $\tau = t - t_0$ 足够小, 并仅取领头项. 由此造成的误差为

$$\varepsilon \sim \tau^2 [\mathbf{H}(t), \mathbf{H}(t_0)] \sim \tau^3 [\mathbf{H}(t), \frac{\mathrm{d}\mathbf{H}(t)}{\mathrm{d}t}], \tag{6.2.18}$$

---

[3] 关于更高阶的表达式及其推导, 读者可以参考 Pechukas P and Light J C. On the exponential form of time-displacement operators in quantum mechanics. J. Chem. Phys., 1966, 44: 3897.

相当于三阶局部截断误差, 算法具有二阶精度.

出于将各处误差控制在同一阶的考虑, 人们有时也将 A_1 中的积分用中点法近似:

$$\int_{t_0}^{t} dt_1\, \mathbf{H}(t_1) = \tau \mathbf{H}\left(\frac{t_0+t}{2}\right) + O(\tau^3), \tag{6.2.19}$$

具有同样的局部截断误差阶数. 接下来的问题便是如何计算算符的指数.

6.2.3 算符拆分与快速傅里叶变换

很多时候, 一个体系的哈密顿算符可以拆分成动能项与势能项之和:

$$H(t) = T(\boldsymbol{p}, t) + V(\boldsymbol{r}, t). \tag{6.2.20}$$

此时借助快速傅里叶变换, 能简单方便地求解这个体系的含时传播. 为此, 我们需要用到贝克尔 – 坎贝尔 – 豪斯多夫 (Baker-Campbell-Hausdorff) 公式

$$e^{\tau A} e^{\tau B} = \exp\left\{\tau(A+B) + \frac{\tau^2}{2}[A,B] + \frac{\tau^3}{12}[A-B,[A,B]] + \cdots\right\}. \tag{6.2.21}$$

反过来, 这也意味着

$$e^{-i\tau(T+V)} = e^{-i\tau T} e^{-i\tau V} + \frac{(-i\tau)^2}{2}[V,T] + O(\tau^3). \tag{6.2.22}$$

因此, 哈密顿算符的指数可以在一阶精度内拆分成动能算符的指数和势能算符的指数之积. 而动能算符和势能算符又分别在动量表象和坐标表象下是对角的, 在相应表象下的矩阵指数能够以 $O(n)$ 的计算量简单计算. 两个表象之间的变换可以用快速傅里叶变换实现, 计算量为 $O(n \log n)$. 两个幺正算符的乘积依旧是幺正算符. 从而, 我们构造了一个一阶精度保幺正的迭代格式, 每步迭代计算消耗为 $O(n \log n)$.

一阶精度在很多情况下是不够的, 我们希望能构造更高精度的迭代格式. 为此, 我们将 V, T 交换:

$$e^{-i\tau(T+V)} = e^{-i\tau V} e^{-i\tau T} + \frac{(-i\tau)^2}{2}[T,V] + O(\tau^3), \tag{6.2.23}$$

二阶余项反号. 再做乘法, 得到

$$e^{-i\tau(T+V)} = e^{-i\tau T/2} e^{-i\tau V} e^{-i\tau T/2} + O(\tau^3), \tag{6.2.24}$$

我们便导出了一个二阶精度保幺正的迭代格式. 原则上, 借助类似于 2.2 节讨论过的理查德森加速的思想, 我们可以构造更高阶的格式, 但较少用于实践[4].

---

[4]感兴趣的读者可以参考 Thalhammer M. High-order exponential operator splitting methods for time-dependent Schrödinger equations. SIAM J. Numer. Anal., 2008, 46: 2022.

运用快速傅里叶变换演化薛定谔方程对于空间格点有着非常严格的限制: 只能采用直角坐标系下的均匀网格. 这使得其在处理一些有限系统或者具有旋转对称性的系统, 例如原子分子体系时, 并不具有优势.

这类算符拆分的技术除了可用于拆分动能项和势能项外, 还有许多别的应用. 例如, 哈密顿量中可能包含一些奇异的成分, 导致得到的矩阵病态, 此时便可以将这些奇异的成分拆分出来单独进行解析处理, 以降低原问题的条件数.

6.2.4 克雷洛夫子空间与兰乔斯传播子

我们在 3.2 节中用克雷洛夫子空间求解过线性代数方程组, 在 3.5 节中用克雷洛夫子空间求解过矩阵本征值问题. 事实上, 它还可以用来计算矩阵指数. 在传播波函数时,

$$\psi_{n+1} \approx e^{-i\tau \mathbf{H}} \psi_n. \tag{6.2.25}$$

如果我们将克雷洛夫子空间的初始向量取作 t_n 时刻的波函数, 这样生成的子空间便是 $\{\psi_n, \mathbf{H}\psi_n, \mathbf{H}^2\psi_n, \cdots, \mathbf{H}^k\psi_n\}$. 注意到若将上式直接做泰勒展开:

$$\psi_{n+1} \approx \sum_{m=0}^{\infty} \frac{(-i\tau \mathbf{H})^m}{m!} \psi_n, \tag{6.2.26}$$

前 k 项恰好全落在克雷洛夫子空间中. 这意味着, 用它来传播波函数至少不比 k 阶泰勒展开差. 实际应用中发现, 克雷洛夫子空间方法通常要好得多.

在生成子空间的过程中, 通过格拉姆 – 施密特正交化步骤构造兰乔斯分解[5]

$$\mathbf{H}\mathbf{Q}_k = \mathbf{Q}_k \mathbf{T}_k + h_{k+1,k} \mathbf{q}_{k+1} \mathbf{e}_k^\dagger, \tag{6.2.27}$$

然后对角化三对角矩阵 $\mathbf{T}_k = \mathbf{P}\mathbf{D}\mathbf{P}^\mathrm{T}$, 我们就能写下迭代格式

$$\psi_{n+1} = \mathbf{Q}_k \mathbf{P} e^{-i\tau \mathbf{D}} \mathbf{P}^\mathrm{T} \mathbf{e}_1, \tag{6.2.28}$$

被称为兰乔斯传播子. 自然, 它是保幺正的. 兰乔斯传播子是一个非常高效的高阶算法, 完成一步迭代仅需要 k 次矩阵向量乘法, 且适用于各种形式的哈密顿量. 关于其误差有如下估计[6]:

$$\varepsilon \leqslant 12 e^{-\frac{(\rho\tau)^2}{k}} \left(\frac{e\rho\tau}{k}\right)^k, \quad k \geqslant 2\rho\tau, \tag{6.2.29}$$

其中 ρ 定义为哈密顿算符 H 最大最小本征值之差的四分之一.

---

[5] 与 (3.5.19) 式相比, 此处 $\mathbf{H}$ 成了厄米矩阵, 但 $\mathbf{T}$ 依旧是实对称的三对角矩阵. 我们仅需要注意到 $\mathbf{T}$ 的对角元均为 $\mathbf{H}$ 在某个态下的期望值, 以及次对角元均为某个态的模方即可.

[6] Hochbruck M and Lubich C. On Krylov subspace approximations to the matrix exponential operator. SIAM J. Numer. Anal., 1997, 34: 1911.

6.2.5 辛算法

薛定谔方程来自某个经典物理系统哈密顿量的量子化,但有趣的是,薛定谔方程自身又等价于另一个经典哈密顿系统. 我们将波函数按实部虚部做分解 $\psi = q + \mathrm{i}p$,它们满足方程组

$$\begin{cases} \partial_t q = \mathbf{H}_\mathrm{r} p + \mathbf{H}_\mathrm{i} q, \\ \partial_t p = \mathbf{H}_\mathrm{i} p - \mathbf{H}_\mathrm{r} q, \end{cases} \tag{6.2.30}$$

其中 $\mathbf{H}_\mathrm{r}$ 和 $\mathbf{H}_\mathrm{i}$ 分别为哈密顿算符的实部和虚部. 如果我们引入

$$\mathcal{H}(\boldsymbol{q}, \boldsymbol{p}) \equiv \frac{1}{2} \begin{pmatrix} \boldsymbol{q}^\mathrm{T} & \boldsymbol{p}^\mathrm{T} \end{pmatrix} \begin{pmatrix} \mathbf{H}_\mathrm{r} & -\mathbf{H}_\mathrm{i} \\ \mathbf{H}_\mathrm{i} & \mathbf{H}_\mathrm{r} \end{pmatrix} \begin{pmatrix} \boldsymbol{q} \\ \boldsymbol{p} \end{pmatrix}, \tag{6.2.31}$$

并将波函数的实部 $\boldsymbol{q}$ 和虚部 $\boldsymbol{p}$ 分别视作广义坐标和广义动量,那么薛定谔方程便等价于哈密顿函数 $\mathcal{H}(\boldsymbol{q}, \boldsymbol{p})$ 所给出的哈密顿方程. 辛结构守恒相应于两个波函数内积的虚部守恒:

$$\Im \psi_1^\dagger \psi_2 = \boldsymbol{q}_1^\mathrm{T} \boldsymbol{p}_2 - \boldsymbol{p}_1^\mathrm{T} \boldsymbol{q}_2 = \text{常数}. \tag{6.2.32}$$

注意到,传播子的幺正性相比辛结构守恒要更严格,它同时要求波函数内积的实部也守恒,因此并不是所有的辛算法都适用于求解含时薛定谔方程.

如我们在 4.4 节中所讨论过的,最简单的辛算法是中点欧拉法. 对于此处的二次哈密顿量,其等价于克兰克 – 尼科尔森算法. 迭代格式写作

$$\psi_{n+1} = \psi_n - \mathrm{i}\tau \mathbf{H}_{n+1/2}(\psi_n + \psi_{n+1})/2, \tag{6.2.33}$$

其中 $\mathbf{H}_{n+1/2}$ 代表哈密顿矩阵取 $t_{n+1/2}$ 时刻的值. 在形式上,它可以写成显式迭代格式

$$\psi_{n+1} = (\mathbf{I} + \mathrm{i}\tau \mathbf{H}_{n+1/2}/2)^{-1}(\mathbf{I} - \mathrm{i}\tau \mathbf{H}_{n+1/2}/2)\psi_{n+1}, \tag{6.2.34}$$

每步迭代需要求解一次线性代数方程组. 由于通常时间步长 τ 都非常小,矩阵接近于单位阵,因此一般会采用迭代算法来求解这个线性代数方程组. 有趣的是,我们可以注意到克兰克 – 尼科尔森算法所给出的传播子也是一个幺正矩阵,这让它在传播薛定谔方程时也是非常有优势的.

事实上,克兰克 – 尼科尔森算法的传播子可以由指数函数的一阶帕德 (Padé) 展开得到:

$$\mathrm{e}^x = \frac{1 + x/2}{1 - x/2}. \tag{6.2.35}$$

借助更高阶的帕德展开，我们可以得到更高精度的迭代格式：

$$\mathrm{e}^x = \frac{1 + x/2 + x^2/9 + x^3/72 + x^4/1008 + x^5/30240 + \cdots}{1 - x/2 + x^2/9 - x^3/72 + x^4/1008 - x^5/30240 + \cdots}. \tag{6.2.36}$$

6.2.6 虚时传播

通过求解含时薛定谔方程，也能帮助我们计算不含时薛定谔方程的问题——计算基态。将薛定谔方程中的时间替换为虚数 $t \to \mathrm{i}\tau$，我们有

$$\partial_\tau |\psi(\tau)\rangle = -H|\psi(\tau)\rangle. \tag{6.2.37}$$

设 H 的本征对为 $\{E_i, |i\rangle\}$，可以写下形式解

$$|\psi(\tau)\rangle = \sum_i \mathrm{e}^{-E_i \tau} |i\rangle \langle i|\psi(0)\rangle. \tag{6.2.38}$$

如果体系的基态不简并，且 $\langle 0|\psi(0)\rangle \neq 0$。容易发现，当 $\tau \gg 1/(E_1 - E_0)$ 时，波函数将仅包含基态的成分：

$$|\psi(\tau)\rangle \sim \mathrm{e}^{-E_0 \tau} |0\rangle \langle 0|\psi(0)\rangle. \tag{6.2.39}$$

这样，我们便通过求解含时薛定谔方程得到了系统基态。当然，考虑到数值溢出的问题，通常会在每个时间步都对波函数做一次归一化操作。

虚时的含时薛定谔方程与热传导方程类似，可以用相同的数值算法处理。另外，由于我们主要关心 τ 很大时波函数的收敛行为，因此可以在算法稳定的条件下尽可能取较大的时间步长来提高计算效率，而无须过多担心由步长过大带来的系统误差问题。

6.3 多体耦合: 量子比特长链

本节中我们将开始涉及多体量子系统。

考虑多体系统时，第一个问题就是如何描述系统的波函数。我们知道，一个多体系统的基矢可以用各个单体系统的基矢直积得到。

假设多体系统由 N 个单体系统构成，第 k 个单体系统的正交基组取作 $\{|i_k\rangle_k\}$[7]，那么整个系统的基组可以写成

$$|i_1 i_2 \cdots i_N\rangle = |i_1\rangle_1 \otimes |i_2\rangle_2 \otimes \cdots \otimes |i_N\rangle_N, \tag{6.3.1}$$

系统的波函数相应地由这个基组展开：

$$|\Psi\rangle = \sum_{i_1 i_2 \cdots i_N} c_{i_1 i_2 \cdots i_N} |i_1 i_2 \cdots i_N\rangle. \tag{6.3.2}$$

---

[7]对于可分辨粒子体系，不同单体系统的基组未必相同，例如 $|0\rangle_1$ 和 $|0\rangle_2$ 就不一定相等。

这看起来就非常烦琐，尤其对于具体数值实现而言：先不论读者所使用的编程语言是否支持高维度的数组，单单是对于每一个不同的 N 就要单独写一个版本的程序这事，就足够让人恼火了.

6.3.1 赝指标

由前面的讨论，我们需要设计一种简单、方便、易于扩展的表示方法. 设第 k 个单体系统的基组维度为 d_k，我们可以定义赝指标

$$I \equiv i_1 + i_2 d_1 + i_3 d_2 d_1 + \cdots + i_N d_{N-1} \cdots d_2 d_1, \tag{6.3.3}$$

用来表示指标序列 $i_1 i_2 \cdots i_N$[8]. 容易检验，赝指标和单体指标序列是一一对应的，我们也可以很容易地从 I 中提取出序列 $i_1 i_2 \cdots i_N$：

```
1   function list2pseudo(listI,d)
2     pseudoI = listI(N)
3     do k = 1, N-1
4       pseudoI = pseudoI*d(N-k) + listI(N-k)
5     end
6     return pseudoI
7   end
8
9   function pseudo2list(pseudoI,d)
10    g = pseudoI
11    do k = 1, N-1
12      listI(k) = g%d(k)
13      g = g / d(k)
14    end
15    listI(N) = g
16    return listI
17  end
```

请注意第 13 行中的除号代表整除. 下一个问题是如何在这套表示法下计算矩阵向量乘法. 通常而言，多体系统的哈密顿量由单体算符 H_k 以及两体算符 V_{kl} 构成. 这里算符的下标 k 表示其仅作用在第 k 个单体上. 将单体算符 H_k 作用在波函数 $|\psi\rangle =$

---

[8] 此处假定了指标 $i_1, i_2, \cdots, i_N$ 均为从 0 开始计数的. 如果读者所使用的编程语言的数组下标是从 1 开始计数的，那么 I 的定义以及转换函数需要做相应修改.

$\sum_{i_1i_2\cdots i_N} c_{i_1i_2\cdots i_N}|i_1\rangle_1|i_2\rangle_2\cdots|i_N\rangle_N$ 上, 有

$$\begin{aligned}H_k|\psi\rangle &= \sum_{i_1i_2\cdots i_N} c_{i_1i_2\cdots i_N}|i_1\rangle_1|i_2\rangle_2\cdots(H_k|i_k\rangle_k)\cdots|i_N\rangle_N \\ &= \sum_{i_1i_2\cdots i_N}\sum_{j_k} c_{i_1i_2\cdots i_N}|i_1\rangle_1|i_2\rangle_2\cdots|j_k\rangle_k\langle j_k|H_k|i_k\rangle_k\cdots|i_N\rangle_N \\ &= \sum_{i_1i_2\cdots i_N}|i_1\rangle_1|i_2\rangle_2\cdots|i_k\rangle_k\cdots|i_N\rangle_N\sum_{j_k} c_{i_1i_2\cdots j_k\cdots i_N}\langle i_k|H_k|j_k\rangle_k.\end{aligned} \quad (6.3.4)$$

上式的第二行中插入了一个单位算符 $\sum_{j_k}|j_k\rangle\langle j_k|$, 第三行对调了 i_k, j_k 两个指标. 据此可以写出单体算符矩阵向量乘法的伪代码:

```
1   function SingleMatMulti(H,k,psi,d,DimTot)
2     Hpsi = 0
3     do I = 0, DimTot-1
4       listI = pseudo2list(I,d)
5       ik = listI(k)
6       listJ = listI
7       do jk = 0, d(k)-1
8         listJ(k) = jk
9         J = list2pseudo(listJ,d)
10        Hpsi(I) = Hpsi(I) + H(ik,jk)*psi(J)
11      end
12    end
13    return Hpsi
14  end
```

这里参数 DimTot 等于数组 d 全部元素之积. 请注意迭代过程中两类指标表达形式之间的转换.

二体算符的计算也是类似的:

$$\langle I|V_{kl}|J\rangle = \delta_{i_1j_1}\delta_{i_2j_2}\cdots\langle i_ki_l|V_{kl}|j_kj_l\rangle\cdots\delta_{i_Nj_N}. \quad (6.3.5)$$

6.3.2 二能级系统

为简单起见, 我们以最简单的单体系统 —— 二能级系统所构成的多体系统来演示前述算法.

自然, 我们需要先详细认识二能级系统. 二能级系统的哈密顿算符对应于二阶矩阵, 而全部二阶厄米矩阵都可以写成以下四个矩阵的线性组合:

$$\mathbf{I} = \begin{pmatrix} 1 & 0 \\ 0 & 1 \end{pmatrix},\quad \sigma_x = \begin{pmatrix} 0 & 1 \\ 1 & 0 \end{pmatrix},\quad \sigma_y = \begin{pmatrix} 0 & -i \\ i & 0 \end{pmatrix},\quad \sigma_z = \begin{pmatrix} 1 & 0 \\ 0 & -1 \end{pmatrix}. \quad (6.3.6)$$

后三个矩阵被称为**泡利 (Pauli) 矩阵**, 它们的本征值均为 ± 1, 其中 σ_z 和 σ_x 的本征向量分别记为

$$\sigma_z: \quad |\uparrow\rangle = \begin{pmatrix} 1 \\ 0 \end{pmatrix}, \quad |\downarrow\rangle = \begin{pmatrix} 0 \\ 1 \end{pmatrix}, \tag{6.3.7}$$

$$\sigma_x: \quad |\leftarrow\rangle = \frac{1}{\sqrt{2}} \begin{pmatrix} 1 \\ -1 \end{pmatrix}, \quad |\rightarrow\rangle = \frac{1}{\sqrt{2}} \begin{pmatrix} 1 \\ 1 \end{pmatrix}. \tag{6.3.8}$$

6.3.3 横场伊辛模型

我们考虑由 N 个自旋 $\frac{1}{2}$ 系统构成的环形链, 其哈密顿量由下式给出:

$$H = -b \sum_{k=1}^{N} \sigma_x^{(k)} - \sum_{k=1}^{N} \sigma_z^{(k)} \otimes \sigma_z^{(k+1)}, \tag{6.3.9}$$

满足周期边界条件 $\boldsymbol{\sigma}^{(k+N)} = \boldsymbol{\sigma}^{(k)}$. (6.3.9) 式中的第一项为外加 x 方向的磁场, 第二项表示这些自旋依靠 z 方向的相互作用与相邻的自旋耦合. 这个哈密顿量可以描述某些铁磁系统的动力学.

如果我们遮去第二项不管, 那么这个系统是容易求解的: 系统哈密顿量等于一系列单体哈密顿量的代数和, 那么这些单体哈密顿量的本征态的直积就是整个系统的本征态. 具体而言, 任意 N_+ 个朝 $+x$ 方向和 $N_- = N - N_+$ 个朝 $-x$ 方向的自旋态以任意方式排列得到的组态

$$|\psi\rangle = |\leftarrow\rightarrow\rightarrow\leftarrow\rightarrow\cdots\rangle \tag{6.3.10}$$

都是系统的本征态, 本征能量为

$$E = -b(N_+ - N_-). \tag{6.3.11}$$

基态是非简并的: 依赖于 b 的正负号, 全部自旋朝左或朝右. 基态和第一激发态之间的能隙为 $2|b|$.

而若略去第一项, 只看第二项时, 问题会略微复杂一些. 但注意到相邻自旋沿 z 方向同向排列时能量最低, 我们依旧能很简单地判断出其基态: 全部自旋朝上或朝下,

$$|\psi_\Uparrow\rangle = |\uparrow\rangle^{\otimes N}, \quad |\psi_\Downarrow\rangle = |\downarrow\rangle^{\otimes N}. \tag{6.3.12}$$

这两个态是简并的, 相应本征能量为 $E = -N$.

既然哈密顿量这两项单独拿出来看, 基态的简并性质不一样, 那么将这两项放在一起, 我们应该能看到能隙随着 $|b|$ 的增加慢慢变大的过程. 为此, 我们尝试着手求解这个系统.

我们取自旋数 $N = 14$. 这不是一个很大的数, 但它所对应基组的维度是 $2^N = 16384$, 这就相当不小了. 直接使用 QR 迭代来对角化一个如此高维度的矩阵是不那么现实的, 因此我们尝试用迭代算法, 也就是在 3.5 节中介绍过的兰乔斯分解, 来求解其最低两个本征态的本征能量 E_1 和 E_2. 实际计算中, 我们选定一个 b, 取一个随机的初始迭代向量, 再取一个充分大的克雷洛夫子空间维度以保证最低 E_1 和 E_2 收敛. 然后, 我们略微修改 b, 取上一步得到的两个本征态的叠加 $|\psi_1\rangle + |\psi_2\rangle$ 作为这一步的初始迭代向量[9]. 如此循环往复, 我们可以获得系统的各种性质随 b 的变化规律.

图 6.3(a) 给出了能隙随参数 b 的变化关系. 这个结果与预期相符, 但不完全相符: 带隙确实在随着 $|b|$ 的增加变大, 但这个转变速度实在是太快了! 当 $|b| < 1$ 时, 带隙几乎是零, 而一当 $|b| > 1$, 带隙马上就趋向于一个简单的线性函数. 它们之间的过渡区间非常窄. 事实上, 当 $N \to \infty$ 时, 带隙可以用一个分段线性函数描述:

$$\Delta E = \begin{cases} 0, & |b| < 1, \\ 2(|b| - 1), & |b| > 1. \end{cases} \tag{6.3.13}$$

在热力学中, 系统性质随外参数的连续变化发生突变的行为被称为**相变**. 而此处我们尚未引入温度, 或者说还处在零温, 这类相变被称为**量子相变**. 由于发生突变的是带隙的一阶导数, 从而这是一个二阶相变. 最重要的一点在于, 只有当 $N \to \infty$ 时, 也就是在热力学极限下, 突变才会真正发生.

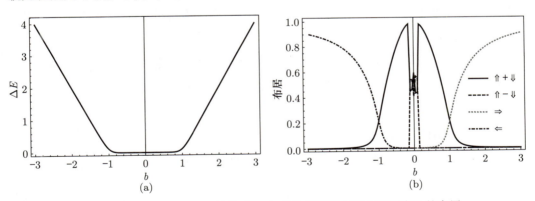

图 6.3 (a) 不同参数 b 下的能隙; (b) 系统基函数在四个不同态上的布居

我们可以继续尝试探究导致相变发生的原因. 考虑将算符 $-b \sum_{j=1}^{N} \sigma_x^{(k)}$ 作用在 $|\psi_\Uparrow\rangle$ 上, 得到的波函数是全部 $N-1$ 个自旋朝上、一个自旋朝下的组态的叠加:

$$-b(|\downarrow\uparrow\uparrow\cdots\rangle + |\uparrow\downarrow\uparrow\cdots\rangle + |\uparrow\uparrow\downarrow\cdots\rangle + \cdots). \tag{6.3.14}$$

---
[9]请读者思考: 为何不取 $|\psi_1\rangle$ 作为初始迭代向量?

每作用一次，都会让其中某一个自旋发生翻转. 那么，至少需要作用 N 次，才能将 $|\psi_\Uparrow\rangle$ 和 $|\psi_\Downarrow\rangle$ 联系起来：

$$\langle\psi_\Downarrow|\left(-b\sum_{k=1}^{N}\sigma_x^{(k)}\right)^N \Big/ N!|\psi_\Uparrow\rangle \propto b^N. \tag{6.3.15}$$

以上讨论告诉我们几个事实：在 b 非零的情况下，$|\psi_\Uparrow\rangle$ 和 $|\psi_\Downarrow\rangle$ 两个态存在耦合，按照简并微扰论，它们会重新组合成两个能量不同的能级. 在 $|b|<1$ 的情况下，这个耦合是非常弱的，因此劈裂产生的带隙非常小. 而当 $|b|>1$ 时，耦合又非常强，微扰论失效. 那么当 $|b|$ 连续地从小于一增长到大于一时，系统的行为自然会发生突变. 我们将相变和幂函数 x^N 在 $N\to\infty$ 时的不一致连续性联系了起来.

图 6.3(b) 中的四条曲线分别给出了系统基态波函数在 $(|\psi_\Uparrow\rangle+|\psi_\Downarrow\rangle)/\sqrt{2}, (|\psi_\Uparrow\rangle-|\psi_\Downarrow\rangle)/\sqrt{2}, |\psi_\Rightarrow\rangle$ 和 $|\psi_\Leftarrow\rangle$ 四个态上的布居. $b=0$ 附近的跳变来源于此处带隙过小，数值算法难以区分两个近简并态. 波函数的过渡区域相比本征能量而言更宽，这个结果与 3.4 节最后提到过的用瑞利商估计本征值的精度相比波函数更高这一事实具有类似的缘由：当波函数受到一个扰动时，本征能量的变化正比于波函数变化的平方.

6.4 全同粒子：单组态与多组态计算

上一节中，我们见识过了量子多体系统的复杂性：仅仅是将十来个二能级系统放在一起，空间维度就到了上万维，其中还涌现出了不连续的相变行为. 而若考虑一些更实际的系统，例如一个原子中的数十个电子，问题自然会更加复杂.

幸运的是，实际系统中有一个额外的对称性——全同性，它可以极大地简化我们的计算. 从中进一步深入，我们还能自然地导出粒子数表象和二次量子化，这成为了现代凝聚态物理学研究的重要工具 (不过本书不会涉及).

我们从二体系统出发做讨论：系统由完全相同的两个粒子组成. 包括哈密顿算符在内的所有可观测量关于这两个粒子的坐标都是对称的：

$$\hat{H}(x_1, x_2) = \hat{H}(x_2, x_1). \tag{6.4.1}$$

这里 x_k 可以单指粒子的空间坐标，也可能包含其自旋等其他自由度的信息. 我们定义交换算符 $\hat{P}$：

$$\hat{P}|\alpha\rangle_1|\beta\rangle_2 = |\beta\rangle_1|\alpha\rangle_2, \tag{6.4.2}$$

用以交换两个粒子的态. 由于哈密顿算符的交换对称性，其与交换算符对易：

$$[\hat{H}, \hat{P}] = 0. \tag{6.4.3}$$

通过与 5.2 节中相类似的讨论我们可以知道, 哈密顿量 $\hat{H}$ 的本征函数一定也是交换算符 $\hat{P}$ 的本征函数. 而注意到交换两次将回到自身, 因此交换算符的平方是单位算符:

$$\hat{P}^2 = \hat{I}, \tag{6.4.4}$$

则其本征函数的本征值为 ± 1. 其相应本征函数具有如下形式:

$$|\alpha\rangle_1|\beta\rangle_2 \pm |\beta\rangle_1|\alpha\rangle_2. \tag{6.4.5}$$

这样, 两个相同粒子组成的量子态可以分成两类: 一类在交换操作下不变, 而另一类在交换操作下变号. 这个划分是不会随着幺正演化或测量而改变的, 具有一类交换对称性的量子态始终会保持该对称性. 那么, 我们可以干脆将交换对称性不同的两类量子态视作两种不同的粒子, 尽管它们其他物理属性可能相同.

令人惊讶的是, 实验结果告诉我们, 不存在其他物理属性相同, 而只有交换对称性不同的粒子, 这个交换对称性也不会随体系内同类粒子数的增加而改变. 我们将交换操作下波函数不变的粒子称作**玻色子**, 交换操作下波函数变号的粒子称作**费米子**.

上述的讨论可以扩展到任意粒子数的情况. 考虑由 n 个全同粒子组成的系统, 在 $|1\rangle$ 态上有一个粒子、$|2\rangle$ 态上有一个粒子 $\cdots\cdots |n\rangle$ 态上有一个粒子[10]. 那么分别对于玻色子和费米子, 这个系统 (未归一化的) 多体波函数可以由下述公式给出:

$$\sum_I |i_1\rangle_1|i_2\rangle_2 \cdots |i_n\rangle_n, \quad 玻色子, \tag{6.4.6}$$

$$\sum_I (-1)^{\text{Inv}(I)} |i_1\rangle_1|i_2\rangle_2 \cdots |i_n\rangle_n, \quad 费米子, \tag{6.4.7}$$

求和符号表示对 1 到 n 的全体排列 $I = (i_1 i_2 \cdots i_n)$ 求和, $\text{Inv}(I)$ 表示排列 I 的逆序数. 读者可以自行检验上述公式满足交换对称性/反对称性. 注意, 对于费米子, 若任意两个单粒子波函数 $|i\rangle$ 与 $|j\rangle$ 相同, 得到的多体波函数便为零, 即两个费米子不能处在同一个量子态上, 这便是泡利不相容原理. 费米子多体波函数的这个表达式实际上等于由单粒子波函数构成的行列式

$$\begin{vmatrix} |1\rangle_1 & |1\rangle_2 & \cdots & |1\rangle_n \\ |2\rangle_1 & |2\rangle_2 & \cdots & |2\rangle_n \\ \vdots & \vdots & \ddots & \vdots \\ |n\rangle_1 & |n\rangle_2 & \cdots & |n\rangle_n \end{vmatrix}, \tag{6.4.8}$$

称为**斯莱特行列式** (Slater determinant). 注意, 斯莱特行列式仅是一种构造费米子多体波函数的可能方案, 实践中也存在其他构造满足反对称条件波函数的方法.

---

[10]出于全同性, 我们没法说第几个粒子处在某个态上.

全同性让多体问题可以得到极大的化简. 考虑由 n 个全同粒子组成的系统, 单粒子的波函数用 m 维的基组展开, 若不考虑全同性, 则 n 粒子波函数的基函数有 m^n 个:

$$|i_1 i_2 \cdots i_n\rangle \sim |i_1\rangle_1 |i_2\rangle_2 \cdots |i_n\rangle_n, \quad i_1, i_2, \cdots, i_n \in \{1, 2, \cdots, m\}. \tag{6.4.9}$$

如果这些粒子是全同玻色子呢? 出于交换对称性, 通过粒子间相互"交换位置"所构成的态将与原来相同. 例如下面的多体波函数都代表同一个态[11]:

$$|1223\rangle = |2123\rangle = |3122\rangle = \cdots. \tag{6.4.10}$$

借助排列组合的知识可以证明, 在这种意义下, 真正互不相同的基函数个数只有

$$\binom{n+m-1}{n} = \frac{(n+m-1)!}{n!(m-1)!}. \tag{6.4.11}$$

费米子的情形是类似的, 下面这些波函数都代表着相同的态:

$$|1234\rangle = -|2134\rangle = |4321\rangle = \cdots. \tag{6.4.12}$$

与玻色子不同的是, 出于泡利不相容原理, 诸如 $|1223\rangle$ 这样的态是不会出现的. 这些使得全同费米子体系独立的基函数个数更少, 其数量为

$$\binom{m}{n} = \frac{m!}{n!(m-n)!}. \tag{6.4.13}$$

引入粒子的全同性后, 问题的维度大大降低了, 但依旧非常高. 此外, 计算对称化后的多体基函数的哈密顿矩阵元也没那么简单: 若直接按定义计算, 那么每个矩阵元展开都包含 $(n!)^2$ 项, 这是没法直接处理的. 本节中, 我们将简要介绍处理这些问题的一些基本方案.

6.4.1 哈特里 – 福克近似

现实中最常见的含相互作用的全同粒子体系就是多电子体系了, 因而我们先来讨论费米子的问题.

n 个全同费米子用 m 个单粒子基组展开, 会得到 $\binom{m}{n}$ 个多体基组. 如果 $m = n$, 我们便只剩下了一个基组, 这极大地简化了问题: 体系只有一个本征态, 即该多体基函数 $|\psi\rangle$, 相应本征能量为哈密顿量在基函数下的期望值:

$$E = \langle \psi | \hat{H} | \psi \rangle. \tag{6.4.14}$$

---
[11]如果你不确定, 请务必根据 (6.4.6) 式写出具体形式予以检验.

这被称为**哈特里 – 福克 (Hartree-Fock) 近似**. 当然, 此时这 m 个单粒子基函数就不能随随便便设置了, 我们必须小心选取使得多体基函数尽可能接近真实的本征态. 根据 5.4 节中关于伽辽金法的讨论, 当我们限定矢量的选取于某个子空间时, 这个子空间内的约束极值问题将近似给出原问题本征态和本征能量. 那么我们需要做的便是调整 ψ 使 E 取得极值, 就能得到这种近似下对本征能量 E_i 最好的估计值.

在继续进行下去前, 我们需要知道如何计算 E. 全同粒子的哈密顿算符一般由单体算符和两体算符构成:

$$\hat{H} = \sum_{k=1}^{n} \hat{h}_k + \frac{1}{2} \sum_{k \neq l} \hat{v}_{kl}. \tag{6.4.15}$$

这里的 1/2 因子来自求和式中两两间的相互作用被重复计算了一次. 单体算符只能将两个相同下标的单粒子态联系在一起, 因此 (6.4.7) 式中任意两项关于 $\hat{h}_i$ 的内积都是零, 非零的只有对角项

$$\langle \cdots i_k \cdots | \hat{h}_k | \cdots i_k \cdots \rangle = \langle i_k | \hat{h} | i_k \rangle, \tag{6.4.16}$$

最后得到

$$\langle \psi | \sum_{k=1}^{n} \hat{h}_k | \psi \rangle = \sum_{i=1}^{n} \langle i | \hat{h} | i \rangle, \tag{6.4.17}$$

等于单粒子算符对所有单粒子态期望值之和.

随后考虑两体算符. 两体算符会将两个不同下标的单粒子态联系在一起, 那么我们需要考虑

$$\langle \cdots i_k \cdots i_l \cdots | \hat{v}_{kl} | \cdots i_k \cdots i_l \cdots \rangle = \langle i_k i_l | \hat{v} | i_k i_l \rangle \tag{6.4.18}$$

以及

$$\langle \cdots i_l \cdots i_k \cdots | \hat{v}_{kl} | \cdots i_k \cdots i_l \cdots \rangle = \langle i_l i_k | \hat{v} | i_k i_l \rangle \tag{6.4.19}$$

两项. 最后得到

$$\begin{aligned} \langle \psi | \sum_{k \neq l} \hat{v}_{kl} | \psi \rangle &= \sum_{k \neq l} (\langle i_k i_l | \hat{v} | i_k i_l \rangle - \langle i_l i_k | \hat{v} | i_k i_l \rangle) \\ &= \sum_{i \neq j} (\langle ij | \hat{v} | ij \rangle - \langle ij | \hat{v} | ji \rangle). \end{aligned} \tag{6.4.20}$$

这两项分别被称为哈特里项和福克项, 也称库仑项和交换项. 注意到 $i = j$ 时两项相互抵消, 因此求和中 $i \neq j$ 的约束可以去除. 推导过程中我们始终假定了 $\{|i\rangle\}$ 是一组正

交归一基. 那么问题便归结为求解哈密顿量期望值在约束 $\langle i|j\rangle = \delta_{ij}$ 下的极小值. 借助拉格朗日乘子消去约束, 目标函数写作

$$G = \langle \hat{H} \rangle - \sum_{i,j} \lambda_{ij}(\langle i|j\rangle - \delta_{ij})$$

$$= \sum_{i=1}^n \langle i|\hat{h}|i\rangle + \frac{1}{2}\sum_{i,j}(\langle ij|\hat{v}|ij\rangle - \langle ji|\hat{v}|ij\rangle) - \sum_{i,j}\lambda_{ij}(\langle i|j\rangle - \delta_{ij}). \quad (6.4.21)$$

为明确起见, 我们假定 n 维基组 $\{|i\rangle\}$ 可以用另一基组 $\{|b_\alpha\rangle\}$ 做展开:

$$|i\rangle = \sum_\alpha c_{i\alpha}|b_\alpha\rangle, \quad (6.4.22)$$

这样目标函数就可以写成系数矩阵 $c_{i\alpha}$ 的一个四次函数,

$$G = \sum_{i,\alpha,\beta} h_{\alpha\beta}c^*_{i\alpha}c_{i\beta} - \sum_{i,j,\alpha,\beta}\lambda_{ij}(c^*_{i\alpha}S_{\alpha\beta}c_{j\beta} - 1)$$
$$+ \frac{1}{2}\sum_{i,j,\alpha,\beta,\gamma,\delta}(v_{\alpha\beta,\delta\gamma} - v_{\beta\alpha,\delta\gamma})c^*_{i\alpha}c^*_{j\beta}c_{i\delta}c_{j\gamma}, \quad (6.4.23)$$

其中

$$h_{\alpha\beta} \equiv \langle b_\alpha|\hat{h}|b_\beta\rangle, \quad S_{\alpha\beta} \equiv \langle b_\alpha|b_\beta\rangle, \quad v_{\alpha\beta,\gamma\delta} \equiv \langle b_\alpha b_\beta|\hat{v}|b_\gamma b_\delta\rangle. \quad (6.4.24)$$

在极值点处, G 对 $c^*_{i\alpha}$ 的微分为零, 由此得到三次方程组

$$\sum_\beta h_{\alpha\beta}c_{i\beta} + \sum_{j,\beta,\delta,\gamma}(v_{\alpha\beta,\delta\gamma} - v_{\beta\alpha,\delta\gamma})c^*_{j\beta}c_{i\delta}c_{j\gamma} = \sum_{j=1}^n \lambda_{ij}\sum_\beta S_{\alpha\beta}c_{j\beta}. \quad (6.4.25)$$

这个方程组粗看起来不容易下手, 但是, 如果我们略微轮换一下指标, 并定义福克矩阵

$$(\mathbf{F})_{\alpha\beta} \equiv h_{\alpha\beta} + \sum_{j,\delta,\gamma}(v_{\alpha\delta,\beta\gamma} - v_{\delta\alpha,\beta\gamma})c^*_{j\delta}c_{j\gamma}, \quad (6.4.26)$$

借助单体算符和两体算符的厄米性, 以及两体算符的交换对称性 $v_{\alpha\beta,\gamma\delta} = v_{\beta\alpha,\delta\gamma}$, 容易检验 $\mathbf{F}$ 是一个厄米矩阵, 这样, 原式就可以写成

$$\mathbf{F}c_i = \sum_{j=1}^n \lambda_{ij}\mathbf{S}c_j. \quad (6.4.27)$$

这个式子与矩阵 $\mathbf{F}$ 和 $\mathbf{S}$ 的广义本征值问题有些类似, 只不过出现在等式右端的是 λ_{ij} 而不是通常的 $\lambda_i\delta_{ij}$. 这个问题不难处理, 我们总可以通过舒尔 (Schur) 分解将 λ_{ij} 对角化:

$$\lambda_{ij} = \sum_k U_{ik}\varepsilon_k U^*_{jk}. \quad (6.4.28)$$

引入 $d_i \equiv \sum_j U_{ji}^* c_j$, 将 (6.4.27) 式写成广义本征值方程的形式:

$$\mathbf{F}d_k = \varepsilon_k \mathbf{S} d_k. \tag{6.4.29}$$

此外, 可以发现通过一个幺正变换将向量组 $\{c_i\}$ 重新线性组合成 $\{d_i\}$ 不会改变福克矩阵的形式:

$$\sum_j c_{j\delta}^* c_{j\gamma} = \sum_{j,k,l} U_{jk}^* d_{k\delta}^* U_{jl} d_{l\gamma} = \sum_j d_{j\delta}^* d_{j\gamma}. \tag{6.4.30}$$

因此, 我们总可以通过对向量组重新做线性组合, 在不改变待优化的目标函数和约束的前提下将拉格朗日乘子从 n^2 个减少到 n 个, 转换为标准的广义本征值问题. 在下文中, 我们依旧以 c_i 来指代 d_i.

到此为止问题似乎已经得到解决了: 计算矩阵 $\mathbf{F}$, 求出其 n 个本征值 ε_i 和本征向量 c_i, 我们就能构造出斯莱特行列式, 得到问题的近似解. 但是, 要计算矩阵 $\mathbf{F}$, 得先知道 c_i! 这似乎又回到了先有鸡还是先有蛋的问题上来了.

好在处理这类问题我们已经很有经验了, 那就是迭代. 我们先猜测一组在交叠矩阵 $\mathbf{S}$ 下正交归一的基组 $\{c_j\}$, 然后计算矩阵 $\mathbf{F}$, 根据矩阵的本征向量再来构造新的正交基组. 如此循环往复, 如果最后得到的 $\{c_j\}$ 和 $\{\varepsilon_i\}$ 分别收敛于一个固定的值, 我们就求得了问题的解. 体系本征态的能量为

$$\langle \hat{H} \rangle = \frac{1}{2} \sum_{i=1}^{n} (\varepsilon_i + \langle i|\hat{h}|i\rangle), \tag{6.4.31}$$

这样写是为了省去两体相互作用项的计算.

通常而言, 如果我们想要求解体系的基态, 那么就让迭代过程中得到的本征值按从小到大取 $\mathbf{F}$ 的前 n 个本征值; 而如果想求激发态, 那么可以考虑留下前 n 个本征值中的一个或多个不取, 而是使用更高的本征值和相应本征向量来迭代[12]. 这个过程中, 我们将 $\mathbf{F}$ 的本征向量称为**轨道** (orbital), 相应本征值称为轨道能量, 迭代过程中所选取的轨道称为**占据轨道** (occupied orbital), 而未选取的则称为**未占据轨道** (unoccupied orbital). 由一组占据轨道构成的一个斯莱特行列式被称为一个**组态** (configuration). 求解体系本征态的过程即为在事先确定了各轨道的占据情况后, 不断修正各条轨道的形状以得到自洽方程 (6.4.29) 的解. 由于在求解过程中福克矩阵决定了占据轨道, 而占据轨道又反过来决定了其所感受的有效哈密顿量, 从而这套方案也被称为**自洽场** (self consistent field, SCF) 理论.

我们重新回顾一下整个过程. 假定基组 $\{|b_\alpha\rangle\}$ 的维度是 m, 那么原始问题是一个

---

[12]请注意, 这种激发态求解方案仅在非常局限的情形下适用.

$\binom{m}{n}$ 维的矩阵本征值问题. 在做哈特里 – 福克近似后, 转换成了一个带约束的非线性优化问题, 包含有 nm 个变量和 $n(n+1)/2$ 个约束. 通过拉格朗日乘子消去约束, 并做微分, 其转换成一个非线性方程组. 这个非线性方程组可以视作一个 m 维矩阵的本征值问题, 并且矩阵本身需要通过本征向量自洽计算. 由于此时需要求解的往往是矩阵最低的若干个能级, 从而在进行矩阵对角化时兰乔斯分解是非常常用的.

原则上讲, 求解哈特里 – 福克方程未必需要引入具体的基组. 历史上, 哈特里于 1928 年在不存在任何现代计算机的情况下基于变分的思想近似解析求解了该方程[13]. 而具体基组的引入则归功于罗特汉 (Roothaan) 和霍尔 (Hall) 在 1951 年的工作[14]. 因而 (6.4.29) 式有时也被称为**罗特汉 – 霍尔方程**.

下一个问题是上文中所说的迭代能否收敛, 收敛速度如何. 很不幸的是, 这样一个简单直接的迭代方案在面临复杂的实际问题时, 经常会出现不收敛的情形[15]. 如何提高自洽方程迭代的收敛性是量子化学的重要课题之一[16].

6.4.2 数值实验: 氦原子

花了这么长篇幅在抽象的公式推演上之后, 让我们来讨论一个具体的例子: 最简单的多电子原子 —— 氦原子. 在 $c \to \infty$ 的非相对论极限和 $m_e/m_{He} \to 0$ 的固定核近似下, 氦原子的哈密顿算符写作

$$\hat{H} = \sum_{i=1,2} \left(\frac{\boldsymbol{p}_i^2}{2} - \frac{2}{r_i} \right) + \frac{1}{r_{12}}. \tag{6.4.32}$$

我们选取了原子单位制 $m_e = \hbar = e^2/4\pi\varepsilon_0 = 1$. 哈密顿算符第一项对应单粒子算符, 由动能算符及电子与氦核的库仑相互作用构成, 第二项对应两体相互作用, 为两电子之间的库仑相互作用.

将单体波函数用空间波函数和自旋波函数的基组直积 $\{\psi_\alpha(\boldsymbol{r})\} \otimes \{|\uparrow\rangle, |\downarrow\rangle\}$ 做展

---

[13] Hartree D R. The wave mechanics of an atom with a non-Coulomb central field. Math. Proc. Camb. Philos. Soc., 1928, 24 (1): 111.
[14] Roothaan C C J. New developments in molecular orbital theory. Rev. Mod. Phys., 1951, 23: 69; Hall G G. The molecular orbital theory of chemical valency. VIII. A method of calculating ionization potentials. Proc. R. Soc. London A, 1951, 205: 541.
[15] Koutecký J and Bonačić V. On convergence difficulties in the iterative Hartree-Fock procedure. J. Chem. Phys., 1971, 55: 2408.
[16] 感兴趣的读者可以参考综述 Bris C L. Computational chemistry from the perspective of numerical analysis. Acta Numer., 2005, 14: 363.

开, 我们可以给出前文中各项矩阵元的具体表达式:

$$h_{\alpha s,\beta s'} = \delta_{ss'} \int \psi_\alpha^*(\boldsymbol{r}) \left(\frac{\boldsymbol{p}^2}{2} - \frac{2}{r}\right) \psi_\beta(\boldsymbol{r}) \,\mathrm{d}^3\boldsymbol{r}, \tag{6.4.33}$$

$$S_{\alpha s,\beta s'} = \delta_{ss'} \int \psi_\alpha^*(\boldsymbol{r}) \psi_\beta(\boldsymbol{r}) \,\mathrm{d}^3\boldsymbol{r}, \tag{6.4.34}$$

$$v_{\alpha s_1,\beta s_2;\gamma s_3,\delta s_4} = \delta_{s_1 s_3} \delta_{s_2 s_4} \int \psi_\alpha^*(\boldsymbol{r}_1) \psi_\beta^*(\boldsymbol{r}_2) \frac{1}{r_{12}} \psi_\gamma(\boldsymbol{r}_1) \psi_\delta(\boldsymbol{r}_2) \,\mathrm{d}^3\boldsymbol{r}_1 \mathrm{d}^3\boldsymbol{r}_2$$

$$= \delta_{s_1 s_3} \delta_{s_2 s_4} u_{\alpha\beta;\gamma\delta}, \tag{6.4.35}$$

其中 s 为自旋指标. 据此我们可以理解两体相互作用张量 $u_{\alpha\beta;\gamma\delta}$ 的物理含义: 它给出了电荷密度分布 $\rho_1(\boldsymbol{r}) = \psi_\alpha^*(\boldsymbol{r})\psi_\gamma(\boldsymbol{r})$ 与 $\rho_2(\boldsymbol{r}) = \psi_\beta^*(\boldsymbol{r})\psi_\delta(\boldsymbol{r})$ 之间的静电势能. 我们在 5.4 节中已经给出了这些积分在高斯基函数下的结果.

如果不使用高斯基函数, 而使用其他类型的基函数, $u_{\alpha\beta;\gamma\delta}$ 这个双重积分往往会通过如下方式做数值计算: 引入静电势场

$$\phi_{\alpha\gamma}(\boldsymbol{r}') = \int \frac{1}{|\boldsymbol{r}-\boldsymbol{r}'|} \psi_\alpha^*(\boldsymbol{r})\psi_\gamma(\boldsymbol{r}) \,\mathrm{d}^3\boldsymbol{r}, \tag{6.4.36}$$

其满足泊松方程

$$\nabla^2 \phi_{\alpha\gamma}(\boldsymbol{r}) = -4\pi \psi_\alpha^*(\boldsymbol{r})\psi_\gamma(\boldsymbol{r}), \tag{6.4.37}$$

即静电势场可以通过求解泊松方程给出, 这是我们在 5.1 节中已经研究过的问题. 得到结果后, 再计算一次三重积分即可得到两体相互作用. 这个过程通常会比数值计算基函数之间的双积分更稳定高效.

我们再来考虑有关自旋的问题. 注意到哈密顿算符与两电子的自旋完全无关, 那么其本征函数可以对自旋做分离变量, 写成空间波函数和自旋波函数相乘的形式[17], 有

$$\Psi(\boldsymbol{r}_1,\boldsymbol{r}_2) \sum_{s_1,s_2} a_{s_1,s_2} |s_1 s_2\rangle, \tag{6.4.38}$$

其中 s_1, s_2 为自旋指标. 由于电子是费米子, 我们同时要求两体波函数满足交换反号, 那么两体波函数可以按照空间波函数交换反号和自旋波函数交换反号分成两类:

$$\begin{aligned}\text{单重态 (singlet)}: \Psi(\boldsymbol{r}_1,\boldsymbol{r}_2) &= \Psi(\boldsymbol{r}_2,\boldsymbol{r}_1), \quad a_{s_1 s_2} = -a_{s_2 s_1}, \\ \text{三重态 (triplet)}: \Psi(\boldsymbol{r}_1,\boldsymbol{r}_2) &= -\Psi(\boldsymbol{r}_2,\boldsymbol{r}_1), \quad a_{s_1 s_2} = a_{s_2 s_1}.\end{aligned} \tag{6.4.39}$$

接下来我们对这两种情形分开讨论. 将三重态的两体波函数写成单体波函数斯莱特行列式的形式:

$$\frac{1}{\sqrt{2!}} \begin{vmatrix} \psi_1(\boldsymbol{r}_1)|s\rangle_1 & \psi_1(\boldsymbol{r}_2)|s\rangle_2 \\ \psi_2(\boldsymbol{r}_1)|s\rangle_1 & \psi_2(\boldsymbol{r}_2)|s\rangle_2 \end{vmatrix} = \frac{1}{\sqrt{2}} [\psi_1(\boldsymbol{r}_1)\psi_2(\boldsymbol{r}_2) - \psi_2(\boldsymbol{r}_1)\psi_1(\boldsymbol{r}_2)] |ss\rangle, \tag{6.4.40}$$

---

[17]在电子数更多的情况下, 出于交换对称的要求, 这种拆分并不总是可行的, 此时往往需要将自旋与空间轨道绑定在一起求解.

其中 $|s\rangle$ 表示某个指定的自旋态 ($|\uparrow\rangle$ 或 $|\downarrow\rangle$). 这个形式意味着我们可以完全不管自旋态. 消去了自旋自由度的自洽方程写作

$$\begin{cases} (\mathbf{F})_{\alpha\beta} = h_{\alpha\beta} + \sum_{\delta,\gamma}(u_{\alpha\delta,\beta\gamma} - u_{\delta\alpha,\beta\gamma})\sum_{i=1,2}c_{i\delta}^*c_{i\gamma}, \\ \mathbf{F}c_i = \varepsilon_i \mathbf{S} c_i. \end{cases} \quad (6.4.41)$$

而对于单重态, 斯莱特行列式的形式写作

$$\frac{1}{\sqrt{2!}}\begin{vmatrix} \psi(\boldsymbol{r}_1)|\uparrow\rangle_1 & \psi(\boldsymbol{r}_2)|\uparrow\rangle_2 \\ \psi(\boldsymbol{r}_1)|\downarrow\rangle_1 & \psi(\boldsymbol{r}_2)|\downarrow\rangle_2 \end{vmatrix} = \psi(\boldsymbol{r}_1)\psi(\boldsymbol{r}_2)\frac{|\uparrow\downarrow\rangle - |\downarrow\uparrow\rangle}{\sqrt{2}}. \quad (6.4.42)$$

我们仅需要一个空间轨道即可. 消去了自旋自由度的自洽方程写作

$$\begin{cases} (\mathbf{F})_{\alpha\beta} = h_{\alpha\beta} + \sum_{\delta,\gamma}u_{\alpha\delta,\beta\gamma}c_{\delta}^*c_{\gamma}, \\ \mathbf{F}c = \varepsilon \mathbf{S} c. \end{cases} \quad (6.4.43)$$

将矩阵表达式重新写成算符和积分形式会很有趣:

$$\left[\frac{\boldsymbol{p}^2}{2} - \frac{2}{r} + \int \mathrm{d}^3\boldsymbol{r}'\frac{|\psi(\boldsymbol{r}')|^2}{|\boldsymbol{r}-\boldsymbol{r}'|}\right]\psi(\boldsymbol{r}) = \varepsilon\psi(\boldsymbol{r}). \quad (6.4.44)$$

这看起来像是一个有着 "自相互作用" 的电子所满足的薛定谔方程. 当然, 需要注意的是, HF 方法中并不存在 "自相互作用", 这里纯粹是因为两条占据轨道的空间波函数完全相同, 从而表现出了自相互作用的形式.

接下来的问题便是选取具体的基函数. 基函数的选取通常是一个比较复杂的问题, 涉及待求解的体系、想获得的物理量以及计算资源的多少等等. 不过在这里, 我们就采取一个简单的取法: 采用四个宽度不同的高斯基函数 $\{e^{-\alpha_i r^2}|i=1,2,3,4\}$. 我们并没有在指数函数前乘上多项式, 这相当于限制了两个电子的轨道都处在 s 态上. 我们的目标是求解氦原子的基态能量, 因此系数组合 $\{\alpha_i\}$ 的选取应当使得最终算出的基态能量尽可能低. 我们在此略去极小化的过程, 直接给出氦原子的一个最优取法

$$\{\alpha_i\} = \{0.298073, 1.242567, 5.782948, 38.474970\}. \quad (6.4.45)$$

借助 5.4 节中关于高斯类轨道积分的结果, 并将其代入自洽方程 (6.4.43) 式, 便可以求解出氦原子单重态的基态能量 $E = -2.8552$. 考虑到过程中我们做了如此多的近似, 这个结果与实验值 $E_0 = -2.9037$ 还是相当接近的.

实践中, 人们已经在各种不同的约束下对所有种类的原子找到了最优的高斯类基函数的参数组合, 它们被广泛集成在量子化学软件包中, 同时也可以在互联网上获取[18]. 这样, 在求解分子问题时, 将所有原子相应的轨道基组放在一起即可便利地处理.

---

[18]例如, www.basissetexchange.org.

使用高斯类基函数描述原子分子中的电子波函数虽然简单方便, 少许几个基函数就能得到相当不错的近似结果, 但却无法准确描述波函数的渐近性质. 我们知道, 当电子离核足够远时, 能量为 E 的束缚态会渐近于指数衰减,

$$\lim_{r \to \infty} \psi(r) \sim \exp(-\sqrt{-2E}r), \tag{6.4.46}$$

而高斯基函数却是呈指数平方衰减的, 这使得其无论如何也无法描述离核足够远处波函数的行为. 此外, 离核非常近的时候也有问题. 对于 s 态的电子波函数, 在离核足够近时, 薛定谔方程写作

$$-\frac{1}{2r^2}\frac{\mathrm{d}}{\mathrm{d}r}\left(r^2\frac{\mathrm{d}\psi}{\mathrm{d}r}\right) - \frac{Z}{r}\psi = 0. \tag{6.4.47}$$

注意到 s 态波函数在 $r \to 0$ 时不为零, 将等式乘 $2r^2$ 做积分, 有

$$-r^2\frac{\mathrm{d}\psi}{\mathrm{d}r} - Zr^2\psi = 0 \Rightarrow \lim_{r \to 0}\frac{1}{\psi}\frac{\mathrm{d}\psi}{\mathrm{d}r} = -Z. \tag{6.4.48}$$

也就是说, 波函数的径向导数在核附近不为零, 表现为 $\psi(\boldsymbol{r}) \sim \psi(0)(1 - Z|\boldsymbol{r}|)$, 存在着一个**尖点** (cusp). 显然, 无穷阶可微的高斯类基函数也不可能正确描述这种导数不连续的行为. 因此, 当我们所需要求解的物理量强烈依赖于波函数在远处或近处的渐近行为时, 最好不要使用高斯类基函数.

6.4.3 讨论与推广

在哈特里 – 福克近似中, 我们仅使用了一个斯莱特行列式来描述多体波函数. 那么, 作为进一步的近似, 我们可以使用多个斯莱特行列式, 或者说多个组态的线性组合来描述多体波函数. 基于这一思路的方法有**组态相互作用** (configuration interaction, CI)、**多组态自洽场** (multi-configuration self consistent field, MCSCF) 和**耦合簇** (coupled cluster, CC) 等.

如其名字所暗示的, 多组态方法相比 HF 更复杂的一点是需要计算不同组态之间的相互作用

$$\langle \Psi_I | \hat{H} | \Psi_J \rangle. \tag{6.4.49}$$

如果我们假定构成这些组态的单电子波函数相互之间都是正交的, 那么这个矩阵元的计算不会太困难: 单电子哈密顿量会在至多有一个单电子波函数不同的组态之间产生非零矩阵元, 而双电子相互作用项会在至多有两个单电子波函数不同的组态之间产生非零矩阵元. 这些非零矩阵元最终都可以约化到包含两个或四个单电子波函数的积分. 对这样一个哈密顿量期望值使用变分法, 依赖于 CI 或 MCSCF 方法的选取, 能够得到

一个关于组态前系数的线性方程组, 抑或是同时包含系数和单电子波函数在内的非线性自洽方程组. 通过迭代求解该方程组, 我们将最后求解得到多体系统的本征态和本征能量[19].

原则上讲, 不断增加组态的数目, 我们将逼近多体问题的严格解. 将全部单体波函数构造得到的多体组态都纳入考虑范围的方案被称为 full-CI. 如我们之前所讨论过的, 此时多体基组的数目为 $\binom{m}{n}$, 问题复杂度随着单体基组数目的增长近乎指数增长, 是难以用于实践的.

实践中得到更广泛应用的方法是**密度泛函理论** (density functional theory, DFT), 我们将在下一节中具体讨论.

当引入含时哈密顿算符, 例如对原子施加强电磁场时, 这类基于组态的方法需要同时考虑组态前系数以及构成组态的单电子波函数随时间的变化. 如何恰当地处理这类问题依旧属于研究前沿, 读者可以自行搜索相应的文献[20].

6.5 多电子体系: 密度泛函理论

正如上一节中所讨论的, 随着体系粒子数增加, 基于 HF 和 CI 方法来获得多体波函数的解变得异常困难. 在量子力学诞生的初期, 这一困难就被广泛认识. 在研究多电子原子和固体等多电子体系时, 人们退而求其次, 开始探索体系总能量与其电子密度分布之间的关系, 也即所谓的**能量泛函**. 这样就可以绕过多电子薛定谔方程的求解, 来近似计算系统的性质. 基于这个思想的一个典型结果便是**托马斯－费米 (Thomas-Fermi) 模型**:

$$E_{\mathrm{TF}}[\rho] = \frac{3}{10}\left(3\pi^2\right)^{\frac{2}{3}} \int \rho^{\frac{5}{3}}(\boldsymbol{r})\,\mathrm{d}^3\boldsymbol{r} + \int \rho(\boldsymbol{r})v(\boldsymbol{r})\mathrm{d}^3\boldsymbol{r}$$
$$+ \frac{1}{2} \iint \frac{\rho(\boldsymbol{r})\rho(\boldsymbol{r}')}{|\boldsymbol{r}-\boldsymbol{r}'|}\mathrm{d}^3\boldsymbol{r}\mathrm{d}^3\boldsymbol{r}', \tag{6.5.1}$$

公式中的三项分别为电子动能、电子在外势场 (原子核) 中的势能以及电子和电子之间的库仑相互作用.

6.5.1 唯一性定理

这种方案看起来像是某种准经典近似: 我们抛弃了多体波函数的相干和纠缠特性, 转而考虑经典的电子密度, 并将量子的动能项作为某种修正的形式加入. 然而, 在 1964

---

[19]关于多组态方法的具体细节, 感兴趣的读者可以参考专著 Froese-Fischer C, Brage T, and Jonsson P. Computational Atomic Structure: An MCHF Approach. Institute of Physics Publishing, 1997.

[20]如 Anzaki R, Sato T, and Ishikawa K L. A fully general time-dependent multiconfiguration self-consistent-field method for the electron-nuclear dynamics. Phys. Chem. Chem. Phys., 2017, 19: 22008.

年, 霍恩伯格 (Hohenberg) 和科恩 (Kohn) 得到了一个重要的结论[21]: 只需要考虑电子密度就够了!

定理 6.1 (霍恩伯格 – 科恩第一定理) 将多体电子系统置于单体相互作用势场 $v(\boldsymbol{r})\psi(\boldsymbol{r})^\dagger\psi(\boldsymbol{r})$ 中, 若其基态 $|\varPhi\rangle$ 不简并. 那么, 不存在两个不相同的势函数 $v(\boldsymbol{r})$ (除非仅相差一个常数) 能给出相同的基态密度分布 $\rho(\boldsymbol{r}) = \langle\varPhi|\psi(\boldsymbol{r})^\dagger\psi(\boldsymbol{r})|\varPhi\rangle$.

证明 采用反证法. 假设存在两个不同的外势 $v(\boldsymbol{r}), v'(\boldsymbol{r})$, 它们分别对应不同的哈密顿量 H 和 H', 并且给出不同的基态 $|\varPhi\rangle, |\varPhi'\rangle$, 却能给出相同的密度分布 $\rho(\boldsymbol{r})$. 我们有

$$E = \langle\varPhi|H|\varPhi\rangle < \langle\varPhi'|H|\varPhi'\rangle = \langle\varPhi'|H' + \int[v(\boldsymbol{r}) - v'(\boldsymbol{r})]\psi(\boldsymbol{r})^\dagger\psi(\boldsymbol{r})\,\mathrm{d}^3\boldsymbol{r}|\varPhi'\rangle$$
$$= E' + \int[v(\boldsymbol{r}) - v'(\boldsymbol{r})]\rho(\boldsymbol{r})\,\mathrm{d}^3\boldsymbol{r}. \tag{6.5.2}$$

类似地, 我们有

$$E' < E + \int[v'(\boldsymbol{r}) - v(\boldsymbol{r})]\rho(\boldsymbol{r})\,\mathrm{d}^3\boldsymbol{r}. \tag{6.5.3}$$

两式相加即有

$$E + E' > E + E', \tag{6.5.4}$$

矛盾, 假设不成立, 故不存在两个不同的势函数能给出同一个电子密度分布. 换言之, 若给定一个电子密度分布, 若存在, 则仅存在唯一的势能函数使其为基态密度分布.

既然势函数由电子密度分布唯一地决定, 那么包括基态波函数和基态能量在内的一切物理量都由电子密度确定了. 原则上讲, 存在一个一般性的能量泛函 $E_{\mathrm{HK}}[\rho(\boldsymbol{r})]$, 可以从基态密度分布直接给出基态能量 E, 称作**霍恩伯格 – 科恩泛函**.

为了使这个结果实用化, 我们需要引入**莱维 – 利布 (Levy-Lieb) 泛函**

$$E_{\mathrm{LL}}[\rho(\boldsymbol{r}), v(\boldsymbol{r})] = \min_{|\varPhi\rangle \to \rho(\boldsymbol{r})} \langle\varPhi|H|\varPhi\rangle, \tag{6.5.5}$$

再使 $|\varPhi\rangle$ 在给定密度分布 $\rho(\boldsymbol{r})$ 的情况下取极小值. 显然, 如果 $\rho(\boldsymbol{r})$ 是势函数 $v(\boldsymbol{r})$ 对应的基态密度分布, 那么莱维 – 利布泛函将给出与霍恩伯格 – 科恩泛函相同的结果. 我们知道哈密顿量的基态波函数在满足归一化条件的约束下将会使能量 $\langle\varPhi|H|\varPhi\rangle$ 取极小. 综合这两个结论, 可以得到下面的定理.

定理 6.2 (霍恩伯格 – 科恩第二定理) 对任意单体相互作用势场 $v(\boldsymbol{r})\psi(\boldsymbol{r})^\dagger\psi(\boldsymbol{r})$, 存在能量泛函 $E[\rho(\boldsymbol{r}); v(\boldsymbol{r})]$, 在归一化约束 $\int\rho(\boldsymbol{r})\,\mathrm{d}^3\boldsymbol{r} = N$ 下, 其关于 $\rho(\boldsymbol{r})$ 变分极值

---

[21] Hohenberg P and Kohn W. Inhomogeneous electron gas. Phys. Rev., 1964, 136: B864.

的位置给出了相应的基态电子密度, 即

$$\frac{\delta E}{\delta \rho} = \mu, \tag{6.5.6}$$

这里 μ 是约束所对应的拉格朗日乘子.

6.5.2 科恩 – 沈吕九方程

1965 年, 科恩和沈吕九 (Sham Lu Jeu) 引入了一组辅助单体波函数 $|\psi_i\rangle = \psi_i(r)^\dagger|0\rangle$, 满足正交归一性 $\langle\psi_i|\psi_j\rangle = \delta_{ij}$ 并能给出密度分布 $\sum_{i=1}^N |\psi_i(r)|^2 = \rho(r)$. 他们将能量泛函进一步形式地改写成

$$E[\rho(\boldsymbol{r}); v(\boldsymbol{r})] = -\frac{1}{2}\sum_{i=1}^N \int \psi_i^*(\boldsymbol{r})\nabla^2 \psi_i(\boldsymbol{r})\,\mathrm{d}^3 r + \int v(\boldsymbol{r})\rho(\boldsymbol{r})\,\mathrm{d}^3 r$$
$$+ \frac{1}{2}\iint \frac{\rho(\boldsymbol{r})\rho(\boldsymbol{r}')}{|\boldsymbol{r}-\boldsymbol{r}'|}\,\mathrm{d}^3 r \mathrm{d}^3 r' + E_{\mathrm{XC}}[\rho(\boldsymbol{r}); v(\boldsymbol{r})]. \tag{6.5.7}$$

这样, 整个问题就被形式地写成了类似于单组态哈特里 – 福克的形式, 只是多了一个未知的交换关联项 E_{XC}.

与推导哈特里 – 福克方程时类似, 定义拉格朗日泛函

$$L = E - \sum_{i,j} \epsilon_{ij} \left(\int \psi_i^*(\boldsymbol{r})\psi_j(\boldsymbol{r})\,\mathrm{d}^3 r - \delta_{ij} \right). \tag{6.5.8}$$

取其变分为 0,

$$\frac{\delta L}{\delta \psi_i^*(\boldsymbol{r})} = 0, \tag{6.5.9}$$

即可得到

$$\left[-\frac{\nabla^2}{2} + v(\boldsymbol{r}) + \int \frac{\rho(\boldsymbol{r}')}{|\boldsymbol{r}-\boldsymbol{r}'|}\mathrm{d}^3 r' + v_{\mathrm{XC}}(\boldsymbol{r}) \right] \psi_i(\boldsymbol{r}) = \sum_j \varepsilon_{ij}\psi_j(\boldsymbol{r}), \tag{6.5.10}$$

其中 $v_{\mathrm{XC}}(\boldsymbol{r}) \equiv \delta E_{\mathrm{XC}}[\rho(\boldsymbol{r})]/\delta \rho(\boldsymbol{r})$ 为交换关联能量泛函对密度的微商, 称作**交换关联势**. 仿照上一节中的推导, 可以得到**科恩 – 沈吕九方程**:

$$\left[-\frac{\nabla^2}{2} + v(\boldsymbol{r}) + \int \frac{\rho(\boldsymbol{r}')}{|\boldsymbol{r}-\boldsymbol{r}'|}\mathrm{d}^3 r' + v_{\mathrm{XC}}(\boldsymbol{r}) \right] \psi_i(\boldsymbol{r}) = \varepsilon_i \psi_i(\boldsymbol{r}). \tag{6.5.11}$$

这同样是一个自洽场方程: 取定交换关联势后, 通过求解本征值方程可以得到单电子轨道 $\psi_i(\boldsymbol{r})$, 从而更新密度分布 $\rho(\boldsymbol{r})$ 和交换关联势 v_{XC}, 实现往复迭代, 最终得到自洽的结果. 慢着, 我们是不是还不知道交换关联项和密度分布的泛函关系?

6.5.3 交换关联泛函

事实上,寻找一般的交换关联泛函几乎是不可能完成的任务. 幸运的是, 对于不少交换关联不强的系统, 人们找到了一些简单的近似表达式. 最简单的便是基于局域密度近似 (local density approximation, LDA) 的泛函. 顾名思义, LDA 泛函近似假设某个位置 r 的交换关联项仅由此处的电子密度决定, 即退化成通常的函数

$$E_{\text{XC}}^{\text{LDA}} = \int \rho(r)\,\varepsilon_{\text{xc}}(\rho)\, \mathrm{d}^3 r, \tag{6.5.12}$$

其中 $\varepsilon_{\text{xc}}(\rho) = \varepsilon_{\text{x}}(\rho) + \varepsilon_{\text{c}}(\rho)$ 拆分为交换项

$$\varepsilon_{\text{x}} = -\frac{3}{4}\left(\frac{3}{\pi}\right)^{\frac{1}{3}} \rho(r)^{\frac{1}{3}} \tag{6.5.13}$$

和关联项

$$\varepsilon_{\text{c}} = \begin{cases} A \ln r_{\text{s}} + B + r_{\text{s}}(C \ln r_{\text{s}} + D) + \cdots, & r_{\text{s}} < 1, \\ \dfrac{g_0}{2 r_{\text{s}}} + \dfrac{g_1}{2 r_{\text{s}}^{3/2}} + \cdots, & r_s \geqslant 1, \end{cases} \tag{6.5.14}$$

其中引入了局域有效半径 $r_{\text{s}} = \left(\dfrac{3}{4\pi\rho}\right)^{1/3}$. 其余待定参数原则上可以从理论上确定, 也可以通过拟合一些量子系统的数值结果来获得. 有了这个具体的泛函形式和参数, 前面的科恩 – 沈吕九方程就完全可解了.

除去 LDA 这类泛函仅仅是密度的函数, 更高阶的泛函则将考虑密度的梯度、电子的自旋和动能、电子的占据轨道, 以及非占据轨道等等. 目前被研究和使用的泛函有很多很多. 关于交换关联泛函的构造是更加专业的内容, 也是前沿的课题. 学界将探寻严格交换关联泛函的进程比喻作攀爬 "雅各的天梯": 一旦找到了严格的交换关联项, 那么便如见到了天堂一般, 可以轻松地严格求解各种量子系统. 然而这个目标却可望而不可即[22].

6.5.4 其他讨论

与哈特里 – 福克方程的求解相同, 数值求解科恩 – 沈吕九方程时同样需要引入一组基函数 $\chi_\alpha(r)$ 用以展开科恩 – 沈吕九轨道:

$$\psi_i(r) = \sum_\alpha c_\alpha \chi_\alpha(r), \tag{6.5.15}$$

---

[22]感兴趣的读者, 可参考 Medvedev M G, et al. Density functional theory is straying from the path toward the exact functional. Science, 2017, 355: 49; Jones R O. Density functional theory: Its origins, rise to prominence, and future. Rev. Mod. Phys., 2015, 87: 897.

过程与上一节是一致的. 实践中较为常用的基组可以分为**原子轨道基组**和**平面波基组**两类. 而原子轨道基组又可以分为斯莱特型轨道 (Slater type orbital, STO) 和高斯型轨道两类. 斯莱特型轨道实质上就是类氢原子的束缚态波函数, 其思想与 6.1 节中所讨论的类似, 使用无电子相互作用下的本征态来求解带有相互作用的问题. 其缺点在于相互作用矩阵元的计算非常困难. 而关于平面波基组和高斯型轨道的讨论可以参考 5.4 节.

除了直接采用平面波基组和原子轨道基组外, 还存在一些混用的方式来取长补短, 从而获得更好的精度和效率. 也有一些程序采用物理意义和函数形式更模糊但是数值精度更高的数值基组, 例如正交多项式、B 样条函数等等.

与哈特里 - 福克方程一起, 科恩 - 沈吕九方程为多体系统精确求解奠定了重要基础, 在此基础上结合处理多体量子系统的理论方法可以获得更精确的量子力学解. 显然, 求解体系的基态能量具有重要的意义, 不仅在物理学, 在化学中同样如此. 因此, 1998 年科恩因为其主导建立的密度泛函理论和波普尔 (Pople) 一起分享了当年的诺贝尔化学奖, 后者是因其对于哈特里 - 福克和后哈特里 - 福克方法中基组和程序等方面的引领性贡献获奖.

除去用于求解量子系统的基态外, 密度泛函理论还可以推广到动力学的求解. 这得益于另一个唯一性定理[23]: 将多体电子系统置于含时单体势场 $v(\boldsymbol{r},t)\psi^\dagger(\boldsymbol{r})\psi(\boldsymbol{r})$ 中, 给定初态波函数 $|\Phi(t_0)\rangle$, 并假定 $v(\boldsymbol{r},t)$ 在 t_0 处可做泰勒展开. 那么, 不存在两个不同的 $v(\boldsymbol{r},t), v'(\boldsymbol{r},t)$ (除非仅差一个时间函数) 使得它们会导致系统相同的密度分布 $\rho(\boldsymbol{r},t)$. 借助完全相同的操作, 人们可以引入含时密度泛函 (time-dependent density functional theory, TDDFT) 来研究系统的演化. 当然, 困难之处依旧在于如何找到一个恰当的交换关联泛函. 通常而言, 直接将不含时情况下的交换关联项拿过来, 只能对体系略微偏离基态的微扰过程做出较为准确的描述. 如何利用含时密度泛函理论计算系统一般性的动力学问题依旧是前沿的研究领域.

大作业: 玻色 – 爱因斯坦凝聚体

在 6.4 节中, 我们讨论了如何使用 HF 近似来处理全同费米子系统. 在此处我们将讨论如何处理全同玻色子系统. 玻色子相比费米子的关键区别在于, 它无须遵守泡利不相容原理. 因此若玻色子之间没有相互作用, 在零温下所有的粒子都会处在基态上, 这被称为**玻色 – 爱因斯坦凝聚** (Bose-Einstein condense, BEC). 这类态的多体波函

---

[23] Runge E and Gross E K V. Density-functional theory for time-dependent systems. Phys. Rev. Lett., 1984, 52: 997.

数由单体波函数的乘积给出 (注意它自动满足交换对称性):

$$\Psi(x_1, x_2, \cdots, x_n) = \phi(x_1)\phi(x_2)\cdots\phi(x_n). \tag{1}$$

现在考虑存在相互作用的情形. 假设系统由 n 个一维运动的全同玻色子构成, 粒子间存在 δ 函数形式的两两吸引, 哈密顿算符写作

$$\hat{H} = \sum_{i=1}^{n}\left[-\frac{1}{2}\frac{\partial^2}{\partial x_i^2} + V(x)\right] - \frac{1}{2}g\sum_{i\neq j}\delta(x_i - x_j), \quad g > 0. \tag{2}$$

对于相互作用较弱的情形, 上述多体波函数的形式依旧是基态的一个不错的近似. 试解答以下问题:

1. 证明哈密顿算符在 $|\Psi\rangle$ 下的期望值为

$$\langle\Psi|\hat{H}|\Psi\rangle = \int\left[-\frac{n}{2}\phi^*(x)\phi''(x) + nV(x)|\phi(x)|^2 - \frac{n(n-1)}{2}g|\phi(x)|^4\right]\mathrm{d}x.$$

2. 将上式在单体波函数归一的约束下对 $\phi^*(x)$ 取变分, 证明可以得到自洽方程

$$\left[-\frac{1}{2}\frac{\mathrm{d}^2}{\mathrm{d}x^2} + V(x) - g(n-1)|\phi(x)|^2\right]\phi(x) = \varepsilon\phi(x),$$

其被称为**非线性薛定谔方程**, 或**金兹堡 – 皮塔耶夫斯基 – 格罗斯 (Ginzburg-Pitaevskii-Gross) 方程**.

3. 对于 $V(x) = 0$ 的情形, 上述方程可以通过变换 $x \to \tilde{x} = g(n-1)x, \phi \to \tilde{\phi} = \phi/\sqrt{g(n-1)}$ 消去三次项前的系数. 假定 $\phi(x)$ 是实函数, 试选取合适的空间格点或函数基组, 数值求解自洽方程, 给出 $\tilde{\phi}(\tilde{x})$ 的函数图像以及能量 E 的表达式.

4. 现在让我们引入谐振子势 $V(x) = x^2/2$. 试给出系统的单粒子的基态能量 ε 和单粒子波函数 $\phi(x)$ 随 $g(n-1)$ 从 0 开始增长而变化的关系图. 检验当 $g(n-1) = 0$ 时你能得到 $\varepsilon = 1/2$, 以及当 $g(n-1)$ 充分大时可以重现上一问的结果.

5. 对于 $g < 0$, 即排斥势的情形, 方程可以近似求解: 忽略动能项, 微分方程退化为代数方程, 有

$$\phi(x) = \begin{cases} \sqrt{\dfrac{\varepsilon - V(x)}{-g(n-1)}}, & V(x) < \varepsilon, \\ 0, & V(x) > \varepsilon. \end{cases}$$

随后可以通过归一化条件确定 ε. 依旧取谐振子势 $V(x) = x^2/2$, 试通过求解自洽方程, 检验当 $-g(n-1)$ 充分大时上述近似是否成立. 当 $g(n-1) \lesssim -2$ 时, 自洽方程解的行为可能会与之前所求得的大不相同, 你能否在数值上或物理上给出合理的解释?

第七章 统计物理

迄今为止，我们讨论的问题都是确定性的问题：已知足以描述系统几乎全部行为的信息，求解确定性的方程，以期得到一个确定性的结论.

然而，物理上存在这样一类系统，其中包含着非常庞大的自由度，我们仅知道其很少的一部分整体性质，例如能量、压强、体积等等. 不过这些系统总是会进入这样一种状态：这些整体性质不随时间变换，且相互之间满足几乎确定的函数关系. 我们将这样的状态称为**热平衡态**. 热平衡态这个概念会牵扯到许多复杂的数学问题，有些直到现在都没有得到完美解决. 我们不会去过分纠缠这些基础理论，而仅仅考虑如何在它们成立的情况下求解实际物理问题.

当掌握了处理这类包含大量未知自由度系统的数值方法后，我们会发现它们可以反过来应用于确定性问题. 在不少情况下，它们甚至比确定性的算法更有效率. 而仅有的缺陷在于，我们无法保证得到的结果一定能够在某个误差范围内等同于真实解，而只能说数值结果以非常高的概率落在误差范围内.

本章中我们将首先由统计物理中的系综的概念引入概率分布，研究如何求解大自由度系统的平衡态，并探讨概率这个概念如何应用于其他确定性问题之上.

7.1 系综平均：抽样与蒙特卡洛方法

我们尝试从热力学的结论来导出统计物理中的一些基本假设.

设某个系统的运动可以由一个 $2n$ 维的哈密顿函数 $H(\boldsymbol{p},\boldsymbol{q})$ 描述. 除去一些宏观量外，我们并不知道这个系统的细节信息. 那么，这个系统的行为原则上应当等于这些细节取遍所有可能性的某种平均. 任意物理量 $f(\boldsymbol{p},\boldsymbol{q})$ 的期望值写作

$$\overline{f} = \frac{1}{N} \sum_{i=1}^{N} f(\boldsymbol{p}_i, \boldsymbol{q}_i). \tag{7.1.1}$$

系统的可能状态集合 $\{(\boldsymbol{p}_i, \boldsymbol{q}_i)\}$ 被称为**系综** (ensemble). 我们可以将前式中的求和改写成积分的形式. 为此，引入密度分布

$$\rho(\boldsymbol{p},\boldsymbol{q}) \equiv \frac{1}{N} \sum_{i=1}^{N} \delta^{(2n)}[(\boldsymbol{p},\boldsymbol{q}) - (\boldsymbol{p}_i, \boldsymbol{q}_i)], \tag{7.1.2}$$

那么有

$$\overline{f} = \int f(\boldsymbol{p},\boldsymbol{q})\rho(\boldsymbol{p},\boldsymbol{q})\,\mathrm{d}^n\boldsymbol{p}\mathrm{d}^n\boldsymbol{q}. \tag{7.1.3}$$

当系综的分布足够稠密时, 密度分布 ρ 将从一系列 δ 函数的求和过渡到连续函数.

当系统处在平衡态时, 任何宏观量的期望值都不应当随时间而变化, 这相当于要求分布 $\rho(\boldsymbol{p},\boldsymbol{q})$ 不随时间变化. 而每一个可能状态 $(\boldsymbol{p}_i,\boldsymbol{q}_i)$ 均满足哈密顿方程, 是时间的函数. 那么, 将密度分布对时间取微分, 并利用链式法则可以得到

$$\begin{aligned}\partial_t \rho &= \frac{1}{N}\sum_{i=1}^{N}\left(\dot{\boldsymbol{p}}_i\partial_{\boldsymbol{p}_i}+\dot{\boldsymbol{q}}_i\partial_{\boldsymbol{q}_i}\right)\delta^{(2n)}[(\boldsymbol{p},\boldsymbol{q})-(\boldsymbol{p}_i,\boldsymbol{q}_i)]\\ &= -\left(\dot{\boldsymbol{p}}\partial_{\boldsymbol{p}}+\dot{\boldsymbol{q}}\partial_{\boldsymbol{q}}\right)\rho\\ &= \{H,\rho\},\end{aligned} \tag{7.1.4}$$

从中得知分布函数 ρ 与哈密顿函数 H 的泊松括号为零, 也就是说 ρ 是一个运动常数.

接下来我们需要借助热力学第零定律的推论: 将两个相同温度的系统放在一起做热接触, 两个系统的状态都不会改变. 这意味着一个大系统的分布函数可以拆分成两个子系统分布函数的乘积:

$$\begin{aligned}\rho_{12} &= \rho_1\rho_2,\\ \ln\rho_{12} &= \ln\rho_1+\ln\rho_2.\end{aligned} \tag{7.1.5}$$

这是一个非常有趣的结果: $\ln\rho$ 是一个线性可加的运动常数. 注意到热接触意味着容许两个系统交换能量, 而对于与相互作用相比自能可忽略的两个系统而言, 能量也是线性可加的, 我们由此可以写下

$$\ln\rho = \alpha + \beta H(\boldsymbol{p},\boldsymbol{q}). \tag{7.1.6}$$

这是熟知的玻尔兹曼 (Boltzmann) 分布, 其中 α 是归一化常数, β 是温度的负倒数. 如果我们拓展热接触的定义, 容许两个系统交换动量、角动量甚至粒子[1], 线性可加的运动常数数目就变多了, 这时的分布函数会写作

$$\ln\rho = \alpha + \beta H + \boldsymbol{\gamma}\cdot\boldsymbol{P} + \boldsymbol{\delta}\cdot\boldsymbol{L} + \sum_i \mu_i n_i. \tag{7.1.7}$$

两个容许交换动量的系统达到平衡的必要条件是质心速度相等, 那么 $\boldsymbol{\gamma}$ 应当正比于系统的质心速度. 类似地, 可以论证 $\boldsymbol{\delta}$ 和 μ_i 分别正比于系统的角速度矢量和第 i 类粒子

---

[1] 在多数情况下, 粒子数是运动常数. 例外情形包含化学反应、声子, 以及相对论极限下粒子的产生、湮灭等.

的化学势. 我们可以写下一个更一般的表达式

$$\rho = \frac{1}{Z} e^{\sum_k c_k f_k}, \tag{7.1.8}$$

其中 f_k 是某个广延量, 而 c_k 为其对偶的强度量, 归一化常数 Z 被称为**配分函数**:

$$Z \equiv \int e^{\sum_k c_k f_k(\boldsymbol{p},\boldsymbol{q})} \, \mathrm{d}^n \boldsymbol{p} \mathrm{d}^n \boldsymbol{q}, \tag{7.1.9}$$

可以视作这些强度量的函数. 对应广延量的期望值可以通过对配分函数求偏导数得到:

$$\overline{f}_i = \frac{\partial \ln Z}{\partial c_i}. \tag{7.1.10}$$

这样, 一个热力学系统的求解归结为计算配分函数. 但问题在于, 这个 $2n$ 维的积分几乎是不可能解析或者数值计算的, 因为问题的维度太高了. 为了解决这个问题, 我们选择退而求其次, 考虑生成一组满足分布 ρ 的系综, 从中随机抽取有限个样本来近似替代整个系综, 按照 (7.1.1) 式来给出对宏观量 $\overline{f}$ 的估计. 这种通过随机抽样来获得问题的近似解的方法被称为**蒙特卡洛 (Monte Carlo, MC) 方法**.

随后的问题便是, 如何从给定的分布来获得抽样, 这也是本节的主题.

7.1.1 随机数产生器

最基础, 也是最简单的问题, 是如何生成 $[0, 1)$ 区间上的均匀分布 $\mathcal{U}(0, 1)$:

$$\rho(x) = \begin{cases} 1, & 0 \leqslant x < 1, \\ 0, & \text{其他情况.} \end{cases} \tag{7.1.11}$$

显然, 随手取 n 个等距点

$$x_i = \frac{i - 1/2}{n}, \quad i = 1, 2, \cdots, n, \tag{7.1.12}$$

这些点在该区间分布非常均匀. 然而, 这样的采样通常是不能用的. 因为我们希望采样获得的一系列点 $\{x_i\}$ 符合**独立同分布** (independent and identically distributed, IID). 不同的采样点之间不能有任何的关联. 这会便于后续处理更复杂的问题.

这就把人给难住了. 计算机上运行的都是确定性的程序, 怎么才能生成一系列独立的、随机的数据呢? 在大多数时候, 人们同样选择退一步: 让不同样本之间的关联足够反常, 以至于在绝大多数实际情况中无法影响最终的数值结果. 这样生成的样本被称为**伪随机数** (pseudo random number).

一个常用的产生伪随机数的方法是莱默 (Lehmer) 所提出的**线性同余法**:

$$x_{n+1} = (a x_n + c) \bmod m, \quad n = 0, 1, 2, \cdots, \tag{7.1.13}$$

其中 x_0, a, c, m 都是正整数, x_0 被称为随机数**种子** (seed). 这个递归关系给出了一个数列, 取值范围为 0 至 $m-1$ 间的任意整数. 由于其定义了一个有限集合中的单向映射, 产生的数列一定是循环的. 一个好的线性同余法需要恰当选取 a 和 c 的值, 使得循环周期达到其最大值 m. GCC 标准库中的取法为

$$m = 2^{31}, \quad a = 1103515245, \quad c = 12345, \tag{7.1.14}$$

其循环周期为 m. 其余编程语言中的一些取法可以在网络上找到. 在得到 0 至 $2^{31}-1$ 上的均匀采样后, 再将它们除以 2^{31} 就能够得到浮点精度下 $[0,1)$ 区间上的均匀分布 $\mathcal{U}(0,1)$.

我们说过, 一个理想的伪随机数发生器应当让不同样本之间的关联足够反常, 难以被发现. 然而线性同余法生成的数列中存在着一个明显的关联. 马尔萨利亚 (Marsaglia) 指出, 令线性同余数列中连续 s 个数据代表 s 维空间中的一个点 $(x_{i+1}, x_{i+2}, \cdots, x_{i+s})$, 那么这些点将分布在不多于 $(s!m)^{1/s}$ 个相互平行的超平面上[2]. 对于 $m = 2^{31}$, 取 $s = 28$, 可以得到这些点将分布在不超过 24 个相互平行的超平面上, 相比于真正的独立同分布产生的 m^s 种可能性, 线性同余法生成的全部可能点集所占的比例仅为 $24/m \sim 10^{-8}$. 因此, 当面临高维度问题时, 线性同余法并不是一个足够好的伪随机数产生器.

练习 7.1 取 $m = 2^{31}, a = 7, c = 0$, 编程实现线性同余随机数产生器. 分别画出 $\{x_n/m\}$ 的分布直方图以及 (x_i, x_{i+1}) 的二维散点图, 解释你的结果.

另一个常用的方案是陶斯沃特 (Tausworthe) 所提出的反馈移位寄存器. 这个随机数产生器的实现需要存储之前所产生过的 n 个随机数, 递归公式为

$$X_i = X_{i-p} \oplus X_{i-q}, \tag{7.1.15}$$

其中符号 $\oplus$ 代表二进制数的按位异或操作, 整数 p, q 满足 $p^2 + q^2 + 1$ 为素数. 这类伪随机数产生器产生随机数的速度相当快, 数列的周期也很长, 可以达到 $2^{\max\{p,q\}} - 1$. 一个常见的取法为 $p = 250, q = 103$.

反馈移位寄存器生成的数列中同样存在微妙的关联, 并且会导致求解某些物理问题时数值结果出现错误. 我们将在 7.3 节的最后再次提到这件事.

7.1.2 直接抽样法

当我们获得了由 $\mathcal{U}(0,1)$ 生成的抽样 ξ 后, 我们可以将其转换成任意一维区间 $[a, b]$

---

[2] Marsaglia G. Random numbers fall mainly in the planes. Proc. Natl. Acad. Sci., 1968, 61: 25.

上分布密度函数 $\rho(x)$ 的抽样. 引入分布函数

$$F(x) \equiv \int_a^x \rho(x')\,\mathrm{d}x', \tag{7.1.16}$$

代表依照 $\rho(x)$ 取样时, 样本落在区间 $[a,x]$ 中的概率. 它与 ξ 落在 $[0,F(x)]$ 中的概率是一致的. 那么, 我们可以推断

$$\eta = F^{-1}(\xi) \tag{7.1.17}$$

给出了区间 $[a,b]$ 上分布密度函数 $\rho(x)$ 的抽样. 这种方法被称为**直接抽样法**.

直接抽样法可用的前提是积分以及反函数 F^{-1} 可以解析给出或容易数值得到. 我们来看一个简单的例子. 考虑 $[0,\infty)$ 上的分布 $\rho(x) = \alpha e^{-\alpha x}$, 那么

$$F(x) = \int_0^x \alpha e^{-\alpha x'}\,\mathrm{d}x' = 1 - e^{-\alpha x}, \tag{7.1.18}$$

则 $\eta = -\ln(1-\xi)/\alpha$ 给出了所需要的抽样.

对于某些特殊的分布密度函数, 分布函数无法直接解析给出, 但是可以通过别的办法处理. 我们来考察实轴 $(-\infty, +\infty)$ 上的高斯分布

$$\rho(x) = \frac{1}{\sqrt{2\pi}} \exp\left(-\frac{x^2}{2}\right), \tag{7.1.19}$$

它的不定积分无法解析表示. 不过, 可以回忆一下最初是如何计算它的定积分的: 考虑二重积分

$$\begin{aligned}\int_{-\infty}^{\infty} \rho(x)\,\mathrm{d}x \int_{-\infty}^{\infty} \rho(y)\,\mathrm{d}y &= \frac{1}{2\pi} \iint \exp\left(-\frac{x^2+y^2}{2}\right)\mathrm{d}x\mathrm{d}y \\ &= \frac{1}{2\pi} \iint \exp\left(-\frac{r^2}{2}\right) r\mathrm{d}r\mathrm{d}\theta,\end{aligned} \tag{7.1.20}$$

将直角坐标转换成极坐标, 原本不能算的积分就成了可以解析计算的了.

我们可以将 $\rho(x)\rho(y)$ 看成一个二维分布密度函数, 通过坐标变换, 它可以写成两个独立的一维分布密度函数的乘积:

$$\begin{cases} \rho_r(r) = \exp\left(-\dfrac{r^2}{2}\right) r, & r \in [0, \infty), \\ \rho_\theta(\theta) = \dfrac{1}{2\pi}, & \theta \in [0, 2\pi), \end{cases} \tag{7.1.21}$$

而它们的分布函数都容易给出解析的积分表达式. 那么, 我们可以由 $\mathcal{U}(0,1)$ 给出两个抽样 ξ, η 来得到二维平面 (r, θ) 上的一个抽样点:

$$\begin{cases} r = \sqrt{-2\ln(1-\xi)}, \\ \theta = 2\pi\eta. \end{cases} \tag{7.1.22}$$

剩下的便是转换到直角坐标 (x,y) 了:

$$\begin{cases} x = \sqrt{-2\ln(1-\xi)}\cos(2\pi\eta), \\ y = \sqrt{-2\ln(1-\xi)}\sin(2\pi\eta). \end{cases} \tag{7.1.23}$$

x, y 分别给出了两个相互独立的高斯分布抽样. 这被称为**博克斯 – 穆勒 (Box-Muller) 方法**.

借助这些结果, 我们便可以对一些简单的单粒子或近独立热力学系统进行抽样了. 例如, 处在重力场中的理想气体的哈密顿量为

$$H = \frac{\boldsymbol{p}^2}{2m} + m\boldsymbol{g}\cdot\boldsymbol{r},$$

其分布便是一个高斯分布与指数分布的直接乘积.

7.1.3 舍选法

对于更复杂的实际问题中面临的分布密度函数, 直接抽样并不总是可行的, 我们需要在数值上更一般化的抽样方法. 冯·诺依曼 (von Neumann) 所提出的**舍选抽样法** (acceptance-rejection sampling) 便是一例.

设分布密度函数的定义域有界, $|b-a| < \infty$, 且在定义域中不大于 λ. 那么, 我们可以先生成 $[a,b]$ 上的均匀抽样

$$x = a + (b-a)\xi_1, \tag{7.1.24}$$

然后以概率 $\rho(x)/\lambda$ 选择是否接受这个抽样: 具体而言, 就是再由 $\mathcal{U}(0,1)$ 生成一个抽样 ξ_2, 判断是否满足 $\lambda\xi_2 < \rho(x)$. 若是, 则选择接受 x; 否则重新抽样 ξ_1. 这样生成的 x 便是我们所需要的抽样.

舍选法适用于任意复杂的分布密度函数, 但是对于某些分布较为极端的函数取样效率较低: 其接受率为 $1/(\lambda|b-a|)$, 如果区间长度和分布密度的极值都很大, 那么通常需要抽样很多次才能得到一个可接受的抽样. 此外, 对于区间或分布密度函数无界的情形, 也无法使用舍选法. 为了克服这个困难, 人们对舍选法进行了改进.

设我们有另一 $[a,b]$ 区间[3]上的概率密度分布 $h(x)$, 其抽样可以通过其他方法简单给出. 将目标分布密度函数 $\rho(x)$ 做分解

$$\rho(x) = \lambda\frac{\rho(x)}{\lambda h(x)}h(x) = \lambda g(x)h(x), \tag{7.1.25}$$

其中 $\lambda \geqslant \max[\rho(x)/h(x)]$. 由 $h(x)$ 生成抽样 η, 再由 $\mathcal{U}(0,1)$ 生成抽样 ξ, 若有

$$\xi < g(\eta) \tag{7.1.26}$$

---

[3]对于无界区间的情形, 后续论述同样适用.

成立, 则接受 η, 否则重新抽样.

这样, 抽样值落在 $(\eta, \eta + \mathrm{d}\eta)$ 间且被接受的微分概率为

$$h(\eta)\,\mathrm{d}\eta \times g(\eta) = \frac{1}{\lambda}\rho(\eta)\,\mathrm{d}\eta, \tag{7.1.27}$$

为我们所需要的分布. 取样的接受率为 $1/\lambda$, 通过恰当地选取 $h(x)$ 可以将这个量提高到接近于一.

7.1.4 复合抽样法

舍选抽样法先找到一个随机数, 然后再根据第二个随机数判断它是不是需要的抽样. 我们也可以将这个过程反过来, 根据第一步的随机数判断第二步该如何抽样. 这就是**复合抽样法**, 由下式给出:

$$u(x) = \int v(x|y) w(y)\,\mathrm{d}y. \tag{7.1.28}$$

它代表一个两步事件: 第一步以概率 $w(y)\,\mathrm{d}y$ 得到随机变量 ξ 位于 y 到 $y + \mathrm{d}y$ 之间, 第二步以条件概率 $v(x|y)\,\mathrm{d}x$ 得到随机变量 η 位于 x 到 $x + \mathrm{d}x$ 之间. 如果我们不去管 ξ, 单看 η, 那么它将按照概率密度函数 $u(x)$ 分布.

最典型的复合抽样法为加分布复合抽样. 在 $[0,1]$ 区间上取一系列递增的分点

$$0 = F_0 < F_1 < F_2 < \cdots < F_n = 1, \tag{7.1.29}$$

令 $w(y)$ 为 $\mathcal{U}(0,1)$, 并定义条件概率密度

$$v(x|y) = \sum_{i=1}^{n} f_i(x)\Theta(y - F_{i-1})\Theta(F_i - y), \tag{7.1.30}$$

其中 $f_i(x)$ 为某个概率密度分布函数. $v(x|y)$ 代表着当 y 在 F_{i-1} 和 F_i 之间时, 按照概率密度分布 $f_i(x)$ 采样. 这样最终可以生成

$$u(x) = \sum_{i=1}^{n} (F_i - F_{i-1}) f_i(x). \tag{7.1.31}$$

换言之, 我们可以对不同概率密度分布的加和进行采样.

将舍选抽样法与复合抽样法相组合, 我们可以得到相当多复杂概率密度分布的抽样办法.

7.1.5 数值积分

我们之所以讨论了这么长篇幅的抽样, 最终目的还是在于计算配分函数的积分. 一个 $2n$ 维的积分无论如何都是很困难的, 因此我们从一维积分开始讨论.

考察一维积分

$$I = \int_a^b f(x)\,\mathrm{d}x, \tag{7.1.32}$$

$I/(b-a)$ 可以诠释成区间 $[a,b]$ 上均匀分布的随机变量 x 的函数 $f(x)$ 的平均值. 因此我们可以用有限个抽样的平均值来近似.

算法 7.1　平均值算法

$$I \approx \frac{b-a}{N}\sum_{i=1}^N f(x_i).$$

得到近似方法后, 我们自然要问这个近似有多好, 为此需要证明两个定理. 第一个定理关于单个随机变量偏离其平均值的概率: 设随机变量 x 满足概率分布 $\rho(x)$, 其平均值和方差分别记作 $\overline{x}$ 和 σ_x^2, 据定义,

$$\begin{aligned}
\sigma_x^2 &= \int_a^b (x-\overline{x})^2 \rho(x)\,\mathrm{d}x \\
&\geqslant \left[\int_a^{\overline{x}-\varepsilon} + \int_{\overline{x}+\varepsilon}^b\right](x-\overline{x})^2 \rho(x)\,\mathrm{d}x \\
&\geqslant \varepsilon^2 \left[\int_a^{\overline{x}-\varepsilon} + \int_{\overline{x}+\varepsilon}^b\right]\rho(x)\,\mathrm{d}x \\
&\geqslant \varepsilon^2 \Pr(|x-\overline{x}| > \varepsilon).
\end{aligned} \tag{7.1.33}$$

也就是说, 随机变量与其平均值相差大于 ε 的概率不高于 $(\sigma_x/\varepsilon)^2$. 随后将这个结论推广到多个随机变量的代数平均: 考虑 N 个满足相同分布的独立随机变量, 其代数平均 $\sum_{i=1}^N x_i/N$ 构成了一个新的随机变量. 其平均值与 $\overline{x}$ 相等, 而方差

$$\overline{\left(\frac{1}{N}\sum_{i=1}^N(x_i-\overline{x})\right)^2} = \sum_{i,j}\frac{\overline{(x_i-\overline{x})(x_j-\overline{x})}}{N^2} = \frac{\sigma_x^2}{N} \tag{7.1.34}$$

会降低为原本的 $1/\sqrt{N}$ 倍, 其中我们用到了各个 x_i 之间相互独立. 这样, 如果我们用代数平均来估计平均值 $\overline{x}$, 其与目标值差距大于 ε 的概率将低于 $(\sigma_x/\varepsilon)^2/N$. 这个结果被称为**切比雪夫大数定律**.

我们进一步假设, 概率低于某个阈值 q 的小概率事件在实践中几乎不会发生. 那么, 在绝大多数情况下, N 点代数平均估计平均值的误差

$$\varepsilon < \frac{\sigma_x}{\sqrt{Nq}}, \tag{7.1.35}$$

按照 $N^{-1/2}$ 的速度收敛于零. 这个结果显然要比在 2.2 节和 3.5 节中介绍过的任何数值积分方法都差远了. 但是, 我们需要注意到, 上面的证明其实并不依赖于问题的维度: 对于任意维度的积分, 基于随机变量方法的误差总是依 $O(N^{-1/2})$ 的速度趋于零. 而对于基于网格划分的积分方法, 在 d 维空间中的 N 个格点对应每个维度上仅有 $N^{1/d}$ 个格点, 其误差的收敛速度将从一维情况下的 $O(N^{-s})$ 降低至 $O(N^{-s/d})$. 只要问题维度足够高, MC 方法总会展现出它的优势. 此外, MC 方法对于被积函数的解析性质没有任何要求, 这也是它相对格点划分方法的优势之一.

MC 方法的误差除了正比于 $N^{-1/2}$ 外, 同时也正比于统计量的标准差 σ. 对于一维积分而言, 它的方差为

$$\sigma_f^2 = \frac{1}{b-a} \int_a^b [f(x) - \overline{f}]^2 \, \mathrm{d}x, \tag{7.1.36}$$

如果能够降低统计量的方差, 那么积分精度也能得到提高. 为此, 与舍选法类似, 我们可以将函数 $f(x)$ 做分解:

$$f(x) = \frac{f(x)}{h(x)} h(x) = g(x) h(x), \tag{7.1.37}$$

其中 $h(x)$ 为 $[a, b]$ 区间上的概率密度分布, 且容易进行采样. 这样, 定积分变成了 $g(x)$ 在概率密度分布 $h(x)$ 下的平均值, 由下式近似给出:

$$I \approx \frac{1}{N} \sum_{i=1}^{N} g(x_i), \tag{7.1.38}$$

其中 x_i 由概率密度分布 $h(x)$ 生成. 如果我们能通过恰当地选取 $h(x)$ 使得 $g(x)$ 接近于一个常函数, 从而其方差足够小, 那么 MC 方法求积分的精度也将会很高. 这个思想被称为**重要性抽样** (importance sampling).

最极端的情形是 $g(x)$ 为常函数, 我们只需要一个采样点就能得到精确的积分结果

$$I = g(x), \tag{7.1.39}$$

不过, 这也意味着原被积函数 $f(x)$ 等于一个已知的概率密度分布乘上一个常数, 其积分结果本来就是已知的.

练习 7.2 自行设计抽样方案, 使用 MC 方法计算积分

$$I = \int_1^{\infty} \mathrm{e}^{-x^2/2} \, \mathrm{d}x.$$

如何恰当选取和生成 $h(x)$ 以减小 MC 方法的误差是一个非常重要的课题. 人们发展了所谓**自适应技术**, 根据已经得到的部分抽样结果来反复改进 $h(x)$, 从而逼近最

优概率密度分布[4].

我们再来谈谈多维积分的问题. 如果积分区域相对规则, 可以在某个坐标系下写成各维度直积的形式

$$\omega = [a_1, b_1] \otimes [a_2, b_2] \otimes \cdots \otimes [a_d, b_d], \tag{7.1.40}$$

那么对于格点方法而言, 可以在每个维度上各取一组网格, 然后直接计算. 但对于不少现实问题来说, 我们只能给出关于积分区域的一个隐函数表达式

$$p(x_1, x_2, \cdots, x_d) > 0, \tag{7.1.41}$$

并且 p 未必有显式的表达式以及很好的解析性质, 此时要划分网格就很困难了. 但对于 MC 方法而言, 我们可以选取一个更大的积分区域 Ω, 使得 $\omega \subset \Omega$, 将积分改写成如下形式:

$$\int_\Omega f(\boldsymbol{x}) \Theta[p(\boldsymbol{x})] \, d^d\boldsymbol{x}, \tag{7.1.42}$$

其中 Ω 是一个相对规则的区域. 由于 MC 方法不依赖于被积函数的解析性质, 额外附加的阶跃函数不会显著影响其精度. 注意, 一个高维度区域 "体积" 的绝大部分都会集中在其边界附近的薄薄一层中, 因此 Ω 的选取必须谨慎. 我们也可以采用恰当的重要性抽样, 使得抽样点绝大多数都落在区域 ω 内.

7.1.6 拟随机数

我们重新审视 MC 方法计算数值积分的核心: (7.1.34) 式的推导. 借助多次抽样统计独立的性质, 它们的代数平均的方差是原本的 $1/\sqrt{N}$. 如果我们抛弃统计独立这一假设, 而认为不同 "随机数" 之间是负相关的,

$$\sum_{i \neq j} \overline{(x_i - \bar{x})(x_j - \bar{x})} < 0, \tag{7.1.43}$$

那么其代数平均的方差将会更小, 这样可以提高 MC 方法计算数值积分的效率.

负相关意味着不同样本倾向于不待在一起. 对于 $N = 2$ 的情形, 这代表当 $x_1 < \bar{x}$ 时, x_2 就有大概率大于 $\bar{x}$. 这使得它们在实轴上分布得更均匀, 那么更高的积分精度也是自然的. 这类强调均匀性而忽视关联性的随机数被称为**拟随机数** (quasi-random number), 又称作**低差异序列** (low-discrepancy sequence). 相应的 MC 方法被称为**拟蒙特卡洛 (quasi-MC, qMC) 方法**, 其精度通常能够达到 $O(1/N)$ 或者 $O(\log N/N)$.

---

[4]感兴趣的读者可以参考综述 Arouna B. Adaptive Monte Carlo method, a variance reduction technique. Monte Carlo Method Appl., 2004, 10(1): 1.

随意找一个人让他来随机写下一串数，他生成的很可能也是某种拟随机数：因为人总是会避免相近的数连续出现，以及已经多次出现过的数再次出现. 不过，如何让计算机来生成满意的拟随机数，这也并不是一个简单的问题. 目前常用的算法背后往往都涉及复杂的数论知识. 此外，在多维空间生成随机采样时，并不能直接使用一维拟随机数发生器产生的连续若干个序列，而需要专门设计生成拟随机数组的算法[5].

7.1.7 讨论与小结

本节我们从统计物理中对配分函数的计算出发，引入了蒙特卡洛方法，并介绍了一些基本的生成随机抽样的方法. 由于相当一部分物理问题的解都可以归结为某个复杂函数在高维空间中的积分，因而 MC 方法在求解实际物理问题中的应用相当广泛，而不仅仅限于在热力学系统中求解配分函数. 本章的后续几节也将继续对 MC 方法展开更深入的讨论.

7.2 制备系综: 马尔可夫链

在上一节中，我们花费了大量篇幅介绍了如何设计算法对任意给定的概率密度分布进行抽样，以及如何通过随机抽样来做数值积分. 然而，我们并没有涉及任何统计物理中的例子. 这是因为我们实际上并不完全知道一个统计物理系统的概率密度分布. 比方说，我们需要对玻尔兹曼分布计算配分函数

$$Z = \int e^{-\beta H}. \tag{7.2.1}$$

按照重要性抽样的思想，我们需要对 $e^{-\beta H}/Z$ 进行抽样，这样就有

$$Z = \frac{1}{N}\sum_{i=1}^{N} Z_i. \tag{7.2.2}$$

可以发现，我们又绕回到 Z 上面来了. 实际上，由于必须知道 Z 的具体大小才能确定玻尔兹曼分布，目前我们甚至无从得知如何对其进行抽样.

我们知道，一个热力学系统经过足够长时间的演化，总会趋向于平衡态，那么我们能否来模拟这一过程呢？换言之，如果我们有一个任意的初态 x_0，并通过复合抽样定义条件概率 $q(x_{k+1}|x_k)$，以概率性地给出系统的演化，那么系综的分布将按

$$f_{k+1}(x) = \int q(x|y)f_k(y)\,\mathrm{d}y \tag{7.2.3}$$

---

[5]感兴趣的读者可以参考相关专著 Dick J and Pillichshammer F. Digital Nets and Sequences: Discrepancy Theory and Quasi-Monte Carlo Integration. Cambridge University Press, 2010.

做演化. 当 $k \to \infty$ 时, $f_k(x)$ 能否趋向于我们所需要的分布 $g(x)$ 呢?

若上述假设成立, 我们可以构造相对简单的复合抽样 $q(\cdot|\cdot)$ 来实现玻尔兹曼分布 $\exp(-\beta H)/Z$, 那么抽样问题就解决了: 如果当 $n > k$ 时 $f_n(x)$ 已经充分接近 $g(x)$, 那么随机变量 $x_{k+1}, x_{k+2}, \cdots$ 都几乎满足同一个分布 $g(x)$ (尽管它们通常是高度关联的), 我们就能够用它们的平均来计算所需要的热力学量.

这类根据上一步的抽样结果 x_k 来获得当前抽样 x_{k+1} 的随机过程被称为**马尔可夫过程** (Markov process), 所生成的随机序列 $\{x_1, x_2, \cdots\}$ 被称为**马尔可夫链** (Markov chain). 其特征是无记忆性, 即确定 x_{k+1} 时与 $x_{k-1}, x_{k-2}, \cdots$ 是多少不直接相关.

为此, 让我们在本节中对马尔科夫链的性质进行简要的介绍.

7.2.1 马尔可夫过程的性质

设系统的全体可能状态构成集合 Ω. 我们来考察马尔可夫过程中会出现什么特殊情况. 首先, 系统状态集合中可能存在某个只进不出的子集 ω, 使得

$$P(x_{k+1} \in \omega/\Omega | x_k \in \omega) = 0,$$
$$P(x_{k+1} \in \omega | x_k \in \omega/\Omega) > 0. \tag{7.2.4}$$

这样, 从某个状态 $x \in \omega/\Omega$ 出发, 存在非零的概率让它再也无法回到初始状态. 我们称这样的状态是非常返态. 反之, 如果从某状态出发, 经过充分多步后总能回到该状态, 我们称其为常返态. 全部状态都是常返态的马尔可夫过程被称为常返的.

其次, 两个子集之间可能完全互不连通:

$$P(x_{k+1} \in \omega/\Omega | x_k \in \omega) = 0,$$
$$P(x_{k+1} \in \omega | x_k \in \omega/\Omega) = 0. \tag{7.2.5}$$

这个时候我们完全可以将其视作两个独立系统各自的马尔可夫过程. 我们将这种情况称为可约的. 相反, 如果从任意状态出发, 经过充分多步后总能以非零概率到达另一状态, 那么我们将其称为不可约马尔可夫过程.

除此之外, 特殊形式的转移概率也可能让系统的概率分布做周期振荡. 让我们来设想一个两态的马尔可夫过程, 从 j 态到 i 态的转移概率 p_{ij} 用矩阵形式写作

$$\mathbf{P} = \begin{pmatrix} 0 & 1 \\ 1 & 0 \end{pmatrix}, \tag{7.2.6}$$

显然, 其所产生的概率分布将在两个状态之间来回切换.

7.2.2 首达概率与线性代数方程组

让我们来研究马尔可夫过程的首达性. 为方便表述, 以离散系统为例. 设系统具有 $n+1$ 个不同的状态, 从 i 态一步到 j 态的概率为 p_{ij}, 满足

$$p_{ij} \geqslant 0, \quad \sum_{j=1}^{n+1} p_{ij} = 1, \tag{7.2.7}$$

那么, 系统从 i 出发, 经历一条特定路径 I, 首次到达 $n+1$ 态这个事件发生的概率为

$$f(I) = p_{ii_1} p_{i_1 i_2} \cdots p_{i_{k-1} i_k} p_{i_k n+1}, \tag{7.2.8}$$

对全体路径求和得到

$$\sum_I f(I) = \sum_{k=0}^{\infty} \sum_{i_1, i_2, \cdots, i_k \neq n+1} p_{ii_1} p_{i_1 i_2} \cdots p_{i_{k-1} i_k} p_{i_k n+1}, \quad i_0 = i. \tag{7.2.9}$$

如果我们将上式中诸如 $p_{i_l i_{l+1}}$ 这种看作 $n \times n$ 矩阵 $\mathbf{P}$, 而最后一项 $p_{i_k n+1}$ 看作一个列向量 $\boldsymbol{p}$, 则上式可以写成

$$\sum_I f(I) = \sum_{k=0}^{\infty} \boldsymbol{e}_i^{\mathrm{T}} \mathbf{P}^k \boldsymbol{p} = \boldsymbol{e}_i^{\mathrm{T}} (\mathbf{I} - \mathbf{P})^{-1} \boldsymbol{p}. \tag{7.2.10}$$

上述等式中出现了矩阵逆乘向量, 也就是线性代数方程组 $(\mathbf{I} - \mathbf{P})\boldsymbol{x} = \boldsymbol{p}$ 的解. 这提示我们可以通过马尔可夫过程的首达概率来求解线性代数方程组. 具体而言, 对于 n 阶线性代数方程组,

$$\mathbf{A}\boldsymbol{x} = \boldsymbol{b}. \tag{7.2.11}$$

依照 3.2 节的知识, 我们可以构造一个收敛的迭代格式

$$\boldsymbol{x} = \mathbf{B}\boldsymbol{x} + \boldsymbol{d}, \tag{7.2.12}$$

从而方程的解可以表示为

$$\begin{aligned} \boldsymbol{x} &= (\mathbf{I} - \mathbf{B})^{-1} \boldsymbol{d} = \sum_{k=0}^{\infty} \mathbf{B}^k \boldsymbol{d}, \\ x_i &= \sum_{k=0}^{\infty} \sum_{i_1=1}^{n} \sum_{i_2=1}^{n} \cdots \sum_{i_k=1}^{n} b_{ii_1} b_{i_1 i_2} \cdots b_{i_{k-1} i_k} d_{i_k}, \end{aligned} \tag{7.2.13}$$

与之前 $f(I)$ 的形式类似. 如果我们可以构造出权重 w_{ij} 和转移概率 p_{ij} 满足

$$b_{ij} = w_{ij} p_{ij}, \quad d_i = w_{i,n+1} p_{i,n+1}, \quad i, j = 1, 2, \cdots, n, \tag{7.2.14}$$

其中 p_{ij} 正定归一,那么我们相当于利用马尔可夫过程构造出了首达路径的一个概率分布,使得路径依赖的统计量

$$h(I) = w_{ii_1} w_{i_1 i_2} \cdots w_{i_{k-1} i_k} w_{i_k n+1} \tag{7.2.15}$$

在该概率分布下的期望值恰好等于待求的线性代数方程组的解. 基于这个思想的算法被称为**随机游走方法**,计算流程如下.

算法 7.2 随机游走方法

1. 对于线性代数方程组 $\mathbf{Ax} = \mathbf{b}$,构造迭代格式 $\mathbf{x} = \mathbf{Bx} + \mathbf{d}$. 构造转移概率 p_{ij} 满足

$$\begin{cases} p_{ij} > 0, & (j \neq n+1 \& b_{ij} \neq 0) || (j = n+1 \& d_i \neq 0), \\ p_{ij} = 0, & \text{其他情况}, \\ \sum_{j=1}^{n+1} p_{ij} = 1, \end{cases}$$

以及相应的权重 w_{ij}.
2. 随机游动步数 $k = 0$,初始状态 $i_0 = i$.
3. 以概率 $p_{i_k i_{k+1}}$ 抽样确定 i_{k+1}.
4. 若 $i_{k+1} \neq n+1$,则 $k = k+1$,返回第 3 步.
5. 计算统计量 $h(I)$.
6. 重复 m 次第 2 到 5 步,计算统计平均作为方程的解:

$$x_i \approx \frac{1}{m} \sum_I h(I).$$

该方法可以逐个地给出方程组的解. 因此当我们仅对特定的几个 x_i 感兴趣的时候,通过随机游走模型求解是有优势的.

随机游走方法本质上也是一种蒙特卡洛方法,其误差由下式给出:

$$\delta \sim \frac{\sigma(h)}{\sqrt{m}}, \tag{7.2.16}$$

与方程的阶数和稀疏程度等因素没有直接联系,适用于高维问题. 为减小误差,应尽量减小 $\sigma(h)$ 的值. 一个可行的方法是使得全体 w_{ij} 都大致相等,但具体操作并没有统一的策略.

上一节的最后,我们介绍了拟随机数产生器. 而数值实验证明[6],在这个问题上使用拟随机数最高可以给出 $O[(\log m)^T/m]$ 的收敛速度,其中 T 为平均路径长度.

---

[6]Mascagni M and Karaivanova A. What are quasirandom numbers good for anything besides integration. Proceedings of Advances in Reactor Physics and Mathematics and Computation into the Next Millennium (PHYSOR2000), 2000.

7.2.3 实例：机器猫和玩具鼠

舒幼生的《力学》教材中讨论了一个典型的马尔可夫过程:

如图 7.1 所示，在 y 坐标轴的原点 O 处有一个不动的玩具鼠，在 $y=1$ 处有一个机器猫. 机器猫在 y 轴上分别以 q 的概率朝向 O 点，或以 $1-q$ 的概率背离 O 点一步一步行走，步长恒定为 $|\Delta y|=1$. 规定猫到达 O 点"捉到"鼠，游戏结束，否则将继续下去. 试求机器猫捉到玩具鼠的概率.

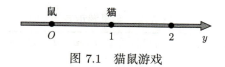

图 7.1 猫鼠游戏

这个问题可以抽象为一个马尔可夫过程的首达概率问题. 记机器猫走了 k 步后处在格点 $y=i$ 的概率为 $z_i^{(k)}$，它可以完全由 $\{z_i^{(k-1)}\}$ 决定:

$$\begin{cases} z_0^{(k)} = qz_1^{(k-1)}, \\ z_1^{(k)} = qz_2^{(k-1)}, \\ z_i^{(k)} = (1-q)z_{i-1}^{(k-1)} + qz_{i+1}^{(k-1)}, \quad i \geqslant 2. \end{cases} \tag{7.2.17}$$

也就是说，这一步的概率分布完全由上一步的概率分布给出，是一个马尔可夫过程. 转移概率为

$$p_{ij} = (1-q)\delta_{i-1,j} + q\delta_{i+1,j}.$$

而机器猫捉到玩具鼠的概率也正好和 $y=1$ 到 $y=0$ 的首达概率在定义上是一致的. 因此，我们可以借助前文所给出的马尔可夫过程与线性代数方程组的等价性，来求解这个问题.

在这个问题中，我们无须引入任何权重 w，从而有 $\boldsymbol{d}=(q,0,0,\cdots)^\mathrm{T}$，以及

$$\mathbf{B} = \begin{pmatrix} 0 & 1-q & & & \\ q & 0 & 1-q & & \\ & q & 0 & \ddots & \\ & & \ddots & \ddots & \end{pmatrix}$$

均为无穷维向量或矩阵，对应于方程组 $(\mathbf{I}-\mathbf{B})\boldsymbol{x}=\boldsymbol{d}$:

$$\begin{cases} x_1 - (1-q)x_2 = q, \\ -qx_1 + x_2 - (1-q)x_3 = 0, \\ -qx_2 + x_3 - (1-q)x_4 = 0, \\ \cdots\cdots \end{cases} \tag{7.2.18}$$

这里 x_i 便给出了机器猫从 $y=i$ 点出发,最终能抓到玩具鼠的概率. 这个无穷维线性代数方程组类似于一个二阶递归数列,具有通解

$$x_i = 1 - c\left[1 - \left(\frac{q}{1-q}\right)^i\right], \tag{7.2.19}$$

其中 c 为任意常数. 这个额外的 c 源自矩阵 $\mathbf{I}-\mathbf{B}$ 是一个不满秩的奇异矩阵. 由于 x_i 代表一个概率,须满足 $x_i \in [0,1]$,那么当 $q > 1/2$ 时, c 只能取零. 对于 $q=1/2$ 的临界情形, c 的取值不会影响 x_i 的具体大小. 这样我们可以给出

$$x_i = 1, \quad q \geqslant \frac{1}{2},$$

此时机器猫一定能够抓到玩具鼠.

$q < 1/2$ 的情形会略微复杂一些. 此时从条件 $x_i \in [0,1]$ 出发只能给出 $c \in [0,1]$,没法完全确定问题的解. 为此,我们需要重新回到无穷求和式 (7.2.13). 定义

$$\boldsymbol{x}^{(m)} \equiv \sum_{k=0}^{m} \mathbf{B}^k \boldsymbol{d} = \boldsymbol{d} + \mathbf{B}\boldsymbol{x}^{(m-1)}, \tag{7.2.20}$$

那么对于任意满足 $(\mathbf{I}-\mathbf{B})\boldsymbol{x} = \boldsymbol{d}$ 的 $\boldsymbol{x}$,都可以给出

$$\begin{aligned}\boldsymbol{x}^{(m)} - \boldsymbol{x} &= \mathbf{B}[\boldsymbol{x}^{(m-1)} - \boldsymbol{x}], \\ x_i^{(m)} - x_i &= \sum_j p_{ij}[x_j^{(m-1)} - x_j].\end{aligned} \tag{7.2.21}$$

容易检验,不论 c 取多少,都有 $x_j^{(0)} - x_j < 0$. 借助转移概率 p_{ij} 的非负性可以归纳证明,对于任意 m 都有 $x_j^{(m)} - x_j < 0$ 成立,也就是说当 $m \to \infty$ 时它应当取它所能达到的最小的那个解,即 $c=1$,

$$x_i = \left(\frac{q}{1-q}\right)^i, \quad q < \frac{1}{2},$$

机器猫存在非零概率抓不到玩具鼠.

练习 7.3 试通过随机游走方法求解方程组 (7.2.18).

7.2.4 偏微分方程的边值问题

知道了如何使用随机游走方法求解线性代数方程组之后,应用于边值问题是直截了当的. 设区域 Ω 中有方程

$$\begin{aligned}\hat{A}u(\boldsymbol{r}) &= f(\boldsymbol{r}), \quad \boldsymbol{r} \in \Omega, \\ u(\boldsymbol{r}) &= g(\boldsymbol{r}), \quad \boldsymbol{r} \in \partial\Omega.\end{aligned} \tag{7.2.22}$$

经某种离散化 (如有限元法) 后得到雅可比类的迭代格式

$$u(\boldsymbol{r}_k) = \begin{cases} \gamma_k \left[\sum_l \alpha_{kl} u(\boldsymbol{r}_l) + \beta_k f(\boldsymbol{r}_k) \right], & \boldsymbol{r}_k \in \Omega, \\ g(\boldsymbol{r}_k), & \boldsymbol{r}_k \in \partial\Omega. \end{cases} \quad (7.2.23)$$

此处的求和限于 $\boldsymbol{r}_k$ 周围的格点 (从而存在非零的矩阵元). 通常有 $\alpha_{kl} > 0, \beta_k > 0$, 而 γ_k 为归一化常数, 使得

$$\sum_l \alpha_{kl} + \beta_k = 1. \quad (7.2.24)$$

生成诸系数后, 便可选定出发点 $\boldsymbol{r}$ 随机生成路径 I: 若某步位于 $\boldsymbol{r}_k \in \Omega$ 处, 下一步有 α_{kl} 的概率移动到 $\boldsymbol{r}_l$ 处, 以及 β_k 的概率终止路径. 若 $\boldsymbol{r}_k$ 位于边界上, 则直接终止路径.

经 k 步终止于某一点 $\boldsymbol{r}_{i_k} \in \Omega$ 后, 计算统计量

$$h(I) = \prod_{j=1}^{k} \gamma_{i_j} f(\boldsymbol{r}_{i_k}). \quad (7.2.25)$$

若终止于边界点 $\boldsymbol{r}_{i_k} \in \partial\Omega$, 统计量为

$$h(I) = \prod_{j=1}^{k-1} \gamma_{i_j} g(\boldsymbol{r}_{i_k}). \quad (7.2.26)$$

$u(\boldsymbol{r})$ 的函数值便可以通过计算 $h(I)$ 的期望值得到.

对于二阶偏微分方程, 往往有 $\beta \sim \Delta x^2 \ll 1$, 从而路径难以终止于边界点以外的点. 因此, 有另一种生成路径的方案: 取 γ_k 使得

$$\sum_l \alpha_{kl} = 1. \quad (7.2.27)$$

每条路径都起始于 $\boldsymbol{r}$, 终止于边界, 而排除了终止于区域内某一点的可能性. 统计量为

$$h(I) = \sum_{n=0}^{k-1} \left[\prod_{j=1}^{n} \gamma_{i_j} \right] \beta_{i_n} f(\boldsymbol{r}_{i_n}) + \prod_{j=0}^{k-1} \gamma_{i_j} g(\boldsymbol{r}_{i_k}). \quad (7.2.28)$$

我们依旧以二维泊松方程为例, 使用方形网格, 并采用有限差分. 在 5.1 节中已经得到过这个迭代格式了:

$$u_{i,j} = [2/h_x^2 + 2/h_y^2]^{-1} \left\{ \frac{u_{i+1,j} + u_{i-1,j}}{h_x^2} + \frac{u_{i,j+1} + u_{i,j-1}}{h_y^2} + f_{ij} \right\}. \quad (7.2.29)$$

取 $h_x = h_y = h$, 我们有

$$\alpha_{kl} = \frac{1}{4}, \quad \beta_k = \frac{h^2}{4}, \quad \gamma_k = 1. \tag{7.2.30}$$

从而随机路径的生成相当于经典的醉汉行走问题, 而统计量为

$$h(I) = \frac{h^2}{4}\sum_{n=0}^{k-1} f(\boldsymbol{r}_{i_n}) + g(\boldsymbol{r}_{i_k}), \tag{7.2.31}$$

是相当简单浅显的一个式子. 对于 $f = 0$ 的特殊情况, $u(\boldsymbol{r})$ 甚至就是以其为起点出发的随机路径终点的平均值! 这从某种程度上印证了调和函数的均值定理.

设求解域尺度为 $O(L)$, 网格尺度为 Δx. 根据布朗运动的知识, 可知路径的平均长度为 $O(L^2/\Delta x^2)$. 在单次模拟上, MC 方法也显示了与空间维度无关的特性, 适用于求解高维问题.

当求解热方程的边值问题时, 若热方程的格林函数已知:

$$\partial_t G(\boldsymbol{r}, t; \boldsymbol{r}', t') + AG(\boldsymbol{r}, t; \boldsymbol{r}', t') = \delta(\boldsymbol{r} - \boldsymbol{r}')\delta(t - t'), \tag{7.2.32}$$

那么可以使用生成抽样 $G(\boldsymbol{r}, \tau; \boldsymbol{r}', 0)$ 的办法来决定每两步之间的移动, 而不需要事先对问题进行离散化. 例如, 对于自由空间的泊松方程而言, 高斯分布为其对应的格林函数.

当然, 绝大多数问题的格林函数我们并不知晓, 但是对于不少问题, 存在着一些生成近似的短时格林函数的策略, 这时候 MC 方法就能发挥重要作用.

7.3 相变与临界现象: 伊辛模型

上一节我们从生成玻尔兹曼分布的需求出发引入了马尔可夫过程, 然而在研究其行为的过程中, 讨论了通过其所生成的随机路径来求解线性代数方程组. 那么, 本节就让我们回归主题, 详细地介绍怎么生成玻尔兹曼分布, 并求解一个具体的物理问题.

7.3.1 细致平衡

第一个问题是马尔可夫过程能否收敛到唯一一个稳定分布上. 可以证明[7], 只要该马尔可夫过程是常返、不可约且非周期的, 上述结论即成立.

稳定分布 $g(x)$ 自然是迭代式 (7.2.3) 的不动点:

$$g(x) = \int q(x|y)g(y)\,\mathrm{d}y. \tag{7.3.1}$$

为了寻找这个不动点, 我们可以借助统计物理中的概念.

---

[7] 王梓坤. 随机过程通论: 上卷. 北京: 北京师范大学出版社, 1996.

当玻尔兹曼讨论 H 定理时，他证明了系综达到平衡态时所需满足的细致平衡条件

$$q(y|x)g(x) = q(x|y)g(y), \tag{7.3.2}$$

即系统处在 x 态的概率乘上从 x 态演化到 y 态的概率，等于系统处在 y 态的概率乘上从 y 态演化到 x 态的概率。我们将 (7.3.2) 式代回马尔可夫过程的迭代式，借助

$$\int q(y|x)\,\mathrm{d}y = 1, \tag{7.3.3}$$

可知 $g(x)$ 确实是一个迭代不动点。

我们可以进一步证明由满足细致平衡条件的转移概率生成的马尔可夫过程是非周期的。注意到 (7.2.3) 相当于一个线性变换，可以写成矩阵形式

$$f_{k+1} = \mathbf{Q} f_k, \tag{7.3.4}$$

迭代产生的序列不存在周期性，相当于要求矩阵 $\mathbf{Q}$ 的全部本征值是实数。我们考虑相似变换

$$\mathbf{Q}' = \mathbf{P}^{-1}\mathbf{Q}\mathbf{P}, \tag{7.3.5}$$

其中 $(\mathbf{P})_{xy} = \sqrt{g(x)}\delta(x-y)$，这样

$$(\mathbf{Q}')_{xy} = q(x|y)\sqrt{\frac{g(y)}{g(x)}} = q(y|x)\sqrt{\frac{g(x)}{g(y)}} = (\mathbf{Q}')_{yx} \tag{7.3.6}$$

是一个实对称矩阵。由于相似变换不改变矩阵本征值，以及实对称矩阵的本征值一定是实数，我们完成了前述结论的证明。

那么，为了构造马尔可夫链使得其趋向于一个给定的分布，我们需要选定 $q(x|y)$ 满足

$$\frac{q(y|x)}{q(x|y)} = \frac{g(y)}{g(x)}. \tag{7.3.7}$$

这个表达式并不依赖于 $g(x)$ 的归一化系数，也就是说我们摆脱了想求配分函数必须先知道配分函数这个逻辑循环。

将玻尔兹曼分布代入上式，我们得到

$$\frac{q(y|x)}{q(x|y)} = \frac{\mathrm{e}^{-\beta\mathcal{H}(y)}}{\mathrm{e}^{-\beta\mathcal{H}(x)}} = \mathrm{e}^{\beta[\mathcal{H}(x)-\mathcal{H}(y)]}, \tag{7.3.8}$$

比值等于两态能量之差的指数函数。实现满足上式的条件概率分布并不困难，这里给出一个综合使用舍选法和复合抽样法进行抽样的例子，即**巴克 (Barker) 算法**。

算法 7.3 巴克算法

1. 在系统的可能状态集合中定义二元关系: 相邻. 与状态 x 相邻的状态数目记作 $m(x)$.
2. 从 x 的全体相邻状态中等概率选取 z, 计算 $P = \dfrac{m(x)}{m(z)} e^{\beta[\mathcal{H}(x)-\mathcal{H}(z)]}$.
3. 以概率 $P/(1+P)$ 选择 $y=z$, 以概率 $1/(1+P)$ 选择 $y=x$.

那么, 这样采样获得的 y 满足条件概率

$$q(y|x) = \frac{1}{m(x)} \frac{e^{-\beta\mathcal{H}(y)}/m(y)}{e^{-\beta\mathcal{H}(x)}/m(x) + e^{-\beta\mathcal{H}(y)}/m(y)}. \tag{7.3.9}$$

容易检验, 上式满足细致平衡条件. 只要系统的任意两个状态都可以通过若干个相邻关系相联系, 这个马尔可夫过程也能满足收敛的其余几个条件. 这个过程相当于从系统的某个状态 x 出发, 向相邻的状态 y 做随机行走, 然后根据这两个态之间的能量差与温度的比值来概率性地判断这一步能否迈出去. 温度越低, 或能量下降得越多, 过程就越容易发生. 而在温度无穷大的极限下, 过程是否发生的概率将仅依赖于相邻状态数.

7.3.2 伊辛模型

上述讨论可能仍旧过于抽象, 我们来看一个具体的实例 —— 伊辛模型. 经典伊辛模型由 N 个自旋构成, 每个自旋只能取朝上或朝下两种状态, 可以记作 -1 或者 1. 那么, 系统的状态可以用一个 N 位的 "二进制数" 来标记:

$$S = (s_1, s_2, \cdots, s_n). \tag{7.3.10}$$

哈密顿量由相邻自旋之间的自相互作用以及自旋与外场的相互作用构成:

$$\mathcal{H}[S] = -J \sum_{\langle i,j \rangle} s_i s_j - H \sum_{i=1}^{N} s_i, \tag{7.3.11}$$

$\langle i,j \rangle$ 表示全体相邻的自旋对, J 和 H 分别为耦合强度和外场强度.

我们定义, 若两个自旋构型 S 和 S' 有且只有一个自旋 s_i 不同, 则称它们为相邻的. 显然, 任意状态的相邻状态数均为 N. 相应的能量差为

$$\mathcal{H}[S] - \mathcal{H}[S'] = -(s_i - s_i') \left(J \sum_{\langle i,j \rangle} s_j + H \right), \tag{7.3.12}$$

等于自旋改变量乘上该格点上的等效场强.

进一步指定自旋的排列方式. 假设它们排列成 $L \times L$ 的正方形阵列, 那么自旋所处位置可以用 (i,j) 标记, 自相互作用的求和写作

$$-J \sum_{i=1}^{L} \sum_{j=1}^{L} s_{i,j}(s_{i+1,j} + s_{i,j+1}). \tag{7.3.13}$$

我们同时取周期性边界条件

$$s_{i,L+1} = s_{i,1}, \quad s_{L+1,j} = s_{1,j} \tag{7.3.14}$$

相当于将正方形卷起来, 把相对的两条边都粘在了一起, 形成了一个甜甜圈的形状. 这样我们就可以开始对体系进行采样了, 亦即如下的**局部更新算法**.

算法 7.4　局部更新方法

1. 生成一个大小为 $L \times L$ 的二维数组 $s_{i,j}$, 各元素可取 ± 1.
2. 随机选取一个格点 (i,j), 计算

$$P = \exp\{-2\beta s_{i,j}[H + J(s_{i-1,j} + s_{i+1,j} + s_{i,j-1} + s_{i,j+1})]\}.$$

3. 通过 $\mathcal{U}(0,1)$ 生成采样 x, 若 $x > 1/(1+P)$, 则令 $s_{i,j} = -s_{i,j}$.
4. 返回第二步.

值得注意的是, 在给定 β, H, J 的情况下, 依赖于整数 $s_{i,j}$ 和 $s_{i-1,j} + s_{i+1,j} + s_{i,j-1} + s_{i,j+1}$ 的具体大小, 概率 $1/(1+P)$ 只有十种可能的取值. 对于零外场情形 $H = 0$, 可能的值进一步减少到五种. 我们完全可以将这些取值预先存下来, 然后在使用时调用. 那么, 伊辛模型的蒙特卡洛模拟每步迭代只包含两次随机数生成和若干整形运算, 而不会涉及任何浮点数运算, 在实现上可以做到非常高效. 由于每步迭代只涉及一个格点上自旋的变化, 因此它被称为局部更新算法.

7.3.3　数值实验

下面让我们进行实际计算. 取 $L = 16, \beta H = 0, \beta J$ 取 0.3 或 0.5. 考虑两种系统初态: 所有自旋同时朝上, 或所有自旋独立随机分布. 迭代次数取 2×10^5, 每隔 $16 \times 16 = 256$ 步取一个样本点, 计算体系的磁化强度, 也就是平均自旋

$$\mathcal{M} \equiv \frac{1}{L^2} \sum_{i,j} s_{i,j} \tag{7.3.15}$$

随迭代次数的变化, 得到的结果如图 7.2 所示.

我们看到, 在 $\beta J = 0.5$ 时, 当步数大于约 2×10^3 时, 两类初态大致收敛至同一个分布, 全部自旋都朝同一个方向. 而在 $\beta J = 0.3$ 时, 当步数大于约 10^3 时, 两类初态的平均自旋也都趋向于零. 可以设想, 当 β 从大变小时, 对应体系温度逐渐升高, 越过了铁磁 – 顺磁相变的居里点, 体系从自发磁化的状态演化到了无磁化的状态.

另一个问题是, 怎么判断马尔可夫链的迭代过程已经收敛了? 通过肉眼判断是一个办法, 但如果我们需要对于大量不同的参数 $\beta J, \beta H$ 进行计算, 效率就非常低下了, 还是得设计适用于计算机的判据. 我们尝试如下策略.

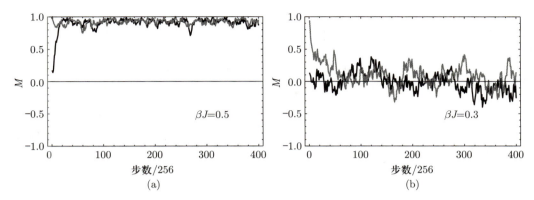

图 7.2 不同 βJ 参数下两种系统初态 (所有自旋同时朝上或所有自旋独立随机分布) 的磁化强度随迭代次数的变化

算法 7.5　马尔可夫过程收敛判据

1. 选取最小迭代次数 $n = 4k, k \in \mathbb{N}$.
2. 设后半段的样本已经收敛到所需分布, 计算统计量 x 的平均值与方差:

$$\langle x \rangle_1 = \frac{1}{k} \sum_{i=2k+1}^{3k} x_i, \quad \langle x \rangle_2 = \frac{1}{k} \sum_{i=3k+1}^{4k} x_i,$$

$$\sigma_x^2 = \frac{1}{2k} \sum_{i=2k+1}^{4k} x_i^2 - \left(\frac{1}{2k} \sum_{i=2k+1}^{4k} x_i \right)^2.$$

3. 计算偏差值 $(\langle x \rangle_1 - \langle x \rangle_2)^2 / \sigma_x^2$, 若其小于预设的阈值 α, 则认为假设成立, 结束模拟, 否则, 令 $k = 2k$, 继续迭代然后回到第二步.

如果假定马尔可夫过程最后生成的样本独立同分布, 那么偏差量应当大致反比于样本数 k. 不过由于这些样本通常是强相关的, 我们没法对结果做那么强的假定, 而只能选取一个较小的常数阈值, 例如 $\alpha = 0.1$. 统计量可以分别取磁化强度和内能, 仅当该条件对两个统计量都成立时, 我们才认为迭代达到收敛.

利用上述策略, 我们计算体系平均自旋的绝对值 $|\mathcal{M}|$ 和平均内能

$$U \equiv \frac{\langle \mathcal{H} \rangle}{L^2} \tag{7.3.16}$$

随 βJ 的变化. 结果如图 7.3 所示, 误差棒表示通过样本估算得到的方差. 容易发现, 方差本身相对平均值就不小, 这是因为 $L = 16$ 并不大, 远远没到热力学极限. 其次, 数据中有一些明显的离群点, 这源自收敛判据在迭代次数还较小的时候就偶然得到了满足. 增加 L 或者减小收敛判据中的 α 都能改善结果, 但它们同时也会显著增加计算量. 而即便对于目前粗糙的计算, 单个数据点的最大迭代次数也已经超过了 10^6, 继续增加计算量显然是难以承受的. 因此, 我们需要开发新的取样算法.

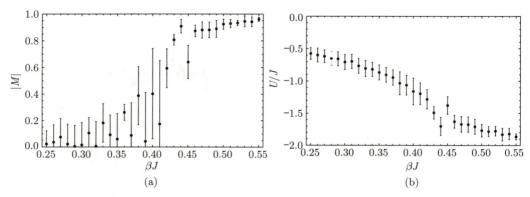

图 7.3 马尔可夫过程收敛后, (a) 系统平均自旋绝对值与 (b) 平均内能随 βJ 参数的变化, 并由样本方差估算得到误差棒

7.3.4 沃尔夫算法

1989 年, 沃尔夫 (Wolff) 针对类似于伊辛模型这类在格点上放置磁矩的模型提出了以他命名的采样算法[8].

沃尔夫 (Wolff) 算法依旧基于马尔可夫过程, 但单步迭代的效率远远优于前述的局部更新格式. 其核心思想在于, 对于一整块自旋方向相同的格点集合, 在忽略外场的情况下, 将它们整个翻转产生的能量改变仅由其边界决定. 而如果想通过一个一个的格点翻转来达到同样的效果, 则需要克服其内部相互作用产生的势垒, 从而被抑制了. 因此, 我们需要构造转移概率使得这种集合翻转更容易发生. 对于伊辛模型, 算法给出的迭代步骤简述如下.

算法 7.6　沃尔夫算法

1. 随机取格点 x, 定义集合 $c = \{x\}$ 和空集 c'.
2. 任取 $x \in c$, 遍历全部与其相邻且不属于集合 c 和 c' 的元素 y, 若 x, y 上的自旋同向, 则以概率 $1 - e^{-2\beta J}$ 将 y 加入集合 c, 否则不做处理. 遍历完成后将 x 从集合 c 移入 c'.
3. 重复上一步, 直至 c 成为空集. 将集合 c' 中全部元素对应格点上的自旋翻转.

我们来证明上述过程满足细致平衡条件, 如图 7.4 所示, 正号代表自旋向上, 负号代表自旋向下. 将翻转前后系统的状态分别记作 S 和 S'. 对于 $S \to S'$ 和 $S' \to S$ 这两个互逆的过程, 第一步需要选中一个相同的 $x \in c'$, 即图中的中点, 这对于它们而言概率是相同的. 在随后不断扩大集合的过程中, 两者的区别体现在 c' 的边界上: 对于 $S \to S'$ 是以概率 $e^{-2\beta J}$ 未能将集合外与集合自旋相同的一点纳入集合, 即左右两点, 对于其逆过程也是以概率 $e^{-2\beta J}$ 未能将集合外与集合自旋相同的一点纳入集合, 即上下两点. 注意到, 两个互逆过程未能纳入集合的点刚好构成了 c' 的完全边界. 综合上

---
[8]Wolff U. Collective Monte Carlo updating for spin systems. Phys. Rev. Lett., 1989, 62: 361.

述讨论, 我们有

$$\frac{q(S'|S)}{q(S|S')} = \frac{\prod_{\langle xy \rangle \in \partial c', s_x s_y = 1} e^{-2\beta J}}{\prod_{\langle xy \rangle \in \partial c', s_x s_y = -1} e^{-2\beta J}}$$

$$= e^{-2\beta J \sum_{\langle xy \rangle \in \partial c'} s_x s_y}$$

$$= e^{-\beta J \sum_{\langle xy \rangle \in \partial c'} (s_x - s'_x) s_y}, \quad (7.3.17)$$

这里 $\langle xy \rangle \in \partial c'$ 代表着全部满足 $x \in c', y \notin c'$ 且 x, y 相邻的格点对, 表示对集合的边界求和. 我们看到, 这两个过程发生的概率之比恰好给出了因为集团翻转在边界上所产生的能量差的指数, 满足细致平衡条件.

−   −
+ + +   + − +
                −
S S'

图 7.4 沃尔夫算法细致平衡条件示意图

在相变点附近, 沃尔夫算法的收敛速度相比之前要快得多. 我们重复图 7.3 中的计算, 但取一个更低的收敛阈值 $\alpha = 0.01$, 结果如图 7.5 所示. 计算中单个数据点使用的迭代次数最大在 10^4 的量级. 也就是说, 我们减少了两个数量级的计算量, 得到的数值结果精度提高了一个数量级.

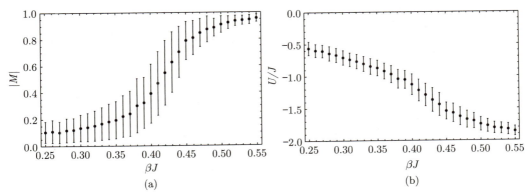

图 7.5 沃尔夫算法下, (a) 系统平均自旋绝对值与 (b) 平均内能随 βJ 参数的变化, 并由样本方差估算得到误差棒

有了如此高效的算法, 我们便可以尝试讨论一下热力学极限 $L \to \infty$ 处的行为. 在此之前, 我们先给出两个热力学量的表达式: 热容量

$$C_H \equiv \left(\frac{\partial U}{\partial T}\right)_H$$
$$= k_B \beta^2 L^2 \left\{\frac{1}{Z}\sum_S \left(\frac{\mathcal{H}[S]}{L^2}\right)^2 e^{-\beta\mathcal{H}[S]} - U^2\right\}, \tag{7.3.18}$$

与磁化率

$$\chi \equiv \left(\frac{\partial \mathcal{M}}{\partial H}\right)_T$$
$$= \beta L^2 \left\{\frac{1}{Z}\sum_S \left(\frac{\sum_{i,j} s_{i,j}}{L^2}\right)^2 e^{-\beta\mathcal{H}[S]} - \mathcal{M}^2\right\}. \tag{7.3.19}$$

从热力学上讲，这两个量是一阶偏导数的形式，而从统计上来看，它们又各自正比于原始量的方差. 对它们的计算是非常直接的.

在图 7.6 中我们分别给出了 $L = 16, 32, 64$ 和 128 的情况下 $|M|$ 和 χ 随 βJ 变化的关系. 可以看到，随着尺度的增长，$|M|$ 越来越接近于一个阶跃函数，这预示着热力学极限下相变的发生. 此外，χ 呈现一个单峰函数的形式，峰位与 $|M|$ 发生突变的位置重合. 这说明在相变发生的位置附近系统的涨落会增强，并且随着尺度的增长，涨落会越来越大.

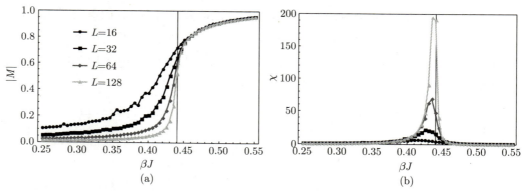

图 7.6 沃尔夫算法下，不同尺度下 (a) 系统平均自旋绝对值与 (b) 磁化率随 βJ 参数的变化

另一个有趣的点在于，随着尺度增长，"相变点" 似乎也在移动. 事实上，如果记 χ 的峰位为 α_c，峰宽为 $\Delta\alpha$，峰高为 $\chi_{\max}$，可以发现其中存在着幂律

$$\alpha_c(L) - \alpha_c(\infty) \propto L^{-\nu}, \quad \Delta\alpha \propto L^{-\mu}, \quad \chi_{\max} \propto L^{\lambda}. \tag{7.3.20}$$

这意味着伊辛模型在相变点附近存在着某种尺度变换下的自相似性. 对于 U 和 C_H 的计算也能给出类似的结论. 这是更加普适的临界现象在伊辛模型上的具体体现，读者可以在统计物理课程中学习到更多相关的内容.

历史上，人们在使用沃尔夫算法求解一个 16×16 的伊辛模型时，发现得到的数值结果依赖于随机数产生器的选取，并且这个差异不能用随机误差来解释[9]. 具体而言，在使用反馈移位寄存器 R250

$$X_i = X_{i-103} \oplus X_{i-250} \tag{7.3.21}$$

产生随机数时，在临界温度 $\beta J = \alpha_c(\infty)$ 处计算得到的内能相比准确结果大了数十个标准差，热容量小了上百个标准差. 对这个结果的一个简单解释是，由于其生成的随机数列之间的微弱关联，使得在构造一个较大的自旋集团的时候，后面的自旋是否加入依赖于之前的判断，从而使得细致平衡的条件被破坏. 事实上，如果使用一个长度更长的反馈移位寄存器 R1279

$$X_i = X_{i-1063} \oplus X_{i-1279}, \tag{7.3.22}$$

让关联出现的距离大于最大可能的自旋集团大小 $16 \times 16 = 256$，这个奇怪的差异就不会出现. 这个结果提醒我们，在使用蒙特卡洛方法求解一些对随机数独立性有要求的问题时，一定要注意伪随机数对结果是否有影响.

7.4 赋予温度: 分子动力学热浴

除去利用马尔可夫过程生成热力学分布外，还存在着一种更 "简单粗暴" 的办法: 直接求解多体的哈密顿方程.

例如，考虑一个孤立系综，动力学由哈密顿量 $H(\boldsymbol{p}, \boldsymbol{q})$ 描述，能量 E 给定，那么根据 7.1 节中的结论，其平衡态下任何物理量 $f(\boldsymbol{p}, \boldsymbol{q})$ 的期望值为

$$\overline{f} = \frac{1}{Z} \int f(\boldsymbol{p}, \boldsymbol{q}) \delta[H(\boldsymbol{p}, \boldsymbol{q}) - E] \, \mathrm{d}^n \boldsymbol{p} \mathrm{d}^n \boldsymbol{q}, \tag{7.4.1}$$

即我们熟知的微正则系综. 如果我们承认遍历假设，那么根据庞加莱的相体积守恒定理，$\overline{f}$ 也可以在从任意满足 $H(\boldsymbol{p}_0, \boldsymbol{q}_0) = E$ 的初始条件出发所给出的相空间轨迹上计算:

$$\overline{f} = \lim_{T \to \infty} \frac{1}{T} \int_0^T f[\boldsymbol{p}(t), \boldsymbol{q}(t)] \, \mathrm{d}t, \tag{7.4.2}$$

即系综平均等于时间平均.

这样，只要能够稳定求解高维度的常微分方程组，也就是哈密顿方程，我们就可以计算微正则系综的任意物理量. 这类直接求解的思路被称成为**分子动力学** (molecular dynamics, MD) 模拟. 而关于哈密顿方程的求解，在 2.6 和 4.4 节中已经详细讨论过了.

---

[9]Ferrenberg A M, Landau D P, and Wong Y J. Monte Carlo simulations: hidden errors from "good" random number generators. Phys. Rev. Lett., 1992, 69: 3382.

当然，物理上我们更关心那些可以与外界相互作用、交换能量的正则系综. 显然，这是无法直接用哈密顿方程来模拟的. 通过引入额外的修正项，使得一个系统的时间平均能够近似给出某个指定温度下的正则系综平均，这一过程被称作**热浴** (thermostat). 本节中我们将讨论其具体实现. 而巨正则系综需要考虑粒子数的变化所引起系统自由度的变化，用分子动力学不容易实现，在此不做讨论.

热浴法可以分为几种常见的类型：第一种方法是根据体系平均动能和由温度给出的动能期望的结果差异来对粒子的速度进行改变，包括确定性缩放速度的贝伦德森 (Berendsen) 方法，随机性缩放速度的巴斯西 – 多纳迪奥 – 巴里内罗 (Bussi-Donadio-Parrinello) 方法，以及基于粒子随机碰撞和速度重置的安德森 (Andersen) 方法. 第二种方法是基于拓展哈密顿量的确定性方法. 第三种方法是基于随机微分方程演化的朗之万 (Langevin) 方法. 第一种方法的实现方式比较直接，读者可以自行查阅，本节中我们主要讨论后两种方法的实现.

7.4.1 确定性方案

相比于孤立的微正则系综，正则系综可以与外界交换能量，以达到平衡温度. 原则上讲，只要我们将系统和外界看作一个整体，那么它应当也能当作微正则系综处理. 由诺泽 (Nosé) 提出[10]并经胡佛 (Hoover) 等人改进得到了这样一套方案：通过引入额外的自由度 (p_s, s)，扩展相空间的维度，来模拟外界对系统的影响. 假设系统原本的哈密顿量写作

$$H_0[\boldsymbol{p}, \boldsymbol{q}] = \sum_i \frac{p_i^2}{2m_i} + V(\boldsymbol{q}), \tag{7.4.3}$$

拓展的哈密顿量写作

$$H_s[(\boldsymbol{p}, p_s), (\boldsymbol{q}, s)] = \sum_i \frac{p_i^2}{2m_i s^2} + V(\boldsymbol{q}) + \frac{p_s^2}{2Q} + g k_\mathrm{B} T \ln s, \tag{7.4.4}$$

对应于哈密顿方程

$$\begin{cases} \dot{p}_i = -\dfrac{\partial V}{\partial q_i}, \\ \dot{p}_s = \dfrac{1}{s}\left(\sum_i \dfrac{p_i^2}{m_i s^2} - g k_\mathrm{B} T\right), \\ \dot{q}_i = \dfrac{p_i}{m_i s^2}, \\ \dot{s} = \dfrac{p_s}{Q}. \end{cases} \tag{7.4.5}$$

---

[10]Nosé S. A unified formulation of the constant temperature molecular-dynamics methods. J. Chem. Phys., 1984, 81: 511.

这里参数 g 取作 $3N$, 为原系统的总自由度, Q 为质量参数, 需要根据具体系统来选取. 诺泽 – 胡佛哈密顿量中的时间变量 t 不能理解为真实的物理时间 t', 它们间存在转换关系 $\mathrm{d}t' = \mathrm{d}t/s$.

可以看到, 当体系的总动能 $\sum_i p_i^2/(2m_i s^2)$ 小于 (大于) 能均分定理所给出的 $\frac{3}{2}Nk_\mathrm{B}T$ 时, $\dot{p}_s$ 为负 (正), 使得 s 倾向于降低 (升高), 进而提高 (压低) 体系的总动能, 实现负反馈过程. 那么, 在长时间平均下, 可以预见体系的总动能将在 $\frac{3}{2}Nk_\mathrm{B}T$ 附近振荡, 各种物理量的时间平均也更接近于正则系综的结果.

在诺泽 – 胡佛方法中, 负反馈的引入基于直觉, 缺乏严格的证明来保证其有效性. 事实上, 即便是最简单的谐振子系统, 该方法也不能给出一个正确的正则分布[11]. 为此, 人们从诺泽 – 胡佛方法出发进一步推广得到了诺泽 – 胡佛链方法[12]. 它在原本的额外自由度 s 的基础上又引入若干新的自由度, 用变量 $s_1, s_2, \cdots, s_N$ 表示, 其中每个自由度只与其相邻的变量耦合, 于是可以得到一串包含变量 $s_1, s_2, \cdots, s_N$ 及其动量的拓展的微分方程组. 实践表明, 一般情况下诺泽 – 胡佛链只需要取到长度为 4 或 5, 就可以很好地用扩展系统的微正则系综分布来模拟原始体系的正则系综分布.

如何让一个经典或量子系统从确定的状态演化到热力学分布, 这是一个深刻的物理问题, 目前也属于热门的研究领域之一.

7.4.2 随机微分方程

另一类用以模拟外界对系统作用的热浴方案是, 将外界的驱动看作一个随机的分布. 其来源于对布朗 (Brown) 运动的研究, 以及为其所发展出来的朗之万方程. 布朗运动是一个演示热浴的好例子: 花粉颗粒本身是一个确定性的系统, 但由于浸泡在一定温度的水 (外界) 中, 会受到水分子热运动所引起的不断碰撞 (相互作用), 最后达到热平衡态.

布朗运动可以用朗之万方程描述:

$$m\ddot{x} = -\gamma \dot{x} + f(t), \tag{7.4.6}$$

等式右端两项分别为黏滞阻力和随机相互作用力. 直接计算便可以证明, 如果随机相互作用力满足

$$\overline{f(t)f(t')} = 2\gamma k_\mathrm{B}T \delta(t-t'), \tag{7.4.7}$$

---

[11] Posch H A, Hoover W G, and Vesely F J. Canonical dynamics of the Nosé oscillator: stability, order, and chaos. Phys. Rev. A., 1986, 33: 4253.

[12] Martyna G J, Klein M L, and Tuckerman M. Nosé-Hoover chains: the canonical ensemble via continuous dynamics. J. Chem. Phys., 1992, 97: 2635.

那么体系的速度关联函数为

$$\overline{\dot{x}(t)\dot{x}(t')} = \frac{k_B T}{m} e^{-|t-t'|\gamma/m}. \tag{7.4.8}$$

取 $t = t'$ 我们便重新得到了能均分定理. 注意到随机项的自关联函数正比于黏滞阻力系数, 这个结果被称为爱因斯坦关系.

将上述方程应用到分子动力学中就可以得到朗之万热浴法, 也就是在运动方程的动量演化方程中加入两个额外的力

$$\begin{cases} \dot{q}_i = \dfrac{p_i}{m_i}, \\ \dot{p}_i = -\dfrac{\partial V}{\partial q_i} - \gamma_i p_i + f_i. \end{cases} \tag{7.4.9}$$

在数值求解时, 通常会将每一时刻的 f_i 取作中心为零的高斯分布, 其方差为 $\sigma_i^2 = 2\gamma_i k_B T/\Delta t$, Δt 是分子动力学模拟的积分时间步长. 对这类随机函数更精细的描述可以通过高斯过程来实现.

布朗运动的研究对统计物理的建立起到了重要的推动作用, 同时该工作也推进了应用数学中随机微积分的研究. 朗之万动力学只是随机动力学的一个特殊例子, 随机过程和动力学在很多其他科学和工程研究中也具有广泛的意义. 关于随机微分方程的更详细的介绍远远超出了本书的范畴, 感兴趣的读者可以查阅更加专业的资料. 值得一提的是, 朗之万动力学等随机过程在处理复杂的函数优化问题时也可以起到重要的作用. 在下一章中介绍更加复杂的机器学习模型的参数优化时, 也会提到基于随机性的优化算法所带来的帮助.

7.5 非平衡过程: 粒子网格法

在前面几节中, 我们见识到了求解一个热力学系统的平衡态是多么困难: 即便是一个简单的二维伊辛模型, 尺度一大算起来也不容易. 问题的关键是关联: 体系中的不同粒子之间相互影响, 让体系的自由度呈指数增长, 以至于无法处理.

玻尔兹曼在讨论稀薄气体时遇见了同样的问题, 他决定转过头去研究单粒子分布的演化, 从而给出了他的方程

$$\partial_t f + \boldsymbol{v} \cdot \nabla_{\boldsymbol{r}} f + \boldsymbol{F} \cdot \nabla_{\boldsymbol{p}} f = f_{碰撞}. \tag{7.5.1}$$

注意这里包含了对时间的偏导数, 从而研究对象是一个处在非平衡态的系统. 方程左端的后两项分别代表粒子因运动和受外场作用而导致分布函数在实空间和动量空间上的漂移, 方程右端则是碰撞项, 可以形式地写作

$$f_{碰撞}(\boldsymbol{r}, \boldsymbol{p}) = \int K f(\boldsymbol{r}, \boldsymbol{p}; \boldsymbol{r}, \boldsymbol{p}_2; t) \delta(\boldsymbol{p} + \boldsymbol{p}_2 - \boldsymbol{p}'_1 - \boldsymbol{p}'_2) \, d^3 \boldsymbol{p}'_1 d^3 \boldsymbol{p}'_2 d^3 \boldsymbol{p}_2, \tag{7.5.2}$$

其中 K 代表弹性碰撞过程 $\bm{p}_1'\bm{p}_2' \to \bm{p}\bm{p}_2$ 发生的概率, 对应着碰撞截面, 通常可以写成相对动量

$$g = |\bm{p} - \bm{p}_2| = |\bm{p}_1' - \bm{p}_2'| \tag{7.5.3}$$

和散射角

$$\theta = \arccos\left[(\bm{p} - \bm{p}_2) \cdot (\bm{p}_1' - \bm{p}_2')/g^2\right] \tag{7.5.4}$$

的函数.

我们看到, 为了求解单粒子分布的演化, 必须知道双粒子联合分布. 同样, 我们可以写下 n 粒子分布所满足的方程, 其中的碰撞项一定包含 $n+1$ 粒子的联合分布. 这样, 求解起来就无穷无尽了. 为了解决这个问题, 玻尔兹曼做出了著名的分子混沌性假设: 两体分布函数可以近似拆分成单体分布函数的乘积:

$$f(\bm{r}_1, \bm{p}_1; \bm{r}_2, \bm{p}_2; t) = f(\bm{r}_1, \bm{p}_1; t) f(\bm{r}_2, \bm{p}_2; t). \tag{7.5.5}$$

在这个假设成立的基础上, 只需要求解六维相空间中的分布函数, 我们就能得到系统的平衡态. 在引入分子混沌性假设将两体分布函数写成两个单体分布函数的乘积后, 玻尔兹曼方程成了一个非线性积分微分方程. 这个非线性与求解量子多体问题的 HF 方法中的非线性的来源是类似的, 都源自将多自由度函数近似写成单自由度函数的某种组合. 它们都是更一般性的平均场方法的特殊情况.

尽管玻尔兹曼方程的维度相比最初的 $6n$ 维已经大大降低, 但直接求解仍旧是几乎不可能的事情. 此外, 玻尔兹曼方程假定了粒子之间的相互作用都是短程力, 仅当两个粒子空间位置重合时才会存在相互作用. 然而, 如果我们考察粒子带电荷的情形, 电磁作用作为长程力无法用碰撞来近似, 我们就必须求解与麦克斯韦方程组相耦合的维拉索夫 (Vlasov) 方程

$$\begin{cases} \partial_t f_s + \bm{v}_s \cdot \nabla_{\bm{r}} f + q_s(\bm{E} + \bm{v}_s \times \bm{B}) \cdot \nabla_{\bm{p}} f_s = 0, \\ \bm{v}_s = \dfrac{\bm{p}c}{\sqrt{m_s^2 c^2 + \bm{p}^2}}, \\ \rho(\bm{r}, t) = \sum_s N_s q_s \int f_s(\bm{r}, \bm{p}, t) \, \mathrm{d}^3\bm{p}, \\ \bm{J}(\bm{r}, t) = \sum_s N_s q_s \int \bm{v}_s f_s(\bm{r}, \bm{p}, t) \, \mathrm{d}^3\bm{p}. \end{cases} \tag{7.5.6}$$

此处我们假设了系统由多种不同组分的粒子构成, 用指标 s 标记, 每类粒子有 N_s 个, 具有电荷 q_s 与质量 m_s. 速度 – 动量关系使用了相对论性的表达式, 这是因为维拉索

夫方程常用于描述极端相对论性等离子体的动力学. 粒子间的相互作用通过电磁场传导: 由电荷与电流密度产生电磁场, 再由电磁场作用于粒子的分布.

虽然由于丢掉了碰撞项, 该方程是一个纯粹的微分方程, 但是更多的自由度被非线性地耦合了进来, 求解起来也不比玻尔兹曼方程容易.

此时我们再次将目光投向了蒙特卡洛方法: 既然求解的是分布函数随时间的演化, 我们能否直接按照初始时刻的分布函数撒一批样本, 然后根据各个时刻样本的情况估算分布函数, 进而决定样本随时间的演化呢? 本节中我们便将以一维维拉索夫方程为例, 演示这种方法的具体实现.

7.5.1 维拉索夫方程

首先假定我们根据 $t = t_0$ 时刻的分布 $f_s(\boldsymbol{r}, \boldsymbol{p}, t_0)$ 生成了一系列样本 $(\boldsymbol{r}_{ks}, \boldsymbol{p}_{ks})$, 每类粒子的样本数为 Q_s. 它们在电磁场中的演化满足方程

$$\begin{cases} \dot{\boldsymbol{p}}_{ks} = q_s[\boldsymbol{E}(\boldsymbol{r}, t) + \dot{\boldsymbol{r}}_{ks} \times \boldsymbol{B}(\boldsymbol{r}, t)], \\ \dot{\boldsymbol{r}}_{ks} = \boldsymbol{p}_{ks} c / \sqrt{m_s^2 c^2 + \boldsymbol{p}_{ks}^2}. \end{cases} \tag{7.5.7}$$

第一个问题是如何根据 t 时刻的样本来估计分布函数. 注意到电磁场是由电荷密度和电流密度分布决定的, 我们可以不去管动量空间的分布. 最简单的策略自然是使用 δ 函数:

$$\rho(\boldsymbol{r}) = \sum_s q_s \frac{N_s}{Q_s} \sum_k \delta(\boldsymbol{r} - \boldsymbol{r}_{ks}). \tag{7.5.8}$$

不过这种无穷大的东西在数值上通常不好处理. 另一种策略是将空间划分成网格, 然后使用分段线性函数. 对于一维问题, 我们以间隔 h 等距地取格点 $\{x_i\}$, 可以按下式估计得到电荷密度:

$$\rho(x_i) = \sum_s q_s \frac{N_s}{Q_s} \left(\sum_{x_{i-1} < r_{ks} < x_i} \frac{r_{ks} - x_{i-1}}{h^2} + \sum_{x_i < r_{ks} < x_{i+1}} \frac{x_{i+1} - r_{ks}}{h^2} \right). \tag{7.5.9}$$

电流密度的计算也是类似的:

$$\boldsymbol{J}(x_i) = \sum_s q_s \frac{N_s}{Q_s} \left(\sum_{x_{i-1} < r_{ks} < x_i} \frac{r_{ks} - x_{i-1}}{h^2} \boldsymbol{v}_{ks} + \sum_{x_i < r_{ks} < x_{i+1}} \frac{x_{i+1} - r_{ks}}{h^2} \boldsymbol{v}_{ks} \right). \tag{7.5.10}$$

有了电流与电荷分布, 我们来考虑如何求解电磁场的演化. 当限定电磁场仅依赖于时间 t 和一维坐标 x 时, 电磁场可以拆分成互不影响的横向分量和纵向分量, 纵向分量有显式的表达式

$$\begin{cases} E_x = -\frac{1}{\varepsilon_0} \int \rho \, \mathrm{d}x = -\frac{1}{\varepsilon_0} \int J_x \, \mathrm{d}t, \\ B_x = C. \end{cases} \tag{7.5.11}$$

而横向分量满足方程

$$\begin{cases} \partial_t B_z = -\partial_x E_y, \\ \partial_t B_y = \partial_x E_z, \\ \partial_t E_z = c^2 \partial_x B_y - \dfrac{1}{\varepsilon_0} J_z, \\ \partial_t E_y = -c^2 \partial_x B_z - \dfrac{1}{\varepsilon_0} J_y, \end{cases} \quad (7.5.12)$$

为一个四分量的偏微分方程. 注意到电场与磁场之间对偶的形式, 我们可以借助蛙跳法的思想, 构造交错网格来离散化上述方程.

具体而言, 我们已知电流密度 $\boldsymbol{J}$ 在空间网格 $\{x_i\}$ 和时间网格 $\{t_j\}$ 上的分布 $\boldsymbol{J}^{i,j}$, 而它所在的方程又对应有电场的时间偏导数和磁场的空间偏导数, 那么我们将电场和磁场的网格分别在时间和空间上错开半步, 应用中心差分

$$\begin{cases} \dfrac{E_z^{i,j+1/2} - E_z^{i,j-1/2}}{\Delta t} = c^2 \dfrac{B_y^{i+1/2,j} - B_y^{i-1/2,j}}{h} - \dfrac{1}{\varepsilon_0} J_z^{i,j}, \\ \dfrac{E_y^{i,j+1/2} - E_y^{i,j-1/2}}{\Delta t} = -c^2 \dfrac{B_z^{i+1/2,j} - B_z^{i-1/2,j}}{h} - \dfrac{1}{\varepsilon_0} J_y^{i,j}. \end{cases} \quad (7.5.13)$$

借助这个差分格式, 在已知 t_j 时刻的电流密度和磁场分布, 以及 $t_{j-1/2}$ 时刻的电场分布的情况下, 我们可以求得 $t_{j+1/2}$ 时刻的电场分布.

随后我们可以用类似的办法处理前两个方程:

$$\begin{cases} \dfrac{B_z^{i+1/2,j+1} - B_z^{i+1/2,j}}{\Delta t} = -\dfrac{E_y^{i+1,j+1/2} - E_y^{i,j+1/2}}{h}, \\ \dfrac{B_y^{i+1/2,j+1} - B_y^{i+1/2,j}}{\Delta t} = \dfrac{E_z^{i+1,j+1/2} - E_z^{i,j+1/2}}{h}. \end{cases} \quad (7.5.14)$$

这样, 借助之前获得的信息, 我们可以进一步求解 t_{j+1} 时刻的磁场分布.

下一步便是计算粒子的运动了. 注意到我们需要的是 t_{j+1} 时刻的空间坐标

$$\frac{r_{ks}^{j+1} - r_{ks}^{j}}{\Delta t} = \boldsymbol{e}_x \cdot \boldsymbol{p}_{ks}^{j+1/2} c / \sqrt{m_s^2 c^2 + |\boldsymbol{p}_{ks}^{j+1/2}|^2}, \quad (7.5.15)$$

为此要求解的是 $t_{j+1/2}$ 时刻的运动方程

$$\frac{\boldsymbol{p}_{ks}^{j+1/2} - \boldsymbol{p}_{ks}^{j-1/2}}{\Delta t} = q_s \left[\boldsymbol{E}(r_{ks}^j, t_j) + \frac{\boldsymbol{v}_{ks}^{j+1/2} + \boldsymbol{v}_{ks}^{j-1/2}}{2} \times \boldsymbol{B}(r_{ks}^j, t_j) \right], \quad (7.5.16)$$

故我们需要计算任意空间坐标上的电磁场, 这可以通过分段线性插值处理:

$$\begin{cases} \boldsymbol{E}(r, t_j) = \dfrac{r - x_i}{h} \dfrac{\boldsymbol{E}^{i+1,j+1/2} + \boldsymbol{E}^{i+1,j-1/2}}{2} \\ \qquad\qquad + \dfrac{x_{i+1} - r}{h} \dfrac{\boldsymbol{E}^{i,j+1/2} + \boldsymbol{E}^{i,j-1/2}}{2}, \quad x_i \leqslant r < x_{i+1}, \\ \boldsymbol{B}(r, t_j) = \dfrac{r - x_{i-1/2}}{h} \boldsymbol{B}^{i+1/2,j} + \dfrac{x_{i+1/2} - r}{h} \boldsymbol{B}^{i-1/2,j}, \quad x_{i-1/2} \leqslant r < x_{i+1/2}. \end{cases} \quad (7.5.17)$$

在给出电磁场后,由于相对论性速度 – 动量关系和磁场项,(7.5.16) 式是一个非线性的自洽迭代格式,通常简单做数步迭代就能得到较好的结果.

到目前为止,我们已经拥有了进行完整计算所需要的全部步骤了,迭代求解过程总结如下.

算法 7.7 交错网格法

1. 根据 (7.5.10) 式,利用 t_j 时刻的样本分布计算此时网格上的电流密度 $J^{i,j}$.
2. 根据 (7.5.13) 式,利用 t_j 时刻的电流密度 $J^{i,j}$ 和磁场分布 $B^{i+1/2,j}$ 将电场分布从 $t_{j-1/2}$ 更新至 $t_{j+1/2}$ 时刻.
3. 根据 (7.5.14) 式,利用 $t_{j+1/2}$ 时刻的电场分布将磁场分布更新至 t_{j+1} 时刻.
4. 对于每一个粒子,根据 (7.5.17) 式内插得到 $t_{j+1/2}$ 时刻其所在位置的电磁场强度.
5. 求解自洽方程 (7.5.16) 式,将每个粒子的动量更新至 $t_{j+1/2}$ 时刻.
6. 根据 (7.5.15) 式,将粒子坐标更新至 t_{j+1} 时刻.

再添加上恰当的边界条件和初始条件,我们就可以尝试求解实际问题了.

这类同时求解粒子群的常微分方程以及格点上的偏微分方程的算法被称为**粒子网格法** (particle in cell, PIC),在等离子体物理中有着广泛的应用. 将电磁场换作压强场、密度场,这类算法也能应用于求解流体力学中的部分问题.

7.5.2 波姆力学

上述方法还有一个意想不到的应用:求解波姆寻航波诠释下的薛定谔方程. 让我们考虑单粒子定态薛定谔方程

$$E\psi = -\frac{1}{2m}\nabla^2\psi + V\psi. \tag{7.5.18}$$

将波函数写成振幅和相位分解的形式 $\psi = R\exp(\mathrm{i}S)$,代回上式,得到两个实方程

$$\begin{cases} \partial_t R + \frac{1}{2m}(R\nabla^2 S + 2\nabla R \cdot \nabla S) = 0, \\ \partial_t S + \frac{1}{2m}|\nabla S|^2 + V - \frac{1}{2m}\frac{\nabla^2 R}{R} = 0. \end{cases} \tag{7.5.19}$$

引入 $\rho \equiv R^2$,第一个方程可以进一步改写成概率流守恒的形式

$$\partial_t \rho + \nabla \cdot \left(\rho \frac{\nabla S}{m}\right) = 0, \tag{7.5.20}$$

只要将 $\nabla S/m$ 看作粒子的速度,这个方程就可以理解成概率密度分布 ρ 的守恒方程. 而第二个方程又非常类似于经典哈密顿 – 雅可比方程,只不过多了一项

$$Q = -\frac{1}{2m}\frac{\nabla^2 R}{R}, \tag{7.5.21}$$

这一项被称作量子势.

那么, 我们可以将波函数理解成大量相同经典粒子的集合, 这些粒子在外势场 V 下运动, 并通过量子势 Q 相互作用. 量子势与粒子数密度的绝对大小无关, 这让它同寻常的相互作用大不相同. 不过, 在使用蒙特卡洛方法进行数值模拟上, 过程完全是类似的: 先根据 $t = t_0$ 时刻的波函数生成初始粒子样本 $\{(\boldsymbol{r}_k, \boldsymbol{p}_k)\}$, 然后开始迭代:

(1) 根据全部粒子的坐标估计格点上的概率密度分布 ρ;

(2) 通过二阶差分计算格点上的量子势 Q 以及作用力 $\boldsymbol{F} = -\nabla(V + Q)$;

(3) 对全部粒子, 通过内插计算其所处位置的作用力, 并使用蛙跳法更新动量与位置:

$$\boldsymbol{p}_k(t_{i+1/2}) = \boldsymbol{p}_k(t_{i-1/2}) + \boldsymbol{F}(\boldsymbol{r}_k, t_i)\Delta t,$$
$$\boldsymbol{r}_k(t_{i+1}) = \boldsymbol{r}_k(t_i) + \boldsymbol{p}_k(t_{i+1/2})\Delta t.$$

显然, 这个计算过程要比直接求解单粒子薛定谔方程复杂多了. 因此, 除了少数物理图像诠释上的目的, 人们几乎不会使用波姆的这一套理论.

7.6 量子多体系统: 量子蒙特卡洛

在本章的前几节中, 我们讨论了如何利用蒙特卡洛方法处理统计物理中的各种问题, 它们都属于经典物理的范畴. 由于蒙特卡洛方法复杂度几乎与问题维度无关的特性, 它在这些问题上都显示了相较于其他方法的优势. 而量子力学中的多体系统也是一个典型的高维问题, 我们自然期待蒙特卡洛方法在这一问题上面有所发挥.

7.6.1 能量期望值

一个直截了当的问题便是计算哈密顿算符的期望值

$$E = \langle \Psi | H | \Psi \rangle. \tag{7.6.1}$$

对于一次量子化的情形, 波函数可以写作全部粒子坐标 $R : \{\boldsymbol{r}_1, \cdots, \boldsymbol{r}_N\}$ 的函数 $\Psi(R) = \langle R | \Psi \rangle$, 那么有

$$E = \int \Psi^*(R) \widehat{H} \Psi(R) \, dR = \int |\Psi(R)|^2 \frac{\widehat{H}\Psi(R)}{\Psi(R)} \, dR, \tag{7.6.2}$$

是一个高维积分. 注意到波函数的模方 $|\Psi(R)|^2$ 是一个正定归一的分布函数, 那么我们便可以借助蒙特卡洛积分的思想, 根据分布 $|\Psi(R)|^2$ 生成样本 R_i, 给出能量的表达式

$$E = \lim_{N \to \infty} \frac{1}{N} \sum_{i=1}^{N} E_{\text{loc}}(R_i), \tag{7.6.3}$$

其中 $E_\text{loc} \equiv \hat{H}\Psi(R_i)/\Psi(R_i)$ 一般称为局域能量.

在上述计算过程中, 最关键的步骤是给定波函数以后对于粒子空间位置的采样. 在采样中, 体系的 "量子性" 并不会起到任何的作用, 只需要与经典粒子一样采用马尔可夫链的思想, 通过舍选过程的随机游走即可实现.

7.6.2 随机游走

量子蒙特卡洛中常用**梅特罗波利斯 – 黑斯廷斯 (Metropolis-Hastings) 抽样方法**. 与 7.3 节中介绍过的巴克算法一样, 这也是一种基于舍选法和复合抽样法的方案.

算法 7.8　梅特罗波利斯 – 黑斯廷斯算法

1. 对于系统的可能状态 x, y, 定义移动概率 $t(y|x)$ 和接受概率 $a(y|x)$, 满足

$$\int t(y|x)\,\mathrm{d}y = 1, \quad a(y|x) = \min\left\{1, \frac{P(y)t(x|y)}{P(x)t(y|x)}\right\}.$$

2. 从状态 x 出发, 以分布 $t(z|x)$ 给出抽样 z.
3. 以概率 $a(z|x)$ 选择 $y = z$, 以概率 $1 - a(z|x)$ 选择 $y = x$.

可以验证, 这样得到的条件概率 $q(y|x) = a(y|x) t(y|x)$ 满足细致平衡条件 $q(y|x) P(x) = q(x|y) P(y)$, 可以使得其演化得到的分布满足 $P(x)$.

对于本节中的问题, 试探移动的一个自然选择是 (Δ 为一参数, 用以控制进行试探移动)

$$t(y|x) = \begin{cases} \dfrac{1}{\Delta}, & |y - x| < \dfrac{\Delta}{2}, \\ 0. & \text{其他情况}, \end{cases} \tag{7.6.4}$$

其中对于多粒子体系, 状态 $x, y : \{\boldsymbol{r}_1, \cdots, \boldsymbol{r}_N\}$, 该试探移动意味着将粒子坐标沿着各个方向按照均匀分布进行一个小的随机移动. 具体操作过程中还可以进一步细分一些具体的技巧, 比如每次移动所有粒子或者每次只移动一个粒子, 关于这些具体的操作这里不展开讨论.

7.6.3 变分计算

然而, 物理上大家更关心的问题是, 如何对于给定的哈密顿量, 求得其对应的基态波函数. 为此, 我们将 5.4 节中采用的思路做推广: 对于某个问题, 可以预先假定一个波函数的形式 $\Psi_\theta(R)$, 其中 θ 是一些待定参数. 由于哈密顿算符是有下界的, 那么任意波函数的能量期望值总是大于等于基态能量:

$$E_\theta = \int \Psi_\theta^*(R) \hat{H} \Psi_\theta(R)\,\mathrm{d}R \geqslant E_0, \tag{7.6.5}$$

当且仅当其波函数为基态波函数时取等. 原则上讲, 只要求得 E_θ 的极小值位置, 我们便获得了体系基态波函数一个不错的近似.

当然, $\Psi_\theta(R)$ 的形式对于最后结果的准确性是很重要的, 我们称之为**波函数拟设** (ansatz). 只当波函数拟设能够充分地表达可能的多体波函数时, 变分蒙特卡洛才可以得到真正的基态, 否则它给出的只是该拟设极限下的基态.

拟设是决定变分蒙特卡洛精度的关键因素, 一个复杂的量子多体体系, 其拟设也是复杂且未知的. 从提高计算精度的角度出发, 我们主要的目标就是提高拟设的表达能力, 从而让它能够在变分优化过程中更加逼近真实的基态. 从探究物理本质的角度出发, 找出拟设形式背后对应的物理意义能够让我们对量子多体物理有更加清楚的理论认识. 同时, 它也可以让我们在有限的计算能力下更好地描述某个特殊的量子多体态. 在拟设的设计中也有一些特殊的技术问题, 比如, 当我们考虑开边界的有限体系和固体这样的周期性体系时, 拟设需要相应的设计. 再比如, 拟设的构造有时候也需要考虑一些波函数需要满足的尖点 (cusp) 条件 (如 6.4.2 小节中所讨论的), 从而在蒙特卡洛采样中减弱某些发散项带来的大的涨落.

7.6.4 优化算法

E_θ 的极小化问题可以借助近似的牛顿法来处理. 写下 $E_{\theta+\phi}$ 在 θ 处的二阶泰勒展开

$$E_{\theta+\phi} \approx E_\theta + \phi^{\mathrm{T}} \nabla_\theta E_\theta + \frac{1}{2} \phi^{\mathrm{T}} \mathbf{M} \phi, \tag{7.6.6}$$

其中梯度算符给出

$$\begin{aligned}(\nabla_\theta E_\theta)_i &= \langle \Psi | H \partial_{\theta_i} | \Psi \rangle + (\partial_{\theta_i} \langle \Psi |) H | \Psi \rangle \\ &= \langle \Psi | H | \Phi_i \rangle + \langle \Phi_i | H | \Psi \rangle, \end{aligned} \tag{7.6.7}$$

我们引入了记号 $|\Phi_i\rangle \equiv \partial_{\theta_i} |\Psi\rangle$. 而黑塞矩阵为

$$\begin{aligned}(\mathbf{M})_{ij} &= \langle \Phi_i | H | \Phi_j \rangle + \langle \Phi_j | H | \Phi_i \rangle \\ &\quad + \langle \Psi | H \partial_{\theta_i} \partial_{\theta_j} | \Psi \rangle + (\partial_{\theta_i} \partial_{\theta_j} \langle \Psi |) H | \Psi \rangle. \end{aligned} \tag{7.6.8}$$

为了计算方便, 作为一个近似, 我们忽略上式的第二行, 也就是波函数对参数的二阶导数, 那么 E_θ 的一二阶导数都可以用 H 在 $|\Psi\rangle$ 和 $|\Phi_i\rangle$ 下的交叠矩阵元给出, 而这些矩阵元又都可以通过相同的蒙特卡洛方法来计算. 这样, 我们便可以给出优化迭代的下一步:

$$\theta + \phi = \theta - \mathbf{M}^{-1} \nabla_\theta E_\theta. \tag{7.6.9}$$

显然, 由于在计算二阶导数时做了近似, 这个迭代不具有真正牛顿迭代的二阶收敛特性. 但考虑到二阶导数的严格计算将增大不少计算量, 而蒙特卡洛方法得到的矩阵元本身也存在误差, 这个近似还是能够接受的.

有时候, 人们在做波函数拟设的时候不会将其归一化, 或者归一化在解析上非常困难, 此时会将波函数的归一化系数也当作待定参数, 并求解带归一化约束的极值问题.

另一种更粗略, 但单次计算量更低的算法称为**随机重组 (stochastic reconfiguration) 算法**. 其思想基于 6.2 节中提到过的虚时演化: 在选取迭代步时, 我们希望有如下关系近似成立:

$$|\Psi_{\theta+\phi}\rangle \approx e^{-\tau H}|\Psi_\theta\rangle \approx (I - \tau H)|\Psi_\theta\rangle. \tag{7.6.10}$$

如果哈密顿量 H 的本征谱同时存在上下界[13], 并满足 $|1 - E_{\min}\tau| > |1 - E_{\max}\tau|$ 以及 $E_{\min} < 0$, 那么 $1 - E_{\min}\tau$ 将是算符 $I - \tau H$ 模最大的本征值, 根据幂法的原理, 反复迭代将使波函数向其所对应的本征向量逼近. 而若不将指数算符做展开, 这相当于求解基态的虚时传播方法.

随后便是考虑如何选取 ϕ 使上述迭代式近似成立. 将 $|\Psi_{\theta+\phi}\rangle$ 展开到一阶, 有

$$\sum_i \phi_i |\Phi_i\rangle \approx -\tau H|\Psi\rangle. \tag{7.6.11}$$

在最小二乘的意义下, 这相当于要求线性代数方程组

$$\sum_i \langle \Phi_j|\Phi_i\rangle \phi_i = -\tau \langle \Phi_j|H|\Psi\rangle \tag{7.6.12}$$

成立. 计算上式中的矩阵元并求解线性代数方程组便可得到优化的下一个迭代步. 相比近似的牛顿法, 这个算法省去了不同 $|\Phi_i\rangle$ 之间的哈密顿矩阵元的计算, 单步效率更高, 对于那些拟设参数空间维度相当高的问题而言具有不小优势.

7.6.5 实际计算: 液氦

1965 年, 麦克米兰 (McMillan) 第一次采用变分蒙特卡洛方法对液态 ^{4}He 体系进行了计算[14]. 他略去了 ^{4}He 的内部激发, 并认为 ^{4}He 原子之间的相互作用可以由伦纳德 – 琼斯 (Lennard-Jones) 势 $V(r) = 4\epsilon[(\sigma/r)^{12} - (\sigma/r)^6]$ 给出. 那么, 可以写下液氦的哈密顿量

$$\widehat{H} = -\sum_i \frac{\nabla_i^2}{2m} + \sum_{i<j} V(r_{ij}). \tag{7.6.13}$$

---

[13] 不过, 对于带有动能项的连续系统来说, 其本征谱是没有上界的.
[14] McMillan W L. Ground state of liquid He^4. Phys. Rev., 1965, 138: A442.

对于该体系，可以采用的一个简单拟设是一系列粒子对之间距离 $r_{ij} = |\boldsymbol{r}_i - \boldsymbol{r}_j|$ 函数的乘积：

$$\Psi = \frac{1}{Z} \prod_{i<j}^N f(r_{ij}), \tag{7.6.14}$$

其中 Z 为归一化常数，而距离函数取作

$$f(r) = \mathrm{e}^{-(a_1/r)^{a_2}}. \tag{7.6.15}$$

这么选择的目的是使得两个粒子靠近的时候波函数快速地衰减. 显然, 这是一个合理的要求. 同时, 考虑到 ^{4}He 是玻色子, 其空间波函数应该满足交换对称性, 上述的拟设也满足这一点. 如果将变分蒙特卡洛用于费米子体系, 则可以采用斯莱特行列式或者范德蒙 (Vandermonde) 行列式等形式来构造拟设使其满足交换反对称性. 在之前的章节中介绍的哈特里–福克波函数形式就是一种典型的反对称的波函数拟设. 只不过由于哈特里–福克波函数的形式比较简单, 可以将计算问题转化为广义本征值问题, 故而一般不再需要用蒙特卡洛方法来求解.

回到液氦的问题, 采样分布正比于波函数的平方：

$$P_N(R) = \frac{1}{Z^2} \prod_{i<j}^N f^2(r_{ij}), \tag{7.6.16}$$

而局域能量为

$$E_{\mathrm{loc}} = \sum_{i<j} \left[-\frac{\hbar^2}{2m} \nabla_i^2 \ln f(r_{ij}) + V(r_{ij}) \right], \tag{7.6.17}$$

是一个相对简单的表达式. 在此拟设中, 函数 $f(r) = \exp[-(a_1/r)^{a_2}]$ 中的两个参数 a_1, a_2 是待优化的参数, 可以通过一些简单的算法来做优化.

7.6.6 离散情形

以上讨论基于连续坐标变量的情况. 如果考虑一个量子力学描述的格点模型, 或者通过引入一组基函数将连续空间的波函数进行离散化, 相应的蒙特卡洛采样则变为离散希尔伯特空间内的采样. 这种情况下, 上述变分蒙特卡洛的思想可以大致不变地迁移到离散情况.

记正交归一化的基矢为 $|i\rangle$, 量子态可以由其展开：$|\Psi\rangle = \sum_i c_i |i\rangle = \sum_i |i\rangle\langle i|\Psi\rangle$. 而能量期望值表达式相应地改写为

$$E = \sum_i \langle \Psi|i\rangle \langle i|H|\Psi\rangle = \sum_i |c_i|^2 \frac{\langle i|H|\Psi\rangle}{\langle i|\Psi\rangle}, \tag{7.6.18}$$

等价于在分布 $|c_i|^2$ 下, 局域能量

$$E_{\text{loc}} = \frac{\langle i|H|\Psi\rangle}{\langle i|\Psi\rangle} = \sum_j \langle i|H|j\rangle \frac{c_j}{c_i} \tag{7.6.19}$$

的期望值.

原则上讲, 由于矩阵元 $\langle i|H|j\rangle$ 是固定的, 可以在一开始完成计算并储存. 不过考虑到量子多体问题所对应的希尔伯特空间维度往往相当大, 读者需要针对具体的问题分析是否值当. 在通过梅特罗波利斯算法生成分布时, 也需要根据系统的离散特性选择恰当的移动概率 $t(y|x)$.

7.6.7 费曼路径积分与扩散蒙特卡洛方法

在 7.2 节中, 我们提到了通过随机行走来求解偏微分方程边值问题的方案. 事实上, 这个方案有着更 "物理" 的诠释. 我们知道, 哈密顿量 $H = \boldsymbol{p}^2/2m + V(\boldsymbol{r})$ 所对应薛定谔方程的传播子可以通过费曼路径积分来得到:

$$\begin{aligned}\Psi(\boldsymbol{r}_{\text{f}}, t_{\text{f}}) &= \int \langle \boldsymbol{r}_{\text{f}}|e^{-i\hat{H}(t_{\text{f}}-t_{\text{i}})}|\boldsymbol{r}_{\text{i}}\rangle \Psi(\boldsymbol{r}_{\text{i}}, t_{\text{i}}) \, d^3\boldsymbol{r}_{\text{i}} \\ &= \int e^{-iS[\boldsymbol{r}(t)]} \Psi(\boldsymbol{r}_{\text{i}}, t_{\text{i}}) \, D[\boldsymbol{r}(t)] d^3\boldsymbol{r}_{\text{i}},\end{aligned} \tag{7.6.20}$$

其中 $S[\boldsymbol{r}(t)]$ 是轨迹 $\boldsymbol{r}(t)$ 所对应的经典作用量,

$$S[\boldsymbol{r}(t)] = \int_{t_{\text{i}}}^{t_{\text{f}}} L \, dt = \int_{t_{\text{i}}}^{t_{\text{f}}} \left[\frac{1}{2} m \dot{\boldsymbol{r}}^2 - V(\boldsymbol{r})\right] dt. \tag{7.6.21}$$

而对于路径 $\boldsymbol{r}(t)$, 积分取遍全部起点为 $\boldsymbol{r}(t_{\text{i}}) = \boldsymbol{r}_{\text{i}}$、终点为 $\boldsymbol{r}(t_{\text{f}}) = \boldsymbol{r}_{\text{f}}$ 的可能轨迹.

这是一个无穷维度的泛函积分, 而全部可能轨迹恰好对应于等概率的随机游走问题. 那么, 含时薛定谔方程可以自然地通过蒙特卡洛方法求解.

这种诠释实际上更适合用于求解哈密顿量的基态. 应用虚时演化的思想, 做替换 $t \to i\tau$,

$$\Psi(\boldsymbol{r}_{\text{f}}, i\tau_{\text{f}}) = \int e^{-iS[\boldsymbol{r}(i\tau)]} \Psi(\boldsymbol{r}_{\text{i}}, i\tau_{\text{i}}) \, D[\boldsymbol{r}(i\tau)] d^3\boldsymbol{r}_i, \tag{7.6.22}$$

指数因子相应地变为

$$-iS[\boldsymbol{r}(i\tau)] = -\int_{\tau_{\text{i}}}^{\tau_{\text{f}}} \left[\frac{1}{2} m \dot{\boldsymbol{r}}^2 + V(\boldsymbol{r})\right] d\tau, \tag{7.6.23}$$

是一个实数. 如果考虑 $\Delta\tau = \tau_{\text{f}} - \tau_{\text{i}}$ 充分小的情形, 我们可以得到一个更明确的表达式

$$\Psi(\boldsymbol{r}_{\text{f}}, i\tau_{\text{f}}) \approx \int e^{-\frac{(\boldsymbol{r}_{\text{f}} - \boldsymbol{r}_{\text{i}})^2}{2m\Delta\tau} - \frac{V(\boldsymbol{r}_{\text{f}}) + V(\boldsymbol{r}_{\text{i}})}{2}\Delta\tau} \Psi(\boldsymbol{r}_{\text{i}}, i\tau_{\text{i}}) \, d^3\boldsymbol{r}_i. \tag{7.6.24}$$

如果不计势能项, 这个结果对应于从 "分布" $\Psi(\boldsymbol{r}_\text{i}, i\tau_\text{i})$ 到 "分布" $\Psi(\boldsymbol{r}_\text{f}, i\tau_\text{f})$ 的自由扩散过程. 因此, 这类求解哈密顿量基态的办法又被称作**扩散蒙特卡洛方法**.

需要注意的是, 扩散蒙特卡洛方法中采样的对象是波函数, 而不像变分蒙特卡洛方法中使用了波函数模方. 由于波函数有正有负[15], 并不是一个良定义的概率密度分布, 尤其是费米子体系, 因为其波函数需要满足交换反对称性, 所以一定存在正负值. 这个问题导致的一个直接后果是蒙特卡洛采样会不稳定, 出现不可控的涨落. 这便是所谓符号问题. 因而人们在实际使用扩散蒙特卡洛方法时还需要进一步采用一些近似处理. 比如固定节点近似就是一种在扩散蒙特卡洛方法中控制统计涨落的处理方案. 不同的量子蒙特卡洛方法中具体使用的技巧各有差别, 但是万变不离其宗, 总地来说就是用一些近似引入的系统误差来换取蒙特卡洛采样的稳定性.

大作业: 第二类永动机

某人宣称其利用黑体辐射设计出了一种第二类永动机, 能够在不对外界造成影响的前提下使两个等温的黑体出现一个有限的温度差. 他的设计图见图 7.7. 其中 E_1, E_2 为两段以 A, B 两点为焦点的共焦椭圆弧, S 为以 B 为圆心的圆弧, AP_1P_2 三点共线. 在 A, B 两点分别放置两个理想黑体, 将 E_1, S, E_2 绕 AB 轴旋转一周, 设置一个理想反射面. 借助简单的几何关系可知, 从 A 点出发辐射的所有光线都会聚焦于 B 点, 而从 B 点出发辐射的光线一部分 (比例记作 r) 会聚焦于 A 点, 另一部分 (比例为 $1-r$) 则会回到 B 点. 对于初态等温的两个黑体, 此时会存在一个从 A 到 B 的热量净流动, 使得 A 降温、B 升温, 最终到达一个不等温的平衡态. 这个永动机同时挑战了热力学第零定律和第二定律.

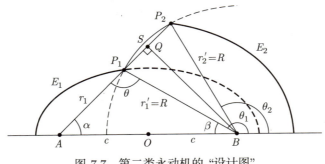

图 7.7 第二类永动机的 "设计图"

1. 以上论述中存在一个明显的漏洞, 指出它.
2. 选取几何参数. 令小椭球的半长轴为 $a_1 = 2.5$, 偏心率 $\varepsilon = 0.9$, 球半径与小椭球

---
[15] 幸运的是, 实哈密顿量的本征态总可以选作实函数, 我们至少不需要面对复数 "分布".

半长轴之比为 $R/a_1 = 0.9$. 设定两个黑体为有限大小的球体, 半径为 $R_A = R_B = 0.2$. 试编写程序, 对于任意从黑体上某一点发射的光线, 都能给出其在到达某一个黑体之前的运动轨迹. 随机选取几个初始条件并作图, 以展示你的程序的可靠性.

3. 利用蒙特卡洛方法或者其他任意你喜欢的积分法进行统计, 从 A 出发的光线有多大比例回到了 A, 多大比例到达了 B? 对于 B 而言呢? 达到平衡态时两黑体的温度之间是什么关系?

4. 考虑两黑体不等半径的情形, 取 $R_A = 0.1, R_B = 0.2$, 重复上一问的讨论.

5. 不断减小两黑体的半径, 检验热力学第二定律对于任何有限大小的黑体球都成立.

第八章　机器学习

处理大量和复杂的数据是现代物理学研究中一个非常重要的特征. 同时, 随着计算物理方法本身的复杂度越来越高, 计算过程本身也是一种需要处理大量数据的过程. 在这方面, 近些年在计算物理中发展最快的一类方法就是机器学习方法. 机器学习方法种类繁杂, 广泛地涉及物理学的各个分支. 本章选取若干有代表性的算法和模型, 尝试对若干机器学习方法的主要思想进行简要介绍.

机器学习中常见的类型可以归为监督式学习、非监督式学习和强化学习. 监督式学习是基于已经被标记结果的数据对模型进行训练. 非监督式学习是在没有标记的数据集用以训练的情况下进行的机器学习. 强化学习则更加关注模型和数据之间的交互, 利用反馈机制来优化模型. 实际上, 这种分类也并非严格, 在一些复杂的物理问题中, 这些方法常常被混合使用.

在通过机器学习获得有效的训练模型后, 物理学的研究主要可以分为两类任务: 一类是参数估计任务, 比如模型中的某个或者某些参数是具有特定意义的物理参数, 这时候模型训练过程就是找到这个最优参数的过程. 这种任务在传统的回归模型中最为典型, 因为传统的解析模型常常是根据已有的物理理论公式得到的. 第二类任务是预测任务, 也就是用训练得到的模型来预测新的自变量所对应的输出结果. 与解析模型相比, 机器学习模型更像一个 "黑盒子", 其中的参数的物理意义并不明确, 反而是预测新的数据更加实用. 尤其是当某一类数据的获得成本比较高时, 机器学习模型能够成为各类数值研究的重要支撑.

以经典系统的力场模型的构建为例, 力场决定了经典体系中粒子间的相互作用, 所以力场构造就是要找到一个体系粒子位置 (r) 和能量 (V) 或力 (F) 之间的映射关系 $f_\theta : r \to V; F$. 在过去的研究中, 相互作用的形式往往是通过经验力场给定的, 其普适性无法保证. 而我们知道, 如果应用玻恩 – 奥本海默 (Born-Oppenheimer) 近似, 把体系的电子和原子核进行变量分离, 就可以用第一性原理电子结构计算来获得体系原子间的相互作用. 计算得到的相互作用数据就是一组已标记的数据, 它包括了给定的粒子坐标和对应的势能, 以及势能对原子位置的梯度 (即受力). 因此, 从第一性原理计算数据出发训练力场模型就恰好是一个类似于回归问题的监督式学习问题.

求解量子多体问题的目标实际上也是建立量子粒子的微观状态到其宏观量子态的映射. 这种映射看起来会比经典情形更加难以建立, 但是原则上也可以通过机器学习模型来建立. 如果在构造模型的时候保持体系的变分性, 那么就可以将体系的能量作为损失函数来对网络参数进行优化. 这时候网络优化过程就是机器学习中的训练过程, 它不再依赖于已知的训练数据, 是典型的非监督式学习.

8.1　模型回归: 监督式学习

8.1.1　回归问题

我们先以回归问题为例来对机器学习的基础理论进行简要的梳理. 记物理实验或观测的自变量为 $\boldsymbol{x} = \{x_1, x_2, \cdots, x_N\}$, 共有 N 个影响测量的因素, 对应的因变量为测量物理量 y. 物理的测量 (包括实验和数值检验) 就是得到了很多组对应的数据集. 已知或者待发现的物理规律都可以简化为一个从自变量到因变量的映射关系, $f_\theta : \boldsymbol{x} \to y$. 这个映射关系依赖于一组参数 θ. 这个映射关系也可以叫作模型, 机器学习中的一类问题就是为了能够得到这个模型, 从而用于预测新的数据. 而传统上, 这类问题就叫作回归问题.

在 3.3 节中我们已经介绍了最小二乘法, 也就是通过预测值和已知值之间的方差来得到最优参数 θ_{opt}:

$$\theta_{\text{opt}} : \min_\theta \sum_i |\epsilon_i|^2 = \min_\theta \sum_i |y_i - f_\theta(x_i)|^2. \tag{8.1.1}$$

那里的主要思路是将参数的改变量记为 $\delta\theta = \theta - \theta_0$, 将 $f_\theta(x_i)$ 根据其梯度进行一阶展开, 然后将上述优化问题转化为线性方程组的求解问题.

如果用机器学习的语言再来看回归问题, 则可以把最小二乘法拟合看成一种监督式学习. 为此, 我们可以从贝叶斯统计理论的角度来理解该过程. 根据贝叶斯定理, 数据和参数都满足特定的统计分布, 且满足如下关系式:

$$P(\theta|X) = \frac{P(\theta)P(X|\theta)}{P(X)}, \tag{8.1.2}$$

其中 $P(X)$ 是观测数据的概率分布. 参数 θ 本征的分布 (不考虑任何已知数据的情况) 称为模型的先验分布 (prior), 记为 $P(\theta)$. $P(\theta|X)$ 是贝叶斯后验分布 (posterior), 它描述的是考虑测量数据 X 以后对于参数 θ 的理解. $P(X|\theta)$ 是似然函数 (likelihood), 它是指在给定的模型参数下测量得到数据 X 的条件概率.

观测数据的分布 $P(X)$ 可以进一步分解为所有可能的参数 θ 所预测的分布的平均分布:

$$P(X) = \int P(X|\theta')P(\theta')\,\mathrm{d}\theta'. \tag{8.1.3}$$

对于每个给定的模型参数 θ'，测量得到数据 X 的条件概率是似然函数 $P(X|\theta')$. 而数据 X 是这些所有可能的模型参数给出的预测按照参数自身的概率分布的权重积分得到的. 该式说明在贝叶斯统计理论的逻辑下，即便是已知的数据，依然可以用统计分布来理解.

按照同样的逻辑，贝叶斯公式也描述了测量过程中对于模型参数认知的修正. 假定 X 是一组已经测量的数据，D 是一组新的测量数据，用 DX 记更新后的所有数据，于是

$$P(\theta|DX) = \frac{P(\theta)P(DX|\theta)}{P(DX)}, \tag{8.1.4}$$

$P(DX|\theta)$ 表示给定模型参数 θ 时观测到数据集 DX 的条件概率，$P(\theta|DX)$ 表示考虑了数据 DX 以后对模型参数 θ 的理解. 应用概率分布的乘法法则，$P(DX|\theta) = P(D|\theta)P(X|D\theta)$，其中右式第一项为给定模型参数 θ 测量 D 的条件概率 $P(D|\theta)$，右式第二项为给定模型参数 θ 且已经获得 D 测量时候再测量 X 得到的概率 $P(X|D\theta)$.

利用条件概率的定义，可以将上式进一步展开得

$$P(\theta|DX) = \frac{P(\theta)P(D|\theta)P(X|D\theta)}{P(DX)} = P(\theta|X)\frac{P(D|\theta X)}{P(D|X)}. \tag{8.1.5}$$

上式中左侧 $P(\theta|DX)$ 代表考虑新的数据以后预测的模型参数，右式第一项为只考虑原数据 X 的情况下对模型参数的预测，$\frac{P(D|\theta X)}{P(D|X)}$ 就相当于新的数据对于原数据预测的分布的修正. 其中，$P(D|X)$ 表示给定数据 X 的情况下生成新的数据 D 的概率，而分子项 $P(D|\theta X)$ 表示给定这组数据 X 不变且给定参数 θ 时数据 D 生成的概率.

总之，贝叶斯统计为我们提供了一个直观的从测量数据中获得模型的方法论. 其中，似然函数 $P(X|\theta)$ 给出了关于模型优劣的关键信息. 我们可以把 $P(X|\theta)$ 理解为 $P(\text{Data}|\text{Model})$，也就是在一个给定的模型下获得数据的条件概率分布. 如果一个模型预测已知存在的数据具有很小的概率，那么直观上就可以认为这个模型比较糟糕. 可以证明最好的模型正是似然函数取最大的情况. 所以模型的优化算法可以从似然函数的最大化推导出来，一般是通过取似然函数的对数的相反数，从而转化为极小值问题来计算.

以最小二乘法拟合为例，考虑数据 $\{x_i, y_i\}$ $i = 1, \cdots, N$，回归模型具有 M 个参数，$\theta_1, \cdots, \theta_M, y(x) = y(x|\theta_1, \cdots, \theta_M)$. 假设测量数据是独立的，且它们符合高斯分布以及统一的标准差 σ，可以得到似然函数正比于所有数据的高斯分布的乘积：

$$P(\text{Data}|\text{Model}) \propto \prod_{i=1}^{N} \exp\left[-\frac{1}{2}\left(\frac{y_i - y(x_i|\theta_1, \cdots, \theta_M)}{\sigma}\right)^2\right]. \tag{8.1.6}$$

对它取极大值，可以得到

$$\max P(\text{Data}|\text{Model}) \iff \min \sum_{i=1}^{N} (y_i - y(x_i|\theta_1, \cdots, \theta_M))^2, \tag{8.1.7}$$

这就是最小二乘法的原始表达式.

进一步考虑线性回归，将拟合函数写为 $y = \theta x + \epsilon$（注意，这里的 θ 表示由多个参数影响得到的系数），取似然函数对数的极大值时的参数

$$\theta_{\text{opt}} : \max_{\theta} l(\theta), \tag{8.1.8}$$

其中 $l(\theta) = \ln p(y|x, \theta)$.

对于独立数据，且假设数据满足一维高斯分布 (8.1.6) 式的情况下，

$$l(\theta) = -\frac{1}{2\sigma^2} \sum_{i=1}^{N} (y_i - \theta x_i)^2 - \frac{N}{2} \ln(2\pi\sigma^2), \tag{8.1.9}$$

其中 N 为拟合数据的数量.

进一步，假设参数 θ 也满足一个高斯先验分布，根据贝叶斯规则，$p(\theta|D) \propto p(D|\theta) p(\theta)$，可以把对数似然函数分解成两项之和，因此最优参数的表达式为

$$\theta_{\text{opt}} : \max_{\theta} \left[-\frac{1}{2\sigma^2} \sum_{i=1}^{N} (y_i - \theta x_i)^2 - \frac{1}{2\tau^2} \theta^2 \right], \tag{8.1.10}$$

其中 τ 为参数 θ 的标准差. 如果取一个超参数 $\lambda = \frac{\sigma^2}{\tau^2}$，则正好对应为里奇 (Ridge) 正则化的线性回归.

总地来说，基于贝叶斯统计，数据点和参数都可以假设为满足某个分布. 回归模型中的分布假设对应不同的拟合公式. 同样的道理，对于一组特定的拟合公式，总是可以根据贝叶斯统计尝试反推得到其可能的统计假设，只是这个假设并不一定唯一.

8.1.2 机器学习模型误差

在机器学习中不可避免地要用统计的语言讨论机器学习的有效性，也就要讨论模型的误差. 为了能够定量评估模型的预测能力，在监督式机器学习中一般会将已知的数据分为两组：一组称为**训练集**，记为 $\{\mathbf{X}_{\text{train}}; \mathbf{Y}_{\text{train}}\}$. 另一组称为**测试集**，记为 $\{\mathbf{X}_{\text{test}}; \mathbf{Y}_{\text{test}}\}$. 在训练完成时得到的误差称为训练误差 $E_{\text{train}} = C(\mathbf{Y}_{\text{train}}, f_{\theta_{\text{opt}}}(\mathbf{X}_{\text{train}}))$，也叫作样本内误差. 测试集的误差评估叫作测试误差 $E_{\text{test}} = C(\mathbf{Y}_{\text{test}}, f_{\theta_{\text{opt}}}(\mathbf{X}_{\text{test}}))$，也叫作样本外误差. 要获得一个好的机器学习模型，就要同时让其训练误差和测试误差满足要求. 测试误差与训练误差之间的差别代表了模型的泛化能力，泛化能力差意味着测试误差更加偏离训练误差.

而误差又可以分为两类. 一类是系统误差, 反映模型的预测值对于真实值的偏离程度. 另一类是模型预测值的统计误差, 反映模型预测的不确定度. 要减小系统误差, 一般需要增加机器学习模型的复杂度. 但是模型复杂度的增加使得数据量相对变小, 所以模型的训练会不充分, 导致统计误差变大. 图 8.1 展示了在数据量不变的情况下误差随着模型复杂度的变化关系的一般规律. 随着模型复杂度的增加, 模型训练的系统误差会下降, 与此同时统计误差升高. 一般来说, 考虑测试误差随着模型复杂度的关系, 存在一个最佳平衡位置, 这时对应于测试误差可以取到最小值的情况.

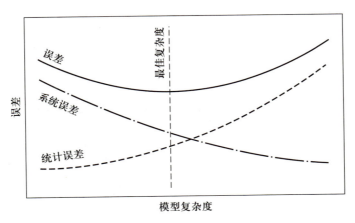

图 8.1 模型复杂度对误差的影响

当模型复杂度小于最佳值的时候, 模型的统计误差比较小, 但是系统误差比较大, 这种情况称为模型的**欠拟合**, 对应的模型为低方差高偏差模型. 反之, 当模型复杂度大于最佳平衡值时, 模型为高方差低偏差模型, 也就是系统误差比较小, 但是统计误差比较大, 这种情况也叫作模型的**过拟合**. 图 8.2 展示了多项式拟合中出现的过拟合和欠拟合情况的直观图像.

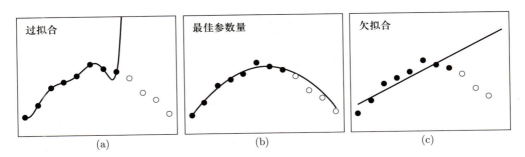

图 8.2 数据点来自带有随机噪声的二次函数; 实心圆圈表示训练集, 空心圆圈表示测试集; 分别在训练集上按照 (a) 8 次多项式, (b) 二次函数和 (c) 线性函数进行拟合

8.1.3 高斯过程回归

上面这种传统的回归方法一般需要假定一个显式形式的回归函数. 实际上, 机器学习的理论可以包括更广义的基于统计过程的回归模型. 一个典型的方法是**高斯过程回归**. 高斯过程是一种基于高斯分布的随机过程. 高斯过程回归的基本假设是回归模型本身满足高斯分布. 上面我们已经介绍了如何从数据或者模型参数满足统计分布出发, 根据贝叶斯统计来推演得到回归方法. 如果假设回归模型本身满足高斯分布, 也可以做类似的推演.

首先, M 维的高斯分布的一般形式是

$$N(\boldsymbol{\mu}, \mathbf{K}) = \frac{1}{\sqrt{(2\pi)^M \det \mathbf{K}}} \exp\left(-(\boldsymbol{x} - \boldsymbol{\mu})^{\mathrm{T}} \mathbf{K}^{-1} (\boldsymbol{x} - \boldsymbol{\mu})\right), \tag{8.1.11}$$

上式中 $\boldsymbol{x}$ 是长度为 M 的变量向量, $\boldsymbol{\mu}$ 是长度为 M 的均值向量, $\mathbf{K}$ 是 $M \times M$ 的协方差矩阵.

以一个 M 维自变量的函数拟合问题为例, 令 $\boldsymbol{x}_i$ 代表第 i 组变量向量, 如果我们可以定义数据点之间的某种测量, 记为**核函数** $k(\boldsymbol{x}_i, \boldsymbol{x}_j)$, 那么就可以用核函数来构造协方差矩阵的矩阵元:

$$(\mathbf{K})_{i,j} = k(\boldsymbol{x}_i, \boldsymbol{x}_j). \tag{8.1.12}$$

很显然, 核函数的选取是不是唯一的, 是可以人为指定的, 高斯函数本身就可以作为核函数的一个选择:

$$k(\boldsymbol{x}_i, \boldsymbol{x}_j) = s^2 \exp\left(-\frac{1}{2l^2} \|\boldsymbol{x}_i - \boldsymbol{x}_j\|^2\right), \tag{8.1.13}$$

其中 $\|\boldsymbol{x}\|^2$ 为向量 $\boldsymbol{x}$ 的 L_2 模.

向量差 L_2 模也可以作为一种核函数:

$$k(\boldsymbol{x}_i, \boldsymbol{x}_j) = \|\boldsymbol{x}_i - \boldsymbol{x}_j\|^2. \tag{8.1.14}$$

核函数的选择是高斯过程回归是否有效的关键, 也是需要针对不同问题去做相应的设计和修改的. 可以说, 在高斯过程回归中, 核函数一定程度上就代表了该模型. 在高斯型的核函数中, s 和 l 都是待定的参数, 在机器学习的语言中, 它们被称为模型中的超参数.

下面更加具体地来描述高斯过程回归的算法. 首先考虑一组已知数据集, 记为 $D : \{\mathbf{X}, \boldsymbol{y}\}$. $\mathbf{X}$ 为 $M \times N$ 维的数据, M 是自变量的维度, N 是已知数据集中的数据点

数. 令该回归模型预测的新数据为 $D^*:\{\mathbf{X}^*,\boldsymbol{y}^*\}$. $\mathbf{X}^*$ 是 $M\times N^*$ 维的数据, $\boldsymbol{y}^*$ 是长度为 N^* 的向量, N^* 也代表了预测的数据点的数目.

根据前面的介绍, 从数据满足高斯分布这一假设出发, 可以把已知数据和新数据组合构成一个联合高斯分布:

$$\begin{pmatrix}\boldsymbol{y}^*\\ \boldsymbol{y}\end{pmatrix}\sim N\left(0,\begin{pmatrix}\mathbf{K}(\mathbf{X}^*,\mathbf{X}^*) & \mathbf{K}(\mathbf{X}^*,\mathbf{X})\\ \mathbf{K}(\mathbf{X},\mathbf{X}^*) & \mathbf{K}(\mathbf{X},\mathbf{X})\end{pmatrix}\right). \tag{8.1.15}$$

直观的结果是已知输出变量 $\boldsymbol{y}$ 和新预测变量 $\boldsymbol{y}^*$ 构成的集合变量满足一个新的 $N+N^*$ 维的联合高斯分布. 这里的 $\mathbf{K}(\mathbf{X},\mathbf{X})$ 是 $N\times N$ 维的矩阵, 其矩阵元可以由下式给出:

$$\mathbf{K}(\mathbf{X},\mathbf{X})_{i,j}=k(\boldsymbol{x}_i,\boldsymbol{x}_j), \tag{8.1.16}$$

其中 $\boldsymbol{x}_i$ 表示第 i 个输入向量.

根据多维高斯分布的统计性质, 我们可以得到关于预测值的结论是预测值 $\boldsymbol{y}^*$ 也满足一个高斯型的条件概率分布:

$$p(\boldsymbol{y}^*|\boldsymbol{y})\sim N(\boldsymbol{\mu},\boldsymbol{\Sigma}). \tag{8.1.17}$$

$\boldsymbol{\mu}$ 是均值函数, 代表了回归模型对于新数据的预测期望:

$$\boldsymbol{\mu}=\mathbf{K}(\mathbf{X}^*,\mathbf{X})\mathbf{K}(\mathbf{X},\mathbf{X})^{-1}\boldsymbol{y}. \tag{8.1.18}$$

$\boldsymbol{\Sigma}$ 是对应预测的方差, 代表了预测的统计涨落:

$$\boldsymbol{\Sigma}=\mathbf{K}(\mathbf{X}^*,\mathbf{X}^*)-\mathbf{K}(\mathbf{X}^*,\mathbf{X})\mathbf{K}(\mathbf{X},\mathbf{X})^{-1}\mathbf{K}(\mathbf{X},\mathbf{X}^*). \tag{8.1.19}$$

这两个表达式综合起来就充分地描述了模型对于新的数据点的预测.

高斯过程回归中对于超参数的优化不是必需的, 但是超参数的优化或者人为的调整可以改进模型的预测能力, 即减小模型预测的平均偏差以及统计误差. 其算法伪代码如下.

算法 8.1 高斯过程回归 (不包含超参优化)

```
1  function KerMat(x1,x2)
2    do i = 1, len(x1)
3      do j = 1, len(x2)
4        K(i,j) = sigma ** 2 * e * (- (x1(i)-x2(j)) ** 2 / 2 /l** 2)
5      end
6    end
7    return K
8  end
```

```
 9  function GPR(x,x0,y0)
10      K1 = KerMat(x,x0)
11      K2 = KerMat(x0,x0)
12      K3 = KerMat(x,x)
13      mu = K1.(K2 ** -1).y0
14      Sigma = K3 - K1.(K2 ** -1).(K1.T)
15      return mu, Sigma
16  end
```

8.1.4 机器学习模型的参数优化

本小节中我们介绍一般的优化机器学习模型中参数的方法. 上面已经展示了, 机器学习模型实际上就是一个非常复杂的高维函数, 我们定义的成本函数 (或损失函数) 也是一个关于参数 $\boldsymbol{\theta}$ 的高维函数, 记为 $E(\boldsymbol{\theta})$. 优化过程就是最小化成本函数 $E(\boldsymbol{\theta})$ 的过程, 所以参数优化过程本质上就是一个高维函数的全局极小值问题. 关于函数极值的问题在第四章中已经讨论清楚了, 如可以采用基于梯度下降的算法

$$\boldsymbol{\theta}_{t+1} = \boldsymbol{\theta}_t - \eta_t \nabla_{\boldsymbol{\theta}} E(\boldsymbol{\theta}_t), \tag{8.1.20}$$

其中迭代的步长参数 η_t 在机器学习中对应模型的**学习速率** (learning rate), 它控制着迭代过程沿着梯度方向移动的步长. 如果步长太大, 可能会造成学习过程不稳定, 在偏离极值的不同位置之间来回跳动. 如果步长太小, 可能会导致学习效率比较低, 需要很长时间的迭代才能收敛. 这些都可以类比一般的函数极值优化过程.

在函数极值优化中还有一类是需要二阶导数信息的牛顿法, 对于机器学习模型来说, 由于参数量太大, 从效率方面考虑, 计算高阶导数是要尽量避免的, 所以一般不采用这种迭代法.

另外, 值得注意的是, 这些迭代法求解都是局域极值的优化方法. 参数优化过程本质上是全局极小值的优化, 不过由于没有稳定而高效的全局优化方法, 优化算法的设计初衷是有更大的概率接近全局极小值, 不希望算法很容易被陷在一个不太好的局域极小值中. 机器学习模型具有非常高的参数维度, 直接采用梯度下降等算法是非常容易陷入局域极值点的. 因此, 机器学习中采用的优化算法是针对参数量巨大的情况所特殊设计的, 下面列举其中几种常用的算法.

一种常用的改进是**随机梯度下降**, 它把一批次 (batch) 的数据分成很多个小的微批次 (mini-batch),

$$\nabla_{\boldsymbol{\theta}} E(\boldsymbol{\theta}_t) = \sum_{i=1}^{N} \nabla_{\boldsymbol{\theta}} E_i(x_i, \boldsymbol{\theta}_t) \approx \sum_{i \in B_k} \nabla_{\boldsymbol{\theta}} E_i(x_i, \boldsymbol{\theta}_t), \tag{8.1.21}$$

其中 $E_i(x_i, \boldsymbol{\theta}_t)$ 是每个数据点 x_i 计算得到的成本函数, B_k 代表一个微批次, 通常是几十到几百个数据点 (设为 M), 则 $k = 1, \cdots, N/M$. 迭代中的一步就用 B_k 数据计算得到的梯度进行, 而把所有的数据循环一遍, 也即 N/M 次微批次的迭代, 称为迭代一代 (epoch). 在随机梯度下降训练过程中, 参数被更新的总次数应该是代的数目乘以微批次的数目. 随机梯度优化算法中引入的随机性, 可以适当地减弱系统往局域极小值优化的倾向性, 通过让优化过程变 "慢" 而增加其探索到全局极小值的概率. 如果将参数空间类比物理系统, 它背后蕴含的物理规律是系统处于更低能态的概率要高于其处于更高能态的概率. 增加一些随机性还可以避免参数优化过程中被鞍点所束缚住.

在迭代算法中, 除了直接的梯度方向的下降, 还可以加入上一步的迭代方向的信息, 与当前步的迭代做一个混合, 这样的算法一般可以使得迭代过程更加稳定, 在传统的函数优化方法中的共轭梯度法就是这类算法的一个特例. 在机器学习的参数优化中, 这样的方法也是很常用的, 它的一般形式是

$$\begin{aligned}\boldsymbol{\theta}_{t+1} &= \boldsymbol{\theta}_t - \boldsymbol{v}_t, \\ \boldsymbol{v}_t &= \gamma \boldsymbol{v}_{t-1} + \eta_t \nabla_{\boldsymbol{\theta}} E(\boldsymbol{\theta}_t),\end{aligned} \tag{8.1.22}$$

或者

$$\boldsymbol{v}_t = \gamma \boldsymbol{v}_{t-1} + \eta_t \nabla_{\boldsymbol{\theta}} E(\boldsymbol{\theta}_t + \gamma \boldsymbol{v}_{t-1}). \tag{8.1.23}$$

后面的这个方法也称为**涅斯捷罗夫加速梯度下降** (Nesterov accelerated gradient) 方法, 其中参数 γ 是一个可调的参数, 一般取 $0 \leqslant \gamma \leqslant 1$.

另外, 还有一些算法引入梯度的平方项进入迭代过程, 如著名的 Adam 算法, 它的具体过程如下:

$$\begin{aligned}\boldsymbol{g}_t &= \nabla_{\boldsymbol{\theta}} E(\boldsymbol{\theta}_t), \\ \boldsymbol{m}_t &= \beta_1 \boldsymbol{m}_{t-1} + (1-\beta_1) \boldsymbol{g}_t, \\ \boldsymbol{s}_t &= \beta_2 \boldsymbol{s}_{t-1} + (1-\beta_2) \boldsymbol{g}_t^2, \\ \boldsymbol{m}_t' &= \frac{\boldsymbol{m}_t}{1-(\beta_1)^t}, \\ \boldsymbol{s}_t' &= \frac{\boldsymbol{s}_t}{1-(\beta_2)^t}, \\ \boldsymbol{\theta}_{t+1} &= \boldsymbol{\theta}_t - \eta_t \frac{\boldsymbol{m}_t'}{\sqrt{\boldsymbol{s}_t'} + \epsilon},\end{aligned} \tag{8.1.24}$$

其中 ϵ 是为了避免分母出现 0 导致发散而引入的一个很小的常数.

值得注意的是同样的算法对于参数量不同的情况其效果可能是完全不一样的. 复杂神经网络的参数优化问题仍然是一个待解决的困难问题.

8.2 降维与聚类: 非监督式学习

本节以降维和聚类为例来介绍非监督式机器学习. 降维针对的是数据的高维度所带来的复杂性, 目标是把无标记的高维数据投影到一个能够反映出该系统关键物理特征的低维空间, 可以用于发现新的序参量. 而聚类则可以提取复杂数据中的隐藏特征, 在对模型进行粗粒化处理等应用中起到帮助. 这两类方法有一定的相似性, 也经常被联合起来使用.

8.2.1 降维

以统计力学中对微观粒子的研究为例, 一个三维空间中的多粒子体系, 每个粒子具有三个空间坐标的自由度, 那么 N 个粒子就张成了 $3N$ 维的坐标空间. 应用前面介绍的蒙特卡洛和分子动力学方法, 可以计算模拟得到一系列粒子位置坐标的数据. 这些数据反映的是对于坐标空间的采样, 我们可以用它们来对物理量进行计算. 但是如果面对的问题是揭示物理性质和微观结构之间的构效关系, 那么我们还需要找到描述这个对应的体系的结构序参量, 把 $f_\theta : \{r_1, \cdots, r_N\} \to y$ 的关系简化为一种新的联系 $f_\theta : \{d_1, d_2, \cdots, d_M\} \to y$, 这里 M 一般是尽量小的正整数, 比如 1 和 2. 传统上, 我们基于经验和已有的物理理解来人为地构造这种序参量. 本小节将介绍的**降维方法**就是一类以非监督式学习为主的发现新的序参量的方法.

8.2.1.1 主成分分析

最经典的降维方法之一是**主成分分析** (principal component analysis, PCA). 这是一个相对比较古老的方法. PCA 方法的主要思路是对数据进行正交变换并找到变化最剧烈的方向. 从普适的经验上说, 变化最剧烈的方向一般是具有最重要信息的方向, 而其他变化比较小的正交的方向则可以当作噪声涨落来看待. PCA 方法的原理与效果如图 8.3 所示.

我们下面以经典统计系统为例来具体说明 PCA 的做法. 假定 N 个粒子的分布已经由前面章节介绍的蒙特卡洛或者分子动力学方法采样得到. 一组模拟采样可以得到 M 个样本, 于是可以用一个 $M \times 3N$ 的矩阵 $\mathbf{X} = [\boldsymbol{x}_1, \boldsymbol{x}_2, \cdots, \boldsymbol{x}_M]^\mathrm{T}$ 来表示所有的数据, 每一行代表一组数据, $\boldsymbol{x}_1, \boldsymbol{x}_2, \cdots, \boldsymbol{x}_M$ 代表一个 $3N$ 长度的矢量, 描述各个粒子的笛卡儿坐标. 定义一个 $3N \times 3N$ 的协方差矩阵

$$\boldsymbol{\Sigma}(\mathbf{X}) = \frac{1}{N-1} \mathbf{X}^\mathrm{T} \mathbf{X}, \tag{8.2.1}$$

其中对角项描述的是每一个特征维度的方差, 而非对角项则描述了两个不同的特征维度之间的协方差. 主成分分析的目的就是对协方差矩阵进行一个线性变换, 使得变化

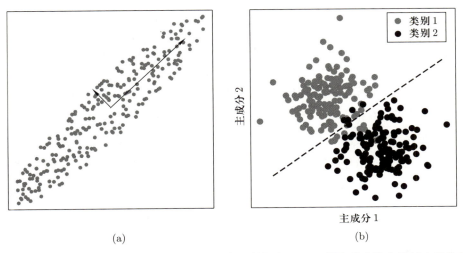

图 8.3 PCA 原理和应用. (a) 对于在空间中分布的数据点, PCA 提取其中协方差较大的分量 (右上箭头) 优先作为降维的特征; (b) 高维特征空间中的数据集经 PCA 投影到二维, 仍能较为准确地完成两个标签的数据集的分类

剧烈方向的方差被放大, 而变化不剧烈方向被进一步压缩, 同时减少不同方向之间的协方差.

为此, 我们可以对协方差矩阵进行奇异值分解 (singular value decomposition, SVD), 将矩阵 $\mathbf{X}$ 分解为 $\mathbf{X} = \mathbf{USV}^{\mathrm{T}}$. 根据线性代数的知识, 对于一个 $m \times n$ 的复矩阵 $\mathbf{A} \in \mathbb{C}^{m \times n}$, 一定存在两个幺正矩阵 $\mathbf{U} \in \mathbb{C}^{m \times m}$ 和 $\mathbf{V} \in \mathbb{C}^{n \times n}$ 可以将 $\mathbf{A}$ 对角化. 如果是长方形矩阵, 则对角元只包括行列指标相同的矩阵元:

$$\mathbf{U}^{\dagger}\mathbf{AV} = \mathbf{S} = \mathrm{diag}\left(\sigma_1, \cdots, \sigma_p\right), \quad p = \min(m, n), \tag{8.2.2}$$

其中 $\sigma_1 \geqslant \sigma_2 \geqslant \cdots \geqslant \sigma_p \geqslant 0$ 称为矩阵 $\mathbf{A}$ 的奇异值. 矩阵的非零奇异值实际上是矩阵 $\mathbf{A}^{\dagger}\mathbf{A}$ 的本征值开根号, $\sigma_i(\mathbf{A}) = \sqrt{\lambda_i(\mathbf{A}^{\dagger}\mathbf{A})}$, $\mathbf{A}^{\dagger}\mathbf{A}$ 和 $\mathbf{A}\mathbf{A}^{\dagger}$ 都是厄米的, 矩阵 $\mathbf{U}$ 的列和 $\mathbf{V}$ 的列分别被称为左奇异矢量和右奇异矢量. 如果奇异值的分布满足 $\sigma_1 \geqslant \cdots \geqslant \sigma_r > \sigma_{r+1} = \cdots = \sigma_p = 0$, 那么 $\mathbf{A}$ 的秩为 r. 它的核 $\ker(\mathbf{A})$ 由 $\mathbf{V}$ 的列矢量 $\{\mathbf{v}_{r+1}, \cdots, \mathbf{v}_n\}$ 张成, 而 $\mathbf{A}$ 的域 $\mathrm{range}(\mathbf{A})$ 由 $\mathbf{U}$ 的列矢量 $\{\mathbf{u}_1, \cdots, \mathbf{u}_r\}$ 张成. 一个矩阵的 SVD 包含了矩阵最重要的信息, 虽然两个幺正矩阵不是唯一的, 但是实际上几乎是唯一的, 只是可能把不同的列进行交换组合而已.

实现矩阵奇异值分解的具体算法之一是**戈卢布 – 卡亨 – 赖因施 (Golub-Kahan-Reinsch) 算法**. 奇异值分解的第一步将矩阵 $\mathbf{A}$ 变换成如下形式:

$$\mathbf{U}^{\mathrm{T}}\mathbf{AV} = \begin{pmatrix} \mathbf{B} \\ 0 \end{pmatrix}, \tag{8.2.3}$$

其中 $\mathbf{U}$ 和 $\mathbf{V}$ 是两个正交矩阵,$\mathbf{B} \in R^{n\times n}$ 是一个上双对角矩阵.

正交矩阵 $\mathbf{U}$ 和 $\mathbf{V}$ 可以通过 3.3 节中介绍的豪斯霍尔德矩阵变换构造,分别有 $\mathbf{U}_1,\cdots,\mathbf{U}_{m-1}$ 和 $\mathbf{V}_1,\cdots,\mathbf{V}_{n-2}$,因此一共需要 $n+m-3$ 次豪斯霍尔德变换. 然后,将 $(\mathbf{U}_1)^T$ 左乘到 $\mathbf{A}$ 矩阵:$\mathbf{A}^{(1)}=(\mathbf{U}_1)^T\mathbf{A}$,可以使得 $\mathbf{A}^{(1)}$ 的第一列的第二个矩阵元以下都是零. 接下来,右乘 $\mathbf{V}_1$,得到 $\mathbf{A}^{(2)}=\mathbf{A}^{(1)}\mathbf{V}_1$,可以使得 $\mathbf{A}^{(2)}$ 第一行的第三个矩阵元右边的矩阵元都为零,同时不破坏第一列的那些已经化为零的矩阵元.

第二步,利用 QR 迭代将上双对角矩阵 $\mathbf{B}$ 对角化,获得两个正交的矩阵 $\mathbf{W}$ 和 $\mathbf{Z}$,使得 $\mathbf{W}^T\mathbf{B}\mathbf{Z}=\mathbf{\Sigma}=\mathrm{diag}\{\sigma_1,\cdots,\sigma_n\}$,其中 $\sigma_1,\cdots,\sigma_n$ 为矩阵的奇异值. 于是矩阵 $\mathbf{A}$ 的奇异值分解就是 $\widetilde{\mathbf{U}}^T\mathbf{A}\widetilde{\mathbf{V}}=\begin{pmatrix}\mathbf{\Sigma}\\0\end{pmatrix}$,其中 $\widetilde{\mathbf{U}}=\mathbf{U}\,\mathrm{diag}\{\mathbf{W},\mathbf{I}_{(m-n)\times(m-n)}\}$,$\widetilde{\mathbf{V}}=\mathbf{V}\mathbf{Z}$.

通过奇异值分解,我们得到

$$\mathbf{\Sigma}(\mathbf{X})=\frac{1}{N-1}\mathbf{V}\mathbf{S}\mathbf{U}^T\mathbf{U}\mathbf{S}\mathbf{V}^T=\mathbf{V}\left(\frac{\mathbf{S}^2}{N-1}\right)\mathbf{V}^T=\mathbf{V}\mathbf{\Lambda}\mathbf{V}^T, \tag{8.2.4}$$

其中 $\mathbf{\Lambda}$ 是对角矩阵,它的矩阵元来自 SVD 分解的对角矩阵 $\mathbf{S}$ 的矩阵元,并且是按照从大到小排列的.

主成分分析的下一步是将其中最大的 p 个奇异值对应的矢量选出来构成一个投影矩阵 $\mathbf{P}$. 将这个投影矩阵作用到协方差矩阵上就可以得到一个数据的最大的 p 个主成分,即 $\widetilde{\mathbf{Y}}=\mathbf{X}\mathbf{P}$.

8.2.1.2 非线性降维方法

从更一般的角度来理解降维,它可以理解为寻找一种低维数据,使得它与原高维数据的相似性最大化. 很显然,相似性是可以有不同定义的,主成分分析中使用的协方差矩阵只是其中之一. 这种定义有时候不能有效地实现序参量的分离. 因此,在更广泛的机器学习中,人们逐渐针对不同的问题发展出了不同的降维方法. 在很多方法中,最终定义的待优化的损失函数不是线性的,因此对应的数值问题不能转化为奇异值分解,而是转化为非线性函数的极值优化问题.

记降维后的数据为 Y,定义某个数据分布中两个数据点之间的距离为 d_{ij}. $d_{ij}(X)$ 为两个特征维度 i,j 在原数据空间 X 中的距离,$d_{ij}(Y)$ 是数据在降维以后的空间 Y 中的距离. 距离 d_{ij} 的定义可以取不同的形式,比如取 $d_{ij}(X)=\|\boldsymbol{x}_i-\boldsymbol{x}_j\|^2=\sum_{m=1}^{M}|x_{mi}-x_{mj}|^2$. 取定距离的定义以后,就可以定一个优化目标来寻找满足目标的最佳分布 Y.

如果我们取优化的损失函数为距离差的线性组合,就得到**多维度标度** (multidimensional scaling, MDS) 方法:

$$\widetilde{Y}_{\mathrm{MDS}}=\arg\min_{Y}\sum_{i<j}\omega_{ij}|d_{ij}(X)-d_{ij}(Y)|, \tag{8.2.5}$$

其中 ω_{ij} 是待优化的权重参数.

如果我们引入一个新的激活函数来构造如下形式的优化损失函数, 则得到**草图映射** (sketch-map) 方法:

$$\widetilde{Y}_{\text{SKM}} = \arg\min_Y \sum_{i,j} |F[d_{ij}(X)] - G[d_{ij}(Y)]|, \tag{8.2.6}$$

其中 F 和 G 是人为指定的两个分别描述高维数据和低维数据中距离的激活函数.

以上两种方法具有一定的相似之处, 可以认为是基于距离的非线性函数的降维方法. 这种方法对于由大量经典粒子组成的微观系统显然是合适的, 在高维空间中距离相近的两个粒子在降维后的空间中应该也是相近的.

除此以外, 还有一类降维方法是从概率分布的角度来设计的, 例如 t **分布邻域嵌入** (t-distributed stochastic neighbor embedding, t-SNE) 方法, 它的核心思想是定义某种衡量数据之间是否互为近邻的概率分布, 并试图在降维后的空间中尽量保证这种不同数据的近邻概率分布与原高维空间中的分布具有相似性.

具体做法如下. 首先可以定义描述 p 维特征空间的近邻概率分布:

$$\begin{aligned}
p_{ij} &= \frac{p_{i|j} + p_{j|i}}{2N}, \\
p_{i|j} &= \frac{\exp\left(-\frac{\|\boldsymbol{x}_i - \boldsymbol{x}_j\|^2}{2\sigma_i^2}\right)}{\sum_{k \neq i} \exp\left(-\frac{\|\boldsymbol{x}_i - \boldsymbol{x}_k\|^2}{2\sigma_i^2}\right)}, \\
p_{i|i} &= 0.
\end{aligned} \tag{8.2.7}$$

它描述了数据 $\boldsymbol{x}_j$ 为 $\boldsymbol{x}_i$ 近邻的可能性. 这个分布的函数形式是高斯函数, σ_i 是待优化的高斯函数的展宽参数. 一般来说可以通过把由 $p_{i|j}$ 定义的局域熵固定为一个常数来确定不同数据的 σ_i. 在降维后的空间中, 粒子的坐标为 y, 它满足的概率分布是

$$q_{ij} = \frac{(1 + \|\boldsymbol{y}_i - \boldsymbol{y}_j\|^2)^{-1}}{\sum_{k \neq i} (1 + \|\boldsymbol{y}_i - \boldsymbol{y}_k\|^2)^{-1}}. \tag{8.2.8}$$

那么, 我们如何度量两个分布之间是否接近呢? 常用的一个度量是库尔贝克 – 莱布勒 (Kullback-Leibler, KL) 散度

$$Y = \sum_{ij} p_{ij} \ln\left(\frac{p_{ij}}{q_{ij}}\right). \tag{8.2.9}$$

它衡量的是近似分布 q_{ij} 相对于真实分布 p_{ij} 的信息损失程度.

根据上一节的讨论，我们可以将 KL 散度作为待优化的成本函数，最后得到的新的降维后的数据分布 q_{ij} 应该满足如下表达式：

$$\widetilde{Y}_{\text{tSNE}} = \arg\min_Y \sum_{ij} p_{ij} \ln\left(\frac{p_{ij}}{q_{ij}}\right), \tag{8.2.10}$$

也即需要对 KL 散度 $Y = Y(q_{ij})$ 对 q_{ij} 求极值。

显然，降维方法的设计和使用依赖于物理问题的特点、序参量的内在特性，以及数据本身的性质。

8.2.2 聚类

聚类也是复杂数据处理中最常用到的一类机器学习方法，目标是把没有标记的数据自动地分成某些不同的类型，从而提取有用的物理特征，包括识别和构造粗粒化模型。在 7.3.4 小节中介绍的求解伊辛模型的沃尔夫算法就可以看成一个聚类方法。在伊辛模型中，聚类的定义比较直接，格点的状态是双值的，根据相邻格点之间的状态值，遍历格点就可以获得聚类。当我们考虑数据连续分布的问题时，如实空间中大量原子组成的统计系统，原子之间会通过相互结合形成分子或者团簇，团簇和分子也会分解成原子。当形成分子和团簇以后，该系统中主要的物理规律会与在原子尺度的物理规律有所差异，如果还是针对原子的信息进行统计，将会事倍功半。这时候就需要一些更加一般的聚类算法来实现粗粒化模型的构造，将体系的运动规律集中到分子和团簇的运动尺度内就需要粗粒化的过程，也就是自动地识别由原子构成的分子和团簇。进一步，从分子模型到更大尺度的模型构建，从微观到介观，从介观到宏观，聚类算法也可以起到非常大的作用。

8.2.2.1 距离聚类

要对数据进行聚类，最朴素的想法仍然是以数据点间的距离作为判据。一种常用的基于距离的聚类算法是 **K 平均 (K-means) 算法**。考虑一组数据 $\{r_i\}_{i=1}^N$，首先假定这组数据可以分为 K 个聚类，第 $j \in (1, 2, \cdots, K)$ 个聚类的数据点数目是 N_j，中心点为 $\boldsymbol{\mu}_j$，聚类中心点定义为

$$\boldsymbol{\mu}_j = \frac{1}{N} \sum_{i=1}^N c_{ij} \boldsymbol{r}_i, \tag{8.2.11}$$

c_{ij} 取 1 或者 0，是用于判断第 i 个数据是否属于第 j 个聚类的系数。因此共有 $K \times N$ 个 c_{ij}，它们将组成一个 $K \times N$ 的系数矩阵，这个待优化的系数矩阵就完全定义了聚类模型。

在待定的系数形式确定以后，下一步就是依具体问题的需求定义一个成本函数对聚类进行优化。K 平均算法中，一般的优化目标是使得 K 个聚类中数据点与其聚类

中心点的方差总和最小, 相应的成本函数为

$$C = \sum_{j=1}^{K} \sum_{i=1}^{N} c_{ij} (\boldsymbol{r}_i - \boldsymbol{\mu}_j)^2. \tag{8.2.12}$$

由于待优化的系数 c_{ij} 是离散的双值系数, 基于梯度信息的优化算法将比较困难, 这里可以针对这种特殊情况引入一组交叉迭代算法, 如图 8.4 所示. 首先随机给定 K 个聚类的初始化中心值 $\boldsymbol{\mu}_j$, 再将每个样本指派到与其最近的中心的类中, 即优化成本

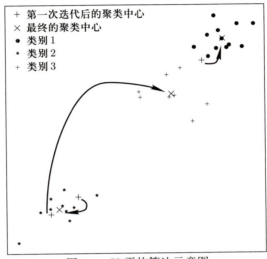

图 8.4 K 平均算法示意图

函数 (8.2.12) 式最小. 然后依据每个类中的样本数据和 (8.2.11) 式, 重新计算每个类的样本中心, 即更新 $\boldsymbol{\mu}_j$. 重复上述步骤至收敛, 即样本中心 $\boldsymbol{\mu}_j$ 不再变动, 则完成聚类优化. K 平均算法中每一次迭代涉及的计算复杂度正比于 $O(KN)$, 伪代码如下.

算法 8.2　K 平均聚类算法

```
1   function KMeans(X,K)
2     centroids = InitializeCentroids(X,K)
3     do
4       Initialize clusters
5       do x in X
6         j = ArgMin_i(||x - centroids(i)||²)
7         clusters(j) = clusters(j) U x
8       end
9       do j = 1,K
10        centroids(j) = Mean(clusters(j))
11      end
12    end while (centroids do not change)
13    return clusters, centroids
14  end
```

8.2.2.2 密度聚类

K 平均算法对于数据簇与数据簇之间区分明显的情况, 效果较好. 然而, 如果数据分布不理想, K 平均算法会遇到一些困难, 比较常见的情况是数据存在离群点或者数据特别稠密, 都会导致 K 平均算法的收敛性变差, 也就是上述的交叉迭代算法不能达到全局最优.

为解决这个问题, 避免离散系数的迭代优化, 我们不再预先设定聚类的数目, 而是在探索数据的密度分布的过程中逐渐发现新的聚类.

首先定义数据点的局域密度 $\rho_\epsilon(\boldsymbol{r}_i)$, 用以表示对于数据 $\boldsymbol{r}_i$ 在给定半径 ϵ 中的数据点个数. 对于一个实空间分布的粒子集合, 局域密度 $\rho_\epsilon(\boldsymbol{r}_i)$ 描述的是真实的粒子数密度, 也就是在点 $\boldsymbol{r}_i$ 周围距离 ϵ 内粒子的数目. 距离可以用笛卡儿坐标系下粒子之间的真实距离 $d_{ij} = |\boldsymbol{r}_i - \boldsymbol{r}_j|$ 来计算. 将距离 $\boldsymbol{r}_i$ 小于 ϵ 内的数据点称为邻居点. 为了对密度较高的区域进行聚类, 我们可以设定一个阈值 $\rho_{\min}$, 满足 $\rho_\epsilon(\boldsymbol{r}_i) > \rho_{\min}$ 的数据点 $\boldsymbol{r}_i$ 定义为 "核心点", 我们把核心点的所有邻居点划分为它的同一个聚类.

在以上这些定义的基础上, 我们先依据设定的 $\rho_{\min}$ 筛选出所有核心点, 再从任意的某核心点 A 出发, 找到核心点 A 的所有邻居, 以及对这些邻居中的所有核心点以同样的方式找邻居、确认邻居中的核心点, 循环至从核心点 A 出发的所有核心点及其邻居都被扫描过, 如果它们达到了预设的聚类粒子数下限 $N_{\min} = 4\pi\epsilon^3\rho$, 则它们组成一个聚类 A. 接着任意选取另一个没被访问过的核心点 B, 和核心点 A 一样进行上述操作, 得到另一个聚类 B. 循环直至所有核心点都被访问, 则完成聚类.

这种做法就是著名的 **DBSCAN (Density-Based Spatial Clustering of Applications with Noise) 算法**, 整个过程如图 8.5 所示, 主要思想可以简述为由密度可达关系导出密度相连的样本集合, 它具有的计算复杂度是 $O(N \log N)$. 从直观上理解, DBSCAN 是基于密度的聚类方法, 主要目标是将分布密度较高区域的数据归为一类, 即寻找被低密度区域划分的高密度区域.

8.2.2.3 概率聚类

前面两种聚类方法理解起来比较直接, 判断一个点是否属于某个聚类的时候只有是或者否. 实际上, 聚类也可以从贝叶斯统计出发, 用概率模型的机器学习来理解.

假设某粒子 $\boldsymbol{r}$ 在聚类 i 的概率分布为条件概率 $p(\boldsymbol{r}|i)$, 第 i 个聚类的出现概率是 p_i, 满足 $\sum_i p_i = 1$, 则该粒子的总概率分布满足 $p(\boldsymbol{r}) = \sum_i p(\boldsymbol{r}|i) p_i$. 根据贝叶斯统计理论, 一个粒子 $\boldsymbol{r}$ 属于聚类 i 的概率为 $p(i|\boldsymbol{r}) = p(\boldsymbol{r}|i) p_i \big/ \sum_j p(\boldsymbol{r}|j) p_j$. 其中条件概率 $p(\boldsymbol{r}|i)$ 代表的就是一个概率模型, 在 K 平均聚类方法中, 可以认为这个概率模型是 $p(\boldsymbol{r}|i) = \{0, 1\}$, 它由矩阵元素为 0 和 1 的系数矩阵确定.

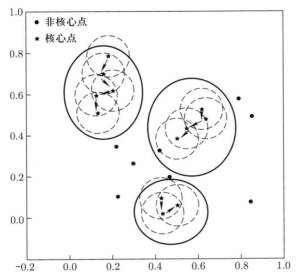

图 8.5 DBSCAN 算法实现示意图. $\epsilon_{\min} = 0.1$, $\rho_{\min} = 2$

显然, 我们可以把这个模型推广到更一般的概率模型, 一个常用的模型是基于高斯分布的模型, 被称为**高斯混合模型** (Gaussian-Mixture Model, GMM) 方法, 即令 $p(\boldsymbol{r}|i)$ 为一个多维高斯分布, $p(\boldsymbol{r}|i) \sim N(\boldsymbol{r}|\boldsymbol{\mu}_i, \boldsymbol{\Sigma}_i)$. 这个高斯分布由待定的均值函数 $\boldsymbol{\mu}_i$ 和协方差矩阵 $\boldsymbol{\Sigma}_i$ 确定. 待定的第 i 个聚类的出现概率是 p_i, 则高斯模型可以写为 $p(\boldsymbol{r}|\boldsymbol{\mu}_i, \boldsymbol{\Sigma}_i, p_i)$.

对于一组数据集 $X = \{\boldsymbol{r}^{(1)}, \boldsymbol{r}^{(2)}, \cdots, \boldsymbol{r}^{(M)}\}$, 总的概率是

$$P(X|\{\boldsymbol{\mu}_i, \boldsymbol{\Sigma}_i, p_i\}) = \prod_{k=1}^{M} p(\boldsymbol{r}^{(k)}|\boldsymbol{\mu}_i, \boldsymbol{\Sigma}_i, p_i). \tag{8.2.13}$$

模型可以在给定数据集 X 的情况下通过求最大对数似然确定:

$$\theta_{\mathrm{opt}} = \{\boldsymbol{\mu}_i, \boldsymbol{\Sigma}_i, p_i\}_{\mathrm{opt}} : \max_{\{\boldsymbol{\mu}_i, \boldsymbol{\Sigma}_i, p_i\}} \ln P(X|\{\boldsymbol{\mu}_i, \boldsymbol{\Sigma}_i, p_i\}). \tag{8.2.14}$$

与 K 平均聚类中一样, 我们假定存在 K 个聚类, $\sum_{k=1}^{K} p_k = 1$. 可以将 $p(\boldsymbol{r}|\boldsymbol{\mu}_i, \boldsymbol{\Sigma}_i, p_i)$ 看成由两部分组成, 一部分与 $N(\boldsymbol{r}|\boldsymbol{\mu}_i, \boldsymbol{\Sigma}_i)$ 相关, 它对应某个高斯函数模型, 可以类比 K 平均聚类中定义的距离和给出的模型. 另一部分描述的是在 K 个高斯模型中选择出某一个的概率, 可以类比 K 平均聚类中选择聚类的系数矩阵.

为了优化模型, 可以采用迭代法, 引入一个系数矩阵 c_{ik}, 用它描述一个粒子 i 是否属于高斯模型 k. 对于第 i 个粒子, 列矢量 $\boldsymbol{c}_i = \{0, \cdots, 1, \cdots, 0\}$, 其中第 k 个位置取 1, 其余位置取 0, 则认为粒子 i 属于高斯模型 k. 我们从一个初始猜测的 c_{ik} 矩阵

开始，当它确定以后，我们可以对每个该聚类 k 内的所有点计算其高斯分布的均值 $\boldsymbol{\mu}_k$ 和协方差 $\boldsymbol{\Sigma}_k$：

$$\begin{aligned}\boldsymbol{\mu}_k &= \frac{1}{N_k}\sum_i^{N_k}\boldsymbol{r}_i,\\ \boldsymbol{\Sigma}_k &= \frac{1}{N_k-1}\sum_i^{N_k}(\boldsymbol{r}_i-\boldsymbol{\mu}_k)(\boldsymbol{r}_i-\boldsymbol{\mu}_k)^\mathrm{T}.\end{aligned} \quad (8.2.15)$$

得到每个聚类的高斯分布后，再根据当前的高斯分布模型来计算下一步的聚类分布 c_{ik}，直到收敛到最佳分布，从而实现聚类．

8.3 统一模型：人工神经网络

在本章前面几节中，我们以回归问题为例讨论了监督式学习，以降维和聚类为例讨论了非监督式学习．总结起来，这些问题都可以归结为一个映射模型的训练，得到的映射关系就是所谓的机器学习模型．无论是哪一类问题，也无论是哪种学习模式，一个强大的算法的核心要求就是要有强大的表示能力，也就是能够表示待定的映射．因此，如果有一个表达能力强大且普适性高的机器学习模型框架，它可以被应用于以上各类问题的处理．人工神经网络，简称神经网络，就是这样一种框架．本节中我们将主要介绍全连接神经网络、卷积神经网络和受限玻尔兹曼机三种网络框架，并以全连接神经网络为例介绍其中比较关键的自动微分算法和梯度的网络参数的优化算法．

8.3.1 全连接神经网络

8.3.1.1 网络结构

神经网络的基本单元是神经元．神经元在数学形式上可以被认为是一个广义的函数，对它输入一组特征值（自变量）就可以输出一个输出值，只不过这个"广义的函数"不是以一个孤立的解析函数的形式来描述，而是由一个线性函数和一个非线性函数组合而成的复合函数

$$y = f(\boldsymbol{w}\cdot\boldsymbol{x}+b) \quad (8.3.1)$$

来描述．

记输入的特征变量为 $\boldsymbol{x}=(x_1,x_2,\cdots,x_d)$，首先通过一个线性运算得到一个标量值 z，

$$z = \boldsymbol{w}\cdot\boldsymbol{x}+b, \quad (8.3.2)$$

其中 $\boldsymbol{w}$ 是一组系数，b 是一个常数，它们都是神经网络模型中待确定的参数．上式中的输出值 z 再通过一个非线性函数 f 运算就可以得到另一个输出

$$y = f(z). \tag{8.3.3}$$

上式中的非线性函数 f 叫作**激活函数**,它可以是光滑连续函数,也可以是分段光滑函数. 激活函数的选择不是唯一的, 有很多函数都可以用作激活函数, 如 $\tanh$ 就是一种常用的激活函数.

神经网络就是基于多个神经元的组合构成的一个更加复杂的复合函数. 以常见的**全连接神经网络**为例 (见图 8.6), 它是由若干层构成的网络结构, 层内神经元的数目 (N_w) 被称为神经网络的宽度. 每一层都由一定数量的神经元组成, 每个神经元本身是相互独立的, 各自具有独立的参数 w 和 b. 层内的神经元之间是相互不连通的. 神经网络的连接来自层与层之间. 按照层来划分, 神经网络一般由输入层、输出层和隐藏层构成. 在全连接神经网络中, 每一层中的任何一个神经元都与它相邻层的所有神经元分别形成连接.

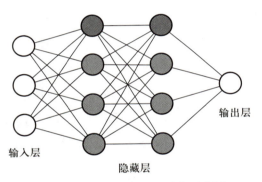

图 8.6 全连接神经网络结构示意图

神经网络中的输入层是直接与输入变量相连的一层, 它起到的作用是把输入变量转化为一组能够在网络内部传递的隐变量:

$$\boldsymbol{a}^0 = F_{\text{input}}(\boldsymbol{x}_{\text{input}}). \tag{8.3.4}$$

输入层中每个神经元可以写为 a_j^0, 代表第 j 个神经元的隐变量.

在应用神经网络时, 输入层的设计至关重要, 可以大大提高神经网络的表现或降低其训练难度. 输入特征可以是一些独立的物理特征, 也可以是物理特征的组合. 我们以力场模型为例来展示输入特征设计的物理意义. 令一个经典粒子体系的力场模型为 $V(\boldsymbol{r})$, 粒子的位置坐标 (位移矢量)$\boldsymbol{r} = \boldsymbol{r}_1, \cdots, \boldsymbol{r}_N$ 是作为输入特征的一个自然选择. 然而, 这种做法并没有充分地利用好一个物理体系所具有的一些内禀的对称性和特征.

首先, 在笛卡儿坐标系中势能 $V(\boldsymbol{r})$ 对所有粒子位置的整体平移是不变的. 于是, 我们可以引入一个质心位置, 并计算出一组相对质心的位移矢量 $\boldsymbol{r}_c = \boldsymbol{r} - \frac{1}{N}\sum_i \boldsymbol{r}_i$, 然后再把它们作为新的输入变量传递给网络,就可以保证网络的输出随着所有粒子的整体平移是不变的.

进一步考虑体系的势能还具有整体的旋转不变性,我们可以将各个粒子的位移矢量进一步转化为距离特征 $d_{ij} = |\bm{r}_i - \bm{r}_j|$,对于 N 个粒子,共存在 $N(N-1)/2$ 个距离特征 $\bm{d}$. 此时,再将 $\bm{d}$ 作为输入特征传递给网络输入层后就可以保证输出的力场模型 $V(\bm{r})$ 也具有旋转不变性.

再进一步,如果一个待模拟的体系只具有短程的相互作用,我们还可以对 d_{ij} 特征进行截断,从而减少输入层的特征数,降低复杂度和训练难度.

以上几种情况都是利用物理信息来减少输入特征的例子,实际上我们也可以根据物理信息来引入新的特征,用于提升神经网络的有效表达能力. 例如,我们可以引入三个粒子之间的夹角 $\theta_{ijk} = \dfrac{(\bm{r}_i - \bm{r}_j) \cdot (\bm{r}_i - \bm{r}_k)}{d_{ij} d_{ik}}$. 由于该特征包含了三个粒子之间的信息,它可以更有利于神经网络描述三体的相互作用.

如果我们还想进一步优化网络输入层的结构,可以将一些简单的输入特征放入预先设计的特征函数 $G(d_{ij}, \theta_{ijk})$. 这些特征函数的主要作用也是让网络更容易表达真实的相互作用. 举个简单的例子,我们可以将距离取一个倒数,即令 $G(d_{ij}) = \dfrac{1}{d_{ij}}$,那么可以预期它能更好地描述库仑相互作用,因为库仑相互作用在物理上就是反比于距离的平方. 如果一个系统的真实相互作用就是库仑相互作用主导的,那么可以预期用 $\dfrac{1}{d_{ij}}$ 输入特征比直接用 d_{ij} 得到的神经网络模型更准确. 理论上,用 d_{ij} 的线性和非线性函数的组合也可以表达 $\dfrac{1}{d_{ij}}$,但是这就意味着需要更多的网络参数.

当变量由输入层传递给下一层网络后,变量 a_k^l 开始在多层神经网络中进行传递,

$$a_j^{l+1} = f\left(\sum_k^{N_w} w_{jk}^l a_k^l + b_j^l\right). \tag{8.3.5}$$

下一层中某个神经元的变量依赖于上一层中的所有变量. 这种网络层叫作隐藏层,它的层数称为深度神经网络的深度 (L). 隐藏层中的神经元一般具有同样的结构,但是它们之间是相互独立的,具有不同的参数 w_{jk}^l 和 b_j^l. 神经网络的宽度越大,层数越多,其表达能力就越强,模型越精确,但是需要优化的参数也越多,优化难度越大,总体计算量越大.

在隐变量经过若干隐藏层的传递之后还需要一层输出层 ($\bm{a}^{L+1}$) 将隐变量转化为输出变量:

$$\bm{y} = F_{\text{out}}(\bm{a}^{L+1}). \tag{8.3.6}$$

输出层的宽度可以与隐藏层不同. 对于力场模型的例子, 我们可以将体系的总势能写为 $V_{\text{total}} = \sum_{i=1}^{N} V_i$, 其中 V_i 为每个原子对总能量的贡献. 每一项的能量 $V_i = F_{\text{out}}(\boldsymbol{a}^{L+1})$ 都可以从输出层引出一个输出变量来获得.

8.3.1.2 自动微分

神经网络的本质是一组复合函数. 在神经网络的应用中, 常常需要计算函数对自变量的导数. 神经网络参数的优化也会需要计算损失函数对网络参数的导数.

我们先来看一看由单个神经元构成的复合函数的导数, 记 x 为输入, y 为输出, 神经元的非线性激活函数为 $f(x) = \tanh(x)$, 线性项为 $g(x) = wx + b$. 于是, 单个神经元构成的复合函数为

$$y = f(g(x)) = \tanh(wx + b). \tag{8.3.7}$$

如果采用数值差分法, 需要对自变量 x 取一个小的位移 ϵ, 然后计算函数值 $f(g(x+\epsilon))$ 或 $f(g(x-\epsilon))$, 再通过差分公式来计算数值微分. 很显然, 这种做法只适用于参数比较少的情况, 而神经网络中参数量巨大, 差分方法是十分低效的.

既然神经元函数的形式是给定的, 我们能不能推导出符合函数微分的解析形式, 然后得到解析的微分呢? 理论上这是可行的, 但是这种方式也仅限于简单的复合函数. 比如本例子中, 如果只考虑一个神经元, 容易得到函数微分的解析表达式

$$y'(x) = [1 - \tanh^2(wx + b)]w. \tag{8.3.8}$$

再进一步考虑两个串联的神经元作为一个复合函数,

$$y = f_2(g_2(f_1(g_1(x)))) = \tanh[w_2 \tanh(w_1 x + b_1) + b_2], \tag{8.3.9}$$

把它的微分的解析表达式写出来就已经是一个非常复杂的形式了:

$$y'(x) = w_1 w_2 [1 - \tanh^2(w_2 \tanh(w_1 x + b_1) + b_2)][1 - \tanh^2(w_1 x + b_1)]. \tag{8.3.10}$$

可以想象, 当我们考虑大量神经元的网络时, 解析表达式的复杂度会迅速变大, 变得不具有计算可行性.

不过, 神经网络中各个神经元具有确定的连接关系和解析性这两个特点让我们可以利用微分的链式法则. 根据链式法则, 神经元函数的导数可以写为如下连乘的形式:

$$y'(x) = f_2'(g_2(f_1(g_1(x)))) \times g_2'(f_1(g_1(x))) \times f_1'(g_1(x)) \times g_1'(x), \tag{8.3.11}$$

其中容易得到 $g_1'(x) = w_1$. 然后可以计算 $f_1'(g_1(x)) = 1 - \tanh^2(g_1(x))$, 因为 $g_1(x)$ 是网络传递中需要计算的中间变量, 因此将其直接代入 f_1' 的解析公式即可. 以此类推, 可以计算得到 $y'(x)$. 这就是**自动微分**.

可以看到，上述方式是在变量自输入层向输出层的传递过程中进行的导数计算，这种方式一般称为前向模式自动微分。由于每个神经元中的子函数都是相对简单的函数，可以得到其反函数的解析形式，那么也就容易得到导数的反向传递，一般称为反向模式自动微分。前向模式和反向模式是计算自动微分的两种主要模式。它们的适用情况主要取决于输入和输出的相对维度。设输入变量 x 和输出变量 y 的长度分别为 M 和 N，以上讨论的微分 $\frac{dy}{dx}$ 可以表示为一个 $N \times M$ 的雅可比矩阵。在前向模式中，每完成一次自动微分可以获得所有中间变量对于一个自变量的导数，共需要 M 次自动微分求导以得到完整的雅可比矩阵。在反向模式中，每完成一次自动微分可以获得一个因变量关于所有中间变量的导数，共需要 N 次自动微分求导以得到完整的雅可比矩阵。在常见的机器学习模型中，一般都是输入的维度 M 远远大于输出的维度 N，因此反向模式更加常用，其需要做的自动微分次数更少。实际上，很多的时候输出端的函数是一个值，$N = 1$，这种情况下只需要一次自动微分就可以得到所有中间变量处的导数。

8.3.1.3 网络参数优化

有了上一小节的基础，我们以全连接神经网络模型的监督式学习为例讨论模型的训练。这个过程类似于前面介绍的回归问题。已知数据集为 $\{x_i, y_i\}$，网络的输出值 (预测值) 为 $\widehat{y}_i(w)$。这里我们将所有参数简记为 (w)。网络参数优化的损失函数一般形式为

$$C(w) = \frac{1}{N} \sum_{i=1}^{N} (y_i - \widehat{y}_i(w))^2. \tag{8.3.12}$$

后续的优化过程就可以通过前面章节中介绍的优化算法进行。类似地，我们也可以在损失函数中加入合适的正则项来控制参数优化过程中同时需要满足的其他条件。

关于这些内容，前面的章节都有所讨论，本小节主要关注全连接神经网络中的梯度计算。因为很多的优化算法需要用到梯度的信息，所以是否能够高效地计算梯度至关重要。神经网络的结构复杂，变量和参数众多，一般都会采用上一小节所介绍的自动微分算法。上一小节中关于自动微分的介绍是基于函数对于自变量的导数展开的，而本小节中我们更加具体地给出损失函数关于网络参数的导数计算方法。

我们以全连接神经网络为例来看梯度在网络中的传递规律。我们用 $l = 1, \cdots, L$ 标记层号，用 w_{jk}^l 标记连接第 $l-1$ 层中第 k 个神经元和第 l 层中第 j 个神经元的参数，偏移项为 b_j^l。我们记中间网络第 l 层第 j 个特征为 a_j^l，同时再引入一个中间函数 z_j^l。对于变量的传递，我们把 z_j^l 作为激活函数输入：

$$a_j^l = f\left(z_j^l\right), \tag{8.3.13}$$

从 z_j^l 到 a_j^l 是标量到标量. z_j^l 由网络变量 a_j^l 经过和待定参数 w_{jk}^l 以及 b_j^l 的线性运算得到, 线性运算的表达式如下:

$$z_j^l = \sum_k w_{jk}^l a_k^{l-1} + b_j^l. \tag{8.3.14}$$

根据链式法则, 由于 a_j^l 和 z_j^l 是由激活函数一对一连接起来的, 所以有

$$\frac{\partial C}{\partial z_j^l} = \frac{\partial C}{\partial a_j^l} \frac{\partial a_j^l}{\partial z_j^l}. \tag{8.3.15}$$

定义 $f'(z_j^l)$ 为激活函数的微分:

$$f'(z_j^l) = \frac{\partial a_j^l}{\partial z_j^l}. \tag{8.3.16}$$

现在我们再来看损失函数对 l 层的网络参数 w_{jk}^l 和 b_j^l 的梯度, 因为优化是针对由 w_{jk}^l 和 b_j^l 组成的参数空间进行的. 我们仅讨论 w_{jk}^l 的情况, 关于 b_j^l 的情况类似且更简单. 用中间变量 z_j^l 展开梯度 $\frac{\partial C}{\partial w_{jk}^l}$ 的表达式, 可得

$$\frac{\partial C}{\partial w_{jk}^l} = \frac{\partial C}{\partial z_j^l} \frac{\partial z_j^l}{\partial w_{jk}^l}, \tag{8.3.17}$$

其中我们引入 Δ_j^l 定义第 l 层第 j 个神经元对于 z_j^l 的梯度:

$$\Delta_j^l = \frac{\partial C}{\partial z_j^l}, \tag{8.3.18}$$

且根据 z_j^l 的表达式有 $\frac{\partial z_j^l}{\partial w_{jk}^l} = a_k^{l-1}$, 因此损失函数对 l 层的网络参数 w_{jk}^l 求导的表达式可以写为如下形式:

$$\frac{\partial C}{\partial w_{jk}^l} = \Delta_j^l a_k^{l-1}. \tag{8.3.19}$$

于是, 我们只需要计算每一层的传递变量 Δ_j^l 就可以通过一次简单的乘法获得对参数 w_{jk}^l 的梯度.

接着, 我们来看 Δ_j^l 在网络中的传递规律, 为此我们尝试建立从 Δ_j^{l+1} 得到 Δ_j^l 的关系式. 根据链式法则, 我们可以得到如下推导:

$$\begin{aligned}\Delta_j^l &= \frac{\partial C}{\partial z_j^l} = \sum_k \frac{\partial C}{\partial z_k^{l+1}} \frac{\partial z_k^{l+1}}{\partial z_j^l} = \sum_k \Delta_k^{l+1} \frac{\partial z_k^{l+1}}{\partial z_j^l} \\ &= \left(\sum_k \Delta_k^{l+1} w_{jk}^{l+1}\right) f'(z_j^l),\end{aligned} \tag{8.3.20}$$

这就是我们需要的一个梯度反向传递的关系. 对于输出层, z_j^L 是直接确定了损失函数的, 所以可以直接得到损失函数 C 对它的梯度:

$$\Delta_j^L = \frac{\partial C}{\partial z_j^L}. \tag{8.3.21}$$

以下是网络中反向传递计算的伪代码.

算法 8.3　网络中反向传递计算

```
1   function back_propagation(L,w,b,x,y)
2      a(0) = x
3      do l = 1, L
4         z(l) = w(l).a(l-1) + b(l)
5         a(l) = f(z)
6      end
7      delta = C'(a(L), y) * f'(z(L))
8      nabla_b(L) = delta
9      nabla_w(L) = outer_product(delta, a(L-1))
10     do l = L-1, 1
11        delta = w(l+1).delta * f'(z(l))
12        nabla_b(l) = delta
13        nabla_w(l) = outer_product(delta, a(l-1))
14     end
15     return nabla_b, nabla_w
16  end
```

8.3.2　卷积神经网络

在上一小节的介绍中, 我们提到了如何利用物理体系的一些对称性来设计全连接神经网络的输入特征. 我们能不能有一种更加普适的方式来提取物理特征, 从而设计出表示能力更强的网络结构呢? 答案显然是可以且有必要的.

问题在于我们提取什么样的信息才是有效的? 以经典力学系统为例, 比如一个特定的结构 (如由若干原子构成的一个分子), 它应该具有平移对称性. 另外, 很多的系统还应该存在局域性, 比如一个分子只是由相近的几个原子组成, 远离该分子的其他原子不应该对这个分子的结构有很大的影响. 同时, 我们也应该考虑粒子之间存在的联系和相互作用, 尤其是近邻的粒子之间的相互作用. 要实现这样的信息提取, 一个基本的数值运算就是卷积, 它能够保持平移不变性和局域性特征. 将卷积计算引入神经网络中就可以得到使用非常广泛的**卷积神经网络**.

具体地说, 卷积神经网络的基本框架一般由卷积层 (convolution)、池化层 (pooling) 和全连接层构成. 实际上它与全连接神经网络的主要区别就是在进入全连接层之前先交替地进行卷积和池化操作. 卷积层和池化层可以交替进行, 最后再接到全连接网络, 如图 8.7 所示.

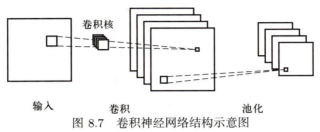

图 8.7 卷积神经网络结构示意图

卷积层的主要操作就是对输入的特征向量进行一个卷积计算. 卷积计算由一个卷积核定义. 我们以一维的数据矢量 $x(i)$, $i = 1, \cdots, N$ 为例. 我们构造一个卷积核 $h(j)$, $j = 1, \cdots, M$, 定义卷积后得到新的序列 x_{new} 仍具有长度 N:

$$x_{\text{new}}(i) = [\boldsymbol{x} * \boldsymbol{h}]_i = \sum_{j=0}^{M} x(j) h(i - j). \tag{8.3.22}$$

在上面讨论的力场模型中, 我们自然可以选取 $x(i)$ 为粒子的单粒子特征, 比如单粒子的坐标, 而卷积核可以选取为 $h(i - j) = W(\boldsymbol{r}_i - \boldsymbol{r}_j)$, 其中令 W 为待定的参数矩阵, 它把单粒子坐标变量 $\boldsymbol{r}_i$ 转化到长度为 N 的新向量. 卷积操作的结果实际上就是在单粒子变量的基础之上引入多粒子的依赖, 用于描述相互作用, 但是仍然在一定程度上保持其局域性.

总地来说, 卷积层的数学形式可以写成下面这个表达式:

$$a_j^l = f\left(b_j^l + \sum_{i \in M_j^l} a_i^{l-1} * h_{ij}^l\right), \tag{8.3.23}$$

其中 a_j^l 代表第 l 层第 j 个特征, i 是前一层中的特征的指标, 它属于与卷积核长度相等的第 j 个卷积单元, b_j^l 是第 l 层第 j 个卷积核的线性偏置. h_{ij}^l 是第 l 层第 j 个卷积核中的第 i 个元素, f 是额外的非线性激活函数.

池化层是把多个元素依次组合以后减少输入特征的宽度的一层. 以一维数据 $x(i)$, $i=1,\cdots,N$ 为例, 设池化长度为 N_{p}, 池化步长为 N_{s}, 那么池化过程是将数列中的连续的 N_{p} 个数组成一个数据池. 第一个数据池从第一个数据开始, 为 $\{x(1), x(2), \cdots, x(N_{\text{p}})\}$. 第二个数据池为从第 $1 + N_{\text{s}}$ 个数据开始, 为 $\{x(1 + N_{\text{s}}), x(2 + N_{\text{s}}), \cdots, x(N_{\text{p}} + N_{\text{s}})\}$. 以此类推, 直至数据末尾, 获得一系列数据池.

然后, 我们再对该数据池定义一个操作, 比如选择池内最大的数 (最大值池化), 或者对池内数据求和 (求和池化), 或者对池内数据取平均 (平均池化). 选择完该数以后,把它传递给下一层的网络作为输入,那么下一层的输入数据量就等于数据池的数目,小于原本的数据量 N. 从物理上看, 池化其实就是粗粒化过程, 用于进一步提取物理信息.

8.3.3 受限玻尔兹曼机

在描述相互作用系统的时候, 神经网络模型也可以作为能量变分模型来使用. 例如在量子蒙特卡洛和量子计算中的多体系统的拟设就是一类能量变分模型. 将此类模型以能量为优化目标进行变分优化就可以将模型训练到体系的基态.

除了上两小节中介绍的神经网络结构, 还有一种在近些年得到广泛关注的能量变分模型是**受限玻尔兹曼机** (restricted Boltzmann machine, RBM). 受限玻尔兹曼机的基本结构如图 8.8 所示. 主要有两层, 分别是输入层和隐藏层. 输入层和隐藏层内部没有连接, 但是输入层和隐藏层之间有连接. 受限玻尔兹曼机的训练和优化等过程可以类比前两小节的介绍. 因此, 本小节主要讨论受限玻尔兹曼机作为能量变分模型的物理意义.

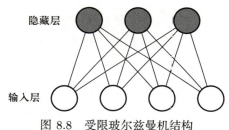

图 8.8 受限玻尔兹曼机结构

首先, 我们以伊辛模型为例来看经典模型中相互作用是如何表达的, 从而理解受限玻尔兹曼机中网络结构对于相互作用的表达:

$$E(\bm{v}) = -\sum_i a_i v_i - \frac{1}{2} \sum_{ij} v_i J_{ij} v_j, \tag{8.3.24}$$

其中我们可以把 v_i 当作描述每个点位状态的物理特征, 比如格点模型上的自旋. a_i 和 J_{ij} 分别是模型参数. $a_i v_i$ 可以描述单个自旋在外场下的单体能量, $v_i J_{ij} v_j$ 可以描述两个自旋状态之间的耦合. 根据上述模型, 伊辛模型的能量是特征 v_i 的显式函数, 给定一组 v_i 就可以计算系统的能量. 结合玻尔兹曼分布, 就可以给出系统状态的经典统计分布 $p(\bm{v})$:

$$p(\bm{v}) = \frac{\mathrm{e}^{-E(\bm{v})}}{Z}, \tag{8.3.25}$$

其中 $Z = \int \mathrm{e}^{-E(\bm{v})} \mathrm{d}\bm{v}$ 是系统的配分函数. 总地来说, 在伊辛模型这样的经典模型中, 相互作用是变量的显式表达式.

为了把受限玻尔兹曼机类比过来，我们可以用 v_i 和 h_α 分别标记受限玻尔兹曼机输入层和隐藏层的特征，把输入层中的特征 v_i 用于描述真实的物理特征，称为显变量 (visible variable, $\boldsymbol{v}$)，隐藏层中的特征 h_i 是无物理意义对应的潜变量 (latent variable, $\boldsymbol{h}$)．我们将能量的表达式写为

$$E(\boldsymbol{v},\boldsymbol{h}) = -\sum_i a_i(v_i) - \sum_\alpha b_\alpha(h_\alpha) - \sum_{i,\alpha} W_{i\alpha} v_i h_\alpha. \tag{8.3.26}$$

$a_i(\cdot)$ 和 $b_\alpha(\cdot)$ 是某种函数形式，比如伊辛模型的形式对应于 $a_i(v_i) = a_i v_i$．有些情况下，$a_i(\cdot)$ 也可以取类似高斯形式的连续函数，比如 $a_i(v_i) = \dfrac{v_i^2}{2\sigma_i^2}$．$b_\alpha(\cdot)$ 也是类似的情况．$W_{i\alpha}$ 则给出了 v_i 和 h_α 之间的相互作用．

可以看到，相比于伊辛模型中的相互作用是由 $\boldsymbol{v}$ 和 $\boldsymbol{v}$ 之间显式连接，受限玻尔兹曼机则是通过隐藏层 $\boldsymbol{h}$ 和输入层 $\boldsymbol{v}$ 之间的连接来间接地构造系统的相互作用．

下面我们来看物理变量 $\boldsymbol{v}$ 之间的相互作用是如何通过潜变量的传递构造出来的．首先，显变量和潜变量构成的联合分布可以写为

$$p(\boldsymbol{v},\boldsymbol{h}) = \frac{\mathrm{e}^{-E(\boldsymbol{v},\boldsymbol{h})}}{Z}, \tag{8.3.27}$$

进一步，对 $\boldsymbol{h}$ 分量积分可以得到 $\boldsymbol{v}$ 的分布

$$p(\boldsymbol{v}) = \int \frac{\mathrm{e}^{-E(\boldsymbol{v},\boldsymbol{h})}}{Z} \mathrm{d}\boldsymbol{h}. \tag{8.3.28}$$

同时，为了类比能量可以由显变量决定的经典模型，我们要求关于 $\boldsymbol{v}$ 的分布满足经典统计分布

$$p(\boldsymbol{v}) = \frac{\mathrm{e}^{-E(\boldsymbol{v})}}{Z}. \tag{8.3.29}$$

联合上述关系可以得到

$$\begin{aligned} E(\boldsymbol{v}) &= -\ln \int \mathrm{d}\boldsymbol{h}\, \mathrm{e}^{-E(\boldsymbol{v},\boldsymbol{h})} \\ &= -\sum_i a_i(v_i) - \sum_\alpha \ln \int \mathrm{e}^{b_\alpha(h_\alpha) + \sum_i v_i W_{i\alpha} h_\alpha} \mathrm{d}h_\alpha. \end{aligned} \tag{8.3.30}$$

关于潜变量，我们可以定义它的分布

$$q_\alpha(h_\alpha) = \frac{e^{b_\alpha(h_\alpha)}}{Z}. \tag{8.3.31}$$

再定义一个累积量生成函数

$$\begin{aligned} K_\alpha(t) &= \ln \int q_\alpha(h_\alpha) \mathrm{e}^{h_\alpha t} \mathrm{d}h_\alpha = \sum_n \kappa_\alpha^{(n)} \frac{t^n}{n!}, \\ \kappa_\alpha^{(n)} &= \partial_t^n K_\alpha(t)\big|_{t=0}. \end{aligned} \tag{8.3.32}$$

用累积量生成函数可以将能量表达式改写为

$$\begin{aligned}E(\boldsymbol{v}) &= -\sum_i a_i(v_i) - \sum_\alpha K_\alpha\left(\sum_i W_{i\alpha} v_i\right)\\ &= -\sum_i a_i(v_i) - \sum_\alpha \sum_n \kappa_\alpha^{(n)} \frac{\left(\sum_i W_{i\alpha} v_i\right)^n}{n!}\\ &= -\sum_i a_i(v_i) - \sum_i \left(\sum_\alpha \kappa_\alpha^{(1)} W_{i\alpha}\right) v_i - \frac{1}{2}\sum_{ij}\left(\sum_\alpha \kappa_\alpha^{(2)} W_{i\alpha} W_{j\alpha}\right) v_i v_j + \cdots.\end{aligned}$$
(8.3.33)

从上式中不难看出通过隐藏层引入潜变量后可以描述输入层内显变量之间的高阶相互作用.

受限玻尔兹曼机可以进一步拓展成深度玻尔兹曼机, 也就是具有多个隐藏层的玻尔兹曼机, 可以进一步拓展玻尔兹曼机网络的表达能力, 也就是模型对于变量之间的相互作用的表示能力.

8.3.4 霍普菲尔德网络

霍普菲尔德 (Hopfield) 网络是另一种特殊的神经网络, 也是基于物理系统的能量变分原理来对网络进行优化[1]. 它在神经网络的早期研究中也具有很重要的历史地位, 尤其是对于理解大脑和神经网络中记忆的形成具有重要的作用. 在计算机中, 需要知道数据在内存中的确切地址才能获取对应的数据. 而人类大脑中的记忆是通过联想的方法来获取的. 例如, 看见一个特定的物体, 会回想起与之关联的事情; 对于经历过但记不清的事情, 经过别人的提醒可以较清楚地回忆起来. 事实上, 物理系统也可以有记忆. 例如, 弹簧由平衡状态经过有限的形变之后依然能够回到初态, 也可以视为弹簧具有对初态的记忆.

作为一个简单的例子, 我们考虑一个推广的零场伊辛模型, 每个格点的自旋 $s_i = \pm 1$. 对于自旋构型 $S = (s_1, s_2, \cdots, s_n)$, 系统的哈密顿量可以表示为

$$H[S] = -\sum_{i\neq j} J_{ij} s_i s_j, \tag{8.3.34}$$

其中 J_{ij} 表示 i 格点和 j 格点自旋的耦合强度. 当所有近邻格点 $\langle i,j\rangle$ 间的耦合强度为一个常数且非近邻格点间无耦合时, 这个模型就退化到普通的铁磁伊辛模型. 如果让系统朝着能量最小化的方向演化, 那么系统会倾向于形成铁磁态, 即 $s_i = 1$ 或 $s_i = -1$,

---

[1] 霍普菲尔德因对利用神经网络实现机器学习的基础性贡献, 与辛顿 (Hinton) 一起获得了 2024 年度诺贝尔物理学奖.

但具体收敛到哪个态与初态有关. 可以认为该模型体系具有铁磁态的记忆, 系统从一个不规则的初态朝能量极小值处演化的过程也可以被视为记忆联想过程. 如果考虑更一般的情形, 即让每个 J_{ij} 的取值不同, 这就对应了一个自旋玻璃体系, 系统会具有更复杂的记忆.

受此启发, 为了更好地研究记忆过程, 可以将自旋玻璃系统抽象为一个简单的网络, 这就是霍普菲尔德网络. 该网络没有一般意义上的输入层和输出层, 它的输入和输出分别为初态和末态. 网络由 n 个神经元组成, 每个神经元都具有一个值 $x_i = \pm 1$ (见图 8.9). 每对神经元 i, j 之间存在双向连接, 每个连接都具有权重 w_{ij}, 并且 $w_{ij} = w_{ji}$, 还规定每个神经元没有自相互作用, 即 $w_{ii} = 0$. 霍普菲尔德网络对应的能量函数可以表示为

$$E = -\sum_{i,j} w_{ij} x_i x_j. \tag{8.3.35}$$

对能量的最小化过程可通过一系列随机的演化过程来实现. 我们将每一步的演化定义为离散的时间步. 在每个时间步中, 一个随机的神经元会被选中, 并按照如下规则更新:

$$x_i^{(t+1)} = f\left(\sum_j w_{ij} x_j^{(t)}\right), \tag{8.3.36}$$

其中 f 为激活函数, 满足

$$f(y) = \begin{cases} 1, & \text{当 } y \geqslant 0, \\ -1, & \text{当 } y < 0. \end{cases} \tag{8.3.37}$$

这意味着, 如果改变当前神经元的状态 x_i 能够使得总能量降低, 那就进行改变. 于是在每个时间步之后, 霍普菲尔德网络的能量都会降低或保持不变. 在经过足够多时间步的演化之后, 网络会收敛到某个能量极小值点. 这个能量极小值点就对应了霍普菲尔德网络的记忆, 网络的演化过程就对应了记忆的联想过程.

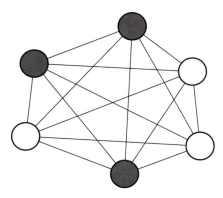

图 8.9　包含 6 个神经元的霍普菲尔德网络结构示意图

霍普菲尔德网络的能量函数是由网络超参数 w_{ij} 的取值决定的，极小值点的位置也与其取值有关。我们可以让 w_{ij} 取一些特定的值，从而控制能量的极小值点，让网络具有特定的记忆。例如，为了让网络具有 $V = (v_1, v_2, \cdots, v_n)$ 的记忆，可以取 $w_{ij} = v_i v_j$，此时 $x_i = v_i$ 显然为能量的极小值点。此外，霍普菲尔德网络还可以存储多个无关联的记忆。用 p 标记不同的记忆，只需要将不同记忆对应的能量函数叠加，即取

$$w_{ij} = \sum_p v_i^p v_j^p, \tag{8.3.38}$$

就能够让能量函数具有多个特定的极小值，从而具有多个记忆。然而，对于给定大小的霍普菲尔德网络，当其存储的记忆足够多时，不同的能量函数之间会相互影响，甚至使原本的极小值点不复存在，或者出现新的极小值点。因此，霍普菲尔德网络能够稳定存储的记忆是有限的。可以证明，上述霍普菲尔德网络能够稳定存储的记忆与神经元的数量成线性关系。考虑到实际的机器学习任务往往需要处理并记忆数据中的大量模式，随神经元数线性增长的记忆能力是难以接受的。为此，可以通过引入其他能量函数等方法，进一步提升霍普菲尔德网络的记忆存储容量。

大作业：反铁磁二维伊辛模型相分类

我们在之前统计物理的章节中，以伊辛模型为例对相变和临界现象进行了研究。通过蒙特卡洛采样的方法，我们可以得到一系列在不同温度下的自旋构型 $S = (s_1, s_2, \cdots, s_n)$。在零场的情况下，哈密顿量为

$$H[S] = -J \sum_{\langle i,j \rangle} s_i s_j, \tag{1}$$

其中 $\langle i,j \rangle$ 表示相邻的自旋对。在之前的章节中，我们研究了 $J > 0$ 的铁磁情形，并利用平均自旋这个序参量，对伊辛模型的铁磁－顺磁相变进行了研究。

现在我们考虑 $J < 0$ 的反铁磁二维伊辛模型，它和铁磁情形有着相同的临界温度

$$T_c = \frac{2}{\ln(1+\sqrt{2})} \frac{J}{k_B} \approx 2.269 \frac{J}{k_B}. \tag{2}$$

尽管我们依然可以用定义序参量的方式来描述反铁磁相，但这里我们将训练一个简单的神经网络来对反铁磁伊辛模型进行相分类。

1. 取 $J = -1$，玻尔兹曼常数 $k_B = 1$，在 30×30 的周期性正方格点上，利用局部更新方法分别生成相变温度以下和相变温度以上的构型数据集。

作为参考, 你可以在不同的温度下, 总共生成 10000 个自旋构型. 为简单起见, 这里不考虑马尔可夫链是否达到稳定, 你可以从随机的自旋构型出发, 在 50000 次迭代之后, 每隔 5000 步取一个构型.

2. 按照以下提示, 从头实现并训练一个简单的神经网络, 对高温和低温相的自旋构型进行分类.

你可以将网络的输入维度设为 $30 \times 30 = 900$, 输出维度为 1, 中间只有一层大小为 36 的隐藏层. 网络的输出 y 满足 $0 < y < 1$, 其中 $y < 0.5$ 表示网络判断输入构型为低温相, 反之则为高温相. 对所有的权重 w 在初始化时置为 0, 所有偏置 b 采用标准正态分布的方式进行初始化. 神经网络的激活函数选用 Sigmoid 函数 $\sigma(x) = (1 + e^{-x})^{-1}$.

对于网络的训练, 可以根据本章中给出的梯度反向传播公式, 使用平方损失函数作为成本函数进行优化. 在优化的过程中, 如果计算所有构型后得到总的成本函数, 再根据其对于参数的导数进行梯度下降, 那么一次参数更新就需要巨大的计算量. 然而计算全部与计算一小部分构型得到的成本函数及其关于参数的导数, 对于参数的更新来说并没有很大的区别. 于是我们可以采用小批量 (mini batch) 更新的方法, 比如在一轮 (epoch) 参数更新中, 把 100000 个数据分成 100 份, 每次只取一份中的 100 个自旋构型计算成本函数并优化参数, 这样能以更小的计算量进行更多次的迭代, 加速网络的收敛. 作为参考, 如果每个小批量包含 100 个自旋构型, 那么每次参数更新 $w' = w - \eta \frac{\partial V}{\partial w}$ 时, 学习率 η 可以取为 0.01.

为了更好地看到网络的训练效果, 我们还需要在训练的每一步输出神经网络判断的准确率. 尽管我们可以直接输出网络在训练集上的准确率, 但这不利于我们及时发现网络的过拟合倾向: 网络可能在训练数据集上表现不错, 但对没有见过的数据却无法给出准确的判断. 所以更好的做法是把数据集分成训练数据集和验证数据集, 每步输出网络在验证数据集上的准确率.

3. 尽管相分类的问题看起来很简单, 我们在上一问中实现的神经网络的表现却似乎不尽如人意. 事实上, 我们可以通过对神经网络进行一些简单的修改, 使它在这个问题上有更好的表现.

在上一问中, 你可能会好奇为什么不对权重 w 采用标准正态分布进行随机初始化. 尝试改动相关的代码, 看看这会对训练产生什么影响.

当输入维度很大的时候, 如果标准正态分布初始化权重, 那么进入第一个隐藏层的数值会是一个标准差很大的正态分布. 这对于神经网络的训练是很不利的. 为了保证传入下一层的数值具有稳定的标准差, 我们需要对初始化的权重进行一定的处理. 具体来说, 对于输入维度为 900 的情况, 我们应该在标准正态分布的基础上除以 30 作为初始化的权重. 尝试修改初始化部分的代码, 相比于直接采用标准正态分布, 它能带来多大的效果?

除此之外, 对于伊辛模型这个特定的问题, 我们知道序参量为零代表了顺磁相, 非零代表反铁磁相. 然而 Sigmoid 激活函数不能很好地利用到这一性质, 限制了网络在这个问题上的表达能力. 在优化过权重初始化的基础上, 改动代码把第一层网络的激活函数换成 $\text{ReLU}(x) = \max(0, x)$, 观察它相比于 Sigmoid 函数给神经网络准确率带来的提升.

4. 使用主成分分析, 找出所有训练构型中的两个主成分, 并绘制散点图. 图中用不同颜色的点标记高温相和低温相. 体会主成分分析在这个问题中相比于神经网络的优势与局限性.

参 考 书 目

[1] Golub G H and Van Loan C F. Matrix Computations. 4th ed. Johns Hopkins University Press, 2013.

[2] Demmel J W. Applied Numerical Linear Algebra. Society for Industrial and Applied Mathematics, 1997.

[3] 徐树方, 高立, 张平文. 数值线性代数. 2 版. 北京: 北京大学出版社, 2013.

[4] 徐树方, 钱江. 矩阵计算六讲. 北京: 高等教育出版社, 2011.

[5] Saad Y. Numerical Methods for Large Eigenvalue Problems. Rev. ed. Society for Industrial and Applied Mathematics, 2011.

[6] Nocedal J and Wright S J. Numerical Optimization. 2nd ed. Springer, 2006.

[7] 袁亚湘. 非线性优化计算方法. 北京: 科学出版社, 2008.

[8] Širca S and Horvat M. Computational Methods for Physicists: Compendium for Students. Springer, 2012.

[9] Scherer P. Computational Physics: Simulation of Classical and Quantum Systems. 3rd ed. Springer, 2017.

[10] 苏红玲, 秦孟兆. 微分方程的广义辛算法. 北京: 北京大学出版社, 2015.

[11] Thijssen J. Computational Physics. 2nd ed. Cambridge University Press, 2007

[12] Landau D P and Binder K. A Guide to Monte Carlo Simulations in Statistical Physics. 5th ed. Cambridge University Press, 2021.

[13] 李新征, 王恩哥. 分子及凝聚态系统物性的计算模拟: 从电子结构到分子动力学. 北京: 北京大学出版社, 2014.

[14] Tuckerman M E. Statistical Mechanics: Theory and Molecular Simulation. 2nd ed. Oxford University Press, 2023.

[15] Becca F and Sorella S. Quantum Monte Carlo Approaches for Correlated Systems. Cambridge University Press, 2017.

[16] 周志华. 机器学习. 北京: 清华大学出版社, 2016.

索　引

A

阿诺尔迪分解　118

B

贝塞尔函数　8
贝叶斯统计　284
本征值问题　102
边界元法　175
边值问题　166
变分蒙特卡洛　277
变分原理　194
病态　10, 83
波函数拟设　277
不动点　11
布彻表　149
布伦特算法　52

C

测试集　286
差分　4, 49
插值　19
常微分方程　58
抽样　244
初值问题　58

D

打靶法　167
代数精度　32
带状矩阵　77
戴森级数　217
单纯形法　139
德克尔算法　51
迭代　2
独立同分布　244
多重网格法　173

E

厄米多项式　22
二分法　46

F

罚函数　146
反常积分　39
范数　81, 82
非厄米量子力学　215
非监督式学习　292
非精确线搜索　137
非线性方程组　142
费曼路径积分　280
分治法　114
浮点数　3
傅里叶变换　179

G

高斯-塞德尔迭代　80
高斯过程回归　288
高斯积分法　39
高斯类轨道　201
高斯消元法　68
格拉姆-施密特正交化　97
格林函数　168
共轭梯度法　88
过拟合　287

H

哈特里-福克近似　229
豪斯霍尔德变换　98
核函数　288
黑森贝格矩阵　107
黄金分割法　55
回归问题　284
霍普菲尔德网络　310

J

机器精度 6
机器学习 283
吉文斯变换 98
伽辽金法 196
监督式学习 284
降维 292
交换对称性 226
交换关联泛函 239
聚类 296
卷积神经网络 306

K

科恩 – 沈吕九方程 238
克兰克 – 尼科尔森算法 160
克雷洛夫子空间 91
克里斯托弗 – 达布公式 126
扩散蒙特卡洛 281

L

LU 分解 71
拉盖尔多项式 125
拉格朗日插值 19
兰乔斯分解 119
朗斯基行列式 187
勒让德多项式 125
理查德森加速 37
粒子网格法 274
良态 10, 83
量子蒙特卡洛 275
龙格 – 库塔算法 148

M

马尔可夫过程 253
马格纳斯展开 217
梅特罗波利斯 – 黑斯廷斯抽样 276
蒙特卡洛方法 244
密度泛函理论 236
幂法 105

N

拟牛顿法 135
拟随机数 251
牛顿插值 20
牛顿法 47

O

欧拉法 60

P

抛物线法 56
偏微分方程 4, 178
平面波基组 240
泊松方程 166
谱方法 178

Q

QR 迭代 107
QR 分解欠拟合 97
切比雪夫多项式 125
秦九韶算法 10
全局收敛 12
全连接神经网络 300

R

热浴 268
瑞利 – 利兹投影方法 118
瑞利商 105

S

散射态 210
舍入误差 6
神经网络 300
收敛 11
收敛阶 14
收敛率 14
受限玻尔兹曼机 308
数学建模 3
数值积分 18
数值求根 18
斯莱特行列式 227
斯特林公式 42

斯图姆 – 刘维尔型方程　186
算法　3
随机微分方程　269

T

泰勒展开　23
梯形积分法　34
条件数　10, 84
同伦方法　144

W

蛙跳法　64
威尔金森位移　111
微扰论　207
伪随机数　244
稳定性　9
沃尔夫算法　264

X

细致平衡条件　260
弦割法　49
线性多步法　155
辛算法　159

虚时传播　211
薛定谔方程　208, 215
训练集　286

Y

雅可比迭代　80
样条插值　23
有限元法　197
预处理　93
原子轨道基组　240
约束优化　131

Z

正交多项式　122
中点法　31
重要性抽样　250
主成分　294
自动微分　303
自适应　33
组态　235
最速下降法　86
最小二乘　96
最优化　54